U0287412

重点领域气候变化影响与风险丛书

气候变化影响与风险

气候变化对生物多样性影响与风险研究

吴建国 等 著

"十二五"国家科技支撑计划项目

科学出版社

北京

内 容 简 介

本书从野生动植物、遗传种质资源、有害生物多样性方面，综合利用生物地理学、气候学、模糊数学、灰色系统、统计学、计算机模拟和地理信息系统等理论与实践，建立了分析生物多样性与气候要素关系的技术，提出了识别归因过去气候变化对生物多样性影响的技术，以及区分人类活动与气候变化对生物多样性影响贡献的技术，发展了评估未来气候变化对生物多样性影响与风险的综合技术。系统分析了生物多样性与气候要素的关系，识别了近 50 年来气候变化对生物多样性的影响与贡献，评估了未来 30 年气候变化对生物多样性的风险，并提出了适应对策。全书共 11 章，第 1 章为绪论，第 2~6 章总结了气候变化对生物多样性影响与风险评估的技术方法，第 7~10 章分析了生物多样性与气候要素关系，评估了气候变化对野生动植物、种质资源和有害生物的影响与风险。第 11 章为全书总结。本书中提出的技术，将为开展气候变化对生物多样性影响与风险评估提供重要的技术支撑；书中的评估结果，将为生物多样性保护适应气候变化提供重要的科学依据。

本书可供生物学、生态学、气候学、环境科学、林业、生物多样性保护、自然保护区等相关行业和领域的科技人员、管理人员，以及高等学校的师生等参考。

图书在版编目（CIP）数据

气候变化影响与风险：气候变化对生物多样性影响与风险研究/吴建国等著. —北京：科学出版社, 2017.4

（重点领域气候变化影响与风险丛书）

“十二五”国家科技支撑计划项目

ISBN 978-7-03-051897-2

Ⅰ. ①气… Ⅱ. ①吴… Ⅲ. ①气候变化–影响–生物多样性–研究 Ⅳ. ①Q16

中国版本图书馆 CIP 数据核字(2017)第 038377 号

责任编辑：万 峰 朱海燕 / 责任校对：张小霞
责任印制：徐晓晨 / 封面设计：北京图阅盛世文化传媒有限公司

科 学 出 版 社 出版

北京东黄城根北街 16 号
邮政编码：100717
http://www.sciencep.com

北京建宏印刷有限公司 印刷

科学出版社发行 各地新华书店经销

*

2017 年 4 月第 一 版 开本：787×1092 1/16
2019 年 4 月第二次印刷 印张：21 1/2
字数：509 000

定价：178.00 元
（如有印装质量问题，我社负责调换）

《重点领域气候变化影响与风险丛书》编委会

总　序

　　气候变化是当今人类社会面临的最严重的环境问题之一。自工业革命以来，人类活动不断加剧，大量消耗化石燃料，过度开垦森林、草地和湿地土地资源等，导致全球大气中 CO_2 等温室气体浓度持续增加，全球正经历着以变暖为主要特征的气候变化。政府间气候变化专门委员会（IPCC）第五次评估报告显示，1880～2012 年，全球海陆表面平均温度呈线性上升趋势，升高了 0.85℃；2003～2012 年平均温度比 1850～1900 年平均温度上升了 0.78℃。全球已有气候变化影响研究显示，气候变化对自然环境和生态系统的影响广泛而又深远，如冰冻圈的退缩及其相伴而生的冰川湖泊的扩张；冰雪补给河流径流增加、许多河湖由于水温增加而影响水系统改变；陆地生态系统中春季植物返青、树木发芽、鸟类迁徙和产卵提前，动植物物种向两极和高海拔地区推移等。研究还表明，如果未来气温升高 1.5～2.5℃，全球目前所评估的 20%～30%的生物物种灭绝的风险将增大，生态系统结构、功能、物种的地理分布范围等可能出现重大变化。由于海平面上升，海岸带环境会有较大风险，盐沼和红树林等海岸湿地受海平面上升的不利影响，珊瑚受气温上升影响更加脆弱。

　　中国是受气候变化影响最严重的国家之一，生态环境与社会经济的各个方面，特别是农业生产、生态系统、生物多样性、水资源、冰川、海岸带、沙漠化等领域受到的影响显著，对国家粮食安全、水资源安全、生态安全保障构成重大威胁。因此，我国《国民经济和社会发展第十二个五年规划纲要》中指出，在生产力布局、基础设施、重大项目规划设计和建设中，需要充分考虑气候变化因素。自然环境和生态系统是整个国民经济持续、快速、健康发展的基础，在国家经济建设和可持续发展中具有不可替代的地位。伴随着气候变化对自然环境和生态系统重点领域产生的直接或间接不利影响，我国社会经济可持续发展面临着越来越紧迫的挑战。中国正处于经济快速发展的关键阶段，气候变化和极端气候事件增加，与气候变化相关的生态环境问题越来越突出，自然灾害发生频率和强度加剧，给中国社会经济发展带来诸多挑战，对人民生活质量乃至民族的生存构成严重威胁。

　　应对气候变化行动，需要对气候变化影响、风险及其时空格局有全面、系统、综合的认识。2014 年 3 月政府间气候变化专门委员会正式发布的第五次评估第二工作组报告《气候变化 2014：影响、适应和脆弱性》基于大量的最新科学研究成果，以气候风险管理为切入点，系统评估了气候变化对全球和区域水资源、生态系统、粮食生产和人类健康等自然系统和人类社会的影响，分析了未来气候变化的可能影响和风险，进而从风险管理的角度出发，强调了通过适应和减缓气候变化，推动建立具有恢复力的可持续发展社会的重要性。需要特别指出的是，在此之前，由 IPCC 第一工作组和第二工作组联合发布的《管理极端事件和灾害风险推进气候变化适应》特别报告也重点强调了风险管理对气候变化的重要性。然而，我国以往研究由于资料、模型方法、时空尺度缺乏可比性，导致目前尚未形成对气候变化对我国重点领域影响与风险的整体认识。《气候变化国家评估报告》、《气候变化国家科学报告》和《气候变化国家信息通报》的评估结果显示，目前我国气候变化影响与风险研究比较分散，对过去影响评估较少，未来风险评估薄弱，气候变化影响、脆弱性和风险的综合评估技术方法落后，更缺乏全国尺度多领域的系统综合评估。

气候变化影响和风险评估的另外一个重要难点是如何定量分离气候与非气候因素的影响，这个问题也是制约适应行动有效开展的重要瓶颈。由于气候变化影响的复杂性，同时受认识水平和分析工具的限制，目前的研究结果并未有效分离出气候变化的影响，导致我国对气候变化影响的评价存在较大的不确定性，难以形成对气候变化影响的统一认识，给适应气候变化技术研发与政策措施制定带来巨大的障碍，严重制约着应对气候变化行动的实施与效果，迫切需要开展气候与非气候影响因素的分离研究，客观认识气候变化的影响与风险。

鉴于此，科技部接受国内相关科研和高校单位的专家建议，酝酿确立了"十二五"应对气候变化主题的国家科技支撑计划项目。中国科学院作为全国气候变化研究的重要力量，组织了由地理科学与资源研究所作为牵头单位，中国环境科学研究院、中国林业科学研究院、中国农业科学院、国家海洋环境预报中心、兰州大学等 16 家全国高校、研究所参加的一支长期活跃在气候变化领域的专业科研队伍。经过严格的项目征集、建议、可行性论证、部长会议等环节，"十二五"国家科技支撑计划项目"重点领域气候变化影响与风险评估技术研发与应用"于 2012 年 1 月正式启动实施。

项目实施过程中，这支队伍兢兢业业、协同攻关，在重点领域气候变化影响评估与风险预估关键技术研发与集成方面开展了大量工作，从全国尺度，比较系统、定量地评估了过去 50 年气候变化对我国重点领域影响的程度和范围，包括农业生产、森林、草地与湿地生态系统、生物多样性、水资源、冰川、海岸带、沙漠化等对气候变化敏感，并关系到国家社会经济可持续发展的重点领域，初步定量分离了气候和非气候因素的影响，基本揭示了过去 50 年气候变化对各重点领域的影响程度及其区域差异；初步发展了中国气候变化风险评估关键技术，预估了未来 30 年多模式多情景气候变化下，不同升温程度对中国重点领域的可能影响和风险。

基于上述研究成果，本项目形成了一系列科技专著。值此"十二五"收关、"十三五"即将开局之际，本系列专著的发表为进一步实施适应气候变化行动奠定了坚实的基础，可为国家应对气候变化宏观政策制定、环境外交与气候谈判、保障国家粮食、水资源及生态安全，以及促进社会经济可持续发展提供重要的科技支撑。

刘燕华

2016 年 5 月

前　　言

　　生物多样性是地球生命经过几十亿年进化的结果，给人类提供了丰富的食物和药物资源，是人类赖以生存的物质基础；在保持水土、调节气候、维持自然平衡等方面起着不可替代的作用，是人类社会可持续发展的生存支持系统。加强生物多样性保护，是提高资源环境承载力、实现可持续发展的有力保障；是维持生态平衡、改善环境质量维护国家生态安全、推进生态文明建设的迫切要求。

　　气候变化已经对生物多样性产生了深刻的影响。特别是近几十年来，全球极端天气气候事件的不断增加，自然栖息地的侵占和破坏等，给生物多样性带来严重威胁。根据IPCC第5次评估报告，未来气候变化影响下，将有1%~50%的评估过的物种濒临灭绝的风险将增加，有害生物范围将扩大，危害将加剧，这无疑将对生物多样性保护带来巨大的挑战。因此，系统深入研究气候变化对生物多样性影响与风险，将对生物多样性保护适应气候变化有重要的理论和现实意义。

　　在国际上，气候变化对生物多样性的影响与风险研究被高度关注，开展了大量相关的评估研究，出版了许多相关著作和报告。我国是生物多样性的大国。近年来虽然开展了一些气候变化对生物多样性影响与风险评估的相关研究，但都还集中在一些对个别物种分析方面，缺少比较系统的气候变化对生物多样性影响与风险评估的技术方法，以及气候变化对生物多样性影响与风险的全面评估，致使我国生物多样性保护适应气候变化的对策的科学依据还不充分。为了全面认识气候变化对我国生物多样性影响与风险，为生物多样性保护适应气候变化提供有力的科学依据和技术支撑，国家“十二五”科技支撑项目——“重点领域气候变化影响与风险评估技术研发与应用”（2012BAC19B00）的第六课题“气候变化对生物多样性影响与风险评估技术”（2012BAC19B06），从野生动植物、遗传种质资源和有害生物多样性方面，综合利用生物地理学、气候学、模糊数学、灰色系统、统计学、计算机模拟和地理信息系统等理论与实践，建立了生物多样性与气候要素关系分析技术，提出了过去气候变化对生物多样性影响识别归因及区分人类活动与气候变化影响贡献的技术，发展了对未来气候变化对生物多样性影响与风险评估的综合技术；系统分析了我国生物多样性与气候要素的关系，识别归因了近50年来气候变化对野生动植物、种质资源和有害生物多样性的影响，明确了气候变化的贡献，评估了未来30年气候变化对野生动植物、种质资源和有害生物多样性的风险，并提出了适应对策。这些综合技术将为开展气候变化对生物多样性影响与风险评估提供重要的技术支撑；这些综合评估结果，将为我国生物多样性保护适应气候变化提供重要的科学依据。

本书共分 11 章，第 1 章为绪论，第 2~6 章总结了气候变化对生物多样性影响与风险评估的技术方法；第 7~10 章应用这些技术详细分析了生物多样性与气候要素的关系，识别归因了近 50 年气候变化对野生动植物、种质资源和有害生物的影响及贡献，评估了未来 30 年气候变化对野生动植物、种质资源和有害生物的影响与风险；第 11 章为全书总结。

本书是课题组研究成员集体智慧的结晶，各章主要作者：第 1 章和第 2 章，吴建国等；第 3 章，吴建国、张钊等；第 4~8 章，吴建国等；第 9 章，吴建国、周巧富等；第 10 章，沈渭寿、刘冬、欧阳琰等；第 11 章，吴建国等。全书由吴建国统稿。

本书的研究是在科技部社发司的资助及中国 21 世纪议程管理中心的精心管理下进行的，在此表示感谢！课题的研究是在中国科学院有力的组织下开展的，并得到相关部门与领导的大力支持，在此表示感谢！作为项目执行单位的中国科学院地理科学与资源研究所，对课题开展进行了大量保障服务，在此表示感谢！也感谢环保部科技司对本课题开展的关心！

作为本项目执行的首席科学家，中国科学院地理科学与资源研究所吴绍洪研究员，一直兢兢业业、勤勤恳恳指导着本研究的开展，在此表示最诚挚的谢意！感谢在项目研究中对课题进行把关指导的专家组专家，正是他们的悉心指导，使本研究能够少走弯路，有所进步！潘韬和高江波副研究员等，开展了大量协调服务工作，潘婕副研究员整理提供了最为关键和重要的基础气候数据，在此表示感谢！也特别感谢马欣副研究员的无私帮助！感谢任阵海院士等多年对课题进展的关心！

感谢指导我博士学位论文并把我带入气候变化研究之门的已故的导师——徐德应研究员！感谢指导我开始走向科研道路的硕士研究生导师萧江华研究员！感谢指导和帮助过我的王彦辉研究员！感谢林而达所长、许吟隆研究员等，让我对气候变化影响评估研究逐渐深入！也感谢潘学标教授、张国斌高级工程师、居烽研究员、谢力勇教授、马世铭研究员、杨修研究员等的帮助！感谢项目组其他课题承担单位的指导和帮助！

感谢甘肃祁连山国家级自然保护区、甘肃安西极旱荒漠国家级自然保护区、西藏类乌齐国家级自然保护区、青海三江源国家级自然保护区、青海湖国家级自然保护区、陕西太白山国家级自然保护区等，以及前青海高原生物标本馆等提供的无私帮助！

在此也感谢苌伟、吕佳佳、艾丽、武美香、李艳、白慧卿等研究生对课题基础数据的搜集与整理，以及研究生白慧卿对物种拉丁文名进行的整理！感谢我家人对我科研工作的支持，特别是我爱人刘敏女士牺牲了许多休息的时间来帮助我录入物种分布的数据！

直接和间接参加本课题的研究人员，以及对本课题完成提供服务保障的人员，指导本课题研究的人员很多，不便一一列出。在此一并表示衷心感谢！

需要说明的是，课题一些研究结果已经发表，在本书只进行概括；一些物种分析结果图表和一些物种综合分析结果、一些细节性分析过程在本书有限篇幅中无法一一详细介绍，这些都将在后期论文发表中再详细介绍。另外，为避免与整个项目综合成果（包括图集和著作）的重复，一些图放在项目成果中！

由于时间仓促，水平有限，不妥之处请批评指正！

吴建国

2016 年 1 月

目　　录

技　术　篇

应 用 篇

第1章 绪 论

百年来全球的气候已经对生物多样性产生了一定的影响，未来将产生更大的风险，这对生物多样性保护将是巨大的挑战。本章对气候变化特征与趋势进行了概述，对气候变化对生物多样性影响与风险、生物多样性保护应对气候变化面临的问题，以及本书的任务与目标进行了介绍。另外，对气候变化对生物多样性影响与风险研究的进展、存在的问题进行总结，对未来的研究提出了一些展望。

1.1 气候变化特征与趋势

气候变化是指气候平均状态统计学意义上改变或持续较长一段时间的气候要素的变动，包括气候要素平均值和变率的改变，体现在自然气候变化和人类活动引起的气候变化方面（IPCC，2013）。政府间气候变化专门委员会（IPCC）强调了气候变化包括自然和人为活动引起的变化两方面，《联合国气候变化框架公约》UNFCCC 中则强调了人为活动引起的气候变化。

1.1.1 全球气候变化

1880~2012 年，全球气温升高了 0.85 [0.65~1.06]℃；1850~1900 年和 2003~2012 年，平均气温总升温幅度为 0.78 [0.72~0.85]℃。1901 年以来，北半球中纬度陆地区平均降水量增加，而其他纬度区域平均降水量增加或减少长期趋势信度较低。自 1950 年以来，已观测到极端天气和气候事件发生变化，全球冷昼和冷夜天数减少，暖昼和暖夜天数增加；在欧洲、亚洲和澳大利亚大部分地区，热浪频率增加。与降水量减少的区域相比，更多陆地区域强降水事件数量增加；在北美洲和欧洲，强降水事件频率或强度可能已增加；在其他各洲，强降水事件变化信度为中等（IPCC，2013）。

1971~2009 年，全世界冰川冰量每年平均损失量（不包括冰盖外围冰川）可能是 226[91~361]Gt，在 1993~2009 年，每年可能有 275[140~410]Gt；格陵兰冰盖冰量损失平均速率从 1992~2001 年每年 34[−6~74]Gt 增至 2002~2011 年每年 215[157~274]Gt。南极冰盖的冰量损失平均速率从 1992~2001 年的每年 30[−37~97]Gt 增至 2002~2011 年每年 147[72~221]Gt。具有很高信度的是，这些冰量损失主要发生在南极半岛北部和南极西部阿蒙森海区，自 20 世纪中叶以来北半球积雪范围缩小（IPCC，2013）。

1967~2012 年，北半球 3 月和 4 月的平均积雪范围每 10 年缩小 1.6%[0.8%~2.4%]，6 月每 10 年缩小 11.7%[8.8%~14.6%]。具有高信度的是，自 20 世纪 80 年代初以来，大多数地区多年冻土温度升高；在阿拉斯加北部一些地区，观测到的升温幅度达到 3℃（20

世纪 80 年代早期至 21 世纪 00 年代中期）；俄罗斯的欧洲北部地区达到 2℃（1971~2010 年）。在俄罗斯的欧洲北部地区，1975~2005 年已观测到多年冻土层厚度和范围大幅减少（IPCC，2013）（图 1.1）。

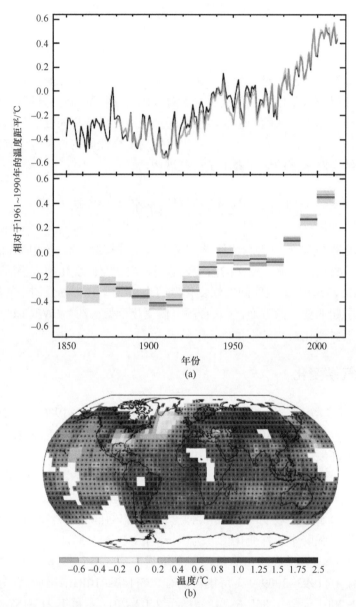

图 1.1　（a）观测到的全球平均陆地和海表温度距平（1850~2012 年），源自三个资料集。图（a）上：年均值，图（a）下：10 年均值，包括一个资料集（黑色）的不确定性估计值；各距平均相对于 1961~1990 年均值。（b）观测到的地表温度变化（1901~2012 年），温度变化值是通过对某一资料集（图（a）中的橙色曲线）进行线性回归所确定的趋势计算得出的。只要可用资料能够得出确凿估算值，均对其趋势作了计算（即仅限于该时期前 10%和后 10%时段内，观测记录完整率超过 70%并且资料可用率大于20%的格点），其他地区为白色。凡是趋势达到 10%显著性的格点均用"+"号表示。有关资料集清单和更多技术细节，详见 IPCC（2013）

与 1986~2005 年相比，2016~2035 年全球平均表面温度变化可能升高 0.3~0.7℃。与 1986~2005 年相比，预估 2081~2100 年全球平均表面温度可能上升 0.3~1.7℃（RCP2.6）、1.1~2.6℃（RCP4.5）、1.4~3.1℃（RCP6.0）、2.6~4.8℃（RCP8.5）。北极地区变暖速度将高于全球平均，陆地平均变暖幅度将大于海洋。与 1850~1900 年平均值相比，预估到 21 世纪末全球表面温度在 RCP4.5、RCP6.0 和 RCP8.5 情景下可能都超过 1.5℃，在 RCP6.0 和 RCP8.5 情景下升温可能超过 2℃，在 RCP4.5 情景下多半可能超过 2℃，但在 RCP2.6 情景下升温不可能超过 2℃，在 RCP2.6、RCP4.5 和 RCP6.0 情景下升温不可能超过 4℃，在 RCP8.5 情景下或许可能超过 4℃。几乎确定的是，随着全球平均温度上升，日和季节尺度上，大部分陆地区域极端暖事件将增多，极端冷事件将减少。很可能的是，热浪发生的频率更高，时间更长，偶尔仍会发生冷冬极端事件（IPCC，2013）。

21 世纪末，中纬度和副热带很多干旱地区的平均降水可能减少，中纬度很多湿润地区的平均降水可能增加。中纬度大部分陆地地区和湿润的热带地区的极端降水事件很可能强度加大、频率增高。全球范围内受季风系统影响的地区在 21 世纪可能增加。在季风可能减弱的同时，由于大气湿度增加，季风降水可能增强。季风开始日期可能提前，或者变化不大。季风消退日期可能推后，导致许多地区的季风期延长。具有高信度的是，厄尔尼诺-南方涛动（ENSO）在 21 世纪仍是热带太平洋地区年际变率的主导模态，并且影响全球。由于水汽供应增加，区域尺度上 ENSO 相关降水变率将可能加强。ENSO 振幅和空间分布有显著的自然变化，对 21 世纪 ENSO 及相关区域现象进行具体预估变化的信度仍然较低（IPCC，2013）（图 1.2、图 1.3）。

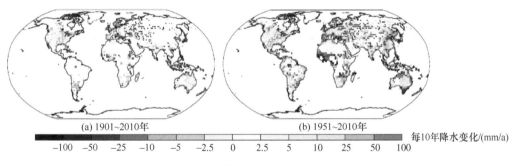

(a) 1901~2010 年　　　　　　　　　(b) 1951~2010 年

每10年降水变化/(mm/a)

−100　−50　−25　−10　−5　−2.5　0　2.5　5　10　25　50　100

图 1.2　观测到的陆地年降水变化（IPCC，2013）

1.1.2　中国的气候变化

与全球类似，中国气温、降水和极端天气气候事件等都发生了改变。1901~2013 年，地表气温上升，并呈现年代际变化，20 世纪 30~40 年代和 80 年代中期以来为主要偏暖期。1914~2013 年，地表气温上升 0.91℃，最近 10~15 年与全球趋势一致。1961~2013 年，地表气温平均每 10 年升高 0.31℃，最高气温、最低气温都呈现上升趋势。1961~2013 年，年降水量无显著线性变化趋势，以 20~30 年尺度年代际波动，相对湿度呈现减少趋势（《第三次气候变化国家评估报告》编写委员会，2015）。

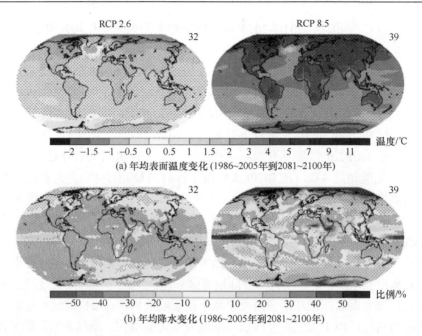

图 1.3 CMIP5 多模式在 RCP2.6 和 RCP8.5 情景下对 2081~2100 年模拟的平均结果

图 (a)、(b) 部分的变化相对于 1986~2005 年。每个部分右上角都标明了用于计算多模式平均的 CMIP5 模式数量。图 (a) 和 (b) 中的阴影是指多模式平均值小于内部变率的地区（即小于 20 年平均自然内部变率一个标准差）。点状部分是指多模式平均值大于自然内部变率（即大于 20 年平均自然内部变率两个标准差）且 90% 的模式在变化特征上吻合的地区 (IPCC, 2013)

1961~2013 年，中国平均年雨日数呈显著减少趋势，暴雨日数增多。1961~2013 年，≥10℃年活动积温呈明显增加趋势，平均年日照时数、平均风速总体呈下降趋势，平均总云量阶段性变化明显，20 世纪 90 年代后期以来呈现增加趋势。1949~2013 年，西北太平洋和南海台风生成个数趋于减少，登陆中国台风比例趋于增高；2013 年台风活动异常，生成个数为 31，登陆个数为 9，均高于常年值。1961~2013 年，中国区域性高温、强降水和气象干旱事件频次趋多，区域性低温事件频次显著减少。2013 年，发生极端高温和极端日降水量事件站次比常年偏高，极端低温事件站次比常年偏低；累计 542 站日最高气温达到极端事件标准，为 1961 年以来最多；盛夏中国南方出现 1961 年以来最严重的区域性高温热浪事件。1950~2013 年，北大西洋海表温度表现出明显的年代际变化特征，80 年代中期以来持续偏高；热带印度洋海表温度呈显著上升趋势。2013 年，全球大部海域海表温度较常年偏高，但赤道中东太平洋处于弱冷水状态。1980~2013 年，沿海海平面呈波动上升趋势，平均上升速率为 2.9 mm/a（《第三次气候变化国家评估报告》编写委员会，2015）。

预计未来中国气候将呈现增加趋势，干旱、洪涝、暴雨、高温、热浪等极端天气气候事件将增加。2011~2100 年 RCP26、RCP45、RCP85 情景下增温趋势分别为 0.06℃/10a、0.24℃/10a、0.63℃/10a。中国地区区域平均降水将持续增加，2060 年前增加幅度、变化趋势差异小；2060 年以后不同 RCP 情景表现出不同的变化特征。2011~2100 年 RCP2.6、RCP4.5、RCP8.5 情景下增加趋势分别为 0.5%/10a、1.1%/10a、1.8%/10a。北方地区增温幅度大于南方，青藏高原、新疆北部及东北部分地区增温较为明显。不同时期，北方降水增加幅度大于南方地区，较为显著的是西北地区和东北地区。值得注意的是在 21 世纪初期（2011~2040 年）南方地区降水可能会减少，特别是 RCP8.5 情景下。在 RCP 排放情景下，中国区域平均地面气温变化呈增加趋势，RCP8.5 情景下气温增幅明显高于 RCP4.5 情景，21 世纪中期之后，RCP4.5 情景下升温趋于平缓，RCP8.5 情景则继续增加。区域平均降水则呈缓慢上升趋势，与气温变化相比，降水年际变率更大。21 世纪末期，RCP4.5 和 8.5 情景下，中国区域年平均升温分别为 1.8℃和 3.8℃，降水量分别增加 6.3%和 8.0%。未来霜冻日数将减少，高温热浪指数增多，生长季普遍延长，且北方变化大于南方，末期变化大于中期，青藏高原气温极端事件变化较显著。强降水事件在全国基本表现为增加，西北地区增幅明显。21 世纪中期中雨日数在西北地区增加超过 50%。21 世纪末期，除西北地区仍为增加外，东北地区增加 10%以上。大雨日数变化也以增加为主。连续干旱日数表现为冬季北方减少，南方增加，夏季高原东部和中西部地区减少（《第三次气候变化国家评估报告》编写委员会，2015）。

1.2　气候变化给生物多样性保护带来挑战

1.2.1　生物多样性概念与重要性

生物多样性（biodiversity）概念由 Dasman （1968）在 *A Different Kind of Country* 一书中首先使用，是 biology 和 diversity 的组合，即 biological diversity。20 世纪 80 年代，生物多样性的缩写形式在公开出版物上被广泛使用。

《生物多样性公约》定义生物多样性为所有来源的活的生物体中的变异性，包括陆地、海洋和其他水生生态系统及其所构成的生态综合体，或物种内、物种间和生态系统的多样性。生物多样性是生物及其与环境形成的生态复合体以及与此相关的各种生态过程的总和，由遗传（基因）、物种和生态系统多样性层次组成。遗传多样性是指生物体内决定性状的遗传因子及其组合的多样性；物种多样性是生物多样性在物种上的表现形式，也是生物多样性的关键，它既体现了生物之间及环境之间的复杂关系，又体现了生物资源的丰富性；生态系统多样性是指生物圈内生境、生物群落和生态过程的多样性。广义生物多样性概念还包括景观的多样性（钱迎倩和马克平，1994）。

陆地生物多样性在热带地区和其他局部区域较高，极地一般较低。沿西太平洋海岸生物多样性往往是最高的，主要因为在中纬度带各大洋海面的温度是最高的。生物多样性热点地区是特有物种受到来自人类的威胁水平高的区域，虽然热点地区分布在世界各地，但大部分位于热带森林地区（钱迎倩和马克平，1994）。

对于人类来说，生物多样性具有直接使用价值、间接使用价值和潜在使用价值。直接使用价值包括生物为人类提供食物、纤维、建筑和家具材料、药物及其他工业原料。生物多样性还具有美学价值，如大千世界色彩纷呈的植物和神态各异的动物与名山大川相配合才构成赏心悦目的美景，并且还激发文学艺术创作的灵感。间接使用价值是指生物多样性具有重要的生态功能。在生态系统中野生生物之间具有相互依存、相互制约的关系。野生生物一旦减少，生态系统稳定性就会遭到破坏，人类生存环境也就随之会受到影响。野生生物种类繁多，人类对它们已经做过比较充分研究的只是极少数，大量野生生物的价值目前还不清楚。但可以肯定，这些野生生物具有巨大的潜在使用价值。一种野生生物一旦从地球上消失就无法再生，它的各种潜在使用价值也就不复存在了（钱迎倩和马克平，1994）。

1.2.2 生物多样性状况

1. 全球

1）生物多样性数量（Chapman，2009）

地球当前物种约 120 万被记录、超过 86% 没有被描述（Mora et al.，2011）。陆地物种约为 870 万，海洋物种估计为 220 万；估计有 220000 万维管束植物、10 万~30 万昆虫、5 万~10 万细菌、0.7 亿~1 亿海洋生物、百万螨虫，微生物物种数不可计数（Mora et al.，2011）。赤道附近生物多样性最丰富，高纬度区较低，热带雨林中多样性高，被称为"热点"的地方异常丰富（Mora et al.，2011）。

2）生物多样性面临的威胁[①]

生境消失和退化、气候变化、养分过度负担和污染、过度开发和不可持续利用、外来物种入侵是生物多样性面临的主要压力。

生境消失和退化是生物多样性一个最大压力。生境消失很大程度上是因为土地转为农业用地而造成的。世界自然保护联盟评估显示，因农业和不可持续森林管理导致生境消失是物种濒临灭绝的最大原因。基础设施开发，如住房、工业发展、采矿和交通网络建设等，也是导致生境变化的一个重要因素。城市扩张也导致许多生境消失。就内陆水域而言，生境消失和退化很大程度上是因为不可持续的水资源利用和排干转化成其他土地类型。获得水资源的主要压力是农业灌溉用水，此类农业利用世界淡水资源的近 70%，而城市、能源和工业的用水需求也在快速增长。建造水坝和河流防洪堤将自由流动河水转入水库，减少了河流流域不同部分的连通性，并将河流与其河漫滩切断，也会导致生境消失和被分割。在沿海，生境消失是由于各种方式的海上养殖场，特别是热带养虾场经常取代红树林造成的。沿海地区在住房、旅游休闲、工业和交通方面的开发，通过疏浚、填埋，以及因为建造防洪堤和其他屏障而将水流、沉积物流动和排放切断，因而对海洋生态系统造成了严重影响。使用海底拖网渔具会导致海底生境大量消失。

气候变化已经在影响着生物多样性，预计在未来几十年还将构成日益严峻的威胁。北极海冰的丧失威胁到整个生物群落及更大范围的生物多样性。目前已经观测到大气中二氧化碳浓度的升高造成海洋酸化的相关证据。

养分（氮和磷）及其他来源的污染正在持续地影响着陆地、内陆水体和沿海的生物多样性。现代工业进程，如化石燃料的燃烧和各种农耕方法，尤其是化肥的使用，使得环境中活性氮（氮的一种可以刺激植物生长的形态）数量比工业化时代之前翻了一番还多。陆地受到的最大影响是在缺氮的环境中，某些植物在这种环境中受益于养分的增加，

---

① 生物多样性公约秘书处．2010．《全球生物多样性展望》第三版．蒙特利尔．

比许多其他物种生长得更好，从而导致植物构成的重大变化。其中的典型就是，草类和莎草将从中受益，矮灌木、苔藓类和地衣类等物种将受到威胁。

过度开采和毁灭性捕捞正成为生物多样性所面临的风险。捕猎野味为许多农村家庭提供很大一部分蛋白质，但似乎已达到了不可持续水平。过度捕捞是海洋生态系统目前面临的主要压力，从 20 世纪 50 年代初期至 90 年代中期，海洋捕渔业的规模增长了三倍。联合国粮农组织估计，超过 1/4 海洋鱼群被过度捕捞（19%）、捕捞殆尽（8%）或正在从濒临灭绝状态中恢复（1%），同时还有一半以上被充分捕捞。

目前外来入侵物种成为一大威胁。没有任何迹象表明生物多样性在这方面的压力有显著减少，但有一些迹象表明这种压力正在增加。对于外来物种造成的损失是否正在增加，很难得到确认，因为许多地区最近才刚刚开始关注这一问题，所以已入侵物种造成的影响增加，可能部分地反映了人们对这方面知识和认识的提高。但是，欧洲已经对外来物种的引进做了数十年的记录，欧洲此类物种的累计数量仍在继续上升，至少从 20 世纪开始就一直在上升。尽管这些物种不一定是入侵性的，但一个国家外来物种越多，就意味着在一定时期可能具有入侵性的物种越多。

生物多样性丧失的各种直接驱动因素共同发生作用，并且一种压力会加剧另一种压力的影响。例如，支离破碎的生境限制了物种向条件更适宜的地区迁徙，从而削弱了各类物种适应气候变化的能力。污染、过度捕鱼、气候变化和海洋酸化共同作用，削弱了珊瑚礁复原力，致使其更容易被藻类占据，使生物多样性大量丧失。养分水平的提高加上外来入侵物种的出现，可能促进耐寒植物的生长，但不利于一些本土物种生长。气候变化可能使更多生境适合入侵物种的生存，导致该问题恶化。气候变化引起的海平面上升，加上沿海生境的物理变化，加速了沿海生物多样性以及相关生态系统服务丧失的变化。间接驱动因素主要通过影响人类社会所利用的资源数量来影响生物多样性。世界贸易水平提高一直是引进外来入侵物种的一种关键的间接驱动因素。间接驱动因素对生物多样性既有积极影响，也有消极影响。在此方面，传统知识的丧失特别有害，因为许多地方和土著社区的生物多样性是信仰体系、世界观和民族特点的核心组成部分。像地方土著语言丧失这样的文化变动，会影响地方保护和可持续利用，因此也是生物多样性丧失的间接驱动因素。同样，科学和技术变革可以提供新的机会，既满足社会的需求，同时又最大限度地减少对自然资源的利用，但也会给生物多样性和生态系统带来新的压力。

3）生物灭绝

灭绝事件（也称为大灭绝或生物危机）是能够被识别的生物体的一个急剧变化。大氧化事件（Great oxygenation event）可能是第一大灭绝事件，自寒武纪爆发（Cambrian explosion）生物大灭绝已经超过背景灭绝速度，颇有争议的白垩纪-古近纪-新近记灭绝事件（Cretaceous–Paleogene extinction event）发生约 66 万年前，是短期内大规模生物灭绝事件（表 1.1）。还有许多次要的及由人类活动引起的第六次灭绝。截至 2012 年，一些研究表明所有哺乳动物物种的 25% 可能会在 20 年内灭绝。世界自然基金会 2014 年的研究表明 1970~2010 全球 LPI 生物多样性失去了 52%。地球生命力报告 2014 年声称，哺乳动物、鸟类、爬行类、两栖类在全球范围内的数量和鱼，平均而言，大约有一半大小是 40 年前消失。陆生野生动物消失 39%，海洋野生动物消失 39%，淡水野生动物消失 76%。2006 年，许多物种被正式列为稀有或濒危或受威胁行列。此外，数以百万计多的物种受到威胁还没有被承认或发现。大约 40%使用 IUCN 红色名录标准评估了 40177 种，现在被列为濒临灭绝有 16119 种[①]。

表 1.1　五个最大的大灭绝事件（Hannah，2010）

时限/百万年前	地质标记	生物影响	可能的原因
440	奥陶纪—志留纪	海洋生物 100 个科灭绝，包括一半的属	快速降温
365	泥盆纪末期	所有科的 20%灭绝，大多是海洋生物，也许可以划分为好几个阶段	陆生植物出现后去除大气中的 CO_2
250	二叠纪—三叠纪	所有陆地和海洋种类的 90%灭绝	大量的火山活动（西伯利亚地盾）、甲烷释放
200	三叠纪末期	大量两栖动物灭绝	未知
65	白垩纪—古近纪—新近纪（K-T）	恐龙和许多海洋物种灭绝	地外来客的撞击

4）生物多样性保护

自 20 世纪中期，全球生物多样性保护问题受到高度关注，包括提出了动物园、保护区、国家公园等保护形式。动物园被描述为通过进行育种计划研究或参加具有野生动物的保护生物多样性的作用；保护区是为保护野生动植物及其生存环境划出的区域，包括森林保护区和生物圈保护区；国家公园和自然保护区是由政府或私人组织的进行特殊保护，以防止损坏生物多样性和景观保护目标而选择的区域，通常是由国家或地方政府管理。野生动物保护区的目的是只在保护物种，公园或动物园同时有休闲、教育和保护的目的。另外，国际上也进行了一系列公约的签定，如联合国《生物多样性公约》（1992年）和《卡塔赫纳生物安全议定书》、《国际濒危物种贸易公约》、《拉姆萨尔公约（湿地）》、《波恩移栖物种公约》、《世界遗产公约》（间接保护生物多样性的栖息地）、《区域性公约》（如阿皮亚公约、日澳候鸟协定的双边协议），对保护生物多样性都起到一定作用。此外，国家法律对生物多样性保护也非常关键（钱迎倩和马克平，1994）。

2. 中国

中国是生物多样性最丰富的国家之一，有如下特点（中国生物多样性国情研究报告编写组，1998）：

（1）物种丰富。有高等植物 3 万余种，其中在全世界裸子植物 15 科 850 种中，就有10 科，约 250 种，是世界上裸子植物最多的国家。有脊椎动物 6347 种，占世界种数近 14%。

（2）特有属、种繁多。高等植物中特有种最多，约 17300 种，占中国高等植物总种数的 57%以上。6347 种脊椎动物中，特有种 667 种，占 10.5%。

（3）区系起源古老。由于中生代末中国大部分地区已上升为陆地，第四纪冰期又未

① Living Planet Report 2014. World Wildlife Fund，retrieved October 4，2014；"Reid Reversing loss of Biodiversity". Ag.arizona.edu. Retrieved 2009-06.21.；"Endangered Species List Expands to 16，000". Retrieved 2007-11-13. Ward，Peter D(2006). "Impact from the Deep". Scientific American.

遭受大陆冰川的影响，许多地区都不同程度保留了白垩纪、古近纪、新近纪的古老残遗部分，如松杉类世界现存 7 个科中，中国有 6 个科。动物中大熊猫、白鳍豚、扬子鳄等都是古老孑遗物种。

（4）栽培植物、家养动物及其野生亲缘的种质资源非常丰富。水稻和大豆的原产地，品种分别达 5 万个和 2 万个；药用植物 11000 多种，牧草 4215 种，原产重要观赏花卉超过 30 属 2238 种，家养动物品种和类群最丰富，共有 1938 个品种和类群。

（5）具有地球陆生生态系统，如森林、灌丛、草原和稀树草原、草甸、荒漠、高山冻原等各种类型，由于不同的气候和土壤条件，又分各种亚类型 599 种。海洋和淡水生态系统类型也很齐全，目前尚无统计数据。中国的生态系统类型有 500 多种，包括森林、草原、荒漠、湿地、海洋等，以及农田、城市等人工生态系统。景观多样性更是复杂多样，并且呈现变化的趋势。

目前中国有约 500 种外来入侵物种。近十年，新入侵的恶性外来物种有 20 多种，常年大面积发生危害的物种有 100 多种。

截至 2013 年年底，建立各种类型、不同级别的自然保护区 2697 个，总面积约 14631 万 hm^2。其中陆域面积 14175 万 hm^2，占全国陆地面积的 14.77%。国家级自然保护区 407 个，面积约 9404 万 hm^2。全国共建立国家级风景名胜区 225 个，省级风景名胜区 737 个，总面积约 19.56 万 km^2，约占全国国土面积的 2.03%；国家级风景名胜区面积约 10.36 万 km^2[①]。

1.2.3 气候变化对生物多样性的影响

1. 概念

气候变化对生物多样性影响是指气候变化造成的生物多样性属性的改变，包括有利的影响，也有不利的影响。按照影响对象层次划分，包括对基因、物种和生态系统多样性的影响。按照影响的时间尺度，包括过去气候变化和未来气候变化的影响。气候变化对生物多样性影响评价包括暴露度、敏感性和适应性。脆弱性通常被描述为一种易于受到伤害，关键参数是对一个系统暴露的胁迫、敏感性和适应能力；脆弱性包括暴露度和对扰动或外部胁迫的敏感性及适应能力，暴露度是系统经历环境或社会政治胁迫一种属性或程度，胁迫程度包括强度、频率、忍耐和灾害外部程度，敏感性是系统被外部胁迫改变的一种程度，适应能力是系统能应对环境灾害或政策改变或扩展变化范围的对付能力（IPCC，2007）。气候变化影响下生物多样性脆弱性是指气候变化对生物多样性的负面影响，以及生物多样性对气候变化负面影响的敏感性和适应性。

2. 影响

气候变化多个要素预计将影响生物多样性所有级别，包括对个体、种群、群落和生态

---

① 中华人民共和国环境保护部. 2014. 中国环境状况公报.

系统的影响（Parmesan，2006）。预计 21 世纪末气候变化将导致物种和植被类型地理分布改变,其分布范围将向两极推进几百至几千千米,温暖水域海洋生物将迁向较寒冷的水域,导致热带海洋多样性降低,温带和北方森林面临大范围枯死的危险（Field et al.，2014）。由于定向选择和快速迁移,气候变化将使种群的遗传多样性降低（Botkin et al.，2007）。气候变化可能会通过影响食物和栖息地条件而影响生物多样性整体特征。一些物种对气候变化响应改变将可能会对依赖这些物种而活动的物种造成一定的间接影响（Gilman et al.，2010；Walther，2010）。千年生态系统评估预测,气候变化影响下 5%~20%陆地生态系统将转变,特别是寒针叶林、苔原带、灌木、草原和北方森林（Sala et al.，2005）。气候变化影响下,高海拔和高纬度地区的高寒和北方森林范围预计将向北扩展,树线及苔原和高山群落将上移,使物种灭绝（Alo and Wang 2008）,一些湖泊可能变干（Campbell et al.，2009）;海水变温热并且变得更酸,热带珊瑚礁将白化（Hoegh-Guldberg et al.，2007）。 具体而言,气候变化对生物多样性影响体现在如下十个方面。

1）气候变化使遗传多样性发生改变

气候变化对基因多样性的影响包括对物种繁殖过程、单倍体（如芽变）和多倍体形成等方面的影响。气候变化使山地积雪融化提前,使一些两栖类动物繁殖提前,这对遗传物质传递将产生一定的影响。一些大型动物,由于种群密度小,活动范围大,基因多样性受气候变化的威胁较大（吴建国等,2009）。

2）气候变化影响下,物种生理、饮食、活动等行为将改变（Johansen and Jones，2011）

气候变化使物种的行为和活动改变。一些生物进化非常迅速（Lavergne et al.，2010）,特别是短生活周期的物种能够通过变异和进化有效快速地适应环境条件的急剧改变（Bell and Gonzalez，2009）。生物的微进化是生物对气候变化适应性反应的重要机制,即气候变化下物种通过基因突变或在新的环境条件下选择现有基因型（Salamin et al.，2010）或进行性状可塑性变化（Charmantier et al.，2008）来适应环境变化,涉及种内不同时间尺度的形态、生理或行为特征的变异（Botkin et al.，2007；Chevin et al.，2010）。20 世纪,很多外温动物的运动、生长、繁殖和性别等随着气候变化已经改变（Tewksbury et al.，2008）。

3）气候变化对动植物物候影响很大

在英国,65 个种中 78%物种繁殖时间提早 9 天;在美国纽约,从 1903 年到现在的 90 多年中,39 个物种提前迁徙、35 个物种没有变化、2 个物种推迟;在美国威斯康星州,鸟类中 8 个种迁徙和鸣叫时间提前、1 个推迟;蝴蝶、作物害虫、两栖类动物受气候变化影响,繁殖时间提前。鸟类迁徙对当地气温不敏感,昆虫卵发育和成虫形成却对当地气温变化十分敏感;一些极端天气条件,如冬天风暴和低温都将导致物种食物供应中断而使物种灭亡;温度升高使一些昆虫代谢加快,一些物种进化加快到每年有不同节律;冬季温度升高使一些害虫冬季发育期延长,干旱对植物胁迫使昆虫繁殖和食性间接改变;气候变化造成的干旱或海平面上升影响一些栖息在湿地鸟类的活动（吴建国等,2009）。

4）气候变化下生物分布向高纬度或者高海拔迁移

在不同气候情景下,美国适应于寒冷气候森林类型将向北迁移,一些孤立于其他物种的物种将在目前分布区灭绝,北部物种将越加向北,南部种将向北迁徙,鸟类和哺乳动物北部的丰富性降低而南部增加（吴建国等,2009）。气候变化下野生动物分布区整体向北移，物候期提前；就繁殖过程和种群大小而言，有些物种将受益，繁殖率提高，成活率增加，种群密度增加，有些将受限，种群密度缩小甚至灭绝（吴建国等，2009）。气候变化将对那些边缘高山区物种有极大影响，在干旱和半干旱区将对降水增加较敏感，极地受低温限制物种将扩展其范围。气候变化下，一些动物物种反应很难确定，如发现气候变化对蛇幼体影响结果很不确定（吴建国等，2009）。

5）气候变化影响下区域物种丰富度将改变

由于气候变化，1951~1994 年爱莎尼亚森林树种由落叶松为优势种变成了以云杉为优势种；芬诺斯坎底亚南部森林中动物种群数量增加，云杉、松树和阔叶树数量减少、优势度降低，北部森林阔叶树下一些草本物种丰富度减少，松树下草本优势度增加；大西洋中部森林中榆树和松树优势度将增加，桦木、山毛榉优势度下降；气候变化影响下美国一些草本和灌木植被中 C_4 植物数量增加 10%，C_3 植物数量下降；气候变化导致美国一些物种丰富性将增加，5 种情景下云杉和山毛榉分布区扩展，两种情景下桦树分布没有变化，榆树分布增加，其余减少，但在美国许多地方耐热的脊椎动物丰富性都将增加，哺乳动物和鸟类在南部丰富性将降低，冷凉山区增加，木本植物丰富性在北部和东部增加，南部沙漠中降低，美国北部树木丰富度改变，特别是那些目前生活在比较寒冷、干燥和高温地区物种的丰富性将降低，并且也使恒温动物（哺乳类和鸟类）数量减少，变温动物（如爬行动物和两栖动物）数量增加（吴建国，2008；吴建国等，2009）。

6）气候变化将影响物种入侵

气候变化通过对入侵物种原地、入侵路径和最终归宿的影响而影响物种入侵过程。气候变化将影响入侵物种分布和发育速率，并且将影响入侵种与寄主植物相互作用，对那些受人类活动或其他因素破坏的栖息地造成不利影响。CO_2 浓度增加也将使植物和动物的生长加速，而干扰因素破坏森林冠层也将增加外来物种入侵机会，山区气候变化将使哥斯达黎加云杉林中一些物种丧失，一些低海拔物种入侵（吴建国等，2009）。

7）气候变化将加速物种灭绝

气候变化对物种有直接和间接影响，直接影响主要是产生了生物致死温度，间接影响包括对食物、饮水、栖息地消失和种间共生和级联作用平衡关系影响。在美国西南部，降水格局改变使干旱草原向荒漠灌木转变，使一些丰富度高的动物物种灭绝；应用BIOCLIM 模型模拟在 1~3℃不同气候情景下 42 个动物物种分布变化的趋势，包括地理狭小物种、基因改良物种、栖息地狭窄物种、不易扩散种、隔离种、山地和高山物种，升高 3℃时，42 个物种中 24 个将丧失其 90%~100%分布范围，这 24 个物种包括特定栖息地物种、高山栖息地物种、海岸栖息地物种和限定栖息地物种等；气候变化下濒危物种中爬行类和两栖类的丰富性将增加，鸟类和哺乳动物将减少；过去 30 年气候变化已经使大量物种的丰富性和分布区发生改变，中等气候变化情景下，墨西哥至澳大利亚广大区域2050年 15%~37%的物种将灭绝，最小升温情景（0.8~1.7 ℃）将使 18%物种灭绝，中等升温情景（1.8~2.0℃）将使 24%物种灭绝，最高升温情景（大于 2.0℃）将使 35%物种灭绝（吴建国，2008；吴建国等，2009）。

8）气候变化将引起物种个体死亡

气候变化引起的极端干旱和高温事件已经引起一些植物死亡。例如，在过去几十年，因为高温和干旱或害虫及相关病原体分布和数量改变,在北美西部和北方树木死亡增加,并且树木死亡和森林枯死发生比预期早。另外,气候变化还引起珊瑚礁死亡(IPCC,2014)。

9)气候变化改变物种之间关系

气候变化改变植物开花和昆虫传粉,导致植物和传粉者群体间不匹配(Rafferty and Ives,2010)。气候变化对授粉的潜在影响主要涉及植物及其传粉的物候脱钩(Bartomeus et al.,2011)。气候变化下,可能使害虫发生高峰与食物生产高峰不同步。高营养位关系受气候变化影响较大,体现在病原微生物及有害昆虫与植物间的关系。气候变化可能影响害虫和天敌物候,也可影响一些昆虫生活史(吴建国等,2009)。气候变化将影响昆虫和真菌传播与存活及生态系统对它的易感性,也将影响草食者与真菌存活、繁殖、传播和分布、竞争与天敌的关系。CO_2浓度增加后,植物组织中 C∶N 提高,叶中 N 含量减少,使以这些植物为食的昆虫卵和成虫显著增加;气候变化还可能影响活动、中度和不活跃病菌而影响陆地动物分布,也可能使一些野生动物疾病增加(吴建国等,2009)。在日本北部高山加热 5 年实验表明气候变化对植被结构的影响与高纬度区情况不同,表现在种间竞争加速,高生长速率减慢,结构发生变化。因为植物、菌根生物、固氮生物和移动速度慢的无脊椎动物有不同迁移策略,气候变化对生物间相互作用将被生物作用所缓冲(吴建国等,2009)。一般而言,树木支持着其他生物,失去任何树种将减少生物多样性,昆虫和真菌对树木危害将增加地下植物生物多样性、鸟类丰富性和多样性及捕食者、寄生和腐生者的多样性(吴建国等,2009)。气候变化将通过改变温度、干湿和冷冻区、降水、陆地侵蚀及海洋环境等影响生物的丰富性、组成和分布,并进一步通过改变地下食物网中有机物数量和时间而影响地下生物多样性(吴建国等,2009)。

10)气候变化影响物种迁移

因气候变化物种迁徙现象已被广泛观察到,如鸟、哺乳动物和蝴蝶都呈现北移的趋势。据预测,21 世纪中纬度温度增加 1~3.5℃,100 年内将使目前物种分布向极地迁移 150~550 km;温度增加 2℃,大西洋欧洲草地植被移动不到 100 km;气候变化引起物种迁移率增加,北方和温带区比热带区要高,而大的水体和人类活动对迁移有较大的影响;冬天温度升高使欧洲博登湖区长距离迁徙鸟数量下降,使短距离迁徙和不迁徙鸟类数量增加,气候变暖对长距离迁徙鸟类威胁比其他鸟类要大;在不同气候变化情景下(包括温度升高 1℃降水减少 10%,温度升高 2℃降水减少 10%和温度升高 2℃降水减少 15%三种情景),墨西哥中部自然保护区中,气候变化后栖息地条件限制物种超出保护区或使物种灭绝,新的适宜范围在保护区边界内或外围(吴建国等,2009)。美国北部树木和灌木对气候变化较敏感,物种向不同方向迁移,一些物种分布将更加破碎化,一些物种分布将扩大;气候变化导致冬天温度升高,将使蝴蝶适应范围增加;南非动物在温度升高 2℃后,17%的物种范围扩展,78%物种范围缩小,3%没有变化,2%灭绝,物种主要向东部湿润区移动,在西部适应区丧失严重;气候变化后,澳大利亚高海拔区适合树木生长范围增加,低海拔区适合范围缩小;气候变化后,森林中以风为媒介迁移的物种每年迁移 81 m,而鸟类每年迁移 136 m,以风为媒介的物种迁徙速率对栖息地隔离和破碎化特别敏感,并且许多物种将来不及迁移(吴建国等,2009)。

1.2.4 气候变化对生物多样性的风险

1. 概念

风险指危害或不利事件发生的可能性。气候变化风险指气候变化导致的不利事件发生的可能性，包括了暴露度、脆弱性、危害及损失。暴露度包括可能会受到负面影响的生计、物种和生态系统、环境功能、服务和资源、基础设施，或经济、社会或文化资产。危害指对自然的或人为的物理事件、趋势、物理撞击可能造成生命损失、人身伤害或其他健康的影响，以及基础设施、生计、提供服务、生物多样性潜在发生和环境资源的损害和财产损失。气候变化对生物多样性带来的风险指气候变化影响下物种分布范围丧失、物种灭绝、有害生物暴发等不利事件发生的可能性。

2. 风险

（1）气候变化将加速物种灭绝，特别是一些濒危物种灭绝风险将增加。预测 21 世纪气候变化将使陆地和淡水物种面临灭绝风险增加，特别是在气候变化与其他压力交互作用下风险更大。IPCC 第四次评估报告预计，相比工业化前水平，全球平均气温超过 2~3℃，目前评估过的 20%~30%的物种灭绝风险将增加，变暖超过 4℃将意味着物种灭绝风险进一步增加（Fischlin et al.，2007）。相比工业化前，全球增温 3.5℃，允许物种迁移到新气候适宜地区，21 世纪 80 年代，50000 种物种中将有 57%±6%植物和 34%±7%动物分布范围预计下降超过 50%（Warren et al.，2013）。

（2）气候变化将使有害生物范围改变、危害加剧。气候变化可导致莱姆、血吸虫病和汉坦病毒传染病在人类中传播，西尼罗河病毒在鸟类中传播增加、危害范围扩大（Keesing et al.，2010）；将导致一些害虫范围扩张、危害加剧（Root and Schneider，2006）。气候变化引起加拿大北方森林害虫显著变化，特别对那些发生和爆发必须限定在一定气候要素下的害虫，极端气候事件可能提高害虫种群急剧爆发；冬季气候改变增加病菌和疾病爆发概率；气候变化改变了寄主和真菌地理分布范围，将促使疾病爆发。

（3）气候变化将引起入侵生物分布范围扩大，危害加剧，特别是对入侵物种繁殖和传播、种群动态、地理分布都将产生影响（Loss et al.，2011）。

（4）气候变化导致的干旱和高温事件及病虫害将引起植物死亡和森林退化；气候变暖预计在 4℃、海水 pH 下降，将引起珊瑚礁广泛死亡（IPCC，2014）。

（5）气候变化将导致一些栽培植物和家养动物品种的退化，引起一些传统种植资源品种丧失，作物和家养动物多样性将受到威胁。

（6）气候变化引发的高温、热浪、干旱、火灾，以及洪水等灾害将引起荒漠化、水土流失、泥石流等，严重破坏物种的栖息地，导致生物多样性丧失。

（7）气候变化下一些物种分布范围将改变，特别是引起保护区内物种的分布和种类改变，影响保护区的保护目标，或使保护区部分保护功能丧失。

（8）气候变化引发的生物多样性的丧失引起生态系统服务功能的下降甚至中断，如提供淡水资源和空气质量、食物和环境调节能力等将下降（Midgley，2012）。

（9）气候变化影响下，物种分布范围改变将使一些区域的物种的丰富度下降，甚至使部分区域的生物多样性丧失。

（10）气候变化与其他胁迫共同对生物多样性产生不利影响，加速物种灭绝，特别是与景观结构、栖息地、极端气候事件、土地利用干扰共同影响生物多样性，引起部分物种的灭绝。

1.2.5 气候变化给生物多样性保护带来的挑战

气候变化对生物多样性的影响将对生物多样性保护带来一定的挑战。

（1）气候变化影响下，部分珍稀濒危物种分布范围缩小甚至消失，濒危性加大，增加了灭绝风险，这给珍稀濒危物种保护带来了一定的挑战。

（2）气候变化使一些有害生物的分布范围扩大、危害加剧，这对虫害和疾病防御带来了一定的挑战。

（3）气候变化引起自然保护区中物种分布改变、丰富度下降，将使保护区保护目标和管理有效性改变，这对自然保护区的管理将是一个挑战。

（4）气候变化加剧土地荒漠化、水土流失，这对区域的生境保护和生态恢复带来了一定的挑战。

（5）气候变化引起一些植物死亡、森林衰退，使珊瑚礁白化死亡，这对生物资源的管理和可持续利用带来严峻的挑战。

（6）气候变化使种间关系改变，导致一些有害生物数量增加，使一些经济生物数量下降，这对生物的利用、保护和有害生物控制都带来了一定的挑战。

（7）气候变化使部分家养动物和栽培植物基因多样性下降，对传统作物和家养动物种质资源利用带来了一定的挑战。

（8）气候变化引起基因改变，导致一些物种，特别是有害生物控制难度加大。另外，导致一些新的基因变异，对种质资源的保护和利用带来一定的挑战。

（9）气候变化造成疾病传播范围改变，引发传染性疾病的传播范围扩大，引起传播途径改变，给有害生物的控制和疾病防控带来挑战。

（10）气候变化和土地利用变化相互作用，加剧了对生物多样性的影响，减少了生物多样性的服务功能，这对生物多样性持续利用带来了一定的挑战。

1.2.6 研究的目的和意义

生物多样性保护应对气候变化面临的首要问题是，科学认识气候变化对生物多样性影响与风险，需要明确气候变化对生物多样性产生什么样的影响，哪些是有利的，哪些是不利的，是怎么产生影响的，生物多样性自身如何反应，响应的时空特征如何等。另外，由于气候变化与其他因素共同对生物多样性产生影响，为了适应气候变化，需要辨别不同因素的影响及不同因素间关系。

研究气候变化对生物多样性影响与风险的主要任务包括：分析生物多样性不同要素与气候要素关系，气候要素与基因、物种与生态系统多样性的各种关系。识别过去气候变化对生物多样性的影响，包括过去气候变化对基因、物种和生态系统等生物多样性产生的影响程度，以及气候变化与不同因素共同影响，生物多样性要素变化的归因。预测未来气候变化对生物多样性的风险，包括分析未来气候变化造成的影响，以及产生的不利影响的过程与机制，以及造成不利影响的概率。

生物多样性保护适应气候变化需要防御有害生物，保护生物多样性，避免物种灭绝。深入研究气候变化对生物多样性影响与风险，有助于提高生物多样性保护与经济发展的结合度，促进生态文明建设和经济社会可持续发展。科学揭示气候变化对生物多样性影响与风险，建立有效的应对策略将是生物多样性保护面临的重要任务。对我国而言，研发气候变化对生物多样性影响评估技术方法，进行气候变化对生物多样性影响评估，对落实《中国生物多样性保护战略与行动计划（2011~2030 年）》，增强气候变化履约能力，提高生物多样性保护适应气候变化能力等方面都有重要的现实意义。

1.3 气候变化对生物多样性影响与风险研究的进展

生物多样性与气候要素关系是人类利用生物资源一直关注的重要问题，也是生物学及相关学科研究的重要内容。随着对气候变化问题的高度关注，气候变化对生物多样性影响研究成了热点。

1.3.1 历史回顾

早在原始社会，人类就已经在关注生物与气候之间的关系。17 世纪是观察描述阶段，主要观察气候与生物多样性的关系，一些自然博物学家通过考察分析气候与生物多样性的关系，研究历史上地球生物演变与地球环境关系。18 世纪是考察阶段，主要是进行生物与气候关系的考察，对气候与生物关系、古气候环境变迁与生物关系的研究较多。19世纪，对植被、动物植物与气候关系进行了地理学、气象学和气候学、农业和林业等方面的研究，以及物候学的观测。

20 世纪初，开始了生物与气候关系的系统研究，包括生物气象、生态学、农业、林业、渔业等方面认识生物与气候要素的关系；20~30 年代，开始了气候与生物关系的系统观测，30~40 年代，从物理学、微气象学、边界气象学和生理学角度进行了系统认识；40~50 年代，生物气象学全面发展，出现了专门研究气候与动植物关系的内容；50~60年代，生物气象学研究更加系统的发展；70~80 年代，提出了生物多样性的概念，从生理学角度对气候与动物的关系有了一定的研究。

20 世纪初到 80 年代到 21 世纪初，开展了大量的气候、气象与生物关系方面的研究，并且开始了全球变化研究，包括气候变化对生物多样性方面的研究，集中在进行气候变化物种方面的研究。

21 世纪,生物多样性与气候变化的系统研究成为研究的热点,包括了分析气候变化对生物多样性的影响,以及开展生物多样性适应气候变化。同时,气候变化对生物多样性影响与风险研究成为热点。目前气候变化对生物多样性影响的研究,集中在过去气候变化、未来气候变化的影响,以及气候变化影响下生物多样性的风险这些方面。政府间气候变化专门委员会在 2002 年发布了专门技术报告:*climate change and biodiversity*。生物多样性公约秘书处发布了评价气候变化对生物多样性影响与风险的技术报告:*connecting biodiversity and climate change mitigation and adaptation: report of the second ad hoc technical expert group on biodiversity and climate change. technical series no. 43*(2010):*biodiversity and climate change: achieving the 2020 targets*。一些国际组织也发布了一系列报告,如 IUCN(2014):*a guiding toolkit for increasing climate change resilience*等。一些国家发布了生物多样性与气候变化评估报告,如澳大利亚、美国、东南亚一些国家出版了一系列关于气候变化与鸟类、野生动植物、植物、鱼类、地衣、昆虫、种质资源、有害生物方面的著作。一些生物多样性与气候变化方面的著作出版:如*Biodiversity in a Changing Climate: Linking Science and Management in Conservation*、*Climate Change and Biodiversity*、*Biodiversity and Global Change* 等。

在我国古代已经有生物与气候关系的认识,19 世纪也进行了生物与气候关系方面的一些研究,20 世纪 50 年代集中在农业、林业气象与气候学的研究,包括橡胶与气候关系、昆虫与气候关系方面的研究;60~70 年代农业气候等的发展,推动了生物与气候关系学科发展,开始从年轮和物候学方面进行气候变化问题的研究;80 年代开展了一系列气候气象与生物关系的研究,集中在农业、林业、畜牧业、水产养殖业,以及植被、土壤与气候关系方面;90 年代也开展了气候灾害和风险评估的研究;21 世纪进行了气候变化对物候、典型植物分布、植被影响等方面的研究,并完成了三次气候变化国家评估报告,包括气候变化对典型物种影响与适应方面的评估。

1.3.2 研究现状

气候变化对生物多样性影响与风险方面研究,包括过去气候变化对生物多样性影响的识别、未来气候变化对生物多样性影响与风险的评估。

1. 识别与归因气候变化对生物多样性的影响

许多研究分析了过去气候变化对植物、动物物候、地理分布、种间关系及丰富度、有害生物的影响,以及生物多样性响应目前气候变化的检测。

1)物候改变

近几十年来,许多地区的动植物的萌芽、开花、迁移等物候期已经提前(Peñuelas et al.,2013);在北美(Cook et al.,2008,2012b)、欧洲(Cook et al.,2012a)、亚洲(Primack et al.,2009)、北极(Høye et al.,2007)都发现物种春天物候提前;两栖类(Phillimore et al.,2010)、鸟类(Thorup et al.,2007)、哺乳动物(Lane et al.,2012)、昆虫(Robinet and Roques，2010）、浮游生物（Adrian et al.，2009）物候都已经改变。1976~2008 年，美国科罗拉多州冰雪融化提早导致黄腹旱獭从休眠中苏醒提早（Ozgul et al.，2010）；在北美、欧亚和非洲大陆检测到春季浮游植物繁殖发病提前与气候变暖相关（Winder and Sommer，2012）；在新罕布什尔州鸟类产蛋日期提前，秋季迁徙并不一致（有延迟、提前的，也有没有变化的）与非气候变化有关（Adamik and Pietruszkova，2008）。

2）物种分布变化

受气候变化影响，物种分布向极地或高海拔迁移，有一些物种进行跨经度或向东西方向迁移，或向热带或低海拔迁移，这些结果大多发生在 30°~60°N（Lenoir and Svenning，2013）。藻类、地衣、苔藓植物、维管植物、软体动物、甲壳类动物、昆虫、鱼类，两栖类、爬行类、鸟类和哺乳动物分布变化与近期气候变化密切相关（Poloczanska et al.，2013）。需要说明的是，以前分析忽略了温度、降水、物种特性、竞争力、迁移和土地利用变化因素共同的影响（Lenoir et al.，2010），最近对物种分布范围单维、单向迁移与气候变化关系结论提出质疑，强调了对物种分布变化多因素和多方向识别（Wal et al.，2013a）。

3）物种迁移变化

气候和非气候因素相互作用导致物种迁移变化。特别是昆虫和鸟类显著迁移归因于气候变化，每十年跨类群和地区向极地方向迁移 17km，向高海拔迁移约 11 m（Fischlin et al.，2007）。陆生动物分布范围随着温度变化已经改变，并且分布范围变化物种数量和区域也越来越多（Chen et al.，2011），但不同物种跟踪气候变化差异很大（Mattila et al.，2011）。

4）物种丰富度改变

物种丰富度变化与近期气候变化密切相关（Cahill et al.，（2013）。卫星数据和长期观测表明，气候变暖下北极苔原灌木丰富度增加（Myers-Smith et al.，2011）；欧洲寒带山顶温度上升物种丰富度增加，在南欧降水减少，使地中海山顶物种丰富度下降（Pauli et al.，2012）。在高海拔地区种群数量增加归因于温度增加（Gottfried et al.，2012），但与放牧压力改变、大气氮沉降和森林管理影响也有关（Gottfried et al.，2012）。与 20 世纪相比，1898~2008 年在大盆地美国鼠分布改变，局部灭绝速度增加近 5 倍（Beever et al.，2011）。

5）基因变化

近年来的气候变暖使一些植物和昆虫物种基因发生改变。物种通过适应基因型和表型可塑性响应气候变化；通过迁移不利环境，进入有利气候条件，免遭本地或全球灭绝（Bellard et al.，2012；Peñuelas et al.，2013）。表观遗传机制，如 DNA 甲基化，可能允许迅速适应气候变化（Paun et al.，2010；Zhang et al.，2013）。过去 28 年中，芬兰褐色猫头鹰棕色基因型数量增加归因于冬天少雪（Karell et al.，2011）；英国林蛙产卵提早归因于适应当地春季气温提高而发生的遗传基因变化（Phillimore et al.，2010）。物种分布地理重建表明杂交有助于避免在冰川周期灭绝和在未来适应中发挥关键作用（Soliani et al.，2012）。一些物种已通过基因适应变化来适应近期的气候变化，一些物种不适应不断变化的气候，部分原因与现有遗传变异、适应性状遗传弱等特征有关（Mihoub et al.，2012）。

我国对过去气候变化的影响研究集中在气候变化对物候、植被、鸟类影响等方面，如发现气候变化与近 40 年中国东部 17 个气象观测站点木本植物秋季叶全变色期变化总体表现为推迟趋势，20 世纪 80 年代后，东北地区针叶林、针阔叶混交林、阔叶林、草甸和沼泽植被生长季开始日期提前，受春季温度升高影响显著；植被生长季结束日期受温度变化影响较小，草原植被生长季结束日期提前受秋季温度降低影响显著；针阔叶混交林、草原和农田植被生长季结束日提前；昆虫、蛙类等动物物候均对气候变化做出了响应；气候变化使得长期生存于干旱高寒气候的亚洲盘羊的分布范围缩小；历史上分布于湖南、湖北、四川、广东、广西和云南的绿孔雀目前仅分布在云南西部、中部和南部；20 世纪 20~30 年代广泛分布在中国东部的华南梅花鹿分布范围也显著减小；我国有 120种鸟类的分布范围发生改变，包括东洋界的 88 种，古北界的 12 种，广布种鸟类 20 种；90 年代前分布于渤海地区的斑嘴鸭属于夏候鸟已成为该地区的留鸟；曾分布于内蒙古、青海和甘肃等地区的普氏原羚现仅分布于青海湖地区，一些物种发生局地消失（《气候变化国家评估报告》编辑委员会，2007；《第二次气候变化国家评估报告》编写委员会，2011；许吟隆等，2013）。

2. 预估未来气候变化对生物多样性影响

目前，在全球各个区域都进行未来气候变化对生物多样性的影响预估的研究，包括对未来气候变化影响下物候、种间关系、生物进化、物种迁移、物种分布和丰富度及栖息地和病虫害等变化的分析等。

1）物候

未来气候变化下，物候将发生改变，物种无法调整自己物候行为将受到负面的影响，尤其是分布在季节性很强栖息地的物种（Both et al.，2010）。物候也与物种关系密切相关，如竞争、捕食、传粉等。气候变化引起的物候变化将改变分布在明显季节周期区域的物种间相互作用（Sternberg et al.，2015）。不同品种和营养水平物候变化速率不同（Cook et al.，2008；Thackeray et al.，2010）。增加温度可能带来物种物候不同步，这取决于它们各自在食物网中的营养位置（Singer and Parmesan，2010）。

2）种间关系

物种之间如果适配不够迅速或相互依存不协调，如营养、竞争关系等，共存将受到干扰（Nakazawa and Doi，2012）。在美国伊利诺伊州，由于蜂种物候变化和 120 年景观变化率改变，植物传粉模式改变，50%蜂种在当地灭绝（Burkle et al.，2013）。春季气温增加，在荷兰的冬季蛾和栎树改变不同步（van Asch and Visser，2007）。气温上升缩短欧洲松叶蜂幼虫期，降低捕食风险，增加虫害爆发的风险爆发期（Kollberg et al.，2013）。

3）生物进化

脆弱种群在分布范围边缘过多或过少基因流将不能适应气候变化，一些种群分布范围边缘发生遗传变异来快速适应全球变暖（Hill et al.，2011）。分布中心种群对环境变化适应比在边界种群敏感（Bell and Gonzalez，2009）。树种遗传变异可能足以减轻未来气候变化的负面影响（Kuparinen et al.，2010；Kremer et al.，2012）。由于树木生长周期长，适应性反应将可能落后于气候变化。对于短生命周期的植食性昆虫，快速适应物候响应允许其能够快速跟踪最近的气候变暖（Van Asch et al.，2012）。不考虑进化机制，可能导致对物种响应气候变化过程的错误认识（Kovach-Orr and Fussmann，2013）。具有气候变化高可塑性可以提高物种适应气候变化的概率，但可塑性条件高而只能使物种能够适量适应气候变化（Chevin et al.，2010）。气候变化很可能超过许多物种进化适应的速率，气候变化下一些物种遗传适应衰减、种群下降（Fischlin et al.，2007）。单个物种通过进化响应在适应气候变化方面发挥重要作用（Ravenscroft et al.，2015）。

4）物种迁移

物种迁移是生物体自主适应气候变化的重要机制，许多地区许多物种迁移率比气候移动速率要慢。现代景观和内陆水域成为物种迁徙的阻碍，如栖息地破碎化、道路、人居和水坝。迁移影响物种的相互作用，导致生物群落破坏（Visser and Both，2005）。

5）物种分布

目前预测气候变化下物种分布范围变化已经非常普遍（Nogues-Bravo et al.，2010；Dawson et al.，2011）。许多模拟研究没有考虑遗传适应性和可塑性及物种相互作用或人为作用，结果误差较大。当物种迁移速度超过气候速度，可以推断物种能够跟上气候变化，反之当迁移能力比预计的气候速度低，物种则不会跟上气候变化。有些物种，特别是草本植物和树木，通常具有非常低的迁移能力，而蝴蝶、鸟类和大型脊椎动物通常具有非常高的迁移能力，一些物种迁移能力较低。虽然物种长距离迁移的潜在作用还很不确定，特别是许多植物在中等至高速率下能否追踪上气候变化还不确定（Pearson，2006）。灵长类动物一般比树木迁移能力高，但灵长类动物大部分分布在气候变化速度非常高的区域（如亚马孙河流域）（Schloss et al.，2012）。很多啮齿动物、一些食肉动物和淡水软体动物预计将无法跟上快速的气候变化。人类活动可以降低物种移动速度，包括栖息地丧失和破碎化通常会降低物种迁移（Meier et al.，2012；Schloss et al.，2012）。栖息地破碎化降低物种的迁移的程度取决于许多因素，其中包括片段和走廊的空间格局、最大扩散距离、种群动态和栖息地干预程度（Pearson and Dawson，2003）。物种对栖息地依赖可能会加速或阻碍迁移。例如，寄主植物预计移动速度远低于大多数食草昆虫（Schweiger et al.，2012）。一些物种能跟踪上中等速率的气候变化（RCP4.5 和 RCP6.0），但也有许多物种不能跟踪上。物种移动速度不够快将失去有利环境空间而使分布范围收缩（Warren et al.，2013）；保持能跟上气候变化迁移可以维持或增加物种分布范围（Pateman et al.，2012）。

6）物种丰富度

未来气候变化将使植物失去适宜分布范围而濒临灭绝。如气候变化影响下，美国东部 76 种普通树种有 34 种树种分布扩展 10%，31 种减少至少 10%，38%~47%树种向北移动 20 km，8%~27%树种向北扩展超过 200 km（Iverson and Prasad，2002）；到 2100 年，奥地利阿尔卑斯山 5 种特有植物适宜地理范围丧失 77%（Dirnböck et al.，2011）；到 2050 年，南非 975 种特有植物分布减少 39%（Broennimann et al.，2006）；到 2070~2100 年，横越欧洲山区 2632 种植物中有 36%~55%高山、31%~51%亚高山和 19%~46%中部山区植物超过 80%栖息地丧失（Engler et al.，2011）；到 2080 年，纳米比亚 159 种特有植物中 5%植物分布完全丧失（Thuiller et al.，2006）；未来 20 年墨西哥榆树和松树地理分布范围将减少 7%~48%和 0.2%~64%（Gomez-Mendoza et al.，2007）；到 2050 年分布，欧洲 1350 种植物中 70%植物种分布范围改变（Thuiller，2004）等。21 世纪，由于气候变化更多本地物种灭绝危险极大地增加（Settele et al.，2008；Bellard et al.，2012）。未来气候变化将导致遗传多样性损失时，许多物种分布范围缩小（Pauls et al.，2013）。许多物种将无法在 21 世纪跟踪上气候变化，无法达到潜在的适宜气候区域，具有低扩散能力的种群也将特别容易受到伤害，包括多种植物、两栖动物和一些小哺乳动物，很多陆地和淡水物种将面临气候变化风险（IPCC，2014）。

7）栖息地

气候变化能使生境分布变化和栖息地质量变化（Dullinger et al.，2012；Urban et al.，2012）。未来几十年许多物种可能迁移到新栖息地（Urban et al.，2012）；未来 60 年非洲大多数鸟类将跨越不利栖息地进行迁移（Hole et al.，2009）。Araujo 等（2011）估计，到 2080 年约 60%（58%±2.6%）植物和脊椎动物物种将不再有欧洲保护区中的有利气候条件，将迁移到不适合栖息地（SRES A1、A2、B1 和 A1FI 情景），一些生境类型可能会完全消失（Matthews et al .，2011）。

8）病虫害

气候变化直接影响害虫分布和活动，加剧危害，如通过较长温暖季节期繁殖，并间接通过食物品质或天敌改变影响害虫活动（Jamieson et al.，2012）。

在我国，也开展气候变化对生物多样性方面的研究，包括从植被、生态系统、种质资源和有害生物方面进行了评估（《气候变化国家评估报告》编辑委员会，2007；《第二次气候国家评估报告》编写委员会，2011；许吟隆等，2013）。

3. 评价气候变化影响下生物多样性面临的风险

许多研究进行气候变化影响下物种灭绝、生物入侵、有害生物爆发、植物死亡和自然灾害引发风险的评价。

1）观测到物种灭绝

过去几十年鸟类（Szabo et al .，2012）、 两栖类（Kiesecker，2011）灭绝率增加，这些变化被归因于栖息地丧失、过度开发、污染或入侵物种（Cahill et al.，2013）。国际自然保护联盟记录了 800 多个全球性灭绝物种，只有 20 个近期与气候变化有联系（Szabo et al.，2012）。软体动物，尤其是淡水软体动物灭绝率最高（Barnosky et al.，2012），这些动物灭绝主要由于入侵物种、栖息地破坏和污染，气候变化影响不大（Cahill et al.，2013）。淡水鱼记录灭绝率最高，很少被归因于气候变化（Cahill et al.，2013）。与此相反，气候变化已被确定为是引起两栖动物灭绝主要原因（Pounds et al.，2006）。中美洲在过去的 20 年中两栖动物记录中有 160 多个可能灭绝（Kiesecker，2011）。这些青蛙灭绝的直接原因似乎是非常致命的侵袭性真菌感染和土地利用变化；区域气候改变涉及自然气候波动，而不是人为气候变化。总体来说，所观察到的物种灭绝不能完全归因于近期的气候变暖。

2）物种灭绝风险

气候变化增加陆地和淡水物种灭绝风险（Foden et al.，2013）。气候变化使北极熊灭绝危险增加（Keith et al.，2008）。表型可塑性非常充分的温带鸟类种群估计足以保持低风险的灭绝概率，甚至即使气候变暖超过 2~3℃（Vedder et al.，2013）。物种第四次评估报告指出，相比工业化前，全球平均温度超过 2~3℃以上，20%~30%评定物种灭绝危险增加（Fischlin et al.，2007）。多数研究表明物种灭绝风险随气候变化水平迅速上升，但有些不（Pereira et al.，2010）。物种灭绝危险估算值范围为 1%~50%（Cameron，2012；Foden et al.，2013）。不确定性是因为没有考虑遗传和表型的适应能力、扩散能力、种群动态、栖息地破碎化和丧失、群落互动、微避难所、CO_2浓度升高的影响。考虑授粉或捕食网至少可以提高某些地区和物种群体灭绝风险模拟精度（Nakazawa and Doi，2012）。生境破碎化将严重阻碍物种适应气候变化的能力。

3）生物入侵

气候变化可能会增加 C_3 灌木藤蔓的分布和数量，威胁当前控制策略（Kriticos et al.，2003）。气候变化可能也限制了哺乳动物物种侵入能力。气候变化可能会使外来入侵植物范围扩大（Bradley et al.，2010），加剧入侵生物对本地生物的影响，降低有效的管理能力（David et al.，2015）。在韩国首次记录于 1993 年的入侵生物——蓟马，在气候变化影响下，预计到 2020 年在韩国西部和东部所有地区将有这种生物分布；2040 年后，除韩国东北内陆高山区的北端，从沿海到朝鲜半岛内陆地区都将成为这种物种的有利的潜在分布区（Park et al.，2014）。

4）害虫发生

气候变化将增加害虫发生的风险，如气候变化使澳大利亚各地的害虫组合和病虫害发生率改变（Hill et al.，2012）。

5）树木死亡

在北美西部和北方，在过去几十年观察到树木死亡率增加，归因于气候变暖高温和干旱的影响，害虫及相关病原体分布和数量增加，极端气候事件如干旱可能会导致大量树种死亡。树木潜在死亡的增加与气候变化引起的生理应激及虫害爆发和野火有关，气候变暖和干旱导致树木死亡增加、森林衰退（Allen et al.，2010）。

6）灾害风险

全球森林面积受火灾影响/虫害爆发危害显著，约有 67 万 hm^2（1.7%）土地每年被烧毁，主要在热带南美和非洲，虫害影响超过 85 万 hm^2 森林，其中部分是在温带北美，恶劣天气干扰超过 38 万 hm^2，主要在亚洲；寒带气候区域烧毁森林面积也呈现增加趋势（Van Lierop et al.，2015）。

4. 评价气候变化对种质资源的影响

气候变化对种质资源影响的研究也受到关注。一些研究分析了气候变化对畜牧业生产的影响（Adams et al.，1998；Smit and Skinner，2002），气候变化下畜牧业生产物种组成改变（Seo and Mendelsohn，2007，2008），以及气候变化对牧区贫困的影响（Jones and Thornton，2009）。家养动物的分布数据分辨率低，气候变化对家养动物分布影响评估建模难以开展（Jarvis et al.，2008；Jones and Thornton，2009）。由一些农作物和树种迁移速率已知，预测区域或国家分布较有效（Seppälä et al.，2009）。对于家畜，这种预测比较复杂。首先，家畜被驯化在同一区域，意味着它们分布区域环境条件类似。其次，多数畜禽品种都分布在全球各地，意味着它们地理分布由不同生产系统覆盖。此外，多数品种适应特征数据不可用，预测气候变化对牲畜多样性影响的生物地理模型与当前可用的数据不匹配（FAO，2008）。气候变化种质资源影响研究，除较高温度对个别动物生理作用，气候变化可能增加在地域上限制稀有种群风险，间接改变动物疾病分布和影响饲料的供应。

5. 土地利用变化和气候变化对生物多样性共同影响

气候变化和土地利用变化对生物多样性影响也是目前关注的热点问题（Oliver and Morecroft，2014）。土地利用和气候变化影响物种的空间格局。气候变化和土地使用可能会影响一些种群参数。气候变化对物种的当地种群规模产生直接影响，也改变栖息地破碎化状态。对于一些物种，气候变暖可能对扩散有一定作用，并且使种群之间的联系增强。土地利用可以改变土壤肥力，增加植物生长速率。生物入侵、污染和土地利用变化造成栖息地的丧失。土地管理变化（如放牧制度）对生物多样性影响很大。土地集约化管理导致供氮能力增加，大气沉降及直接施肥导致增加土壤肥力增加，进而使土壤营养水平增加。极端气候事件通过土地利用影响生境的质量、面积、结构和异质性。极端气候事件，如持久的干旱，可能对种群结构产生一定的影响。自然干扰，如侵蚀、洪水、野火都与土地利用有关。某些情况下，土地利用变化或气候变化影响可以被识别，有些情况下却难以分离。在很多情况下，气候变化和土地利用对生物多样性的影响相互作用。一些情况下，气候变化对生物多样性的影响将超过栖息地丧失对生物多样性的影响，气候变化将成为生物多样性下降的最大驱动力。但是，土地利用变化将成为最显著压力。气候变化和土地利用变化间相互作用增加对生物多样性保护的风险。不适当的栖息地管理可能会加剧生物多样性下降。全球变化驱动间相互作用的复杂性增加了准确预测气候变化对生物多样性影响的难度（Oliver and Morecroft，2014）。"

1.3.3　问题与展望

1. 问题

（1）目前气候变化对物种多样性影响方面研究较多，对基因多样性、物种的进化和适应过程、种间关系和种质资源研究还不足。另外，在物种入侵和灭绝与气候变化的关系方面也还存在很大的不确定性。对气候变化引起物种灭绝的机制还很不清楚。

（2）目前对气候变化对生物多样性单个层次多样性影响研究较多，而对其他层次以及不同层次生物多样性之间影响的研究不多，并且研究结果误差较大。

（3）由于生物多样性的复杂性，一般研究主要从斑块、景观和全球尺度开展研究。

对一些生物如微生物和土壤生物多样性来说，其栖息环境变化对生物多样性的影响更大，目前对这些方面的研究还很少。对植物迁徙、空间格局和空间异质性、杂草迁徙、害虫爆发及火灾发生、种群大小和种群间相互关系研究也非常不够。

（4）气候变化除了对生物多样性产生直接的影响外，还产生间接的影响。目前对这些间接的影响研究还较少，对这些间接影响的机制也很不清楚。

（5）气候变化一方面通过气候的平均变化对生物多样性产生影响，另一方面通过极端气候事件对生物多样性产生影响。目前研究还主要是针对前者，对后者研究还极少。

（6）研究气候变化对地带性影响是假设植被和气候是稳定的，分析现气候下生物区入侵和将来植被结构、植物功能类型分布变化都是基于假设基础之上。预计物种已通过分布变化来追踪气候变化，不利气候影响避难所和物种不断变化的耐受性使物种能适应气候变化的影响。目前这些方面研究还不够。

（7）目前研究气候变化对生物多样性影响与风险区域很不平衡。在亚洲、南美洲、非洲中部、格陵兰岛和南极研究力量薄弱，涵盖大地理范围研究缺乏；在南极洲、南美洲和亚洲只有少数地方的研究仅限于小生态区域；欧洲和北美主要是地中海林地，温带阔叶林和混交林，温带针叶林，北方林和苔原。热带和亚热带森林，热带和亚热带草原和灌丛、沙漠、旱生灌丛研究较少。除了温带生物群落，物种范围变化研究工作也主要集中在最冷区域的生物群落（苔原、北方和高山植被），对热带地区生物群落的研究还很少。

（8）大多数研究报告与气候有关变化主要集中在陆生动物种类方面。在海洋研究集中于动物种类（91%），对植物种类（9%）研究不多。在陆地上，也是对动物的研究比植物多。

（9）目前气候变化影响下物种分布变化表现为纬度或水深范围变化。少数研究关注物种分布范围的纬度、经度和高度或深度变化。目前观测研究还不足，分析了分布受到气候变化影响的物种数还有限，对植物分布在纬度范围内变化的研究还较少。

（10）目前对物种分布变化及其与气候变化和人类活动关系的分析还是初步的，技术方法需要进一步完善，物种分布、气候要素和人类活动数据需要进一步补充，特别是区别人类活动和气候变化共同对生物多样性影响贡献及风险评估技术需要发展。

（11）对气候变化对生物多样性风险研究还不够，对未来气候变化对生物多样性影响的研究，包括未来影响的程度、影响范围和过程、风险、灭绝机制、植物死亡分析不足。

（12）气候变化与生物多样性关系还缺少系统分析，气候变化对生物多样性影响过程还缺少系统分析。对典型种质资源与气候要素关系，典型有害生物与气候要素关系认识比较充分，对野生的动植物资源物种与气候要素关系认识还比较有限。

2. 展望

（1）开展气候变化对各种低等生物、种质资源等影响的研究，以及气候变化对不同生物（包括原核生物）的影响与风险研究将大力发展。

（2）调查识别气候变化对生物多样性影响将引起更广泛关注。在全球，热带低地和热带海域分布变化调查将得到重视。陆地上热带地区最近物种范围变化证据大多来自山区的研究，与温带高山比，生物分布对气候变化的响应与局部温度升高更紧密相关。在低地热带纬度或纵向范围变化证据几乎不存在，物种在这些区域更易分布，因为它们能接近其生理学上最高热耐受性限制约束；气候变暖下，大多数陆地外温动物具有有限生理热安全范围，但可能通过遮阳、洞穴或蒸发冷却行为可塑性在热带低地避免过热而生存。热带低地生物群，尤其是植物，将成为全球变化研究重点，低地陆生植物变化调查也将受到重视。调查深水海洋植物范围变化较少，20 世纪开展了海洋浮游植物生物量和群落结构变化方面研究，但在物种分布或丰度变化方面研究很少，这方面研究将引起重视。

（3）过去气候变化对生物多样性影响的识别归因研究，系统开展物种分布在多个方向变化研究将引起广泛关注。尽管有许多现代气候变化下物种范围变化的分析，但多数研究集中在纬度和高程识别分析，只有少数研究使用了多维方法。同时，个别研究评估物种分布变化或丰度变化。因此，在分析气候变化对物种分布和丰富度影响方面，需要考虑物种分布不同方位变化特征。

（4）气候变化对生物多样性风险研究，包括气候变化影响下生物多样性脆弱性、极端气候事件影响，以及气候变化与其他胁迫共同影响，特别是物种灭绝、有害生物流行爆发的风险研究将受到关注。

（5）分析气候变化下物种迁移和种群过程，包括气候变化和人类土地覆盖利用、污染、外来物种入侵，以及遗传多样性和种群生存能力、物种生理耐受性、物种间相互作用、气候变化和栖息地破碎化效应间相互作用研究将成为重点研究内容（Kappelle et al.，1999）。

（6）分析气候变化影响下基因变化及生物进化过程与物种灭绝机制和植物死亡过程将引起关注。

（7）分析气候变化影响下物种之间关系及食物网关系变化，包括发展评价指标和分析方法，以及分析气候变化对不同层次生物多样性影响、栖息地破坏和丧失方面直接和间接影响、气候变化影响滞后性、极端气候事件影响及与其他因素协同作用研究也将成为研究的重点。

1.4　本书研究的内容与目标

1.4.1　研究对象与范围

考虑中国区域鸟类、爬行类、两栖类、兽类；裸子植物、被子植物等特有物种分布格局、丰富度和多样性，典型濒危物种的分布、迁移及栖息地；家养动物、栽培植物主要种质资源物种属性；入侵植物、动物、害鼠等，建立生物多样性演变技术方法，驱动生物多样性演变的气候和非气候因素定量辨识技术，过去气候变化对生物多样性影响的评估技术，未来气候变化对生物多样性风险评估技术。分析近 50 年来生物多样性演变与气候变化关系，气候变化影响贡献，区分人类活动与气候变化影响的贡献；评估未来30 年气候变化对生物多样性风险。

1.4.2　研究内容

1. 气候变化对特有及濒危物种的影响

利用目前物种标本资料、综合考察报告、动植物志、样带调查和生态站观测资料、物种资源调查报告等，整理物种分布时间序列数据，发展物种数据挖掘和时间序列分析技术方法，分析鸟类、兽类、两栖类、爬行类和植物特有与濒危物种分布变化。识别近50 年来驱动动植物物种特征演变的气候和人为因素，明确气候变化和人类活动影响的贡献。利用多种生态位模型和气候变化情景数据，模拟分析未来 30 年气候变化对特有物种分布的影响，分析评估气候变化对特有及濒危物种的风险。

2. 气候变化对主要动植物物种种质资源物种的影响

发展利用种质资源相关的标本馆数据、考察报告、论文和报告等资料，以及资源物种的调查报告等，并根据不同种质资源物种属性，获得种质资源物种分布的时间序列数据，分析建立种质资源物种变化技术，分析种质资源分布变化。定量辨识近 50 年来驱动种质资源物种特征演变的气候和人为因素，明确气候变化和人类活动对种质资源影响贡献。利用生态位模型和气候变化情景数据，模拟分析未来 30 年气候变化对种质资源物种分布的影响，评估气候变化对种质资源的风险。

3. 气候变化对典型有害生物的影响

通过查阅国内外数据库的记载和详细查询中国植物志、动物志、各省植物志、动物志、中国植被、地方性植被（动物）调查报告等有关书籍，各学术刊物上发表的有关论文，结合野外调查记录及动植物标本采集记录等资料，综合收集分析典型有害生物空间分布变化特征，明确气候变化和人类活动影响的贡献。利用生态位模型和气候变化情景数据，模拟分析未来 30 年气候变化对有害生物的影响，评估未来气候变化对有害生物的风险。

1.4.3　研究目标

从特有物种分布格局、丰富度和多样性，典型濒危物种的分布、迁移及栖息地，主要种质资源物种属性，及有害生物分布和危害方面等，研究生物多样性演变技术方法、驱动生物多样性演变的气候和非气候因素定量辨识技术、过去气候变化对生物多样性的影响的评估技术，未来气候变化对生物多样性影响及风险评估技术。识别近 50 年来气候变化对生物多样性的影响，区分人类活动与气候变化影响贡献；评估未来 30 年气候变化对生物多样性影响与风险。

参 考 文 献

《第二次气候变化国家评估报告》编写委员会. 2011. 第二次气候变化国家评估报告. 北京: 科学出版社.

《第三次气候变化国家评估报告》编写委员会. 2015. 第三次气候变化国家评估报告. 北京: 科学出版社.

《气候变化国家评估报告》编写委员会. 2007. 气候变化国家评估报告. 北京: 科学出版社.

陈灵芝, 马克平. 2001. 生物多样性科学原理与实践. 上海: 上海科学技术出版社.

钱迎倩, 马克平. 1994. 生物多样性研究的原理与方法. 北京: 中国科学技术出版社.

吴建国, 吕佳佳, 艾丽. 2009. 气候变化对生物多样性影响: 脆弱性与适应. 生态环境学报, 18(2): 693~703.

吴建国. 2008. 气候变化对陆地生物多样性影响若干进展. 中国工程科学, 10(7): 60~68.

许吟隆, 吴绍洪, 吴建国, 等. 2013. 气候变化对中国生态和人体健康的影响与适应. 北京: 科学出版社.

中国生物多样性国情研究报告编写组. 1998. 中国生物多样性国情研究报告. 北京: 中国环境科学出版社.

Adamik P, Pietruszkova J. 2008. Advances in spring but variable autumnal trends in timing of inland wader migration. Acta Ornithologica, 43(2): 119~128.

Adams R M, Hurd B H, Lenhart S, et al. 1998. Effects of global climate change on agriculture: An interpretative review. Climate Research, 11: 19~30.

Adrian R, 'Reilly C M O, Zagarese H, et al. 2009. Lakes as sentinels of climate change. Limnology and Oceanography, 54(6): 2283~2297.

Allen J R M, Hickler T, Singarayer J S, et al. 2010. Last glacial vegetation of Northern Eurasia. Quaternary Science Reviews, 29(19-20): 2604~2618.

Alo C A, Wang G L. 2008. Potential future changes of the terrestrial ecosystem based on climate projections by eight general circulation models. J Geophys Res 113(G1), G01004: 1~16.

Araujo M B, Alagador D, Cabeza M, et al. 2011. Climate change threatens European conservation areas. Ecology Letters, 14(5): 484~492.

Barnosky A D, Hadly E A, Bascompte J, et al. 2012. Approaching a state shift in Earth's biosphere. Nature, 486(7401): 52~58.

Bartomeus I, Ascher J S, Wagner D, et al. 2011. Climate-associated phenological advances in bee pollinators and bee-pollinated plants. Proc. Natn Acad Sci USA, 108: 20645~20649.

Beever E A, Ray C, Wilkening J L, et al. 2011. Contemporary climate change alters the pace and drivers of extinction. Glob Change Biol, 17: 2054~2070.

Bell G, Gonzalez A. 2009. Evolutionary rescue can prevent extinction following environmental change. Ecol Lett, 12: 942~948.

Bellard C, Bertelsmeier C, Leadley P, et al. 2012. Impacts of climate change on the future of biodiversity. Ecology Letters, 15(4): 365~377.

Both C, Van Turnhout C A M, Bijlsma R G, et al. 2010. Avian population consequences of climate change are most severe for long-distance migrants in seasonal habitats. Proceedings of the Royal Society B, 277(1685): 1259~1266.

Botkin D B, Saxe H, Araujo M B, et al. 2007. Forecasting the effects of global warming on biodiversity. Bioscience, 57: 227~236.

Bradley B A, Blumenthal D M, Wilcove D S, et al. 2010. Predicting plant invasions in an era of global change. Trends in Ecology & Evolution, 25(5): 310~318.

Broennimann O, Thuiller W, Hughes G, et al. 2006. Do geographic distribution, niche property and life form explain plants' vulnerability to global change. Global Change Biology, 12: 1079~1093.

Burkle L A, Marlin J C, Knight T M. 2013. Plant-pollinator interactions over 120 Years: Loss of species, co-occurrence, and function. Science, 339(6127): 1611~1615.

Cahill A E, Aiello-Lammens M E, Fisher-Reid M C, et al. 2013. How does climate change cause extinction. Proceedings of the Royal Society B: Biological Sciences, 280(1750): 1~9.

Cameron A. 2012. Refining risk estimates using models. In: Hannah L. Saving a Million Species: Extinction Risk from Climate Change. Washington: Island Press.

Campbell A, Kapos V, Scharlemann J P W, et al. 2009. Review of the literature on the links between biodiversity and climate change: impacts, adaptation and mitigation. In: CBD Technical Series NO 42 (ed. Secretariat of the Convention on Biological Diversity). Secretariat of the Convention on Biological Diversity, Montreal,Quebec, Canada. ISBN: 92-9225-136-8.

Chapman A D. 2009. Numbers of Living Species in Australia and the World (2nd ed.). Canberra: Australian Biological Resources Study. 1–80. ISBN 978 0 642 56861 8.

Charmantier A, McCleery R H, Cole L R, et al. 2008. Adaptive phenotypic plasticity in response to climate change in a wild bird population. Science, 320: 800~803.

Chen I–C, Hill J K, Ohlemüller R, et al. 2011. Rapid range shifts of species associated with high levels of climate warming. Science, 333(6045): 1024~1026.

Chevin L-M, Lande R, Mace G M. 2010. Adaptation, plasticity and extinction in a changing environment: towards a predictive theory. PLoS Biol, 8(4): e1000357: 1~8.

Climate Change 2007. Impacts, Adaptation and Vulnerability. In: Parry M L, Canziani O F, Palutikof J P, et al. Contribution Working Group II to the Fourth Assessment Report of the Intergovernmental Panel on Climate. Change Cambridge: Cambridge University Press.

Cook B I, Cook E R, Huth P C, et al. 2008. A cross-taxa phenological dataset from Mohonk Lake, NY and its relationship to climate. International Journal of Climatology, 28(10): 1369~1383.

Cook B I, Wolkovich E M, Davies T J, et al. 2012. Sensitivity of spring phenology to warming across temporal and spatial climate gradients in two independent databases. Ecosystems, 15(8): 1283~1294.

Cook B I, Wolkovich E M, Parmesan C. 2012. Divergent responses to spring and winter warming drive community level flowering trends. Proceedings of the National Academy of Sciences of the United States of America, 109(23): 9000~9005.

Dasmann R F. 1968. A Different Kind of Country. New York : MacMillan Company. ISBN 0-02-072810-7.

David A, Latham M, Latham M C, et al. 2015. Climate change turns up the heat on vertebrate pest control. Biological Invasions, 17(10): 2821~2829.

Dawson T P, Jackson S T, House J I, et al. 2011. Beyond predictions: Biodiversity conservation in a changing climate. Science, 332(6025): 53~58.

Dirnböck T, Essl F, Rabitsch W. 2011. Disproportional risk for habitat loss of high-altitude endemic species under climate change. Global Change Biology, 17(2): 990~996.

Dullinger S, Gattringer A, Thuiller W, et al. 2012. Extinction debt of high-mountain plants under twenty-first-century climate change. Nature Climate Change, 2(8): 619~622.

Engler R, Randin C F, Thuiller W, et al. 2011. 21st century climate change threatens mountain flora unequally across Europe. Global Change Biology, 17(7): 2330~2341.

FAO. 2008. Report of the FAO/WAAP workshop on production environment descriptors for animal genetic resources, Caprarola. In: Pilling D, Rischkowsky B, Scherf B. Rome Italy.

Field C B, Barros V R, Dokken D J, et al. 2014. Summary for Policymakers. Climate Change 2014: Impacts, Adaptation, and Vulnerability. Part A: Global and Sectoral Aspects. Contribution of Working Group II to the Fifth Assessment Report of the Intergovernmental Panel on Climate Change. Cambridge, United Kingdom and New York, USA: Cambridge University Press.

Fischlin A, Midgley G F, Price J T, et al. 2007. Ecosystems, their properties, goods and services. In: Parry M L, Canziani O F, Palutikof J P, et al. Climate Change 2007: Impacts, Adaptation and Vulnerability. Contribution of Working Group II to the Fourth Assessment Report of the Intergovernmental Panel on Climate Change. Cambridge: Cambridge University Press.

Foden W B, Butchart S H N M, Stuart S N, et al. 2013. Identifying the world's most climate change vulnerable species: A systematic trait-based assessment of all birds, amphibians and corals. PLoS One, 8(6): e65427. 1~13.

Gilman S E, Urban M C, Tewksbury J, et al. 2010. A framework for community interactions under climate change. Trends Ecol Evol, 25: 325~331.

Gomez-Mendoza L, Arriaga L. 2007. Modeling the effect of climate change on the distribution of oak and pine species of Mexico. Conservation Biology, 21(6): 1545~1555.

Gottfried M, Pauli H, Futschik A, et al. 2012. Continent-wide response of mountain vegetation to climate change. Nature Climate Change, 2(2): 111~115.

Hannah L. 2010. Climate Change Biology. Salt Lake City: Academic Press.

Hill M P, Hoffmann A A, McColl S A. 2012. Distribution of cryptic blue oat mite species in Australia: Current and future climate conditions. Agricultural and Forest Entomology, 14: 127~137.

Hill P W, Farrar J, Roberts P, et al 2011. Vascular plant success in a warming Antarctic may be due to efficient nitrogen acquisition. Nature Climate Change, 1(1): 50~53.

Hoegh-Guldberg O, Mumby P J, Hooten A J, et al. 2007. Coral reefs under rapid climate change and ocean acidification. Science, 318: 1737~1742.

Hole D G, Willis S G, Pain D J, et al. 2009. Projected impacts of climate change on a continent-wide protected area network. Ecology Letters, 12(5): 420~431.

Høye T T, Post E, Meltofte H, et al. 2007. Rapid advancement of spring in the High Arctic. Current Biology, 17(12): R449~R451.

IPCC Working Group I Contribution to the IPCC Fifth Assessment Report. 2013. Climate Change 2013: The Physical Science Basis. Summary for Policymakers.

IPCC. 2002. Climate Change and Biodiversity . IPCC technical paper v. Cambridge: Cambridge University Press.

IPCC. 2007. Technical Summary. Climate Change 2007: Impacts, Adaptation and Vulnerability. Contribution of Working Group II to the Fourth Assessment Report of the Intergovernmental Panel on Climate Change. Cambridge: Cambridge University Press.

IUCN. 2014. A Guiding Toolkit for Increasing Climate Change Resilience. Gland, Switzerland: IUCN. ISBN: 978-2-8317-1659-6.

Iverson L R, Prasad A M. 2002. Potential redistribution of tree species habitat under five climate change scenarios in the eastern US . Forest Ecology and Management, 155: 205~222.

Jamieson M A, Trowbridge A M, Raffa K F, et al. 2012. Consequences of climate warming and altered precipitation patterns for plant-insect and multitrophic interactions. Plant Physiology, 160(4): 1719~1727.

Jarvis A, Lane A, Hijmans R J. 2008. The effect of climate change on crop wild relatives. Agriculture, Ecosystems & Environment, 126: 13~23.

Johansen J L, Jones G P. 2011. Increasing ocean temperature reduces the metabolic performance and swimming ability of coral reef damselfishes. Global Change Biol, 17: 2971~2979.

Jones P G, Thornton P K. 2009. Croppers to livestock keepers: Livelihood transitions to 2050 in Africa due to climate change. Environmental Science & Policy, 12: 427~37.

Kappelle M, Van Vuuren M M I, Baas P. 1999. Effects of climate change on biodiversity: A review and identification of key research issues . Biodiversity and Conservation, 8(10): 1383~1397.

Karell P, Ahola K, Karstinen T, et al. 2011. Climate change drives microevolution in a wild bird. Nature Communications, 2: 208. 1~7.

Keesing F, Belden L K, Daszak P, et al. 2010. Impacts of biodiversity on the emergence and transmission of infectious diseases. Nature, 468: 647~652.

Keith D A, Akcakaya H R, Thuiller W, et al. 2008. Predicting extinction risks under climate change: coupling stochastic population models with dynamic bioclimatic habitat models. Biology Letters, 4(5): 560~563.

Kiesecker J M. 2011. Global stressors and the global decline of amphibians: Tipping the stress immunocompetency axis. Ecological Research, 26(5): 897~908.

Kollberg I, Bylund H, Schmidt A, et al. 2013. Multiple effects of temperature, photoperiod and food quality on the performance of a pine sawfly. Ecological Entomology, 38(2): 201~208.

Kovach-Orr C, Fussmann G F. 2013. Evolutionary and plastic rescue in multitrophic model communities.

Philosophical Transactions of the Royal Society B, 368(1610): 1~11.

Kremer A, Ronce O, Robledo-Arnuncio J J, et al. 2012. Long-distance gene flow and adaptation of forest trees to rapid climate change. Ecology Letters, 15(4): 378~392.

Kriticos D J, Sutherst R W, Brown J R, et al. 2003. Maywald Climate change and biotic invasions: A case history of a tropical woody vine. Biological Invasions, 5(3): 147~165.

Kuparinen A, Savolainen O, Schurr F M. 2010. Increased mortality can promote evolutionary adaptation of forest trees to climate change. Forest Ecology and Management, 259(5): 1003~1008.

Lane J E, Kruuk L E B, Charmantier A, et al. 2012. Delayed phenology and reduced fitness associated with climate change in a wild hibernator. Nature, 489(7417): 554~557.

Lavergne S, Mouquet N, Thuiller W, et al. 2010. Biodiversity and climate change: Integrating evolutionary and ecological responses of species and communities. Ann Rev Ecol, Evol Syst, 41: 321~350.

Lenoir J, Gegout J C, Dupouey J L, et al. 2010. Forest plant community changes during 1989-2007 in response to climate warming in the Jura Mountains (France and Switzerland). Journal of Vegetation Science, 21(5): 949~964.

Lenoir J, Svenning J-C. 2013. Latitudinal and elevational range shifts under contemporary climate change. Encyclopedia of biodiversity (2nd ed), 4: 599~611.

Loss S R, Terwilliger L A, Peterson A C. 2011. Assisted colonization: Integratingconservation strategies in the face of climate change. Biological Conservation, 144(1), 92~100.

Matthews S N, Iverson L R, Prasad A M, et al. 2011. Modifying climate change habitat models using tree species-specific assessments of model uncertainty and life history-factors. Forest Ecology and Management, 262(8): 1460~1472.

Mattila N, Kaitala V, Komonen A, et al. 2011. Ecological correlates of distribution change and range shift in butterflies. Insect Conservation and Diversity, 4(4): 239~246.

Meier E S, Lischke H, Schmatz D R, et al. 2012. Climate, competition and connectivity affect future migration and ranges of European trees. Global Ecology and Biogeography, 21(2): 164~178.

Midgley G F. 2012. Biodiversity and ecosystem function. Science, 335, 174: 2012.

Mihoub J B, Mouawad N G, Pilard P, et al. 2012. Impact of temperature on the breeding performance and selection patterns in lesser kestrels Falco naumanni. Journal of Avian Biology, 43(5): 472~480.

Millennium Ecosystem Assessment. 2005. Ecosystems and Human Well-being: Opportunities and Challenges for Business and Industry. Washington: World Resources Institute.

Mora C, Tittensor D P, Adl S, et al. 2011. How many species are there on earth and in the ocean. PLOS Biology, 9(8): e1001127, 1~8.

Myers-Smith I H, Forbes B C, Wilmking M, et al. 2011. Shrub expansion in tundra ecosystems: Dynamics, impacts and research priorities. Environmental Research Letters, 6(4): 1~15.

Nakazawa T, Doi H. 2012. A perspective on match/mismatch of phenology in community contexts. Oikos, 121(4): 489~495.

Nogues-Bravo D, Ohlemuller R, Batra P, et al. 2010. Climate predictors of Late Quaternary extinctions. Evolution, 64(8): 2442~2449.

Oliver T H, Morecroft M D. 2014. Interactions between climate change and land use change on biodiversity: Attribution problems, risks, and opportunities. WIREs Clim Change, 5: 317~335.

Ozgul A, Childs D Z, Oli M K, et al. 2010. Coupled dynamics of body mass and population growth in response to environmental change. Nature, 466(7305): 482~485.

Park J J, Mo H h, Lee G S, et al. 2014. Predicting the potential geographic distribution of Thrips palmi in Korea, using the CLIMEX model. Entomological Research, 44: 47~57.

Parmesan C. 2006. Ecological and evolutionary responses to recent climate change annu. Rev Ecol Evol Syst, 37: 637~669.

Pateman R M, Hill J K, Roy D B, et al. 2012. Temperature-dependent alterations in host use drive rapid range expansion in a butterfly. Science, 336(6084): 1028~1030.

Pauli H, Gottfried M, Dullinger S, et al. 2012. Recent plant diversity changes on Europe's mountain summits. Science, 336(6079): 353-355.

Pauls S U, Nowak C, Bálint M, et al. 2013. The impact of global climate change on genetic diversity within populations and species. Molecular Ecology, 22(4): 925~946.

Paun O, Bateman R M, Fay M F, et al. 2010. Stable epigenetic effects impact adaptation in allopolyploid Orchids (Dactylorhiza: Orchidaceae). Molecular Biology and Evolution, 27(11): 2465~2473.

Pearson R G, Dawson T P. 2003. Predicting the impacts of climate change on the distribution of species: Are bioclimate envelope models useful. Global Ecology and Biogeography, 12(5): 361~371.

Pearson R G. 2006. Climate change and the migration capacity of species. Trends in Ecology & Evolution, 21(3):111~113.

Peñuelas J, Sardans J, Estiarte M, et al. 2013. Evidence of current impact of climate change on life: A walk from genes to the biosphere. Global Change Biology, 19(8): 2303~2338.

Pereira H M, Leadley P W, Proenca V, et al. 2010. Scenarios for global biodiversity in the 21st century. Science, 330(6010): 1496~1501.

Phillimore A B, Hadfield J D, Jones O R, et al. 2010. Differences in spawning date between populations of common frog reveal local adaptation. Proceedings of the National Academy of Sciences of the United States of America, 107(18): 8292~8297.

Poloczanska E S, Brown C J, Sydeman W J, et al. 2013. Global imprint of climate change on marine life. Nat Clim Chang, 3: 919~925.

Pounds J A, Bustamante M R, Coloma L A, et al. 2006. Widespread amphibian extinctions from epidemic disease driven by global warming. Nature, 439(7073): 161~167.

Primack R B, Ibáñez I, Higuchi H, et al. 2009. Spatial and interspecific variability in phonological responses to warming temperatures. Biological Conservation, 142(11): 2569~2577.

Rafferty N E, Ives A R. 2010. Effects of experimental shifts in flowering phenology on plant–pollinator interactions. Ecol Lett, 14: 69~74.

Ravenscroft C H, Whitlock R, Fridley J D. 2015. Rapid genetic divergence in response to 15 years of simulated climate change. global change biology, 21(11): 4165~4176.

Robinet C, Roques A. 2010. Direct impacts of recent climate warming on insect populations. Integrative Zoology, 5(2): 132~142.

Root T L, Hall K R, Herzog M P, et al. 2015. Biodiversity in a changing climate: Linking science and management in conservation. Oakland: University of California Press.

Root T L, Schneider S H. 2006. Conservation and climate change: The challenges ahead. Conservation Biology, 20: 706~708.

Sala O E, Van Vuuren D, Pereira H M, et al. 2005. Chapter 10: Biodiversity across Scenarios. In: Millenium Ecosystem Assesment, Volume 2: Scenarios assessment. NY: Island press: Washington, DC, 375~408.

Salamin N, Wüest R O, Lavergne S, et al. 2010. Assessing rapid evolution in a changing environment. Trends Ecol Evol, 25: 692~698.

Schloss C A, Nunez T A, Lawler J J. 2012. Dispersal will limit ability of mammals to track climate change in the Western Hemisphere. Proceedings of the National Academy of Sciences of the United States of America, 109(22): 8606~8611.

Schweiger O, Harpke A, Heikkinen R, et al. 2012. Increasing range mismatching of interacting species under global change is related to their ecological characteristics. Global Ecology and Biogeography, 21(1): 88~99.

Secretariat of the Convention on Biological Diversity. 2009. Connecting Biodiversity and Climate Change Mitigation and Adaptation: Report of the Second Ad Hoc Technical Expert Group on Biodiversity and Climate Change. Montreal, Technical Series No. 41, Secretariat of the Convention on Biological Diversity.

Seo S N, Mendelsohn R. 2007. An analysis of livestock choice: adapting to climate change in Latin American farms. World Bank Policy Research Working Paper.

Seo S N, Mendelsohn R. 2008. Measuring impacts and adaptations to climate change: A structural Ricardian model of African livestock management. Agricultural Economics, 38: 151~165.

Seppälä R, Buck A, Katila P. 2009. Adaptation of forests and people to climate change — a global assessment report. IUFRO World Series, 22, Helsinki.

Settele J, Kudrna O, Harpke A, et al. 2008. Special issue: climatic risk atlas of european butterflies. Bio Risk, 1: 1~710.

Singer M C, Parmesan C. 2010. Phenological asynchrony between herbivorous insects and their hosts: Signal of climate change or pre-existing adaptive strategy. Philosophical Transactions of the Royal Society B, 365(1555): 3161~3176.

Singh M, Singh R B, Hassan M I. 2014. Climate Change and Biodiversity. London: Springer.

Smit B, Skinner M W. 2002. Adaptation options in agriculture to climate change: A typology. Mitigation and Adaptation Strategies for Global Change, 7: 85~114.

Solbrig O T, van Emdem H M, van Oordt P G W J. 1994. Biodiversity and global change. Wallingford, Oxon, UK: CAB International in association with the International Union of Biological Sciences.

Soliani C, Gallo L, Marchelli P. 2012. Phylogeography of two hybridizing southern beeches (Nothofagus spp). with different adaptive abilities. Tree Genetics & Genomes, 8(4): 659~673.

Sternberg M, Gabay O, Angel D, et al. 2015. Impacts of climate change on biodiversity in Israel: An expert assessment approach. Reg Environ Change, 15: 895~906.

Szabo J K, Khwaja N, Garnett S T, et al. 2012. Global patterns and drivers of avian extinctions at the species and subspecies level. PLoS One, 7(10): 1~9.

Tewksbury J J, Huey R B, Deutsch C A. 2008. Ecology–putting the heat on tropical animals. Science, 320: 1296~1297.

Thackeray S J, Sparks T H, Frederiksen M, et al. 2010. Trophic level asynchrony in rates of phenological change for marine, freshwater and terrestrial environments. Global Change Biology, 16(12): 3304~3313.

Thorup K, Tøttrup A P, Rahbek C. 2007. Patterns of phenological changes in migratory birds. Oecologia, 151(4): 697~703.

Thuiller W, Lavore l S, Sykes M T, et al. 2006. Using niche-based modeling to assess the impact of climate change on treefunctional diversity in Europe. Diversity and Distributions, 12: 49~60.

Thuiller W. 2004. Patterns and uncertainties of species' range shifts under climate change. Global Change Biology, 10: 2020~2027.

Urban M C, Tewksbury J J, Sheldon K S. 2012. On a collision course: Competition and dispersal differences create no-analogue communities and cause extinctions during climate change. Proceedings of the Royal Society B, 279(1735): 2072~2080.

van Asch M, Salis L, Holleman L J M, et al. 2012. Evolutionary response of the egg hatching date of a herbivorous insect under climate change. Nature Climate Change, 3: 244~248.

van Asch M, Tienderen P H, Holleman L J M, et al. 2007. Predicting adaptation of phenology in response to climate change, an insect herbivore example. Global Change Biology, 13(8): 1596~1604.

van Asch M, Visser M E. 2007. Phenology of forest caterpillars and their host trees: The importance of synchrony. Annual Review of Entomology, 52: 37~55.

van Lierop P, Lindquist E, Sathyapala S, et al. 2015. Global forest area disturbance from fire, insect pests, diseases and severe weather eventsOriginal Research Article. Forest Ecology and Management, 352(7): 78~88.

Vedder O, Bouwhuis S, Sheldon B C. 2013. Quantitative assessment of the importance of phenotypic plasticity in adaptation to climate change in wild bird populations. PLoS Biol, 11(7): e1001605.

Visser M E, Both C. 2005. Shifts in phenology due to global climate change: The need for a yardstick. Proceedings of the Royal Society of London Series B, 272(1665): 2561~2569.

Wal E V, Edye I, Paquet P C, et al. 2013a. Juxtaposition between host population structures: implications for disease transmission in a sympatric cervid community. Evolutionary Applications, 6: 1001~1011.

Wal E V, Garant D, Festa-Bianchet M, et al. 2013b. Evolutionary rescue in vertebrates: Evidence, applications and uncertainty. Philosophical Transactions of the Royal Society B: Biological Sciences, 368: 1~8.

Walther G R. 2010. Community and ecosystem responses to recent climate change. Philos Trans R Soc

B-Biol Sci, 365: 2019~2024.

Warren R, VanDer Wal J, Price J, et al. 2013. Quantifying the benefit of early climate change mitigation in avoiding biodiversity loss. Nature Climate Change, 3(7): 678~682.

Winder M, Sommer U. 2012. Phytoplankton response to a changing climate. Hydrobiologia, 698(1): 5~16.

Zhang Y Y, Fischer M, Colot V, et al. 2013. Epigenetic variation creates potential for evolution of plant phenotypic plasticity. New Phytologist, 197(1): 314~322.

技 术 篇

第 2 章 气候变化对生物多样性影响与风险评估技术研究导论

气候变化对生物多样性影响与风险评估技术方法是分析气候变化对生物多样性影响与风险的重要内容。本章概述了气候变化对生物多样性影响与风险评估技术现状，并介绍了本书研究的技术路线。

2.1 概　　述

评估气候变化对生物多样性影响与风险的技术与方法，涉及了生物多样性与气候关系的分析、气候变化对生物多样性影响的识别与评估、气候与非气候因素影响分离及风险评估的技术。

2.1.1 生物多样性测定指标

一个地区总体多样性（区域多样性或 γ 多样性）可以分成 α 多样性（某一生境或群落内的多样性）、β 多样性（生境间或群落间多样性组成的差异）（张金屯，2011）。α 物种丰富度指数及 Shannon 多样性指数在取样尺度逐渐扩大时，呈现出先急剧增加后缓慢增加的规律，物种 Shannon 多样性指数变异系数则逐渐减少；β 多样性也受取样尺度的影响，仅采取小尺度样方调查，难以反映区域物种多样性。Shannon 多样性均值及多样性指数也不能反映区域多样性全貌。物种丰富度和景观异质性之间有一定的相关性，但是这种关系随着取样尺度的不同而不同（张金屯，2011）。同一区域生物多样性在遗传、物种、生态系统和景观层次上表现并不一致。尽管有许多指标来指示生物多样性，但就气候变化对生物多样性影响与适应分析而言，还没有一个统一的把所有生物类群都能有效反映的指标。用于生态系统组成及群落尺度的一些生物多样性指标（如 α、β、γ 等多样性指标）来反映气候变化对生物多样性的影响，意义不明显，因为在大尺度下反映的属性空间差异太大，与气候要素关系很不明确，难以表征气候变化影响特征。在分析气候变化对生物多样性影响方面，比较可行的指标是物种多少、多样性或丰富度，以物种多少来反映生物多样性直观而容易理解，并且物种受气候要素影响明显。因此，在分析气候变化对生物多样性影响时，对生物多样性的表征主要是从一个区域或地区各类群或一类物种多少的多样性或丰富度来反映。

2.1.2 物种分布模型

模拟物种分布模型主要通过物种地理分布信息与环境变量间建立关联规则来进行预测,这些模型包括广义线性模型(GLM)、广义相加模型(GAM)、遗传算法(GARP)、最大熵模型(Maxent)、支持向量机(SVM)、分类回归树(CART)、模糊数学隶属度模型等。分析物种丰富度与环境要素统计学方法,如典范对应分析、主分量分析及群落排序技术,是分析物种丰富度与环境要素静态关系的技术方法。预测气候变化对物种分布潜在影响建模策略主要是利用生物气候包络表征,用博物馆和标本馆收集的物种一部分记录存在数据来拟合模型,用独立分布存在与不存在数据进行评估预测。混合动力模型结合现象和机理方法优点(Gallien et al.,2010),生理生态模型或过程模型需要知道物种对环境变量精确反应(Marmion et al.,2009)。影响模拟预测准确性因素包括生物相互作用、进化和扩散;模拟中需要进行建模技术选择、模型验证、共线性和自相关性处理,解释变量偏差抽样分析,并且能把土地覆盖、CO_2 浓度的直接影响、生物相互作用和扩散机制纳入物种分布模型中,以降低模拟的不确定性(Heikkinen et al.,2006)。

2.1.3 控制试验与观测技术

试验观测技术包括野外或室内改变水热条件的控制试验,或利用海拔、纬度等形成的自然水热要素梯度与生物多样性要素间的关系,观测分析生物多样性对气候变化响应关系。控制试验包括对温度、降水、CO_2、积雪、干旱和高温及与人类活动影响因素设计。CO_2、温度和水分等不同因素组合对生物多样性影响效果不同,如 CLIMAITE 是 CO_2 浓度升高、高温和长时间伏旱因子组合对植物生长发育产生不同的影响(Mikkelsen et al.,2008)。多数控制试验集中在单一因子控制,温度控制一般集中在平均值,降水季节变化可能成为关键控制因素,这些试验特殊性和短期性对较长期生物变化预测有很大的不确定性(Elmendorf,2012)。极端事件时间变化处理(如干旱)控制试验方法可比性差,温度操作可比性好。多因素控制试验非常重要。复杂试验前首先集中于单一因素强度或频率改变效果分析。这些简单试验允许有因素不同水平的设置,需要进行多因素试验的综合分析。此外,需要考虑非气候驱动影响(如土地利用变化、生物多样性丧失、土壤结构变化、氮沉降或大气中 CO_2 浓度提高)。通过控制试验操作和环境梯度结合能提高控制试验分析效果(Zheng et al.,2015)。

2.1.4 生物多样性预测技术

预测生物多样性是进行气候变化对生物多样性影响评估的重要步骤。进行生物多样性预测需要区别生物多样性不同层次,评估预测方法的不确定性,评价引起生物多样性变化的不同原因,理清气候变化的实际影响,并且尽可能使用历史记录数据,改善建模方法,综合生物多样性动态和物种区域模式,充分考虑生物多样性理论和种-面积曲线方法，克服现有资料很少、收集困难、失之偏颇的问题（Botkin et al.，2007）。

2.2　生物多样性与气候关系分析技术

生物多样性与气候要素关系研究，主要从物种分布、生理过程、物候与气候要素的关系，以及气候与物种丰富度关系方面展开。对物种分布、生理生态过程及物候与气候要素关系方面研究采取的技术主要包括试验观测技术、模拟技术。

2.2.1　生物与气候平衡关系

生物气候模型通常认为物种分布与当前气候存在平衡关系（Pearson and Dawson，2003），这种假设有效性在不同生物群体差异很大。相比爬行动物和两栖动物，植物和繁殖鸟类分布被认为是与气候要素接近平衡，爬行动物和两栖动物能迁移，容易对环境变化作出响应。不同生物体平衡程度差异很大（Svenning and Skov，2004）。通过测量物种组合与气候间协变模式也是分析物种与气候关系的重要方法（Ferrier et al.，2002a）。通过观察物种分布（反映了物种分布范围决定因素中有历史和生态因子）来确定物种生态要求的方法低估了物种容忍气候变化范围（Ferrier et al.，2002b）。由于历史或生态因子（特别是竞争和有限的扩散能力），物种往往不能占用所有可用的气候空间。因此，气候参数并不能充分描述物种分布与气候因素的关系。

2.2.2　生物多样性与气候关系假说

物种丰富度地理格局成因有多个假说，包括面积假说（Rosenzweig and Ziv，1999）、能量假说（Brown et al.，2004）、环境稳定性假说（Stevens，1989）、生境异质性假说（Kerr and Packer，1997）、历史假说（Qian and Ricklefs，2000）等。这些假说基于不同影响因子和生态/非生态过程，探讨物种丰富度大尺度格局形成机制。虽然以往研究对各种假说进行了大量验证，但对于不同假说及物种丰富度大尺度格局形成的主导因子仍存在争议（Rosenzweig，1995）。讨论最多的有能量假说、环境稳定性假说和生境异质性假说。能量假说认为物种丰富度主要受能量控制，能量越高的地区物种越丰富（Hawkins et al.，2003）。根据不同能量形式，能量假说进一步划分为环境热量假说和生产力假说。环境热量假说认为能量对物种丰富度影响是通过物种体温调节、生长繁衍及分化的控制实现；温度越高，物种维持体温所消耗能量越少，并将更多的能量用于生长和繁殖，从而促进物种分化并提高物种丰富度（Turner et al.，1987；Currie，1991）。这一假说中的能量多以环境温度或潜在蒸散量表示。生产力假说认为动物物种丰富度主要受食物资源控制，初级生产力较高的地区具有更丰富的食物资源，能够支持更多的个体，并维持较高的物种丰富度水平（Clarke and Gaston，2006）。这一假说中的能量通常以归一化植被指数或实际蒸散量表达。环境稳定性假说认为稳定的环境将促进物种特化，并使物种生态位趋于狭窄（Klopfer and MacArthur，1960）；反之，在波动的环境中，物种需要具有更广泛的生理适应能力才能生存（Stevens，1989），因此物种丰富度低。生境异质性假说认为生境异质性高的地区能够提供更多的生态位，从而更有利于物种共存，物种丰富度也随之增加（Shmida and Wilson，1985）。

2.2.3　排序与分类

物种丰富度与气候因素关系的分析技术包括排序和分类技术、多元统计学方法，以及利用环境梯度进行的观测方法（张金屯，2011）。气候因素对植物丰富度影响是综合的，可以利用不同模型分析植物丰富度与气候要素综合关系（张金屯，2011）。

2.2.4　生物分布与气候关系预测

模拟生物分布与气候要素关系的技术包括利用不同物种分布模型技术方法，以环境要素为驱动，分析物种与气候要素的关系。应用多元统计学方法分析物种分布与气候关系的研究也较多（张金屯，2011）。

2.2.5　物种丰富度与气候关系统计分析技术

物种丰富度与气候因素关系分析比较多的分析技术包括利用排序和分类技术、多元统计学方法及环境梯度观测方法，如 Welsh 等（1996）利用非线性模型；Potts 和 Elith（2006）利用 5 个模型（Poisson 模型、负二项模型、quasi-Poisson 模型、hurdle 模型和零膨胀（zero-in flated）Poisson 模型）评价植物丰富度与环境要素关系，发现 hurdle 模型效果最好，负二项模型效果最差，Poisson 模型方法较精确。

2.3　气候变化对生物多样性影响识别技术

识别气候变化对生物多样性影响的技术包括两个方面，一方面是识别过去一段时间生物多样性要素的改变特征，目前考虑较多的是物种分布范围变化，以及由此引起的物种丰富度或多样性改变。另一方面，是对引起生物多样性要素特征改变的气候变化进行归因分析，即分析识别气候变化对生物多样性要素改变所起的作用，应用较多的方法是分析过去气候变化与生物多样性要素间的因果与相关关系，特别是识别生物多样性因素与气候要素变化间的因果关系。

2.3.1　监测识别

识别物种分布变化利用的方法主要是结合历史资料，通过比较不同阶段物种分布差异来识别物种分布变化。典型的例子是通过比较两个时段鸟类分布图差异（Väisänen，

1998），或通过反复调查测绘生物分布图，比较不同时段生物分布差异（Thomas and Lennon，1999）来检测物种分布的变化，这些技术能确定观察到物种分布边界或范围大小的变化，但没有考虑取样偏差，不过通过重复调查鸟类分布随时间变化可能减少调查误差（Kujala et al.，2013）。另外，为了克服过去对物种分布调查数据不足的缺陷，利用概率方法综合分析物种过去分布，如 Ferrer-Paris 等（2014）结合鸟类历史记录与调查数据，利用 Logistical 物种分布模型并用最大似然估计方法，估计亚马孙鹦鹉在历史上分布的最大概率，即利用概率方法反推历史上鸟类的分布，并与现在观测分布进行对比，识别物种分布变化。

2.3.2　遥感监测

在过去几年里，尽管直接检测生物个体组合超出遥感技术能力，但该技术却促进了生物多样性相关功能被及时准确评估，成为有价值的间接方法（Uchanan et al.，2009）。利用卫星遥感影像在一定条件下能进行植物种群分析监测。对于复合种群或物种多样性，通过遥感与地理信息系统进行间接分析。对于人类难以到达的地区及海洋等大面积的景观，以及生态系统水平的监测，遥感的重要工具，但该方法限制因素较多（胡海德等，2012）。

2.3.3　模型方法

利用物种分布模型方法来分析过去气候变化对物种分布影响，包括对植物和动物属性变化识别和气候要素同步分析。另外，涉及对种质资源植物、动物，以及病虫害、入侵物种、鼠害观测变化分析和气候要素的观测同步分析（Parmesan et al.，2013）。在区域尺度，检测物种分布变化而进行气候变化影响归因分析方面，主要是采用有效的技术判断物种分布变化与气候变化驱动是否一致，以及物种分布变化与气候变化驱动是否一致的技术。目前还没有建立统一的进行归因的技术方法，仅见于个例分析中的技术，如使用物种分布模型来分析过去气候变化对鸟类分布的影响，揭示鸟类分布改变和气候变化间的因果关系。

2.3.4　Meta-Analysis

简单来说，Meta-Analysis 是用统计的概念与方法，收集、整理与分析之前学者专家针对某个主题所做的众多实证研究，希望能找出该问题或所关切的变量之间的明确关系模式。这种方法可弥补传统的文献综述的不足。在全球尺度，利用 Meta-Analysis 方法把许多个例结果总结，并分析判断气候变化对生物多样性的影响，如 Parmesan 和 Yohe（2003）及 Root 等（2003）利用这些方法进行气候变化对生物多样性影响的指纹分析。

2.4 气候与非气候因素对生物多样性影响分离技术

气候变化影响的检测被定义为识别受气候变化影响系统中的有统计显著性变化的过程。归因需要检测所观察的变量或密切相关变量的变化。

2.4.1 历史记录推断

分离非气候因素影响主要考虑土地利用活动、种群自然扩展和适应、误差等。归因观测物候变化为气候变化混杂许多因素，如土地利用和土地管理活动。观察到物种灭绝只有一小部分被归因于气候变化，大部分都被归因于非气候因素，如入侵物种、过度利用或栖息地丧失（Cahill et al.，2013）。在气候变化对生物多样性影响识别与归因方面，分析不同因素与气候变化共同对生物多样性影响研究较缺少，一些个例推测较多，如 Moreno-Rueda 等（2012）利用统计模拟方法，分析在西班牙爬行动物纬度分布变化是否与气候变化影响一致；Hickling 等（2006）利用统计方法，分析英国两种爬行动物分布变化是否与温度增加趋势一致。分析不同因素与气候变化对生物多样性影响方面，在区域尺度比较典型的例子是 Hockey 等（2011）使用广义线性混合模型技术，分析南非 408 种陆地鸟类分布变化是否与气候变化和土地利用变化作为主要驱动力影响一致，在模型中考虑鸟类迁移变化是否与气候变化或土地改变过程一致。在全球尺度，Parmesan 等（2013）总结归因历史气候变化与生物响应、长期观测与试验记录生物响应气候变化，以及指纹与 Meta-Analyzing 分析全球尺度上物种或区域响应气候变化证据，包括 Meta-Analyzing 分析技术、推断技术和综合生物过程模型技术，其中 Meta-Analyze 分析技术主要是分析观测到的生物特征变化对过去气候变化响应的特有的指纹，如物种分布向高海拔与高纬度迁移；推断技术主要利用多种独立观测线索进行推断；综合生物过程模型主要是建立观测的生物特征变化与气候变化联系起来模型。

2.4.2 控制试验

在小尺度，分析气候变化影响观测方法包括利用物候和气候要素观测数据，随机控制试验、古生态学方法、CO_2 浓度加倍、改变温度和降水试验。这些方法中需要考虑控制因素和统计学方法（Newman et al.，2011），如 Popy 等（2010）在意大利阿尔卑斯山采用 1 km×1 km 精细尺度样地观测的方法，分析观测样地中鸟类是否向高海拔迁移，以及这些变化与气候变暖或栖息地变化是否一致。

2.4.3 综合模型

归因分析旨在定量评估不同驱动力相对贡献，包括观察到的生物学变化和人为气候变化关系的分析。虽然许多生态过程模式已被开发利用，但多集中在气候指标方面，没有考虑外在因素与过程。气候变化影响检测和归因需要与其他因素结合，这些过程可以是非线性的。Nunes 等（2007）采用统计相关技术，通过比较观测蓝翅金刚鹦鹉分布变化与模拟气候变化对蓝翅金刚鹦鹉分布影响的关系，排除了气候变化对这种鸟分布的影响；Maggini 等（2011）通过概率模拟方法模拟物种分布对气候要素响应曲线形状的变化，检测物种分布海拔的变化，分析在瑞士鸟类分布变化是否与气候变化一致。气候模型空间分辨率需要接近典型的生态研究尺度，并且需要较长时期观测时间序列数据集的校正。

2.5　气候变化对生物多样性影响评估技术

2.5.1　影响与脆弱性评价

评价气候变化对生物多样性影响与脆弱性包括定义问题范围、确定评价目标、选择研究区域和时间范围、收集需要数据、进行影响识别与评价。研究目标包括明确气候变化对生物多样性什么有较大影响，确定研究区域包括行政区、地理或自然地理区、生态区、气候区和敏感区；情景包括气候变化的情景和社会经济发展情景。确定气候变化对生物多样性影响包括评价有利和不利影响，时间尺度一般需要 20~100 年。评估包括利用现有脆弱性和影响评估准则分析气候变化潜在的危险，这种评估也应考虑气候变化不确定性，并利用现有的气候分析工具，系统评估物种的生物学和生态学特性，包括栖息地的特殊性、生活史、微进化、种相互作用、栖息地丧失和退化等。

2.5.2　控制试验

在小尺度主要采用控制试验方法分析气温或降水变化对具体物种组成或生物多样性影响，控制因素包括温度、降水，以及极端气候事件。这些方法能够揭示气候变化对生物多样性短期的影响，但不能揭示气候变化对生物多样性的长期效应。

2.5.3　生态模型模拟

评价气候变化对生物多样性的影响常见方法是模拟气候变化影响下单个物种分布变化（Elith and Leathwick，2009）。物种分布模型常被应用到预测气候变化影响下物种分布变化（Thuiller，2003）。一些研究使用物种分布模型模拟过去气候变化对鸟类或其他动物分布影响（Synes and Osborne，2011）；Alkemade 等（2011）利用集成环境模型（IMAGE）和气候嵌套模型，并利用不同气候情景来分析气候变化影响下欧洲植物种类稳定面积变化和物种周转。这些模型忽略了影响生物多样性对环境变化响应中的重要过程（如物种迁移、种间相互作用等）。专家调查与德尔菲法结合也被用来评价气候变化对于陆地、内地淡水和海洋生态系统的影响（Sternberg et al.，2015），专家会诊方法被用来进行气候变化对生物多样性影响和综合脆弱性评估（Cruz et al.，

2015）。种级分布建模不太适合预测对所研究甚少或丰富度较高的跨区域类群。半机理群落级模型是模拟气候变化对生物多样性影响最有效途径之一。广义上讲，半机理模型是平衡生态模式的有效方法（Levins，1966）。机理和半机理群落模型考虑关键生态过程来预测气候变化对生物多样性影响（Mokany and Ferrier，2011），包括利用物种丰富度空间模型（Sommer et al.，2010）。群落建模主要优点是在没有足够数据用于单独模拟每一个物种情况下预测气候变化对生物多样性影响（Mokany et al.，2010）。混合建模方法关键是找到有效的方式来平衡机理模型相关元素。物种水平评价半机理模型可以通过综合机理和非机理模型元素进行。现有机理方法包括集合群落理论（Mouquet et al.，2006）、食物网理论（Cohen et al.，2003）、中性学说（Hubbell，2001）、生态学代谢理论（Brown et al.，2004）和群落组装理论（Keddy，1992）。通过机理模型来实现通用性和相关模型精度（Levins，1966），极少数建模方法结合机理和非机理物种模型（Thuiller，2003），少数半机理群落模型已经在探索（Dewar and Porte，2008；Harte et al.，2008）。

2.6　气候变化对生物多样性风险评估技术

气候变化对生物多样性风险评估包括风险识别、风险估计，风险评价。自 IPCC（2007）第四次评估报告和第五次评估报告（2014 年）发布，采用基于路径排放辐射强迫的气候变化情景及概率气候变化情景与生物多样性评估结合的技术，评估未来气候变化对生物多样性影响与风险。

2.6.1　物种灭绝估计

估计物种灭绝风险最简单方法是基于如果物种没有合适栖息地则它将灭绝的假设（Jetz et al.，2007）。分析物种灭绝概率是基于合适栖息地完全失去（种将灭绝）或部分丧失（种会增加灭绝风险）预测（Iverson and Prasad，1998）。Thomas 等（2004）利用气候-嵌套的模拟技术匹配生物分布边界与气候变化关系，利用物种-面积方法来估计气候变化影响下物种灭绝，包括计算所有物种分布面积变化分析物种灭绝、分析物种平均面积变化计算区域物种灭绝及依次计算每个物种灭绝后平均所有物种来计算物种区域灭绝；在分析模型变量最小平方后，计算情景平均，并对区域/物种灭绝平均概率进行对数转换，进行不同方法分析（区域/物种×气候情景×迁移情景；物种数开方再计算每区域每物种权重），利用红皮书标准方法对每个物种分布威胁类型（包括灭绝、脆弱、无威胁）进行分析，计算物种灭绝概率期望值。分析气候变化影响下物种灭绝因素敏感性分析方法包括利用全球植被模型、不同生物群系类生物群落数量分类、物种是否分布特定生物群落、不同迁移能力以及使用种-面积和流行区的关系来分析物种灭绝（Malcolm et al.，2006）。空间分辨率尺度选择是结果变异性最重要因素之一（Randin et al.，2009）。这些差异是由于粗糙空间尺度模型未能充分考虑到地形多样性和栖息地异质性（Randin et al.，2009）。目前全球灭绝模式没有考虑到确定在局部范围物种分布、种群结构和灭绝风险考虑种群或集合种群动态,主要基于栖息地减少,没有物种适应度降低导致物种灭绝的机制。这些模型没有考虑物种对气候变化不同响应及潜在栖息地的空间变化,并且物种遗传和塑性也通常被忽视(Salamin et al.,2010)。此外,物种通常被认为是静态和独立实体,但它们是动态的,并且它们在生态网络中的角色也没有被确定。气候变化影响下,除单一物种灭绝,直接和间接过程可能会导致级联灾难性共同灭绝,也被称为"灭绝链"(Brook et al.,2008)。无论是考虑单一物种或许多物种,大多数研究都忽略不计竞争或互惠关系。评估气候变化下物种灭绝的风险,需要研究气候变化影响下物种的脆弱性(包括暴露、敏感性、适应能力和迁移能力)和栖息地(McMahon et al.,2011)。种群模型结合生物微进化过程可以估计物种进化的潜力(Salamin et al.,2010)。考虑过去局部到区域尺度遗传和物种多样性的损失可以提高气候变化对物种灭绝影响估计模型的精度(McMahon et al.,2011)。因为同时考虑种群参数、生理和遗传学参数,生理遗传模型可以提供最现实的预测未来关键物种风险的方法,但使用生理遗传模型评估气候变化影响研究还很少(Kramer et al.,2010)。此外,分析气候变化下物种灭绝风险,需要考虑多物种、物种丰富度、种间相互作用、营养网和生态关系(Bascompte,2009),以及栖息地破碎化、污染、过度开发和生物入侵等的影响(Sala et al.,2000)。

2.6.2　IUCN 物种评估标准

IUCN 红色名录等级和标准提供了用于灭绝风险评估的框架,2001 年 1 月使用最新版本。在气候变化对生物多样性影响评估方面,使用 IUCN 红色名录标准预测物种分布范围变化估计灭绝率,以确定哪些物种受到气候变化威胁最大。但这些方法使用受到批评,因为它随意改动时间和空间尺度导致空间变量混乱、假设丰度和范围区间的线性关系等的不确定性。特别是目前对大多数物种对未来气候变化的响应的认识还不足(包括生活史参数、景观等影响因素)(Akçakaya et al.,2006;Stanton et al.,2015)。

2.6.3　概率风险分析

气候变化风险评价强调了利用概率气候变化情景方法,即考虑气候变化不确定性,以及影响的不确定性,进行气候变化对生物多样性影响的综合评价,如 Peter 等(2015)利用概率气候变化预估方法评价了未来气候变化对三种主要树种造成的干旱风险;Estrada 等(2012)提出利用最大熵方法概率来研究气候变化情景下气候变化风险;Preston(2006)用蒙特卡罗概率分布方法评估气候变化对鱼类分布的影响。

2.6.4　岛屿生物学理论和种-面积关系

岛屿生物地理学理论首次从动态方面阐述了物种丰富与面积及隔离程度关系,认为岛屿上物种的丰富度取决于新物种的迁入和原来占据岛屿物种的灭绝过程。这两个过程相互消长导致了岛屿上物种丰富度动态变化。当迁入率与绝灭率相等时，岛屿物种数达到动态平衡状态，即物种数目相对稳定，但物种组成却不断变化和更新。这种状态下物种更新速率在数值上等于当时的迁入率或绝灭率，通常称为种周转率（MacArthur and Wilson，1967）。物种面积曲线或种数-面积曲线在生态学上是在某一地区内物种数量与栖息地（或部分栖息地）面积的关系。当面积越大时，物种数量也较多。物种面积关系一般会以单一类生物建构，如所有维管植物或特定营养级的所有物种，很少会考虑所有生物进行建构。应用这种方法分析气候变化对生物多样性风险有一定限制，包括它假设平衡（或非常缓慢变化）物种数和面积之间的关系，未来气候可能不会是当前的一个精确的模拟，地形的变化影响了物种面积曲线形状，涉及区域形状和破碎化因素，Z 值能否正确选择，许多物种并不局限于特定的植被带或类型（Botkin et al.，2007）。

2.6.5　种群生存力分析

种群生存力分析（PVA）利用数学模型模拟分析种群在不同环境条件下种群灭绝风险的方法。可以试图通过建立模型，来预测种群的未来趋势，并参考了种群数量（因变量）与对其有影响变量（如气候、疾病）之间的关系，而且可以估计出濒危物种的最小可存活种群。Ellner 等（2002）认为即使有足够数据集，PVA 预测物种灭绝率误差也较大，因为栖息地可能会改变或可能会出现灾难或新的疾病增加等因素都将影响这种方法的准确性，但可以通过多个模型结合来提高精度（Sanderson，2006）。

2.6.6　物种迁移速率估计

气候变化对物种分布影响的生物气候模型通常假定物种没有或无限扩散能力。物种能否有足够迁移速率来跟上未来气候变化还并不清楚。在不同传播情景对比模型研究结果中强调对物种迁移距离的重要性（Jaeschke et al.，2014）。在分析气候变化对物种分布影响中需要考虑种特异性扩散和迁移速率，将会提高对气候变化影响下物种分布改变及物种风险评估的准确性。

2.7　讨论与结论

目前气候变化对生物多样性影响与风险研究的技术研究已经有了一定进展，但还存在一些不足，需要进一步发展完善这些技术方法。

2.7.1　问题

（1）气候变化对生物多样性影响与风险评估技术已经有许多例子，生物多样性与气候关系分析技术还不足以分析生物多样性与气候变化关系。

（2）气候变化影响下物种共存、相互作用和扩散能力、物种非线性动力学和突然变化存在复杂关系（Brooker et al.，2007）。目前大多数的生物气候模型专注于单一物种或物种的变化，对物种间相互作用过程考虑不足。并且对物种之间的相互作用和动态，如迁移、扩散和竞争缺少系统考虑（Thuiller et al.，2008）。模型验证是不够的，大多数研究缺乏独立的数据集及使用数据分区方法，还缺乏对全球物种的定量信息。

（3）单因素实验代表未来气候变化最逼真的模拟，多因子实验可以捕获互动过程而更加逼真。目前观测方法还不足，特别是观测与控制试验方法对多重因素考虑不足，包括气温、降水、CO_2 浓度变化、土地利用变化和外来物种入侵及氮沉降的综合影响分析不够。

（4）大多数模型只考虑气候驱动，没有考虑土地利用变化、城市化或火灾，以及污染和资源利用活动对生物多样性产生的影响（Betts，2007；Midgley et al.，2007）。在气候变化对生物多样性影响评估模型中，物种对气候变化和人类利用非线性响应还存在不确定性。

（5）对过去气候变化对生物多样性影响的检测、归因评估与分离技术还不完善，目前还没有统一的检测生物多样性变化及气候变化归因的技术方法，多是针对不同生物类群，根据具备的数据条件而采取不同技术方法，包括观测试验、数据模拟与对比技术。目前对鸟类分析较多，对植物的研究却较少。另外，气候变化对典型有害生物影响分析较多，气候变化对种质资源影响分析还比较少。在分析气候变化和非气候因素对生物多样性方面，用生态位模型方法或推测方法较多，进行控制试验还限于有限空间的范围。

（6）对过去气候变化对生物多样性影响评估比较欠缺。在区域尺度，主要是针对不同类群个例的研究，主要利用了物种分布模型与气候要素结合分析的技术。在全球尺度，更多的是利用 Meta-Analyze 方法进行综合评估，这种方法实际上是一种总结文献的数学方法，必须要有大量个例为基础，但在一些区域缺乏个例研究。在小区域，实验与观测技术也得到应用。就技术应用，目前评估比较多的是鸟类、小型哺乳类、个别两栖和爬行类，而对植物的分析不多。

（7）在气候变化对生物多样性风险评估技术方面，目前主要应用确定气候情景方法，应用概率气候变化情景方法进行气候变化风险评估，以及对极端事件的影响评估方法还不完善。

2.7.2　展望

（1）信息完备并可公开使用的生物多样性数据将增加，数据集数字化访问和一些数据不足区域的数据收集研究也将增加。这为分析生物多样性与气候要素关系提供了重要的数据来源。但需要长期观测和监测来积累相关数据，特别是在数据稀少地区更需要加强（Midgley et al.，2007）。同时，目前分析生物多样性与气候关系的技术还不成熟，需要进一步发展不同尺度下生物多样性与气候要素关系评估技术方法。

（2）气候变化对生物多样性影响评估技术有许多发展，气候与非气候因素识别归因方面也提出了多种技术方法。但需要区别气候变化和人类活动影响，系统发展归因气候变化对生物多样性影响的技术及气候变化对生物多样性影响识别技术。需要考虑气候变化和土地利用变化影响的反馈，发展分析人类活动和气候变化共同对生物多样性的作用技术，以准确地预测气候变化对生物多样性的影响（Malhi et al.，2008）。

（3）改进生物气候建模方法，如把物种过程模型、土地使用模型、火灾模型、水文模型、植被变化模型等与生物多样性模型结合（Keith et al.，2008），发展评估气候变化对生物多样性影响评估的技术方法。此外，需要考虑生物进化、迁移动态过程，建立气候变化对生物多样性影响的综合评估技术。

（4）气候变化对生物多样性风险评估提出了许多方法，特别是对气候变化影响下物种灭绝评价方面提出了一些方法。需要进一步发展气候变化影响与风险评估综合实验与观测技术，包括进行综合试验与观测。另外，需要发展气候变化影响下物种灭绝、物种个体死亡评估的技术。

（5）气候变化对生物多样性影响与风险评估的不同技术之间关系密切，不同技术之间互相渗透。将需要发展气候变化对生物多样性影响多尺度评估技术，包括考虑物种生理生态过程与种群过程评估技术。同时，需要综合利用观测、模拟方法，建立气候变化对生物多样性风险评估技术。

2.8　本书研究的技术路线

气候变化对生物多样性影响与风险技术，包括建立物种与气候关系分析技术、物种演变分析技术、气候变化对生物多样性影响技术，识别与归因气候变化对生物多样性的技术、气候变化对生物多样性风险技术。

从特有和濒危物种、种质资源物种和有害生物方面，结合标本馆资料、综合考察、论文和报告、遥感资料，动植物志、样带调查和生态站观测、重要物种资源调查等，收集不同时段的动植物物种的分布、数量和栖息地等方面相关资料作为基础数据。

分析近50年生物多样性的变化，然后以研发建立辨识驱动生物多样性演变的气候与非气候因素综合技术，受气候变化影响的评估技术和预估未来气候变化影响与风险的评估技术，从特有物种分布格局、丰富度和多样性，典型濒危物种的分布、迁移及栖息地（包括鸟类、兽类、两栖类、爬行类、植物），主要种质资源物种（包括作物、家养动物、经济林木、野生及栽培果树、观赏植物、药用植物等），以及有害生物分布和危害方面（包括入侵物种和虫害等），识别近50年来气候变化对生物多样性所产生的影响，区分人类活动与气候变化影响贡献；评估未来30年气候变化对生物多样性风险。多种方法综合应用，减少不确定性；模型模拟与观测试验方法相结合，取长补短，具体如图2.1所示。

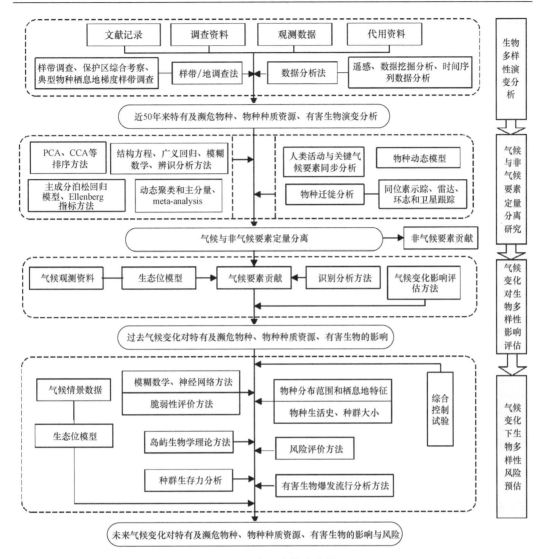

图 2.1　本研究技术路线

参 考 文 献

胡海德, 李小玉, 杜宇飞, 等. 2012. 生物多样性遥感监测方法研究进展. 生态学杂志, 31(6): 1591~1596.

张金屯. 2011. 数量生态学. 北京: 科学出版社.

Akçakaya H R, Butchart S H M, Mace G M, et al. 2006. Use and misuse of the IUCN red list criteria in projecting climate change impacts on biodiversity. Global Change Biology, 12: 2037~2043.

Alkemade R, Bakkenes M, Eickhout B. 2011. Towards a general relationship between climate change and biodiversity: An example for plant species in Europe. Reg Environ Change, 11(Suppl 1): S143~S150.

Bascompte J. 2009. Disentangling the web of life. Science, 325: 416~419.

Betts R. 2007. Implications of land ecosystem-atmosphere interactions for strategies for climate change adaptation and mitigation. Tellus Series B-Chemical and Physical Meteorology, 59: 602~615.

Botkin D B, Saxe J, Araújo M B, et al. 2007. Forecasting the effects of global warming on biodiversity. Bioscience, 57: 227~236.

Brook B W, Sodhi N S, Bradshaw C J A. 2008. Synergies among extinction drivers under global change. Trends Ecol Evol, 23: 453~460.

Brooker R W, Maestre F T, Callaway R M, et al. 2007. Facilitation in plant communities: The past, the present, and the future. J Appl Ecol, 96: 18~34.

Brown J, Gillooly J, Allen A, et al. 2004. Toward a metabolic theory of ecology. Ecology, 85: 1771~1789.

Cahill A E, Aiello-Lammens M E, Fisher-Reid M C, et al. 2013. How does climate change cause extinction. Proceedings of the Royal Society B, 280(1750): 20121890.

Clarke A, Gaston K. 2006. Climate, energy and diversity. Proceedings of the Royal Society B: Biological Sciences, 273: 2257~2266.

Cohen J E, Jonsson T, Carpenter S R. 2003. Ecological community description using the food web, species abundance, and body size. Proceedings of the National Academy of Sciences USA, 100: 1781~1786.

Cruz M J, Robert E M R, Costa T, et al. 2015. Assessing biodiversity vulnerability to climate change: Testing different methodologies for Portuguese herpetofauna. Reg Environ Change, DOI 10. 1007/s10113-015-0858-2.

Currie D J. 1991. Energy and large-scale patterns of animaland plant-species richness. American Naturalist, 137: 27~49.

Dewar R C, Porte A. 2008. Statistical mechanics unifies different ecological patterns. Journal of Theoretical Biology, 251: 389~403.

Elith J, Leathwick J R. 2009. Species distribution models: Ecological explanation and prediction across space and time. Annual Review of Ecology, Evolution and Systematics, 40: 677~697.

Ellner S P, Fieberg J, Ludwig D, et al. 2002. Precision of population viability analysis. Conservation Biology, 16: 258~261.

Elmendorf S C. 2012. Global assessment of experimental climate warming on tundra vegetation: Heterogeneity over space and time. Ecology Letters, 15(2): 164~175.

Estrada F, Gay C, Conde C. 2012. A methodology for the risk assessment of climate variability and change under uncertainty. A case study: Coffee production in Veracruz, Mexico. climatic change, 113(2): 455~479.

Ferrer-Paris J R, Sánchez-Mercado A, Rodríguez-Clark K M, et al. 2014. Using limited data to detect changes in species distributions: Insights from Amazon parrots in Venezuela. Biol Conserv, 173: 133~143.

Ferrier S, Watson G, Pearce J, et al. 2002a. Extended statistical approaches to modelling spatial pattern in biodiversity: The North-East New South Wales experience. I Species-level modelling Biodiv Conserv, 11: 2275~2307.

Ferrier S, Drielsma M, Manion G, et al. 2002b. Extended statistical approaches to modelling spatial pattern in biodiversity: The North-East New South Wales experience. II. Community-level modelling. Biodiv Conserv, 11: 2309~2338.

Fu Z, Niu S, Dukes J S. 2015. What have we learned from global change manipulative experiments in China. A meta-analysis, Scientific Reports, 5: 12344: 1~11.

Gallien L, Munkemuller T, Albert C H, et al. 2010. Predicting potential distributions of invasive species: Where to go from here. Divers Distrib, 16: 331~342.

Harte J, Zillio T, Conlisk E, et al. 2008. Maximum entropy and the state-variable approach to macroecology. Ecology, 89: 2700~2711.

Hawkins B A, Field R, Cornell H V, et al. 2003. Energy, water, and broad-scale geographic patterns of species richness. Ecology, 84: 3105~3117.

Heikkinen R K, Luoto M, Araujo M B, et al. 2006. Methods and uncertainties in bioclimatic envelope modelling under climate change. Progress in Physical Geography, 30: 751~777.

Hickling R, Roy D B, Hill J K, et al. 2006. The distributions of a wide range of taxonomic groups are expanding polewards. Global Change Biology, 12: 450~455.

Hockey P A R, Sirami C, Ridley A R, et al. 2011. Interrogating recent range changes in South African birds. Confounding signals from land use and climate change present a challenge for attribution. Diversity and Distributions, 17: 254~261.

Hubbell S. 2001. The unified neutral theory of biodiversity and biogeography. Princeton NJ: Princeton

University Press.

Iverson L R, Prasad A M. 1998. Predicting abundance of 80 tree species following climate change in the eastern united states. Ecol Monogr, 68: 465~485.

Jaeschke A, Bittner T, Jentsch A, et al. 2014. The last decade in ecological climate change impact research: Where are we now. Naturwissenschaften, 101(1): 1~9.

Jetz W, Wilcove D S, Dobson A P. 2007. Projected impacts of climate and land-use change on the global diversity of birds. PLoS Biol, 5: 1211~1219.

Keddy P A. 1992. Assembly and response rules – 2 goals for predictive community ecology. Journal of Vegetation Science, 3: 157~164.

Keith D A, Akcakaya H R, Thuiller W, et al. 2008. Predicting extinction risks under climate change: Coupling stochastic population models with dynamic bioclimatic habitat models. Biology Letters, 4: 560~563.

Kerr J T, Packer L. 1997. Habitat heterogeneity as a determinant of mammal species richness in high-energy regions. Nature, 385: 252~254.

Klopfer P H, MacArthur R H. 1960. Niche size and faunal diversity. Am Naturalist, 5: 293~300.

Kramer K, Degen B, Buschbom J, et al. 2010. Modelling exploration of the future of European beech(Fagus sylvatica L) under climate change-Range, abundance, genetic diversity and adaptive response. For Ecol Manag, 259: 2213~2222.

Kujala H, Vepsäläinen V, Zuckerberg B, et al. 2013. Range margin shifts of birds revisited – the role of spatiotemporally varying survey effort. Global Change Biology, 19: 420~430.

Levins R. 1966. The strategy of model building in population biology. American Scientist, 54: 421~431.

MacArthur R H, Wilson E O. 1967. The Theory of Island Biogeography. Princeton N J: Princeton University Press.

Maggini R, Lehmann A, Kéry M, et al. 2011. Are Swiss birds tracking climate change. Detecting elevational shifts using response curve shapes. Ecol Model, 222: 21~32.

Malcolm J R, Liu C, Neilson R P, et al. 2006. Global warming and extinctions of endemic species from biodiversity hotspots. Conservation Biology, 20: 538~548.

Malhi Y, Roberts J T, Betts R A, et al. 2008. Climate change, deforestation, and the fate of the Amazon. Science, 319: 169~172.

Marmion M, Parviainen M, Luoto M, et al. 2009. Evaluation of consensus methods in predictive species distribution modelling. Diversity and Distributions, 15: 59~69.

McMahon S M, Harrison S P, Armbruster W S, et al. 2011. Improving assessment and modelling of climate change impacts on global terrestrial biodiversity. Trends Ecol Evol, 26: 249~259.

Midgley G F, Chown S L, Kgope B S. 2007. Monitoring effects of anthropogenic climate change on ecosystems: A role for systematic ecological observation. South African Journal of Science, 103: 282~286.

Mikkelsen T N, Beier C, Jonasson S, et al. 2008. Experimental design of multifactor climate change experiments with elevated CO_2, warming and drought: The Climaite project. Functional Ecology, 22: 185~195.

Mokany K, Ferrier S. 2011. Predicting impacts of climate change on biodiversity: A role for semi-mechanistic community-level modelling. Divers Distrib, 17: 374~380.

Mokany K, Richardson A J, Poloczanska E S, et al. 2010. Uniting marine and terrestrial modelling of biodiversity under climate change. Trends in Ecology and Evolution, 25: 550~551.

Moreno-Rueda G, Pleguezuelos J M, Pizarro M, et al. 2012. Northward shifts of the distributions of Spanish reptiles in association with climate change. Conserv Biol, 26: 278~283.

Mouquet N, Miller T E, Daufresne T, et al. 2006. Consequences of varying regional heterogeneity in source-sink metacommunities. Oikos, 113: 481~488.

Newman J A, Anand M, Henry Hal, et al. 2011. Climate change biology. CAB international oxfordshire UK. 50~70.

Nunes M F C, Galetti M, Marsden S, et al. 2007. Are large-scale distributional shifts of the blue-winged macaw (Primolius maracana) related to climate change. Journal of Biogeography, 34: 816~827.

Parmesan C, Burrows M T, Duarte C M, et al. 2013. Beyond climate change attribution in conservation and ecological research. Ecol Lett, 16: 58~71.

Parmesan C, Yohe G. 2003. Globally coherent fingerprints of climate change impacts across natural systems. Nature, 421: 37~42.

Pearson R G, Dawson T P. 2003. Predicting the impacts of climate change on the distribution of species: Are bioclimate envelope models useful. Global Ecology and Biogeography, 12(5): 361~371.

Peters H, O'Leary B C, Hawkins J P, et al. 2015. Identifying species at extinction risk using global models of anthropogenic impact. Global Change Biology, 21: 618~628.

Peters R L, Groenendijk P, Vlam M, et al. 2015. Detecting long-term growth trends using tree rings: A critical evaluation of methods. Global Change Biology, 21(5): 2040~2054.

Popy S, Bordignon L, Prodon R. 2010. A weak upward elevational shift in thedistributions of breeding birds in the Italian Alps. Journal of Biogeography, 37: 57~67.

Potts J M, Elith J. 2006. Comparing species abundance models. Ecological Modeling, 199: 153~163.

Preston B L. 2006. Risk-based reanalysis of the effects of climate change on U. S. cold-water habitat. Climatic Change, 76(1-2): 91~119.

Qian H, Ricklefs R E. 2000. Large-scale processes and the Asian bias in species diversity of temperate plants. Nature, 407: 180~182.

Randin C F, Engler R, Normand S, et al. 2009. Climate change and plant distribution: Local models predict high-elevation persistence. Global Change Biol, 15: 1557~1569.

Root T L, Price J T, Hall R K, et al. 2003. Fingerprints of global warming on wild animals and plants. Nature, 421: 57~60.

Rosenzweig M L, Ziv Y. 1999. The echo pattern of species diversity: Pattern and processes. Ecography, 22: 614~628.

Rosenzweig M. 1995. Species Diversity in Space and Time. Cambridge: Cambridge University Press.

Sala O E, Chapin F S, Armesto J J, et al. 2000. Global biodiversity scenarios for the year 2100. Science, 287: 1770~1774.

Salamin N, Wüest R O, Lavergne S, et al. 2010. Assessing rapid evolution in a changing environment. Trends Ecol Evol, 25: 692~698.

Sanderson E W. 2006. How many animals do we want to save. The many ways of setting population target levels for conservation. BioScience, 56: 911~922.

Shmida A, Wilson M V. 1985. Biological determinants of species diversity. Journal of Biogeography, 12: 1~20.

Sommer J H, Kreft H, Kier G, et al. 2010. Projected impacts of climate change on regional capacities for global plant species richness. Proceedings of the Royal Society B: Biological Sciences, 277: 2271~2280.

Stanton J C, Shoemaker K T, Pearson R G, et al. 2015. Warning times for species extinctions due to climate change. Global Change Biology, 21: 1066~1077.

Sternberg M, Gabay O, Angel D, et al. 2015. Impacts of climate change on biodiversity in Israel: An expert assessment approach. Reg Environ Change, 15: 895~906.

Stevens G C. 1989. The latitudinal gradient in geographical range: how so many species coexist in the tropics. Am Nat, 133: 240~256.

Svenning J C, Skov F. 2005. The relative roles of environment and history as controls of tree species composition and richness in Europe. Journal of Biogeography, 32: 1019~1033.

Svenning J-C, Skov F. 2004. Potential and actual ranges of plant species in response to climate change—implications for the impact of 21st century global warming on biodiversity. Paper presented at Copenhagen Meeting on Biodiversity and Climate Change, Environmental Assessment Institute; 28-29 August 2004, Copenhagen, Denmark.

Synes N W, Osborne P E. 2011. Choice of predictor variables as a source of uncertainty incontinental-scale species distribution modeling under climate change. GlobalEcologyandBiogeography, 20(6): 904~914.

The Intergovernmental Panel On Climate Change (IPCC). 2007. Technical Summary. Climate Change 2007:

Impacts, Adaptation and Vulnerability. Contribution of Working Group II to the Fourth Assessment Report of the Intergovernmental Panel on Climate Change. Cambridge: University Press.

Thomas C D, Cameron A, Green R E, et al. 2004. Extinction risk from climate change. Nature, 427: 145~148.

Thomas C D, Lennon J J. 1999. Birds extend their ranges northwards. Nature, 399: 213.

Thuiller W, Albert C, Araújo M B, et al. 2008. Predicting global change impacts on plant species' distributions: Future challenges. Perspectives in Plant Ecology, Evolution and Systematics, 9: 137~152.

Thuiller W. 2003. BIOMOD–optimizing predictions of species distributions and projecting potential future shifts under global change. Global Change Biology, 9: 1353~1362.

Turner J R G, Gatehouse C M, Corey C A. 1987. Does solar energy control organic diversity. Butteries, moths and the British climate. Oikos, 48: 195~205.

Uchanan G M, Nelson A, Mayaux P, et al. 2009. Delivering a global, terrestrial, biodiversity observation system through remote sensing. Conserv Biol, 23(2): 499~502.

Väisänen R A. 1998. Changes in the distribution of species between two bird atlas surveys: The analysis of covariance after controlling for research activity. Ornis Fenn, 75: 53~67.

Welsh A H, Cunningham R B, Donnelly C F, et al. 1996. Modelling the abundance of rare species: Statistical models for counts with extra zeros. Ecological Modeling, 88: 297~308.

Zheng F, Niu S, Dukes J S. 2015. What have we learned from global change manipulative experiments in China. A meta-analysis. Scientific Reports, 5: 12344 doi: 10. 1038/srep12344.

第 3 章　生物多样性与气候要素关系分析技术

识别物种适应的气候特征和物种丰富度与气候要素的关系，是分析气候变化对生物多样性影响与风险的基础。本章介绍了分析气候与生物多样性关系的技术方法。

3.1　技术原理与要点

3.1.1　技术原理

每一种生物对每一种生态因子都有一个耐受范围，即对环境因素耐受有最低点和最高点。一种生物对每一个环境因素都要求有适宜的量，过多或不足都会使其生命活动受到抑制，乃至死亡，这种生物对每一个环境因素的耐受范围称为生态幅（ecological amplitude）。1913 年，美国生态学家 V.E.Shelford 提出耐受性法则，之后许多学者对这一法则做了发展。耐受性定律（谢尔福德耐受性定律）指任何一个生态因子在数量上或质量上不足或过多，即当其接近或达到某种生物的耐受限度时会使该种生物衰退或不能生存（Shelford，1913）。生物对每一种生态因子都有其耐受的上限和下限，上下限之间就是生物对这种生态因子的耐受范围。如果一种生物对所有生态因子的耐受范围都是广的，那么这种生物在自然界的分布也一定很广，反之亦然。每一种生物对不同生态因子的耐受范围存在着差异，可能对某一生态因子耐受性很宽，对另一个因子耐受性很窄，而耐受性还会因年龄、季节、栖息地区等的不同而有差异。对很多生态因子耐受范围都很宽的生物，其分布区一般很广。生物在整个个体发育过程中，对环境因子的耐受限度是不同的。在动物的繁殖期、卵、胚胎期和幼体、种子的萌发期，其耐受性限度一般比较低。不同物种，对同一生态因子的耐受性是不同的。生物对某一生态因子处于非最适状态下时，对其他生态因子的耐受限度也下降。例如，陆地生物对温度的耐受性往往与它们的湿度耐受性密切相关。当生物所处的湿度很低或很高时，该生物所能耐受的温度范围较窄；所处湿度适度时，生物耐受的温度范围比较宽。反之也一样，表明影响生物的各因子间存在明显的相互作用。生物适应环境要素关系原理，即任何生物都需要适应气候环境条件，生物都要在一定的气候环境条件下生存、繁殖、延续生命，并且生物在长期进化过程中与环境条件形成了相对稳定的关系（Braunisch et al.，2013；Munguía et al.，2012）。物种丰富度反映了在一定气候环境要素组合下最适宜下物种数量（Araújo and Pearson，2005）。所以，分析生物多样性与气候要素的关系，主要分析生物适应气候环境要素的最大值、最小值和平均值，以及物种丰富度与气候要素的统计关系（张金屯，2011）。限制因子定律（即 Blackman 限制因子定律）指生态因子低于最低状态时，生理现象全部停止；在最适状态下，显示了生理现象的最大观测值；最大状态之上时，生理现象又停止。 Blackman（1905）注意到，因子处于最小量和过量时，都会成为限制因子。他于 1905 年发展了利比希最小因子定律，并提出生态因子的最大状态也具有限制性影响，这就是众所周知的限制因子定律。 Blackman（1905）指出，在外界光、温度、营养物等因子数量改变的状态下，探讨的生理现象（如同化过程、呼吸、生长等）的变化，通常可将其归纳为 3 个要点：生态因子处于最低状态时，生理现象全部停止；在最适状态下，显示了生理现象的最大观测值；最大状态之上时，生理现象又停止。Blackman还阐明，进行光合作用的叶绿体受 5 个因子的控制：水、二氧化碳、辐射能强度、叶绿素的含量及叶绿体的温度。当一个过程的进行受到许多独立因素支配时，其光合作用进行的速度将受最低量的因素的限制。人们把这一结论看成对最小因子定律的扩展。

物种分布与当代气候条件近似平衡（Munguía et al.，2012），即生物与气候环境要素存在一定的平衡关系，生物分布受到气候环境要素的限制，在适宜的气候环境要素中生物能够分布，在不适宜气候环境条件下，生物则不能分布，气候环境要素改变将引起生物分布的改变（Araújo and Pearson，2005）。

3.1.2　技术要点

一定空间范围和时段气候数据的收集、气候要素指标的选择、生物多样性数据收集与指标的表示，以及物种分布数据与气候要素数据时空匹配、物种适应气候要素及物种丰富度与气候要素关系的分析。

1. 收集气候数据、选择气候指标

因为物种分布与气候要素存在一定的稳定关系，所以需要详细收集物种目前分布区内的气候要素数据（Braunisch et al.，2013；Munguía et al.，2012）。因为不同物种适应的气候要素不同，需要收集分析不同物种适应的气候要素数据（Braunisch et al.，2013；Munguía et al.，2012）。考虑影响物种分布和生存、繁殖的气候要素的差异，选择的气候指标包括年平均气温、最高气温、最低气温、年降水量、辐射、风速，以及综合的水热要素指标（Braunisch et al.，2013；Munguía et al.，2012）。这些指标的计算是在日值基础上进行的。

2. 收集生物多样性数据

物种分布数据主要来源不同时段的文献资料、标本资料、调查资料，以及各种相关的调查资料，同时也包括调查、自然保护区考察资料。以中国地名录作为基本的空间位置点，收集确定每个物种的空间分布点地理信息。把这些物种分布信息以二元函数形式表示，其中物种分布存在以 1、不存在以 0 代表，这样在地名录上便建立了物种分布的数量信息。

3. 匹配生物多样性数据与气候数据

在 ArcGIS 软件中，通过插值方法把各个气候要素插到中国地名录的所有地名点中，获得地名录每个点上的气候要素值，使地名上气候要素与物种分布信息都在地名录表中显示，基于在同一个地名点下物种分布信息和气候要素，实现物种分布与气候要素的匹配。

4. 分析物种适应气候特征及其与丰富度关系

考虑到物种适应的气候要素存在平均值、最小值和最大值，所以通过计算物种分布范围内各个点气候要素的平均值、最小值和最大值，反映物种能够适应的气候要素特征。通过计算各个点上的物种丰富度，再考虑不同点上的气候要素，通过回归分析、相关分析、主分量方法，以及排序方法等分析物种丰富度与气候要素的关系（Welsh et al.，1996）。

3.2 技 术 流 程

分析生物多样性与气候要素关系包括确定生物多样性适应的气候特征，以及生物多样性中物种丰富度与气候要素关系受到的气候因素影响，具体技术流程见图 3.1。

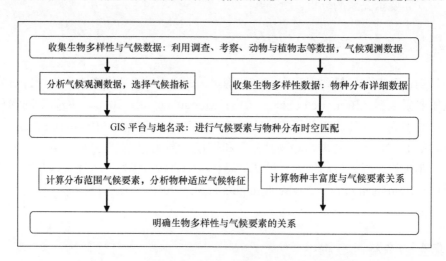

图 3.1　生物多样性与气候要素关系分析技术流程图

3.2.1　选择气候指标、收集气候数据

考虑生物多样性与不同气候要素的直接与间接关系，选择的气候指标包括年平均气温、最高气温、最低气温、1 月和 12 月温度、年降水量及年生物学温度。由于物种分布范围在全国各个地方，所以收集全国 1951~2010 年气候数据或更详细的气候观测资料，

包括每个物种分布范围内的气候数据。

3.2.2　收集生物多样性数据、确定物种分布点

收集不同时段的文献资料、标本资料、调查资料，以及自然保护区考察、专题调查等各种相关其他资料，以中国地名录作为基本的地理位置点，收集苔藓植物、蕨类植物、裸子植物、被子植物；鸟类、兽类、两栖类、爬行类动物，以及家养动物和栽培植物、有害生物分布的地理分布的数据，确定各个物种地理分布地点，在中国地名录中以二元数据形式进行显示，以 1 表示物种在地名录中位置点有分布，0 表示物种在地名录位置点无分布。

3.2.3　匹配生物多样性数据与气候数据

利用 ArcGIS 软件，通过插值方法把气候要素插到中国地名录每个地理位置点中，获得地名录每个点上的气候要素值。再基于地名录每个地理位置点上物种分布信息，获得在地名录不同地理位置点上气候要素与物种分布信息，通过的地理位置点相同，得到匹配的物种分布与不同气候要素指标信息。

3.2.4　分析物种与气候要素关系

把物种分布点与气候要素分布点匹配后，计算各个物种适宜分布范围内不同气候要素的平均值、最小值与最大值，得到物种适应的气候特征。计算不同地理位置点所有物种数量并考虑每个点上的气候因子，通过相关分析、回归分析、主分量分析和其他统计学方法分析物种丰富度与气候要素的关系。

3.3　实　施　步　骤

分析生物多样性与气候要素的关系，需要详细收集气候与物种分布数据，并进行生物多样性与气候要素数据的时空间匹配，然后分析物种分布、丰富度与气候要素的统计关系。

3.3.1　选择气候指标、计算气候数据

生物与气候要素关系复杂，考虑气候指标包括年平均气温、最高气温、最低气温、年降水量、水热要素综合指标等（吴建国和周巧富，2012）。考虑目前物种分布与气候要素存在一定稳定关系，需要详尽收集物种目前地理分布区内的所有气候观测要素数据，并且保证数据的一致性和统一性。因为不同物种适应的气候要素不同，需要收集物种分布范围内的气候观测数据也不同。全面收集气候观测数据后，通过计算机程序计算

各个气候要素指标。

3.3.2　计算生物多样性数据

以中国地名录作为基本的地理位置点，利用不同时间段的文献资料、标本资料、调查资料，以及自然保护区考察、专题调查、专家经验等各种相关的其他资料，收集确定各个物种地理分布点信息，然后把每个物种地理分布信息以二元数据形式表示，其中物种在一个地理点上存在以 1、不存在以 0 表示，把这些数据输入到地名录每个位置点上，得到每个物种地理分布点信息。

3.3.3　匹配生物多样性数据与气候数据

借助 ArcGIS 软件，利用中国地名录，把气候要素通过插值方法插到地名录每个地理位置点，获得地名录每个地理点上的气候要素值。基于同一地名点空间信息一致性，得到匹配的物种分布与不同气候要素指标信息。

3.3.4　计算物种适应的气候特征

考虑到物种适应的气候要素存在平均值、最小值和最大值，计算物种分布范围内的各个点气候要素的平均值、最小值和最大值可以反映物种适应的气候要素特征。

3.3.5　分析物种丰富度与气候关系

把每个地理位置点的各个物种分布信息求和，计算各个地理位置点上物种丰富度，再利用不同地理位置点上的气候要素，获得物种丰富度与气候要素组成的分析数据，通过回归分析、相关分析、主分量方法，以及排序方法，分析物种丰富度与气候要素的关系。具体包括：把《中国地名录——中华人民共和国地图集地名索引》地名表借助 ArcGIS 软件平台转换成格式和投影与空间点状矢量图层相同的地名录点状矢量数据，通过 Arctoolbox 的 Extract values to point 数值提取功能，采用批处理方式，用地名录矢量数据每个点对气候要素和 DEM 栅格数据进行提取，并对这些数据依照地名字段应用连接（join）命令进行连接，得到地名录各点对应的气候和海拔数据，再与物种丰富度数据相结合，得到与丰富度对应的气候和海拔数据，在 Excel 中分析这些丰富度与气候要素及经纬度和海拔相关系数，以及不同气候要素下丰富度变化趋势，同时在 SPSS 软件中进行丰富度与气候要素关系的多元回归分析。利用 ArcGIS 软件空间分析模块的等值线生成工具（contour），把气候要素插值结果转变为各气候要素等值线矢量数据，并将其与具有相同投影格式丰富度的分布图叠加，分析不同气候要素等值线与丰富度空间分布的对应关系（吴建国和周巧富，2012）。

3.4　物种分布与气候关系分析系统 V1.0

物种分布与气候关系分析系统工具软件采用 Microsoft Visual Studio2010 Professional C# 语言基于.NET Framework3.5 框架开发和设计，可运行于 X86/X64 体系，Windows XP Sp3/Windows7+ Office2003/ Office2007 或 Office2010 平台下。其中 Windows XP Sp3 下安装需要.NET Framework2.0 环境的支持（张钊和张世明，2015；张钊等，2015）。

3.4.1　系统简介

本系统是在各种气候数据、物种地理分布数据的基础上，提供便捷的物种分布与气候要素关系查询，系统分析物种适应气候参数，进行物种地理分布预测，以及分析气候变化对物种分布的影响，提高物种分布与气候关系的分析速度（张钊和张世明，2015；张钊等，2015）。

1. 系统安装

在物种与气候关系分析系统文件下直接点击 Setup，并按照提示输入相关信息，就可以完成安装过程，安装后按照注册提示进行注册。特别在 Windows XP SP3 需要事先安装.NET Framework2.0 运行库及相关文件。如果要卸载文件，在 Windows 系统开始菜单，在程序中找到卸载文件，双击就可以卸载本系统。

2. 系统应用基础

打开：直接单击桌面系统图标或从开始菜单选择程序中的系统文件进行双击，便可以打开系统，进入界面。窗口主要由主窗口、文件、编辑、查询、分析、预测与帮助菜单组成（图 3.2）。

图 3.2　系统打开界面及图标窗口

3.4.2 功能介绍

1. 文件

1）文件打开与关闭

菜单位置：【文件】→【新建】【打开】【关闭】【关闭所有】。

功能描述：单击【新建】菜单可以新建 Excel 格式的气候或物种分布文件，输入文本或数据到单元格；单击【打开】菜单可以打开气候与物种分布有关文本文件、文本格式数据文件或 Excel 格式的数据文件；单击【关闭】菜单，可以关闭建立或打开的文件；单击【关闭所有】菜单则可以关闭所有打开的文件，进入系统界面。

操作说明：根据要建立或打开或关闭物种和气候要素文件的需要，相应选择【新建】【打开】【关闭】【关闭所有】菜单，单击，便可实现相应的功能，如图 3.3~图 3.6 所示。

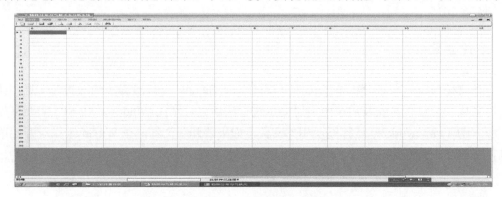

图 3.3　新建功能实现

图 3.4　打开文件功能实现

2）文件保存

菜单位置：【文件】→【保存】【另存】【全部保存】。

功能描述：单击【文件】菜单，选择【保存】菜单可以对新建或打开的气候或物种

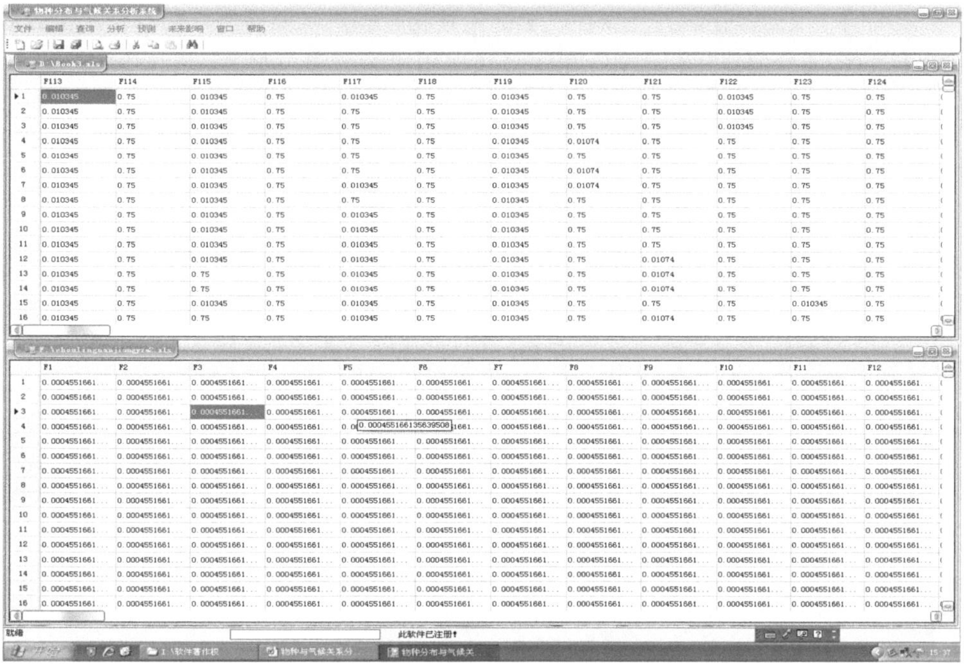

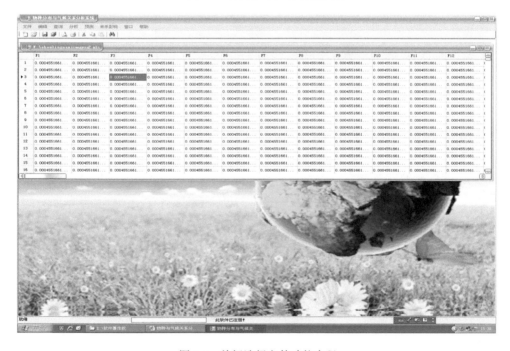

图 3.5 打开多个文件功能实现

图 3.6 关闭选择文件功能实现

分布文件修改进行保存；单击【文件】菜单，选择【另存】菜单并单击，可以对新建或打开的气候或物种分布文件进行另保存；单击【文件】菜单，选择【全部保存】菜单可以对新建或打开的多个气候或物种分布的文件进行修改保存。

操作说明：根据保存、另外保存、全部保存物种和气候要素文件的需要，相应选择【保存】【另存】【全部保存】菜单，单击，实现相应的功能，如图3.7~图3.9所示。

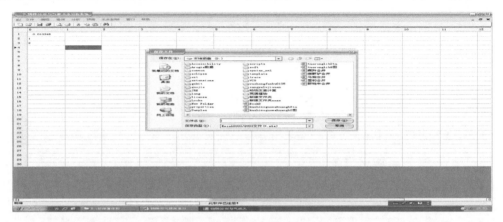

图3.7 保存文件功能实现

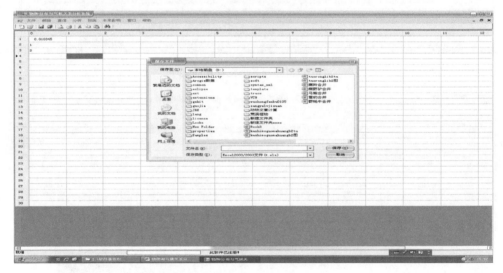

图3.8 另存文件功能实现

3）文件打印

菜单位置：【文件】→【页面设置】【打印预览】【打印】。

功能描述：单击【文件】菜单，选择【页面设置】菜单可以对需要打印的气候或物种分布的文件进行页面设置；单击【文件】菜单，选择【打印预览】菜单，单击，可以气候或物种分布的文件进行打印预览；单击【文件】菜单，选择【打印】菜单可以对气候或物种分布文件进行打印。

操作说明：根据对文件打印的需要，相应选择【页面设置】【打印预览】【打印】菜单，单击菜单，实现相应功能，如图3.10、图3.11所示。

4）退出系统

菜单位置：【文件】→【退出系统】。

功能描述：单击【文件】菜单，选择【退出系统】菜单，按提示选择是否退出系统，

图 3.9　全部保存文件功能实现

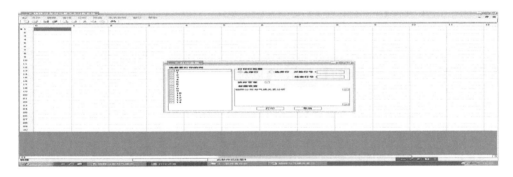

图 3.10　页面设置

图 3.11　打印预览

实现退出或留在系统的功能。

操作说明：单击【文件】菜单，选择【退出系统】菜单，按照提示选择是否退出系统，实现退出或留在系统的功能，如图 3.12 所示。

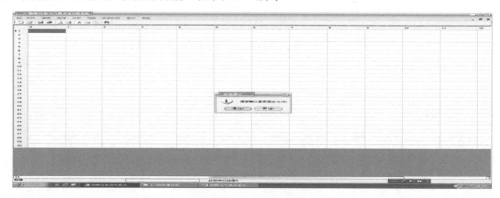

图 3.12　退出系统

2. 编辑

1）选择

菜单位置：【编辑】→【全选】【复制】【剪切】。

功能描述：单击【编辑】菜单，选择【全选】菜单，可以对全选的气候或物种分布的文件内容；单击【编辑】菜单，选择【复制】菜单，可以复制气候或物种分布的文件内容；单击【编辑】菜单，选择【剪切】菜单，可以对气候或物种分布的文件内容进行剪切。

操作说明：根据全选、复制、剪切物种和气候要素文件内容的需要，相应单击【编辑】菜单，分别选择【全选】【复制】【剪切】菜单并进行单击，便可以实现相应的功能，如图 3.13、图 3.14 所示。

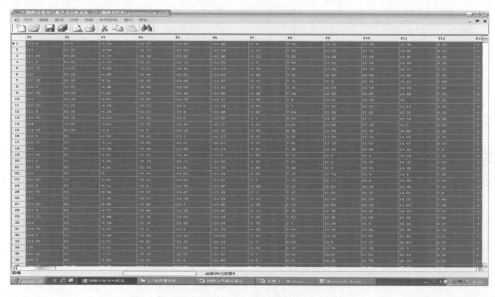

图 3.13　全选功能

图 3.14　复制功能

2）粘贴

菜单位置：【编辑】→【粘贴】。

功能描述：单击【编辑】菜单，选择【粘贴】菜单，可以对全选或者复制或剪切的气候或物种分布的文件内容进行粘贴。

操作说明：单击【编辑】菜单，选择【粘贴】菜单，在需要粘贴的文件位置单击菜单，便可以实现对文件内容粘贴的功能。

【文件】和【编辑】功能可以单击横向滚动条中有关的图表菜单实现。

3. 查询

1）位置查询

菜单位置：【查询】→【经度】【纬度】【海拔】。

功能描述：单击【查询】菜单，选择【经度】菜单，按照菜单提示输入经度范围，按【确定】，就可以查询一定经度范围内气候或物种分布的信息；单击【查询】菜单，选择【纬度】菜单并按照菜单提示输入纬度范围，再按【确定】，就可以查询一定纬度范围内气候或物种分布信息；单击【查询】菜单，选择【海拔】菜单，按照菜单提示输入海拔范围按【确定】，就可以查询一定海拔范围内气候或物种分布信息。

操作说明：根据需要，单击【查询】菜单，选择【经度】、【纬度】、【海拔】菜单，按照菜单提示输入经度、纬度和海拔范围，按【确定】，就可以查询一定经度、纬度和海拔范围内气候或物种分布的信息，如图 3.15 所示。

2）物种查询

菜单位置：【查询】→【物种】。

功能描述：单击【查询】菜单，选择【物种】菜单，按照菜单提示输入物种范围并按【确定】，就可以查询物种气候或分布的信息。

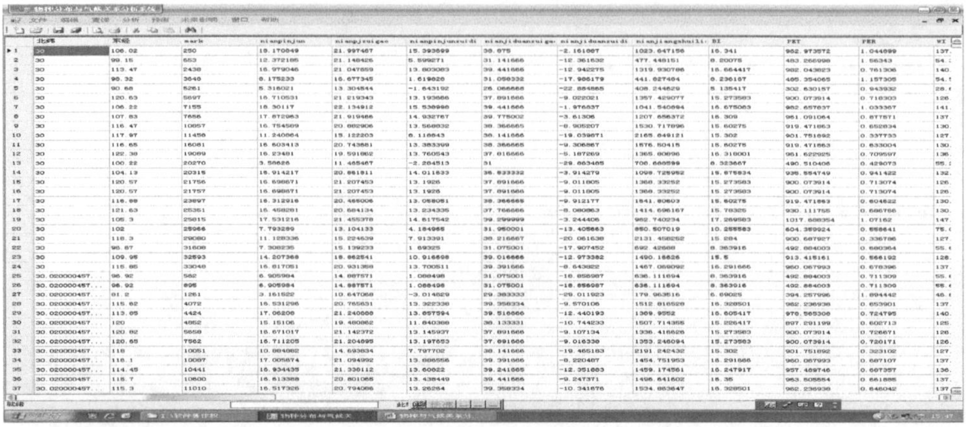

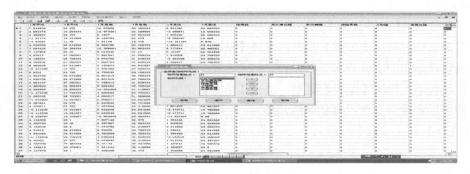

图 3.15　经度查询

操作说明：根据需要的物种名称，单击【查询】菜单，选择【物种】菜单，按照菜单提示输入物种范围，按【确定】，就可以查询一定物种气候或物种分布的信息，如图3.16所示。

图 3.16　物种查询条件

3）综合查询

菜单位置：【查询】→【综合查询】。

功能描述：单击【查询】菜单，选择【综合查询】菜单，按照菜单提示输入综合查询经度、纬度、海拔和物种信息，按【确定】，就可以查询综合的物种气候或物种分布的信息。

操作说明：单击【查询】菜单，选择【综合查询】菜单，按照菜单提示输入综合查询经度、纬度、海拔和物种信息，按【确定】，就可以查询综合的气候或物种分布的信息，如图3.17、图3.18所示。

4. 分析

1）范围确定

菜单位置：【分析】→【范围确定】选择物种矩阵、气候要素矩阵。

功能描述：在【分析】菜单中选择【范围确定】菜单，按菜单中要求填入选择物种

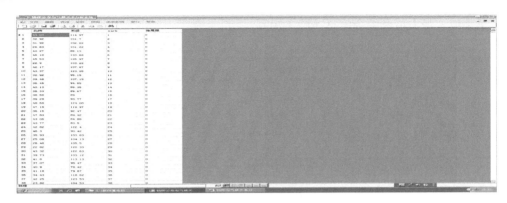

图 3.17　综合查询条件

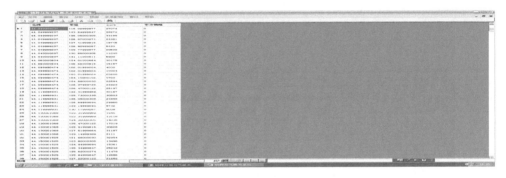

图 3.18　多物种综合查询

矩阵、气候要素矩阵信息，按【确定】就可以选择分析范围。

　　操作说明：在【分析】菜单中选择【范围确定】菜单，按菜单中的要求填入选择物种矩阵、气候要素矩阵的信息，按【确定】就可以选择分析范围，如图 3.19 所示。

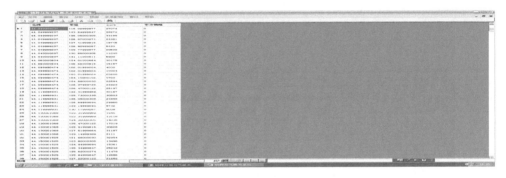

图 3.19　分析范围确定

　　2）气候要素分析

　　菜单位置：【分析】→【气候要素分析】→【平均值】、【最小值】、【最大值】、【综合分析】。

　　功能描述：单击【分析】菜单，选择【气候要素】菜单，在分别选择【平均值】、【最小值】、【最大值】、【综合分析】，按【确定】，就可以计算物种分布气候特征，包括平均值、最小值、最大值及综合信息（图 3.20）。

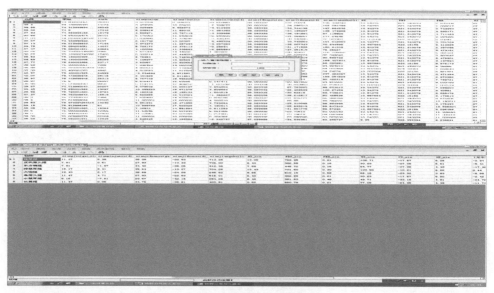

图 3.20　气候要素平均值计算

操作说明：单击【分析】菜单，选择【气候要素】菜单，在分别选择【平均值】、【最小值】、【最大值】、【综合分析】，按【确定】，就可以计算物种分布气候特征信息，包括平均值、最小值、最大值及综合信息。

5. 预测

1）设置预测条件

菜单位置：在【预测】→【设置预测条件】，在菜单提示下，选择气候要素、选择物种范围，选择打开气候文件，选择打开分析文件。

功能描述：按【预测】菜单，选【设置预测条件】菜单，按照菜单提示输入选择气候要素、选择物种范围，选择打开气候文件，选择打开分析文件信息，按确定就可以设置预测条件。

操作说明：按【预测】菜单，选【设置预测条件】菜单，按照菜单提示输入选择气候要素、选择物种范围，选择打开气候文件，选择打开分析文件信息，按确定就可以设置预测条件，如图 3.21 所示。

2）物种分布预测

菜单位置：在【预测】→【物种分布范围预测】（图 3.22）。

功能描述：按【预测】菜单，选【物种分布范围预测】菜单，单击菜单就可以对物种分布进行预测。

操作说明：按【预测】菜单，选【物种分布范围预测】菜单，单击菜单，就可以对物种分布进行预测。

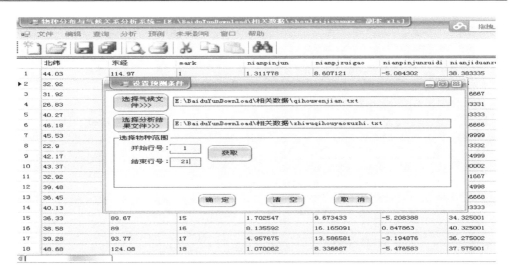

图 3.21　设置预测条件

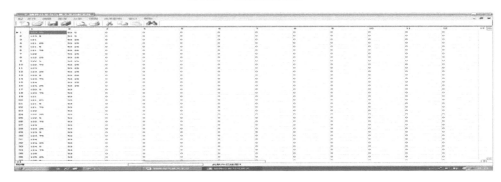

图 3.22　物种分布预测

3）检验

菜单位置：在【预测】→【检验】。

功能描述：按【预测】菜单，选【检验】菜单，按照菜单提示输入信息，单击菜单就可以进行检验。操作说明：按【预测】菜单，选【检验】菜单，按照菜单提示输入信息，单击菜单就可以进行检验（图 3.23）。

6. 未来影响

1）气候情景

菜单位置：在【未来影响】→【气候情景】。

功能描述：按【未来影响】菜单，选【气候情景】菜单，按照菜单提示输入信息，单击菜单就可以进行气候情景的设定。

操作说明：按【未来影响】菜单，选【气候情景】菜单，按照菜单提示输入信显示，就可以确定在气候情景下分布。

2）影响分析

菜单位置：在【未来影响】→【影响分析】。

图 3.23 检验

功能描述：按【未来影响】菜单，选【影响分析】菜单，按照菜单提示输入信息，单击菜单就可以进行影响分析。

操作说明：按【未来影响】菜单，选【影响分析】菜单，按照菜单提示输入信息，单击菜单就可以进行影响分析，如图 3.24 所示。

图 3.24 未来情景下物种分布

7. 窗口

1）层叠

菜单位置：【窗口】→【层叠】。

功能描述：按【窗口】菜单，选【层叠】菜单，单击菜单就可以把打开的窗口层叠。

操作说明：按【窗口】菜单，选【层叠】菜单，单击菜单，就可以把打开的窗口层叠。

2）水平

菜单位置：【窗口】→【水平平铺】

功能描述：按【窗口】菜单，选【水平平铺】菜单，单击菜单，就可以把打开的窗口水平平铺。

操作说明：按【窗口】菜单，选【水平平铺】菜单，单击菜单，就可以把打开的窗口水平平铺（图 3.25）。

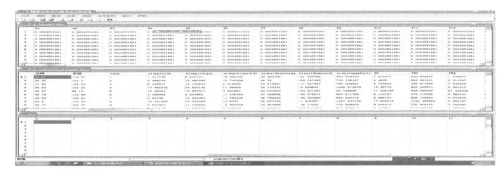

图 3.25　窗口水平平铺

3）垂直

菜单位置：【窗口】→【垂直平铺】（图 3.26）。

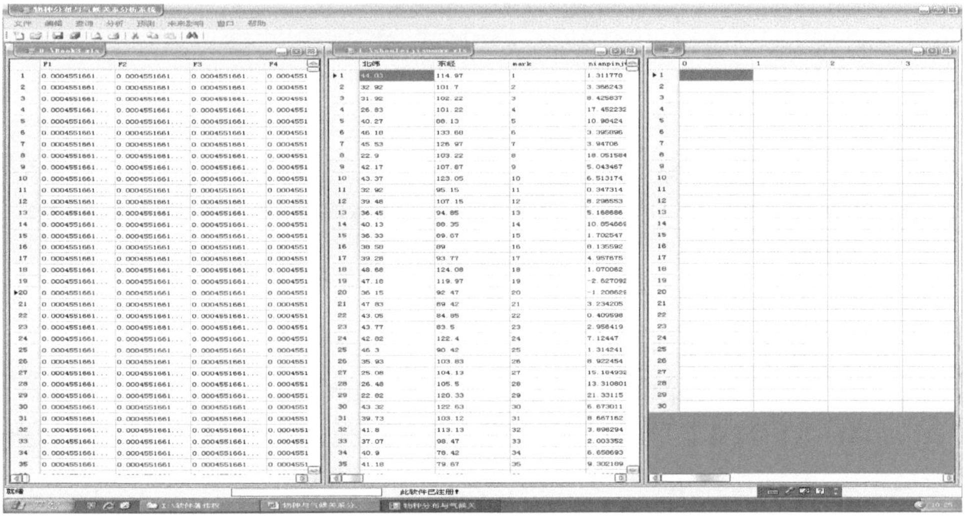

图 3.26　窗口垂直平铺

功能描述：按【窗口】菜单，选【水平平铺】菜单，单击，就可以把打开的窗口垂直平铺。

操作说明：根据需要，按【窗口】菜单，选【垂直平铺】菜单，进行单击，窗口便可以垂直平铺。

8. 帮助

1）用户手册

菜单位置：【帮助】→【用户手册】。

功能描述：在【帮助】菜单，选择【用户手册】进行单击就可以看到相关内容。

操作说明：在【帮助】菜单，选择【用户手册】菜单进行单击，就可以看到操作的相关内容。

2）注册

菜单位置：在【帮助】→【注册】。

功能描述：在【帮助】菜单，选择【注册】，按提示输入注册码，就可以对系统进行注册，注册后可取消使用次数限制，就可以正常使用。

操作说明：在【帮助】菜单，选择【注册】，先获得机器码，再获取注册码，按提示输入注册码信息，就可以对系统进行注册，注册后就可以正常使用（图3.27）。

图3.27　注册

3）关于说明

菜单位置：在【帮助】→【关于】。

功能描述：在【帮助】菜单，选择【关于】菜单，就可以看到相关信息。

操作说明：在【帮助】菜单，选择【关于】菜单，就可以看到相关信息，如图3.28所示。

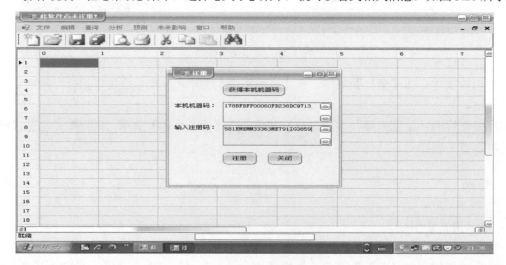

图3.28　关于

9. 窗口的最小化、关闭、正常

除了按菜单实现对文件的打开、关闭，在主窗口有对窗口进行操作的最小化关闭、正常显示按钮，选择这些按钮进行单击，就可以实现有关的功能。

10. 水平与垂直滚动条

在主窗口有对窗口进行文件显示的水平与垂直滚动条上的按钮，进行单击，就可以实现有关的功能。

3.5 技 术 应 用

生物多样性与气候要素关系分析受到广泛关注，包括了藓属植物（沈阳等，2015）、野生植物分布（Leathwick，1995；Potts and Elith，2006；蒋霞和倪健，2005；张兴旺等，2014）、物种丰富度与气候要素关系（Currie，1991；Qian and Ricklefs，2000；Hawkins et al.，2003；吴建国和周巧富，2012）、野生动物分布（武美香等，2011）、物种丰富度与气候要素关系（刘澍等，2014）及有害生物分布和活动等与气候要素关系的分析（李艳等，2012），以及栽培植物分布与气候要素关系（刘声传等，2013；马婷等，2012）、家养动物与气候要素关系分析等（王加斌，2004；刘寿东等，2010），不同研究采用不同的技术方法。本书提出的分析技术，可以对不同的生物与气候要素的关系进行分析，确定影响生物分布的关键要素，分析物种丰富度与气候要素关系等。这些技术应用需要如下条件才能够适用不同的范围。

3.5.1 应用条件

这些技术应用需要具备：①一定时空间范围的完整的气候观测数据，即分析物种分布空间范围内的气候数据；计算各个气候要素指标的分析工具；②具备生物多样性相关数据，包括物种分布的数据、中国地名录数据库；③气候数据与生物多样性数据在时间与空间上要匹配，同时需要进行正确的时间上的匹配，分析方法需要正确，包括需要选择正确的数据分析方法。

3.5.2 应用范围

这个技术可以应用到野生动植物、种质资源物种和有害生物等生物多样性与气候要素关系的分析，以及一定区域内物种丰富度与气候要素关系的综合分析，能够获得每个物种适应的不同气候要素特征，确定影响物种丰富度的关键气候要素。

参 考 文 献

蒋霞, 倪健. 2005. 西北干旱区 10 种荒漠植物地理分布与大气候关系及其可能潜在分布区的估测. 植物生态学报, 29(1): 98~107.

李艳, 吴建国, 谢立勇, 等. 2012. 分布狭窄昆虫与气候要素关系研究. 环境科学研究, 25(5): 533~542.

刘澈, 郑成洋, 张腾, 等. 2014. 中国鸟类物种丰富度的地理格局及其与环境因子的关系. 北京大学学报(自然科学版), 50(3): 429~438.

刘声传, 曹雨, 鄢东海, 等. 2013. 贵州野生茶树资源地理分布和形态特征与气候要素的关系. 茶叶科学, 33(6): 517~525.

刘寿东, 于晋秋, 哈纳提. 2010. 新疆家畜地理分布气候模式研究. 中国农学通报, 26(8): 294~297.

马婷, 司马永康, 马惠芬, 等. 2012. 大果藤黄地理分布与气候因子的关系. 广东农业科学, 15: 16~18.

欧阳平, 王加斌. 1993. 阿坝州羊的种群分布与气候生态环境关系探讨. 西南民族学院学报, 19(1): 25~30.

沈阳, 于晶, 郭水良. 2015. 不同气候变化情境下中国木灵藓属和蓑藓属植物的潜在分布格局. 生态学报, 35(19): 6449~6459.

王加斌. 2004. 阿坝州马的数量分布与气候生态环境关系的探讨. 西南民族大学学报, 30(6): 770~774.

吴建国, 周巧富. 2012. 中国嵩草属植物地理分布模式和适应的气候特征. 植物生态学报, 36(3): 199~221.

武美香, 吴建国, 况明生, 等. 2011. 我国特有鸟类与气候要素关系的初步研究. 环境科学研究, 24(4): 409~420.

张金屯. 2011. 数量生态学. 北京: 科学出版社.

张兴旺, 李垚, 方炎明. 2014. 麻栎在中国的地理分布及潜在分布区预测. 西北植物学报, 34(8): 1685~1692.

张钊, 吴建国, 张世明. 2015. 物种分布与气候关系分析系统可视化界面设计. 网络新媒体技术, 4(4): 58~64.

张钊, 张世明. 2015. C# 读取和显示 Excel 大数据文件技术. 电脑编程与维护, 6: 49~50.

Araújo M, Pearson R G. 2005. Equilibrium of species distributions with climate. Ecography, 28(5): 693~695.

Blackman F F. 1905. Optima and limiting factors. Annual Botany, 19: 281~298.

Braunisch V, Coppes J, Arlettaz R, et al. 2013. Selecting from correlated climate variables: A major source of uncertainty for predicting species distributions under climate change. Ecography, 36: 971~983.

Currie D J. 1991. Energy and large-scale patterns of animaland plant-species richness. American Naturalist, 137: 27~49.

Hawkins B A, Field R, Cornell H V, et al. 2003. Energy, water, and broad-scale geographic patterns of species richness. Ecology, 84: 3105~3117.

Leathwick J R. 1995. Climatic relationships of some New Zealand forest tree species. Journal of Vegetation Sciences, 6: 237~248.

Munguía M, Rahbek C, Rangel T F, et al. 2012. Equilibrium of global amphibian species distributions with climate. PLoS ONE 7(4): 1~9

Potts J M, Elith J. 2006. Comparing species abundance models. Ecological Modeling, 199: 153~163

Qian H, Ricklefs R E. 2000. Large-scale processes and the Asian bias in species diversity of temperate plants. Nature, 407: 180~182.

Shelford V E. 1913. Animal Communities in Temperate America. Chicago,USA:University of Chicago press.

Welsh A H, Cunningham R B, Donnelly C F, et al. 1996. Modelling the abundance of rare species: Statistical models for counts with extra zeros. Ecological Modeling, 88: 297~308.

第 4 章　气候变化对生物多样性影响识别
归因与评估技术

气候变化的影响已有百年，对过去气候变化对生物多样性影响进行识别需要归因识别的技术方法（Stone et al.，2013；Oliver and Morecroft，2014）。同时，进行气候变化对生物多样性影响评估也需要有效可操作的评估技术。本章介绍了气候变化对生物多样性影响识别归因与评估技术的流程与要点、操作步骤等，包括气候变化对生物多样性影响识别技术、气候与非气候因素对生物多样性影响分离技术、气候变化对生物多样性影响评估技术。

4.1　气候变化对生物多样性影响识别技术

识别过去气候变化对生物多样性影响就是对过去气候变化对生物多样性的影响进行识别与检测，对影响的特征进行判断（Stone et al.，2013）。

4.1.1　技术原理与要点

1. 原理

生物分布与气候要素平衡原理，生物地理分布与气候要素存在一定程度的平衡关系，表现在生物分布受到不同气候要素的限制，气候要素改变将引起生物分布的变化（Araújo and Pearson，2005）。

相关性原理揭示了系统各要素（事物的一种形式）之间，以及系统与外部环境的关系，强调系统内各要素（事物的一种形式）之间的空间分布，以及系统内部诸要素（事物的一种形式）之间相关性。系统内部各要素之间的相互联系是有机的，它们相互关联、相互作用，共同构成系统的整体；系统同外部环境的相关性，与外部环境有紧密联系的系统叫开放系统，一般系统涉及的都是开放系统，因为事实上与外界毫无关联的封闭系统是不存在的。一个系统总要与外界发生物质、能量和信息交换。由于生物多样性要素受到气候变化要素的限制，气候要素改变将引起生物多样性要素的变化，所以生物多样性要素变量与环境要素变量之间存在一定的相关性，这些相关性可以用生物多样性要素与气候要素变量之间的相关关系的数量来度量。

事物之间的因果联系既是先行后续的关系，又是引起和被引起关系；原因总是伴随一定的结果，结果总是由一定的原因引起的；任何事物都处于因果联系的连接之中。在每一事物的具体因果联系中，原因和结果有严格的区别：一是含义不同；二是时间顺序不同，在一个具体的因果联系中，总是原因在前，结果在后，形成先行后续的顺序；三是地位作用不同，在一个具体的因果联系中，原因总是处于"主动"的地位，是引起者，具有"动因"的作用；结果总是处于"被动"地位，是被引起者，具有"结果"的作用。正是因为原因和结果有严格的区别，所以不能倒因为果，也不能倒果为因。原因和结果的区别又是相对的，二者之间还存在着密切的联系（许胜利，2009）。首先，原因和结果。二者互相依存，缺一不可。有因必有果，没有无因之果，也没有无果之因。 总之，原因和结果互相依赖缺一不可。其次，二者的区别是相对的，在一定条件下能互相转化。如果一个环境变量是另一个环境变量发生的原因，那么这个变量改变将引起另一个变量的变化。气候要素一定程度下影响生物的活动并决定生物的分布，气候要素改变将引起生物分布范围的改变。如果气候变化是引起物种分布变化的原因，物种分布变化应该与气候变化驱动下的物种分布变化一致。通过分析生物分布与气候要素变化的关联性，以及与气候变化要素为驱动变量的生物分布变化，与观测的生物分布进行一致性比较，一致性高的归因为气候变化的程度较高。

2. 要点

由于生物分布与气候关系密切，所以识别气候变化对生物多样性的影响，主要是基于识别气候变化对物种分布的影响，以及生物分布变化与气候变化要素的关系。在广泛收集物种分布相关历史资料的基础上，建立物种分布的时间序列数据，分析识别物种地理分布变化特征；通过分析气候变化和物种分布变化时间序列数据，分析物种地理分布变化与气候要素变化的关联性；以气候要素变化为驱动力，模拟分析气候要素驱动下物种地理分布改变特征；比较分析观测与气候变化驱动下物种地理分布变化的一致性程度；综合考虑观测到物种分布变化、气候驱动下物种分布变化、观测到的物种分布变化与气候要素变化间关联性，以及观测到物种分布变化与气候驱动下物种分布变化的一致性，建立物种分布变化归因为气候变化的归因函数；计算物种地理分布变化的归因函数值，根据归因函数值判断物种分布变化受到气候变化影响的程度。

4.1.2　技术流程

技术流程包括：①广泛收集物种分布相关 30~50 年的历史资料，利用物种分布时间序列数据识别物种分布边界和中心位置的变化；②分析气候要素变化时间序列数据，利用灰色关联度方法分析物种分布变化与气候要素变化的关联度；③利用模糊数学隶属度模拟方法，以气候变化为驱动力，分析气候要素变化驱动下物种分布变化；④利用灰色关联度方法，分析观测的与气候变化驱动下物种分布变化的一致性；⑤综合考虑观测到的物种分布变化、气候变化驱动的模拟物种分布变化、观测到的物种分布变化与气候要素变化之间的关联性，以及观测到的物种分布变化与模拟的物种分布变化的一致性，建立物种分布变化归因为气候变化的归因函数；⑥计算物种分布变化的归因函数值；⑦根据归因函数值判断物种分布变化受到气候变化影响的程度（图 4.1）。

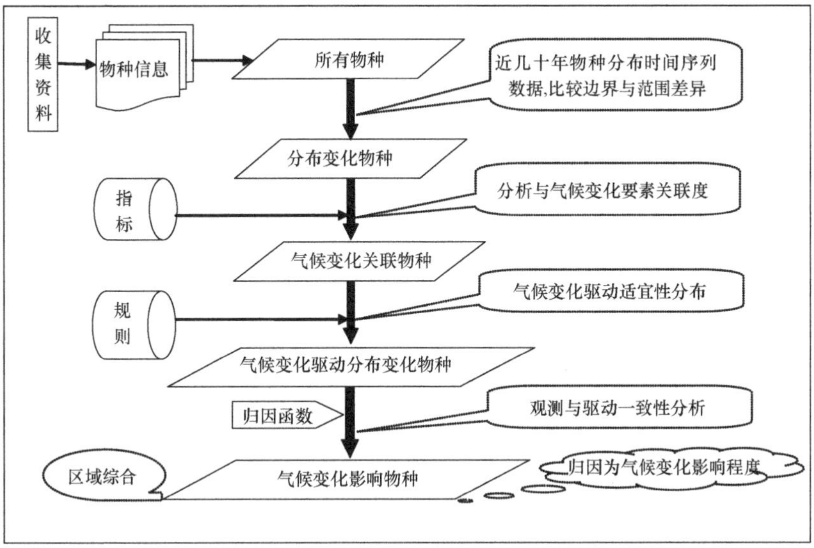

图 4.1　归因技术流程

4.1.3　实施步骤

（1）建立识别生物多样性演变受到气候变化影响规则。生物多样性特征（物种分布或丰富度）演变能被有效辨析（X_1）；在过去生物多样性特征发生能够辨析的变化（X_2）；过去生物多样性变化有连续性（X_3）；生物多样性变化重复性（X_4）；生物多样性发生变化稳定存在（X_5），在过去对生物多样性特征调查比较充分（X_6）；在过去生物多样性特征变化与气候要素变化存在较高的关联（X_7）；在过去生物多样性演变与气候变化驱动影响下变化有较高的一致性（X_8）；过去生物多样性演变归因于气候变化程度较高（X_9），如果满足这些条件，则认为生物多样性演变归因为气候变化影响（Y）。按如下矩阵方法应用这些规则（表 4.1），判定结果由式（4.1）所示：

$$Y_j = \prod_{j=1}^{9} XS_{ij} \text{ 或 } Y_j = \min(XS_{ij}) \qquad (4.1)$$

（2）测定生物多样性。以一定区域某时间段内野生动植物、种质资源物种生物多少来反映某区域某时段生物多样性。野生动物包括鸟类、兽类、两栖类和爬行类动物；野生植物包括裸子植物、被子植物、蕨类植物和苔藓植物；种质资源物种包括家养动物和栽培植物，家养动物选包括家禽、家畜，栽培植物包括作物、果树、经济林木等。

（3）选择生物多样性变化综合表征指标。以对气候变化敏感的物种的分布边界、分布范围和物种丰富度为指标，表征生物多样性变化的综合特征。物种分布边界包括北界、南界、东界、西界，以及分布海拔上限与下限。物种分布南北界以纬度表示，分布东西界以经度表示，分布上下界以海拔表示。物种分布边界点通过计算物种分布区内由分布点组成的空间点集凸壳集求取，包括利用计算几何中点集的凸壳计算。物种分布边界以10~15 个分布点进行平均值、最小和最大值表示，物种分布范围以分布区内各个分布点的几何中心点、分布点数量和面积表示，物种水平分布范围以面积大小表示或以区域范围，省、县，地理范围，以及点数表示，物种分布中心以分布范围内几何中心点位置来表示。

表 4.1 识别生物多样性演变受到气候变化影响识别规则矩阵

规则	S_1	S_2	S_3	...	S_n
X_1	XS_{11}	XS_{12}	XS_{13}	...	XS_{1n}
X_2	XS_{21}	XS_{22}	XS_{23}	...	XS_{2n}
X_3	XS_{31}	XS_{32}	XS_{33}	...	XS_{3n}
X_4	XS_{41}	XS_{42}	XS_{43}	...	XS_{4n}
X_5	XS_{51}	XS_{52}	XS_{53}	...	XS_{5n}
X_6	XS_{61}	XS_{62}	XS_{63}	...	XS_{6n}
X_7	XS_{71}	XS_{72}	XS_{73}	...	XS_{7n}
X_8	XS_{81}	XS_{82}	XS_{83}	...	XS_{8n}
X_9	XS_{91}	XS_{92}	XS_{93}	...	XS_{9n}
Y	YS_1	YS_2	YS_3		YS_n

注：S_1，S_2，…，S_n 表示物种；XS_{ij} 表示按 i 规则判定 j 物种判断结果；YS_i 表示对 j 物种判定结果。

物种丰富度一段时间一定区域内所有物种的数量，则

$$N_{t+1} = N_t + J_t + Q_t - C_t - M_t \tag{4.2}$$

式中，N_{t+1} 为时段 $t+1$ 的物种多样性；N_t 为时段 t 的物种多样性；Q_t 为时段 t 迁入物种多样性；C_t 为时段 t 的迁出物种多样性，M_t 为时段 t 的灭绝物种多样性。

国家尺度时段 $t+1$ 物种多样性或物种数量（丰富度）：

$$N_{t+1} = N_t + J_t + Q_t - C_t - M_t \tag{4.3}$$

式中，各符号含义同上。

i 生物地理区域或省范围或者自然保护范围物种数量（丰富度）：

$$N(i)_{t+1} = N(i)_t + J(i)_t + Q(i)_t - C(i)_t - M(i)_t \tag{4.4}$$

式中，各符号含义同上。

$$N_{t+1} = \sum_{i=1}^{m} N(i)_{t+1} \tag{4.5}$$

式中，m 为物种地理区域或省地区区域个数。

（4）识别生物多样性演变规律。通过调查收集历史不同时间物种分布范围与边界相关资料，包括实际调查、查阅有关资料，利用时间序列方法分析物种或生物多样性特征变化大小和特征，分析生物多样性演变特征。利用地名录 33211 个地名，结合地理信息系统 GIS，以 0 表示物种无分布，以 1 表示物种有分布，制作出过去不同时段物种分布图，计算物种分布范围或边界变化特征，比较分析不同时段物种分布边界或范围差异，根据物种分布边界或范围变化程度识别分布边界与范围发生变化的物种数量，识别分布

边界与范围已经发生变化的物种，进而识别出区域物种丰富度改变。对单个物种，一定区域内的变化主要体现在物种分布边界的变化大小与方向；对多个物种，一定范围内物种分布边界与范围的改变，以及改变范围与边界物种情况。识别物种地理边界变化，包括分析单个物种地理分布边界的变化与方向，以及分布边界与范围变化的物种数量，不同变化程度物种的数量，不同时段的变化情况。一定范围从时间 $t_1 \sim t_2$ 物种丰富度变化，反映不同时段物种数量改变，体现物种丰富度的变化。

$$全国尺度：以\ N_{t+1} = N_t + QR - QC - MJ \tag{4.6}$$

式（4.6）为在时段 $t+1$ 时全国物种多样性的变化，则 1950s、1960s、1970s、1980s、1990s 和 2000s 时段物种多样性绝对量变化的时间序列：

$$N = \{ N_{1950s},\ N_{1960s},\ N_{1970s},\ N_{1980s},\ N_{1990s},\ N_{2000s} \} \tag{4.7}$$

不同时段变化量表示如下：

$$\Delta N_t = N_{t+1} - N_t = QR - QC - MJ \tag{4.8}$$

生物地理区域：

$$以\ N_{t+1} = N_t + QR - QC - MJ \tag{4.9}$$

式（4.9）表示在时段 $t+1$ 时地理区域物种多样性的变化，则 1950s、1960s、1970s、1980s、1990s 和 2000s 时段物种多样性绝对量时间变化的序列：

$$\{ N_{1950s},\ N_{1960s},\ N_{1970s},\ N_{1980s},\ N_{1990s},\ N_{2000s} \} \tag{4.10}$$

不同时段变化量表示如下：

$$\Delta N_t = N_{t+1} - N_t = QR - QC - MJ \tag{4.11}$$

省区域：

$$以\ N_{t+1} = N_t + QR - QC - MJ \tag{4.12}$$

式（4.13）表示在时段 $t+1$ 时物种地理区域物种多样性的变化，则 1950s、1960s、1970s、1980s、1990s、2000s 时段物种绝对量变化的时间序列：

$$\{ N_{1950s},\ N_{1960s},\ N_{1970s},\ N_{1980s},\ N_{1990s},\ N_{2000s} \} \tag{4.13}$$

不同时段变化量表示如下：

$$\Delta N_t = N_{t+1} - N_t = QR - QC - MJ \tag{4.14}$$

一定范围内物种丰富度变化，包括分析这些物种数量的增减，新增加数量，灭绝或迁入与迁出变化特征。

（5）分析气候变化特征。为了分析生物多样性变化与气候变化要素的关系，选择近几十年来对生物多样性影响显著的气温、降水要素和水热综合要素指标，包括不同时间段气温均值、极端值、积温、界限温度、降水量、干燥度与湿润度、相对湿度，以及水热要素综合变量。以观测气候要素数据，利用计算机程序计算各气候要素值。

（6）分析物种分布变化与气候变化的关联度。分析近几十来气候变化要素和物种分布或丰富度变化时间序列，计算物种分布或丰富度变化时间序列与气候要素关联度（刘思峰等，2014），计算步骤如下：

对气候因素、物种分布边界与分布中心数据进行正则化：

$$X_0(s) = \frac{x_0(s) - \min(x_0(s))}{\max(x_0(s)) - \min(x_0(s))}, s = 1, 2, \cdots n; i = 0, 1, 2, 3 \cdots, m \tag{4.15a}$$

$$X_i(s) = \frac{x_i(s) - \min(x_i(s))}{\max(x_i(s)) - \min(x_i(s))}, s = 1, 2, \cdots n; i = 1, 2, 3 \cdots, m \tag{4.15b}$$

式中，$x_0(s)$ 和 $x_i(s)$ 为原始物种分布与气候要素的序列数据；$X_0(s)$ 和 $X_i(s)$ 为原始序列数据正则化数据；$\min x_0(s)$、$\max x_0(s)$、$\min x_i(s)$ 和 $\max x_i(s)$ 分别为这些序列数据最小值和最大值。

计算物种分布序列数据与气候要素序列数据差的绝对值：

$$\Delta_i(s) = |X_0(s) - X_i(s)|, s = 1, 2, \cdots, n; i = 1, 2, \cdots, m \tag{4.16}$$

式中，$\Delta_i(s)$ 为物种分布与气候要素序列数据的差值绝对值。

计算物种分布变化与气候要素变化的灰色关联系数：

$$\gamma_{0i}(s) = \frac{\min\limits_{i} \min\limits_{k} \Delta_i(s) + 0.5 \times \max\limits_{i} \max\limits_{k} \Delta_i(s)}{\Delta_i(s) + 0.5 \times \max\limits_{i} \max\limits_{k} \Delta_i(s)}, s = 1, 2, \cdots, n; i = 1, 2, \cdots, m \tag{4.17}$$

式中，$\gamma_{0i}(s)$ 为气候要素与物种分布变化的关联系数；$\min\limits_{i} \min\limits_{k} \Delta_i(s)$ 为最小值关于 i 最小值 $\Delta_i(s)$ 序列；$\max\limits_{i} \max\limits_{k} \Delta_i(s)$ 为最大值 i 最大值序列 $\Delta_i(s)$。

物种分布与气候要素变化的关联度：

$$s_{0i} = \frac{1}{n} \sum_{s=1}^{n} \gamma_{0i}(s), s = 1, 2, \cdots, n; i = 1, 2, \cdots, m \tag{4.18}$$

（7）模拟气候驱动下生物多样性演变，以过去几十年的气候变化要素为驱动变量，分析气候变化驱动下生物多样性演变。选用反映气温的多个变量、积温及天数及反映降水量的多个变量及天数，以及反映气候要素极端趋势变量，并且选用反映温湿度综合参数，包括干燥指数、Holdridge 指数、Kira 指数和 Thornthwaite 指数，考虑到气候变量过多有自变量共线性问题，用 PCA 方法减少参数数量。利用计算机程序根据物种分布范围内各个分布点的不同气候要素，计算各个物种适宜分布的气候参数，包括各气候要素平均值、最小值、最大值。以 Cauchy 模糊隶属度函数分析不同物种各气候要素的适宜性（谢季坚和刘承平，2012），隶属度函数见表 4.2。利用最适宜点、最不适宜点的隶属度，通过优化迭代计算方法计算获得不同模糊隶属度模型的参数。按各个气候要素计算各个物种每年对不同气候要素适宜的隶属度，再综合加权计算各气候要素总适宜隶属度，按如下公式进行计算。

$$S_j = \sum_{i=1}^{m} W_{ij} \times A_{ij} \tag{4.19}$$

式中，W_{ij} 为 i 个气候要素权重；A_{ij} 为第 j 个物种的 i 个气候要素的隶属度。按照 10 年平均计算各个物种在每个格点的适宜性大小，通过地理信息系统显示物种分布适宜性。判断气候驱动下物种分布变化，分析气候变化驱动下生物多样性演变规律。

表 4.2　各气候要素的隶属度函数

气候要素	类型	隶属度函数	参数	
年均气温	对称型	$A(x)=\dfrac{1}{1+\alpha(x-a)^{\beta}}$ （$\alpha>0,\beta$ 为偶数），x 年平均气温，a 年均温度平均值	α	β
1 月平均气温	对称型	$A(x)=\dfrac{1}{1+\alpha(x-a)^{\beta}}$ （$\alpha>0,\beta$ 为偶数），x 为 1 月均温，a 是 1 月均温平均值	α	β
7 月平均气温	对称型	$A(x)=\dfrac{1}{1+\alpha(x-a)^{\beta}}$ （$\alpha>0,\beta$ 为偶数），x 为 7 月均温，a 是 7 月均温平均值	α	β
最热月最高温度	递减型	$A(x)=\begin{cases}1 & x\leqslant a\\ \dfrac{1}{1+\alpha(x-a)^{\beta}} & x>a\end{cases}$ （$\alpha>0,\beta>0$），x 最热月最高气温，a 最热月最高气温最小值	α	β
最冷月最低温度	递减型	$A(x)=\begin{cases}0 & x\leqslant a\\ \dfrac{1}{1+\alpha(x-a)^{-\beta}} & x>a\end{cases}$ （$\alpha>0,\beta>0$），x 最冷月最低气温，a 最冷月最低气温最小值	α	β
大于 0℃积温	对称型	$A(x)=\dfrac{1}{1+\alpha(x-a)^{\beta}}$ （$\alpha>0,\beta$ 为偶数），x 大于 0℃积温，a 是大于 0℃积温平均	α	β
年降水量	对称型	$A(x)=\dfrac{1}{1+\alpha(x-a)^{\beta}}$ （$\alpha>0,\beta$ 为偶数），x 年降水量，a 年降水多年平均.	α	β
BT	对称型	$A(x)=\dfrac{1}{1+\alpha(x-a)^{\beta}}$ （$\alpha>0,\beta$ 为偶数），x BT，a 是 BT 平均	α	β
PER	对称型	$A(x)=\dfrac{1}{1+\alpha(x-a)^{\beta}}$ （$\alpha>0,\beta$ 为偶数），x 是 PER，a 是 PER 平均	α	β

注：$A(x)$ 为隶属度函数隶属度。

（8）观测与模拟生物多样性变化的一致性。通过分析观测的物种分布边界变化时间序列与气候变化驱动下物种分布边界变化序列的关联度，反映观测的物种分布边界变化与气候变化驱动下物种分布边界变化一致性。

观测与模拟的物种分布序列进行正则化：

$$Y_0(s)=\frac{y_0(s)-\min(y_0(s))}{\max(y_0(s))-\min(y_0(s))}, s=1,2,\cdots,n; i=0,1,2,3,\cdots,m \tag{4.20a}$$

$$Y_i(s)=\frac{y_i(s)-\min(y_i(s))}{\max(y_i(s))-\min(y_i(s))}, s=1,2,\cdots,n; i=1,2,3,\cdots,m \tag{4.20b}$$

式中，$y_0(s)$ 为观测分布的原始序列数据；$y_i(s)$ 为原始模拟驱动的分布数据；$Y_0(s)$ 为正则化观测数据；$Y_i(s)$ 为模拟的正则化数据；$\min y_0(s)$、$\max y_0(s)$、$\min y_i(s)$ 和 $\max y_i(s)$ 为观测物种分布与气候变化驱动模拟物种分布序列数据的最小值和最大值。

计算观测物种分布与模拟气候变化驱动下物种分布序列差值绝对值：

$$B_i(s)=\left|Y_0(s)-Y_i(s)\right|, s=1,2,\cdots,n; i=1,2,\cdots,m \tag{4.21}$$

式中，$B_i(s)$ 为观测与模拟分布的差值的绝对值；$Y_0(s)$ 为观测数据正则化数据；$Y_i(s)$ 为模拟的正则化数据。

计算模拟与观测分布的灰色关联度：

$$\beta_{0i}(s) = \frac{\min_i \min_s B_i(s) + 0.5 \max_i \max_s B_i(s)}{B_i(s) + 0.5 \max_i \max_s B_i(s)}, s = 1, 2, \cdots, n; i = 1, 2, \cdots, m \qquad (4.22)$$

式中，$\beta_{0i}(s)$ 为观测与模拟分布变化的关联系数。

计算观测分布与模拟分布的一致性系数：

$$\rho_{0i} = \frac{1}{n} \sum_{s=1}^{n} B_{0i}(s), s = 1, 2, \cdots, n; i = 1, 2, \cdots, m \qquad (4.23)$$

（9）观测物种分布变化归因于气候变化的函数。由于考虑观测与模拟分布没有变化及观测分布与模拟分布不一致，以及观测分布与气候要素变化关联性非常低都不能把变化归因为气候变化影响，定义物种分布归因于气候变化影响的程度（A_{ij}）为观测分布变化（O_{ij}），分布变化与气候变化要素关联度（R_{0j}）、模拟分布变化（S_{ij}）和一致性函数（C_{ij}）。表达为

$$A_{ij} = f(Q_{ij}, R_{0j}, S_{ij}, C_{ij}) \qquad (4.24)$$

设 O_{ij}、R_{0j}、S_{ij}、C_{ij} 为同样重要并且不能独立于 A_{ij}。

则把方程可以定义为 $A_{ij} = O_{ij} \times R_{0j} \times S_{ijk} \times C_{ij} \times 100 \qquad (4.25)$

$$O_{ij} = \begin{cases} 0 & \max(|\Delta o_{ij}|) = \min(|\Delta o_{ij}|) \\ \dfrac{\Delta o_{ij} - \min(|\Delta o_{ij}|)}{\max(|\Delta o_{ij}|) - \min(|\Delta o_{ij}|)} & i \quad \max(|\Delta o_{ij}|) \neq \min(|\Delta o_{ij}|) \end{cases} \qquad (4.26)$$

式中，Δo_{ij}、$\min(|\Delta o_{ij}|)$ 和 $\max(|\Delta o_{ij}|)$ 分别为观测分布值及它们最小值和最大值。

$$R_{ij} = r_{0j} \times w_{ij} \qquad (4.27)$$

$$r_{0j} = \max(s_{0i}) \qquad (4.28)$$

式中，s_{0i} 由式（4.18）计算；$\max(s_{0i})$ 为 s_{0i} 最大值。

$$w_{ij} = \begin{cases} 0 & \max(k_{ij}) = \min(k_{ij}) \\ \dfrac{k_{ij} - \min(k_{ij})}{\max(k_{ij}) - \min(k_{ij})} & \max(k_{ij}) \neq \min(k_{ij}) \end{cases} \qquad (4.29)$$

式中，w_{ij} 为气候因素变化系数；k_{ij}、$\min(k_{ij})$ 和 $\max(k_{ij})$ 分别为气候因素随时间变化的简单相关系数及最小值和最大值。

$$S_{ij} = \begin{cases} 0 & \min(|\Delta s_{ij}|) = \max(|\Delta s_{ij}|) \\ \dfrac{\Delta s_{ij} - \min(|\Delta s_{ij}|)}{\max(|\Delta s_{ij}|) - \min(|\Delta s_{ij}|)} & \min(|\Delta s_{ij}|) \neq \max(|\Delta s_{ij}|) \end{cases} \qquad (4.30)$$

式中，Δs_{ij}、$\min(|\Delta o_{ij}|)$ 和 $\max(|\Delta s_{ij}|)$ 分别为模拟分布变化及最小值和最大值。

C_{ij} 等于 ρ_{0i}，由式（4.23）计算。如果 A_{ij} 越大，则归因气候变化程度越高，如果 A_{ij} 小于或等于 0，则物种分布变化就不能归因为气候变化。

（10）通过以上分析步骤，利用物种多样性受到气候变化影响识别原则，识别出分布变化是由于受气候变化影响的物种，统计识别出几十年来分布受到气候变化影响的物种数量。

（11）通过计算受到气候变化影响的物种数量占分布变化的物种数量的比例，以及分布变化物种数量占总物种数量比例，计算分析近几十年来气候变化对生物多样性影响的贡献。气候变化对生物多样性影响贡献就是过去一段时间内物种边界或范围或者丰富度改变中受到气候变化影响部分所占全部变化比例。设有 N 个物种，明确有 M 个物种分布发生改变，并且明确有 Q 个物种分布变化是由于气候变化影响结果，则确定这些物种分布变化中气候变化影响贡献为

$$W = \left(\frac{M}{N}\right) \times \frac{Q}{M} \times 100 \tag{4.31}$$

设有 N 个物种，明确丰富度变化为 M 个物种改变，并且明确有 Q 个物种变化是由于气候变化影响，则物种丰富度变化中气候变化影响贡献为

$$W = \left(\frac{M}{N}\right) \times \frac{Q}{M} \times 100 \tag{4.32}$$

识别出变化物种进行空间叠加，反映区域物种丰富度变化。

4.1.4　技术应用

识别过去气候变化对生物多样性受到广泛关注，包括了气候变化对鸟类、兽类、两栖类和爬行类动物分布变化的识别，以及对野生植物、栽培植物、家养动物、有害生物分布变化与气候变化关系的分析（Parmesan et al.，2013；Wu and Shi，2016；Wu and Zhang，2015；Wu and Shi，2016）。不同研究采用了不同技术。本书提出的技术能够对物种分布变化与气候要素进行分析，并且能识别归因气候变化对生物多样性的影响。这些技术应用需要以下条件，并且适用以下的范围。

1. 条件

这些技术应用到野生动植物物种、种质资源物种、有害生物分布变化的识别归因，并且可以进行生物多样性变化与气候要素的综合分析。应用这些技术需要：①30~50 年历史上生物多样性变化相关时间序列数据；②同步的气候观测时间序列数据；③有计算分析气候要素、关联性和一致性、归因函数值的程序。

2. 应用范围

这些技术可以应用到野生动植物、种质资源物种、有害生物等不同物种分布变化受到气候变化影响的归因识别分析，并且可以应用到物种丰富度变化受气候变化影响的综合识别。

4.2 气候与非气候因素对生物多样性影响分离技术

生物多样性受到气候变化和人类活动等多种因素的影响，分析过去气候变化对生物多样性的影响需要分析各个因素对生物多样性的影响，评价不同因素的影响贡献。

4.2.1 技术原理与要点

1. 原理

生物分布与气候要素平衡原理，生物分布与气候要素之间存在平衡关系，生物分布受到气候要素限制，气候要素改变将引起生物分布的改变（Araújo and Pearson ，2005）。另外，人类活动也影响生物分布，人类活动通过改变栖息地条件影响生物的分布。

相关性原理，即气候变化和人类活动要素与生物多样性要素之间存在一定的相关性，通过分析气候变化、人类活动和生物多样性要素之间的相关性，可以反映它们之间的关系。

因果性原理，即气候变化和人类活动是导致生物多样性变化的原因，通过改变气候变化和人类活动要素，可以改变生物多样性要素。

生物多样性受到多种因素共同影响，这些因素的影响可以分解为不同部分，并且生物多样性要素变化与不同因素之间存在相关性，相关性大的部分贡献大。

2. 要点

对生物多样性变化分解为气候与非气候因素共同作用部分，收集建立人类活动、气候变化和生物多样性要素时间序列数据，分别分析生物多样性变化与气候变化要素和人类活动要素关系，分析气候变化驱动和人类活动驱动下生物多样性要素变化，分析生物多样性演变与气候要素变化驱动，以及人类活动驱动下变化的一致性，比较生物多样性变化与气候变化和人类活动变化驱动一致性，建立综合判别函数，根据判别函数进行判断，综合分析确定不同因素的影响。

4.2.2 技术流程

（1）基于物种地理分布变化，分析生物多样性变化；把物种分布变化进行分解，分离出人类活动和气候变化影响部分。

（2）广泛收集资料，建立物种分布变化的时间序列数据，识别分布已经变化的物种，并且对分布变化进行分析。

（3）收集气候变化数据及人类活动数据，建立气候变化、人类活动和物种分布变化的时间序列数据，利用关联度方法，分析生物多样性演变与气候要素变化的关系，以及生物多样性演变与人类活动的关系。

（4）利用气候要素进行驱动，以模糊隶属度模型方法，分析气候变化驱动下物种分布变化；同时，以人类活动要素为驱动，分析人类活动驱动下物种分布变化。

（5）利用关联度方法，比较观测的物种分布变化与气候变化和人类活动变化驱动下物种分布变化的一致性。

（6）根据一致性建立判别矩阵，建立综合判别函数，进行判断，综合分析气候变化和人类活动不同因素对生物多样性演变的影响。

（7）综合分析，确定人类活动和气候变化不同因素对生物多样性演变影响的贡献（图 4.2）。

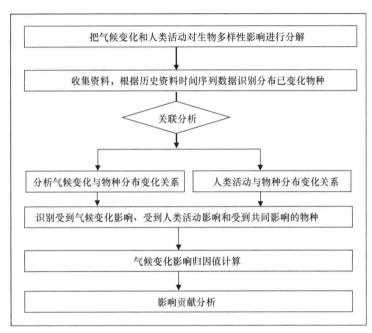

图 4.2 分离人类活动和气候要素影响的技术流程

4.2.3 实施步骤

（1）通过函数微分差分分析，分解生物多样性变化受到不同因素影响，把生物多样性受到的影响进行分解为不同因素共同影响和的形式。

设 $\chi_1, \chi_2, \cdots, \chi_n$，为 n 个因素，包括气候变化和人类活动因素，则定义：

$$z = f(\chi_1, \chi_2, \cdots, \chi_n) \tag{4.33}$$

为生物多样性要素为人类活动和气候变化要素的函数，并且式（4.34）反映各个要素是时间的函数，则

$$\chi_i = \chi_i(t)(i = 1, 2, \cdots, n) \tag{4.34}$$

$$\frac{\mathrm{d}z}{\mathrm{d}t} = \frac{\partial f}{\partial \chi_1} \cdot \frac{\mathrm{d}\chi_1}{\mathrm{d}t} + \frac{\partial f}{\partial \chi_2} \cdot \frac{\mathrm{d}\chi_2}{\mathrm{d}t} + \ldots + \frac{\partial f}{\partial \chi_n} \cdot \frac{\mathrm{d}\chi_n}{\mathrm{d}t} \tag{4.35}$$

令时间变化 $\mathrm{d}t = 1$，则

$$\mathrm{d}z = \frac{\partial f}{\partial \chi_1} \cdot \mathrm{d}\chi_1 + \frac{\partial f}{\partial \chi_2} \cdot \mathrm{d}\chi_2 + \cdots + \frac{\partial f}{\partial \chi_n} \cdot \mathrm{d}\chi_n \tag{4.36}$$

进一步差分化：

$$\Delta z = \frac{\partial f}{\partial \chi_1} \cdot \Delta \chi_1 + \frac{\partial f}{\partial \chi_2} \cdot \Delta \chi_2 + \cdots + \frac{\partial f}{\partial \chi_n} \cdot \Delta \chi_n = \sum_{i=1}^{n} \frac{\partial f}{\partial \chi_i} \cdot \Delta \chi_i \qquad (4.37)$$

如果以相对变化形式，则

$$\frac{\Delta z}{z} = \frac{1}{f} \sum_{i=1}^{n} \frac{\partial f}{\partial \chi_i} \cdot \Delta \chi_i = \sum_{i=1}^{n} \frac{\partial \ln f}{\partial \chi_i} \cdot \Delta \chi_i \qquad (4.38)$$

进一步变为

$$\frac{\Delta z}{z} = \sum_{i=1}^{n} \frac{\partial f \cdot \chi_i}{f \cdot \partial \chi_i} \cdot \frac{\Delta \chi_i}{\chi_i} \qquad (4.39)$$

如果令 $\beta_i = \dfrac{\partial f \cdot \chi_i}{f \cdot \partial \chi_i} = \dfrac{\partial f}{\partial \chi_i} \cdot \dfrac{\chi_i}{z} = \dfrac{\partial \ln f}{\partial \chi_i} \cdot \chi_i \qquad (4.40)$

则 $\dfrac{\Delta z}{z} = \sum\limits_{i=1}^{n} \beta_i \cdot \dfrac{\Delta \chi_i}{\chi_i} \qquad (4.41)$

则把生物多样性要素相对变化可以分解为各个要素变化影响和的形式。

（2）气候变化与非气候对生物多样性影响的分解，根据生物多样性演变影响效应的分解分析，设从时间 t_1 到 t_2 生物多样性要素变化为 Δy，则

$$\Delta y = \Delta y_1 + \Delta y_2 + \varepsilon \qquad (4.42)$$

式中，Δy_1 为气候变化引起的变化；Δy_2 为人类活动等其他因素引起的变化，分析气候变化和人类活动对生物多样性影响就是分离出由气候变化引起的 Δy_1 和人类活动影响造成的 Δy_2，知道了 Δy 和 Δy_1 就可以确定气候变化和人类活动对生物多样性的影响。

（3）生物多样性演变表征：以一定区域一定时间段内的野生动植物、种质资源物种多少来反映一定区域某时段内生物多样性。野生动物包括鸟类、兽类、两栖类、爬行类动物；野生植物包括裸子植物、被子植物、蕨类植物、苔藓植物；种质资源物种包括家养动物和栽培植物；家养动物包括家禽、家畜；栽培植物包括所有作物等。以物种分布边界、分布范围和物种丰富度为指标，表征生物多样性变化的综合特征。物种分布边界点通过计算物种分布区分布点组成的空间点集的凸壳集来求取，物种分布范围以物种分布区各个分布点的几何中心点、分布点数量和面积表示；物种丰富度以一定区域内一段时间所有物种数量反映。物种分布边界包括北界、南界、东界、西界，以及分布海拔上限与下限。物种分布边界点通过计算物种分布区内由分布点组成的空间点集凸壳集求取，包括利用计算几何中点集凸壳计算，分布边界以 10~15 个分布点进行平均值、最小值、最大值反映。物种分布范围以物种分布区各个分布点的几何中心点、分布点数量和面积表示，物种水平分布范围以面积大小表示或以区域范围，省、县，地理范围，以及点数或格点数反映，以中心点来表示物种分布中心特征。

物种丰富度一段时间一定区域物种的数量，以下式表示：

$$N_{t+1} = N_t + J_t + Q_t - C_t - M_t \qquad (4.43)$$

式中，N_{t+1} 为时段 $t+1$ 的物种多样性；N_t 为时段 t 的物种多样性；Q_t 为时段 t 迁入物种

多样性；C_t 为时段 t 的迁出物种多样性；M_t 为时段 t 的灭绝物种多样性。

（4）筛查地理分布变化物种，基于不同时间文献，包括动物志、植物志、地方动物志、标本馆、公开发表文献，以及调查记录资料，统计 1951 年以前、1951~2010 年分布变化物种，包括调查与收集历史不同时间物种分布范围与分布边界及丰富度相关资料，利用时间序列方法 $\eta_i(t)$，η_i 表示物种或生物多样性特征，$\Delta\eta_i(t)$ 反映生物多样性属性特征在不同时间段的变化，根据 $\Delta\eta_i(t)$ 变化大小和特征分析分析生物多样性演变特征，计算物种分布范围或边界变化特征，识别分布边界与范围发生变化的物种数量，以及区域物种丰富度改变特征（表 4.3）。

表 4.3　识别生物多样性演变矩阵

	S_1	S_2	S_3	…	S_n	变化特征
X_1 南界	XS_{11}	XS_{12}	XS_{13}	…	XS_{1n}	
X_2 北界	XS_{21}	XS_{22}	XS_{23}	…	XS_{2n}	
X_3 东界	XS_{31}	XS_{32}	XS_{33}	…	XS_{3n}	
X_4 西界	XS_{41}	XS_{42}	XS_{43}	…	XS_{4n}	
X_5 上界	XS_{51}	XS_{52}	XS_{53}	…	XS_{5n}	
X_6 下界	XS_{61}	XS_{62}	XS_{63}	…	XS_{6n}	
X_7 分布中心点经度	XS_{71}	XS_{72}	XS_{73}	…	XS_{7n}	
X_8 分布中心点纬度	XS_{81}	XS_{82}	XS_{83}	…	XS_{8n}	
Y	YS_1	YS_2	YS_3	…	YS_n	

注：S_1，S_2，…，S_n 表示物种，XS_{ij} 表示按 i 规则判定 j 物种判断结果；YS_j 表示对 j 物种判定结果。

利用中国地名录 33211 个地名，结合地理信息系统，以 0 反映物种没有分布，以 1 反映物种有分布，制作出历史上不同时间段物种分布图，比较分析不同时间段物种分布边界或范围差异，计算物种分布范围或边界变化特征，根据边界或范围变化程度识别分布边界与范围发生变化的物种数量。物种分布变化将使区域物种丰富度改变。对单个物种，一定区域内的变化主要体现在物种分布边界的变化大小与方向；对 m 个物种而言，一定范围内物种分布边界与范围的改变，以及改变范围与边界物种情况。识别地理边界变化，包括分析单个物种地理分布边界变化与方向，以及分布边界与范围变化的物种数量，不同变化程度物种的数量，没有变化物种数量。

一定范围内从时间 t_1~t_2 物种丰富度的变化，反映在不同时间段的比较，包括物种数量的改变，体现在物种丰富度的变化。

全国尺度：

$$N_{t+1} = N_t + QR - QC - MJ \tag{4.44}$$

以式（4.44）表示在时段 $t+1$ 时全国物种多样性；则 1950s、1960s、1970s、1980s、1990s、2000s 时段全国物种多样性绝对量以时间序列反映如下：

$$N = \{N_{1950s}, N_{1960s}, N_{1970s}, N_{1980s}, N_{1990s}, N_{2000s}\} \tag{4.45}$$

不同时间段的变化变化量表示如下：

$$\Delta N_t = N_{t+1} - N_t = QR - QC - MJ \tag{4.46}$$

物种地理区域：

$$N_{t+1} = N_t + QR - QC - MJ \tag{4.47}$$

式（4.47）表示在时段 $t+1$ 时动物地理区域物种多样性；则 1950s、1960s、1970s、1980s、1990s、2000s 时段物种多样性绝对量以时间序列反映如下：

$$\{N_{1950s},\ N_{1960s},\ N_{1970s},\ N_{1980s},\ N_{1990s},\ N_{2000s}\} \tag{4.48}$$

不同时段的变化变化量表示如下：

$$\Delta N_t = N_{t+1} - N_t = QR - QC - MJ \tag{4.49}$$

一定范围内物种丰富度的变化，反映在不同时间段比较，体现在物种丰富度变化，包括分析这些物种数量的增减、新增加数量、灭绝或迁入与迁出的状况。

（5）分析物种分布变化与人类活动及气候变化因素的关联性，选择近几十年来对生物多样性影响明显的气候要素指标变量，包括影响生物的气温、降水特征、综合要素，包括不同时间段气温均值、极端值、积温、界限温度、降水量、干燥度与湿润度、相对湿度，以及水热要素综合变量。以观测的气候要素为数据源，利用计算机程序，计算出近几十年来各个气候要素值。人类活动要素选择种群、保护区面积、林地面积、草地面积、农田面积、交通与建筑面积、调查强度。收集相关资料，包括调查报告、遥感资料等，分析几十年来的人类活动要素。

同步分析近几十年来的气候变化要素、人类活动要素和物种分布或丰富度变化的时间序列，计算气候要素、人类活动要素和物种分布或丰富度变化时间序列关联度，分析物种分布变化与气候要素和人类活动的关联程度；计算气候要素、人类活动要素和物种丰富度时间序列主分量和相关系数，分析物种分布变化与气候变化和人类活动的关系。具体 η_i 表示物种或生物多样性特征，$\Delta\eta_i(t)$ 反映生物多样性属性特征在不同时间段的变化；同时分析气候要素数值，以 $\lambda_i(t)$ 时间序列分析气候要素变化趋势；以 $\beta_i(t)$ 时间序列分析人类活动变化，t 表示时间段，1951~1960 年、1961~1970 年、1971~1980 年、1981~1990 年、1991~2000 年、2001~2010 年。将 $\eta_i(t)$、$\lambda_i(t)$、$\beta_i(t)$ 三个时间序列同步进行分析，同时进行 $\Delta\eta_i(t)$、$\Delta\lambda_i(t)$、$\Delta\beta_i(t)$ 时间序列分析，根据生物多样性要素变化、气候要素变化、人类活动变化关联性或者主分量方法，分析彼此关系。

①相关分析：设物种丰富度时间序列 $Y = (y(1950s), y(1960s), y(1970s), y(1980s), y(1990s), y(2000s))$，则分析气候变化要素时间序列矩阵、人类活动要素时间序列矩阵得到相关系数。

②灰色关联度分析：设物种丰富度时间序列 $Y = (y(1950s), y(1960s), y(1970s), y(1980s), y(1990s), y(2000s))$，则分析气候变化要素时间序列矩阵、人类活动要素时间序列矩阵得到的关联系数；计算关联度公式如下：

对气候因素、人类活动因素、物种分布边界与分布中心数据进行正则化：

$$X_0(s) = \frac{x_0(s) - \min(x_0(s))}{\max(x_0(s)) - \min(x_0(s))}, s = 1, 2, \cdots, n; i = 0, 1, 2, 3, \cdots, m \tag{4.50a}$$

$$X_i(s) = \frac{x_i(s) - \min(x_i(s))}{\max(x_i(s)) - \min(x_i(s))}, s = 1, 2, \cdots, n; i = 1, 2, 3, \cdots, m \tag{4.50b}$$

式中，$x_0(s)$ 和 $x_i(s)$ 分别为原始物种分布与气候要素、人类活动因素的序列数据；$X_0(s)$ 和 $X_i(s)$ 为原始序列数据正则化数据；$\min x_0(s)$、$\max x_0(s)$、$\min x_i(s)$ 和 $\max x_i(s)$ 分别为这些序列数据最小值和最大值。

计算物种分布序列数据与气候要素、人类活动要素序列数据差的绝对值：

$$\Delta_i(s) = \left| X_0(s) - X_i(s) \right|, s = 1, 2, \cdots, n; i = 1, 2, \cdots, m \tag{4.51}$$

式中，$\Delta_i(s)$ 为物种分布与气候要素序列数据的差值绝对值。

计算物种分布变化与气候要素、人类活动要素变化的灰色关联系数：

$$\gamma_{0i}(s) = \frac{\min_i \min_k \Delta_i(s) + 0.5 \times \max_i \max_k \Delta_i(s)}{\Delta_i(s) + 0.5 \times \max_i \max_k \Delta_i(s)}, s = 1, 2, \cdots, n; i = 1, 2, \cdots, m \tag{4.52}$$

式中，$\gamma_{0i}(s)$ 为气候要素、人类活动要素与物种分布变化的关联系数；$\min_i \min_k \Delta_i(s)$ 为关于 i 最小值 $\Delta_i(s)$ 序列的最小值；$\max_i \max_k \Delta_i(s)$ 为 i 最大值序列 $\Delta_i(s)$ 的最大值。

计算物种分布与气候要素、人类活动要素变化的关联度：

$$s_{0i} = \frac{1}{n} \sum_{s=1}^{n} \gamma_{0i}(s), s = 1, 2, \cdots, n; i = 1, 2, \cdots, m \tag{4.53}$$

进一步按下面的排序矩阵分析人类活动和气候变化关系，筛选关键的要素（表 4.4）。

表 4.4　识别生物多样性演变与气候变化和人类活动关系的矩阵

	S_1	S_2	S_3	…	S_n	关联性大小
气候因素 X_1	XS_{11}	XS_{12}	XS_{13}	…	XS_{1n}	
气候因素 X_2	XS_{21}	XS_{22}	XS_{23}	…	XS_{2n}	
气候因素 X_3	XS_{31}	XS_{32}	XS_{33}	…	XS_{3n}	
…	…	…	…		…	
气候因素 X_9	XS_{51}	XS_{52}	XS_{53}		XS_{5n}	
人类活动因素 X_1	XS_{61}	XS_{62}	XS_{63}		XS_{6i}	
人类活动因素 X_2	XS_{71}	XS_{72}	XS_{73}		XS_{7n}	
人类活动因素 X_3	XS_{81}	XS_{82}	XS_{83}		XS_{8n}	
…	…	…	…		…	
人类活动因素 X_8	XS_{81}	XS_{82}	XS_{83}		XS_{8n}	
Y	YS_1	YS_2	YS_3	…	YS_n	

注：表中 S_1，S_2，…，S_n 表示物种；XS_{ij} 表示按 i 规则判定 j 物种判断结果；YS_j 表示对 j 物种判定结果。

（6）筛查识别完全受气候变化影响、没受到影响和受气候变化及人类活动共同影响的物种，包括利用反映气候变化和人类活动对生物多样性影响的判别函数，根据判别函数判断物种分布变化是完全受到气候变化影响、没有受到气候变化影响，还是受到人类活动和气候变化共同影响。

考虑物种分布变化受到气候变化影响、人类活动影响和共同影响三种情况，建立综合判别函数判别物种分布变化是受到气候变化、人类活动要素变化，以及气候驱动与人类活动驱动下函数和一致性，基于这样的关系，判别函数表示为

$$P = \begin{cases} A_{ij} & B_{ij} \leqslant 0 \\ \dfrac{A_{ij}}{B_{ij}} & B_{ij} > 0 \end{cases} \tag{4.54}$$

式中，A_{ij} 为气候变化归因函数值；B_{ij} 为人类活动归因函数值；P 为判别函数。

根据判别函数值，按照以下判别矩阵判别物种分布变化归因于不同因素影响（表4.5）。

表 4.5 判别物种分布变化归因于不同因素影响

	$P=A_{ij}$ 且 $P>0$	$P=0$ 且 $B_{ij}>0$	$P>0$ 且 $B_{ij}>0$	$P=0$ 且 $B_{ij}\leqslant 0$
气候变化	1	0	1	0
人类活动	0	1	1	0
共同影响	0	0	1	0

由于考虑观测与模拟分布没有变化及观测分布与模拟分布不一致，以及观测分布与气候要素变化关联性非常低都不能把变化归因为气候变化影响，定义物种分布归因于气候变化影响的程度（A_{ij}）为观测分布变化（O_{ij}），分布变化与气候变化要素关联度（R_{0j}），模拟分布变化（S_{ij}）和一致性函数（C_{ij}）。表达为

$$A_{ij} = f(Q_{ij}, R_{0j}, S_{ij}, C_{ij}) \tag{4.55}$$

设 O_{ij}、R_{0j}、S_{ij}、C_{ij} 为同样重要并且不能独立于 A_{ij}，则把方程可以定义为

$$A_{ij} = \min(O_{ij}, R_{0j}, S_{ijk}, C_{ij}) \tag{4.56}$$

$$O_{ij} = \begin{cases} 0 & \max(|\Delta o_{ij}|) = \min(|\Delta o_{ij}|) \\ \dfrac{\Delta o_{ij} - \min(|\Delta o_{ij}|)}{\max(|\Delta o_{ij}|) - \min(|\Delta o_{ij}|)} & i \quad \max(|\Delta o_{ij}|) \neq \min(|\Delta o_{ij}|) \end{cases} \tag{4.57}$$

式中，Δo_{ij}、$\min(|\Delta o_{ij}|)$ 和 $\max(|\Delta o_{ij}|)$ 为观测分布及它们最小值和最大值。

$$R_{ij} = r_{0j} \times w_{ij} \tag{4.58}$$

$$r_{0j} = \max(s_{0i}) \tag{4.59}$$

s_{0i} 由式（4.53）计算，$\max(s_{0i})$ 是 s_{0i} 的最大值：

$$w_{ij} = \begin{cases} 0 & \max(k_{ij}) = \min(k_{ij}) \\ \dfrac{k_{ij} - \min\left(k_{ij}\right)}{\max\left(k_{ij}\right) - \min\left(k_{ij}\right)} & \max(k_{ij}) \neq \min(k_{ij}) \end{cases} \tag{4.60}$$

式中，w_{ij} 为气候因素变化系数；k_{ij}、$\min(k_{ij})$ 和 $\max(k_{ij})$ 分别为气候因素随时间变化的简单相关系数及最小值和最大值。

$$S_{ij} = \begin{cases} 0 & \min(|\Delta s_{ij}|) = \max(|\Delta s_{ij}|) \\ \dfrac{\Delta s_{ij} - \min(|\Delta s_{ij}|)}{\max(|\Delta s_{ij}|) - \min(|\Delta s_{ij}|)} & \min(|\Delta s_{ij}|) \neq \max(|\Delta s_{ij}|) \end{cases} \tag{4.61}$$

式中，Δs_{ij}、$\min(|\Delta o_{ij}|)$ 和 $\max(|\Delta s_{ij}|)$ 分别为模拟分布变化及最小值和最大值。

式（4.56）中 C_{ij} 等于 ρ_{0i}，由式（4.51）计算。如果 A_{ij} 越大，则归因气候变化程度越高，如果 A_{ij} 小于或等于 0，则物种分布变化就不能归因为气候变化。

同样，通过人类活动影响函数，分析物种分布受到人类活动的影响。由于考虑观测与模拟分布没有变化，以及观测分布与模拟分布不一致，观测分布与人类活动要素变化关联性非常低都不能把物种变化归因为人类活动影响，定义物种分布变化归因于人类活动影响的程度（RB_{ij}）为观测分布变化（RO_{ij}），分布变化与人类活动要素关联度（RR_{0j}），模拟人类活动影响趋势（RS_{ij}）和一致性函数（RC_{ij}）。表达为

$$B_{ij} = \varphi(RQ_{ij}, RR_{0j}, RS_{ij}, RC_{ij}) \tag{4.62}$$

设 RO_{ij}、RR_{0j}、RS_{ij}、RC_{ij} 为同样重要并且不能独立于 B_{ij}，则把方程可以定义为

$$B_{ij} = \min(RO_{ij}, RR_{0j}, RS_{ijk}, RC_{ij}) \tag{4.63}$$

$$RO_{ij} = \begin{cases} 0 & \max(|\Delta Ro_{ij}|) = \min(|\Delta Ro_{ij}|) \\ \dfrac{\Delta Ro_{ij} - \min(|\Delta Ro_{ij}|)}{\max(|\Delta Ro_{ij}|) - \min(|\Delta Ro_{ij}|)} & \max(|\Delta Ro_{ij}|) \neq \min(|\Delta Ro_{ij}|) \end{cases} \tag{4.64}$$

式中，ΔRo_{ij}、$\min(|\Delta Ro_{ij}|)$ 和 $\max(|\Delta Ro_{ij}|)$ 分别为观测分布及它们最小值和最大值。

$$RR_{ij} = Rr_{0j} \times w_{ij} \tag{4.65}$$

$$Rr_{0j} = \max(Rs_{0i}) \tag{4.66}$$

式中，Rs_{0i} 由式（4.51）计算；$\max(Rs_{0i})$ 为 Rs_{0i} 最大值。

$$w_{ij} = \begin{cases} 0 & \max(k_{ij}) = \min(k_{ij}) \\ \dfrac{k_{ij} - \min\left(k_{ij}\right)}{\max\left(k_{ij}\right) - \min\left(k_{ij}\right)} & \max(k_{ij}) \neq \min(k_{ij}) \end{cases} \tag{4.67}$$

式中，w_{ij} 为人类活动要素变化系数；k_{ij}、$\min(k_{ij})$ 和 $\max(k_{ij})$ 分别为人类活动因素随时

间变化的简单相关系数及最小值和最大值。

$$RS_{ij} = \begin{cases} 0 & \min(|\Delta s_{ij}|) = \max(|\Delta s_{ij}|) \\ \dfrac{\Delta s_{ij} - \min(|\Delta s_{ij}|)}{\max(|\Delta s_{ij}|) - \min(|\Delta s_{ij}|)} & \min(|\Delta s_{ij}|) \neq \max(|\Delta s_{ij}|) \end{cases} \tag{4.68}$$

式中，Δs_{ij}、$\min(|\Delta o_{ij}|)$ 和 $\max(|\Delta s_{ij}|)$ 分别为模拟分布变化及最小值和最大值。

式（4.62）中 RC_{ij} 等于 ρ_{0i}，由式（4.51）计算。如果 B_{ij} 越大，则归因人类活动程度越高，如果 B_{ij} 小于或等于 0，则物种分布变化就不能归因为人类活动影响。

基于计算各个物种是受到气候变化影响、人类活动影响和共同影响的判别函数，统计出受到气候变化、人类活动影响和共同影响的物种数量（表4.6）。

表 4.6　识别生物多样性演变受到气候变化和人类活动归因矩阵

	S_1	S_2	S_3	…	S_n	数量统计
分布变化 X_1	XS_{11}	XS_{12}	XS_{13}	…	XS_{1n}	
气候因素 X_2	XS_{21}	XS_{22}	XS_{23}	…	XS_{2n}	
气候变化归因 X_3	XS_{31}	XS_{32}	XS_{33}	…	XS_{3n}	
人类活动因素 X_9	XS_{51}	XS_{52}	XS_{53}	…	XS_{5n}	
人类活动归因 X_1	XS_{61}	XS_{62}	XS_{63}	…	XS_{6n}	
共同影响 X_3	XS_{81}	XS_{82}	XS_{83}	…	XS_{8n}	
Y	YS_1	YS_2	YS_3	…	YS_n	

注：S_1，S_2，…，S_n 表示物种；XS_{ij} 表示按 i 规则判定 j 种判断结果；YS_j 表示对 j 物种判定结果。

（7）计算影响程度与贡献大小，气候变化和人类活动对生物多样性影响贡献就是在过去一段时间内物种边界或范围或者丰富度改变中受到气候变化影响、人类活动影响和共同影响部分所占全部变化物种的比例。通过分析受到气候变化影响的物种数量占分布变化的物种数量的比例，以及分布变化物种数量占总物种数量比例的积，分析气候变化的影响贡献。同时，通过分析受到人类活动影响的物种数量占分布变化的物种数量的比例，以及分布变化物种数量占总物种数量比例的积，分析人类活动的影响贡献。另外，通过分析受到人类活动和气候变化影响的物种数量占分布变化的物种数量的比例，以及分布变化物种数量占总物种数量比例的积，分析人类活动和气候变化共同的影响贡献。

如果设有 N 个物种，明确有 M 个物种分布发生改变，并且明确有 Q 个物种分布变化是由于气候变化，则可以确定这些物种分布变化中气候变化影响贡献为

$$W = \left(\frac{M}{N}\right) \times \frac{Q}{M} \times 100 \tag{4.69}$$

如果设有 N 个物种，明确丰富度变化为 M 个物种改变，并且明确有 Q 个物种变化是由于气候变化，则可以确定这些物种丰富度变化中气候变化影响贡献为

$$W = \left(\frac{M}{N}\right) \times \frac{Q}{M} \times 100 \tag{4.70}$$

4.2.4　技术应用

土地利用变化对生物多样性影响很大（王发刚等，2007），分析气候变化和人类活动对生物多样性影响受到广泛关注（吴建国和吕佳佳，2008；Hockey et al.，2011），特别是分析气候变化和土地利用变化对生物多样性影响受到关注（Root et al.，2005；Jetz et al.，2007；Oliver and Morecroft，2014）。本书提出的技术方法能有效分离气候变化和人类活动对物种分布的影响，但应用这些技术需要以下的条件，并且适用以下的范围。

1. 条件

应用这些技术需要：①30~50 年生物多样性要素变化数据；②与之对应的气候变化和人类活动时间序列数据；③进行气候变化、人类活动和生物多样性要素变化的时间序列数据分析、综合分析一致性、归因和综合识别的相关计算程序。

2. 应用范围

这些技术可以应用到野生动植物、种质资源物种、有害生物等各个物种分布变化与气候要素和人类活动因素关系的分析，用来进行生物多样性与气候要素和人类活动影响的综合分析，分离区域范围内不同因素对物种分布及生物多样性的影响贡献。

4.3　气候变化对生物多样性影响评估技术

评估气候变化对生物多样性影响，主要从气候变化对物种分布范围影响角度进行气候变化对物种丰富度影响的评价。本节主要介绍气候变化对生物多样性影响评估技术。

4.3.1　技术原理

气候变化影响下物种分布将发生改变，这些变化程度将影响物种的生存，每个物种的分布变化将影响区域的物种丰富度或多样性变化。因此，评价气候变化对生物多样性影响主要是利用气候变化对物种分布影响的评价技术方法。另外，气候变化对生物多样性影响的评价也主要基于气候变化影响的脆弱性评价技术方法。脆弱性起源于研究自然灾害和财产，一般包括个体或群体能应对干扰的不利影响，如自然灾害。脆弱性通常被描述为一种易于受到伤害，关键参数是对一个系统暴露的胁迫、敏感性和适应能力。脆弱性包括暴露和对扰动或外部胁迫敏感性和适应能力。暴露是系统经历环境或社会政治胁迫一种属性或程度，胁迫程度包括强度、频率、忍耐和灾害外部程度。敏感性是系统被外部胁迫改变一种程度，适应能力是系统能应对环境灾害或政策改变或扩展变化范围对付能力。脆弱性用到气候变化影响评价中指一个系统不能对付或易于遭受气候变化

（包括气候变率和极端事件）负面影响，脆弱性是气候变化和变率特征、强度和速率函数，对暴露、敏感性和适应能力函数（IPCC，2007）。气候变化对生物多样性影响脆弱性是生物多样性对气候变化带来危害易感程度，是生物多样性对气候变化影响的敏感性和适应性的函数，包括敏感性、适应性和脆弱性。气候变化影响下生物多样性的脆弱性是生物多样性对气候变化影响下暴露的特征、强度和速率，敏感性和适应能力的函数（IPCC，2002）。气候变化影响下生物多样性的脆弱性指气候变化对生物多样性负面影响下生物多样性表现出的敏感性和适应性。气候变化影响脆弱性评价是评价气候变化后对自然环境、国家经济发展的要素，人类健康和福利是怎么影响（Benioff et al.，1996）。

4.3.2　技术要点

（1）气候变化对生物多样性评价的目标包括评价气候变化怎么对生物多样性产生影响，以及这些效应不确定性；评价气候变化对生物多样性影响的敏感性和脆弱性。气候变化物种影响指标包括物种物候、物种丰富度和优势度和物种关系的改变，以及物种迁移、物种灭绝和入侵。气候变化影响物种分布、组成和物种间关系，也使生态系统多样性变化。

（2）收集历史观测的气候数据，选择气候变化的情景和社会经济发展情景数据，计算气候要素和社会经济指标。计算生物多样性评价的环境变量。环境变量包括气候要素、土壤、地形、生物和生态系统的数据。这些数据需要是二元或单元结构。

（3）收集物种分布及生物多样性相关数据，主要数据包括环境变量数据、物种分布数据、生物群区分布数据。这些数据主要来源包括调查数据、文献数据、遥感数据。不同模型对数据的要求不同。物种多样性需要的数据主要包括物种分布、物种栖息地的数据。

（4）确定气候变化对生物多样性影响主要模型方法。目前方法有自上而下方法、自下而上方法和两种方法结合。具体可以选择筛选技术、生态气候指标方法、专家判断方法、气候嵌套和剖面、过程模型方法、监测方法、类比方法、分析物种灭绝、田间研究方法。模拟方法包括单个物种模拟、多物种模拟、群落模拟方法。物种分布模型包括环境嵌套模型、生态位模型。具体包括专家观点概念模型、地理嵌套和空间模型、气候嵌套、多变量或相关方法、回归分析、分类和回归树方法、机器学习方法、判别分析、神经网络和 logistic 回归。把这些模拟的技术划分为回归技术、环境嵌套、分类技术、排序技术、Bayesian 统计技术、神经网络方法、模糊气候嵌套方法等。

根据专家观点的概念模型或者适宜指数模型，概念模型通常是利用栖息地适宜性指数。栖息地适宜性模型用与物种相关的可测量的变量对物种最适宜，通常尺度为 0~1，每一个变量代表单一的适宜指数，通过这些指数的相加、乘或逻辑函数反映变量之间关系。适宜指数具有权重，变量之间相关性可以采取任何形式。在一些情况下，栖息地适宜指数可以是一种回归模型，但回归系数或权重是专家观点。环境要素替代指标方法主要利用一些环境要素指数来反映物种的分布，如利用气候要素替代的指标建立的方法和适宜指数方法。GIS 基础的栖息地适宜性模型、景观尺度的生物适宜栖息地模型、栖息地适宜指数模型、气候替代指数的方法模型。

地理嵌套和空间方法集中在物种的地理分布的分析，包括秃壳、a 秃壳环境嵌套方法主要基于物种分布与环境要素关系而建立的方法，包括考虑气候、土壤、地形、水文、植被等因素的嵌套。这些方法主要考虑物种分布对环境变量需要的范围，如气候嵌套的方法主要考虑气候要素最大、最小、最适应范围，进一步预测物种分布主要考虑这些因素与物种需要环境要素范围差异。这些方法的优点是比较简单，不足是这些方法需要对物种的环境变量范围有准确的认识。根据以上不同的方法发展了不同的工具软件，如 BIOMAPPER 是基于嵌套方法模拟物种分布。

气候要素嵌套方法是直接利用气候因素的嵌套方法，包括 ANUCLAM、BIOCLAM、BIOMAP、HABITAT 方法。利用气候嵌套而发展的 ANUCLIM 或 BIOCLIM 工具就是一种气候图模型方法。它利用了一种点位存在数据和海拔数据形成气候要素面嵌套，是一种多维的空间边界方法。

多变量相关方法 DOMAIN 方法、生态因子分析方法多变量分析的方法主要是利用多元统计方法，把物种需要的环境变量按照多元统计方法分析，目前主要包括判别分析和典型变量相关分析的方法。这些方法也比较简单易行，需要对环境变量数据和物种分布之间有足够数据。这些方法与环境嵌套方法类似，也需要对物种的环境变量范围需要有准确认识。DOMAIN 是利用了多变量的距离的测定图，它与 BIOCLIM 不同，它主要通过了相似性方法，分析物种分布范围的环境变量与预测变量之间相似范围，也仅仅需要物种分布的数据。LIVES 模型也主要用了多变量距离的方法。

回归分析方法主要是利用了物种分布与环境变量之间关系，借助回归关系进行模拟物种分布。目前用到的回归关系包括 GLM 和 GAM 方法。这些方法把物种分布确定为一种概率方法，需要环境变量为一种二元结构数据。回归分析中又包括多种方法。

分类和回归树方法主要利用了类似于判别分析的方法对物种的分布进行分析，主要包括了 CART 模型，这些方法与回归分析方法类似，也需要二元结构的数据。

机器学习方法包括遗传算法模拟模型，这些方法主要是利用遗传算法进行了模拟物种分布计算，这些方法也需要准确确定物种的环境变量范围。GARP 是基于遗传算法分析物种分布的方法。ENFA 方法又叫生态位因子分析方法、神经网络的分析方法。神经网络方法主要是利用神经网络方法分析物种的分布，这些方法也需要准确确定物种的环境变量范围。最大熵方法利用了熵的理论和方法模拟分析物种的分布，这些方法需要有严格的数据分析。

（5）模拟气候变化对生物多样性的影响，主要是利用历史气候数据建立生物多样性与气候数据的关系，再进一步推断气候变化对生物多样性的影响。由于物种分布的模型中可能有不同的模型，所以需要进行实际观测和模拟结果的差异性检验。检验的方法主要是利用实际观测与模拟分析差异性检验方法，也包括模型选择方法。

4.3.3　技术流程

评估气候变化对生物多样性影响，以一个区域或全国某种类群物种数量变化来体现生物多样性的变化，并且通过评价气候变化影响下物种丰富度变化程度，以及一个区域内物种丰富度变化来反映气候变化对生物多样性的影响。如果考虑物种类群，则以气候变化影响下有多少物种受到影响或受到影响的物种占物种的数量来体现。如果以区域尺度，则以气候变化影响下区域尺度物种丰富度变化反映气候变化对生物多样性影响。进行气候变化对生物多样性影响评估流程包括：①利用历史数据识别方法和生态位模型分析气候变化每个物种分布产生影响；②把各个类群或区域各个点所有物种变化影响进行综合叠加；③分析气候变化影响区域物种多样性或丰富度的变化或类群中受到影响的物种数量及比例；④判断区域物种多样性下降或增加，以及受到影响物种的数量或比例（图4.3）。

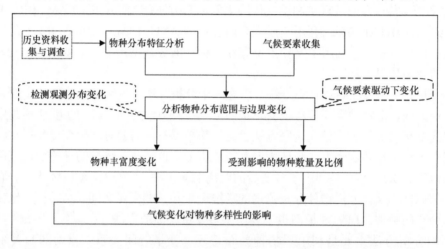

图4.3 气候变化对生物多样性影响评估技术流程

4.3.4 实施步骤

（1）确定气候变化对生物多样性影响评价的指标，评价气候变化对生物多样性是以气候变化影响下类群或物种的丰富度或多样性变化，或气候变化影响下有多少物种受到影响或受到影响的物种占物种的数量来体现。

（2）收集物种分布相关的资料，筛选出需要分析的物种，确定各物种分布变化特征，包括分析物种分布变化程度与方向，分析物种丰富度变化特征。

（3）利用物种分布模型，结合气候变化要素（包括过去与未来气候变化），进行过去气候变化驱动下物种分布变化的预测，进行气候变化对单个物种分布影响的评价。

（4）把气候变化影响下所有物种变化影响进行综合叠加，计算每个点物种丰富度，综合分析区域物种丰富度变化特征。具体是利用地名录中相同位置下物种进行累加得到物种丰富度。分析各个点物种丰富度的变化，包括增加与减少趋势，确定气候变化对生物多样性影响。

（5）未来气候变化对生物多样性影响也按照这个流程进行。

4.3.5 技术应用

气候变化对生物多样性影响评价已在广泛进行（Bellard et al., 2012），包括分析气候变化对物种分布和物种丰富度影响的评估（吴建国等，2009；Cruz et al.，2015）。本书提出的技术方法能够对气候变化对生物多样性进行评估。这些技术应用需要一定的条件，并且适用一定的范围。

1. 应用条件

这些技术实施条件需要：①有较长时间历史观测气候时间序列数据；②详细的物种分布相关的时间序列数据；③进行气候变化对生物多样性影响评价的模拟计算程序。

2. 应用范围

这些技术可以应用到分析气候变化对各个物种分布的影响，能够识别气候变化的影响，并且用来进行气候变化对生物多样性影响的综合分析。

参 考 文 献

刘思峰, 党耀国, 方志耕, 等. 2014. 灰色系统理论及其应用. 北京: 科学出版社.

王发刚, 王文颖, 陈志, 等. 2007. 土地利用变化对高寒草甸植物群落结构及物种多样性的影响. 兰州大学学报, 43(3): 58~63.

吴建国, 吕佳佳, 艾丽. 2009. 气候变化对生物多样性影响: 脆弱性与适应. 生态环境学报, 18(2): 693~703.

吴建国, 吕佳佳. 2008. 土地利用变化对生物多样性的影响. 生态环境学报, 17(3): 1276~1281.

谢季坚, 刘承平. 2012. 模糊数学方法及其应用. 武汉: 华中科技大学出版社.

许胜利. 2009. 马克思主义基本原理概论. 北京: 中共党史出版社.

Araújo M, Pearson R G. 2005. Equilibrium of species distributions with climate. Ecography, 28(5): 693~695.

Bellard C, Bertelsmeier C, Leadley P, et al. 2012. Impacts of climate change on the future of biodiversity . Ey Ecol Lett, 15: 365~377.

Benioff R, Guill S, Lee J. 1996. Vulnerability and Adaptation Assessments. An International Handbook. Netherlands: Kluwer Academic Publishers.

Cruz M J, Robert E M R, Costa T, et al. 2015. Assessing biodiversity vulnerability to climate change: Testing different methodologies for Portuguese herpetofauna. Reg Environ Change, DOI 10. 1007/s10113-015-0858-2.

Hockey P A R, Sirami C, Ridley A R, et al. 2011. Interrogating recent range changes in South African birds. Confounding signals from land use and climate change present a challenge for attribution. Diversity and Distributions, 17: 254~261.

IPCC. 2007. Technical Summary. Climate Change 2007: Impacts, Adaptation and Vulnerability. Contribution of Working Group II to the Fourth Assessment Report of the Intergovernmental Panel on Climate Change. Cambridge: Cambridge University Press.

Jetz W, Wilcove D S, Dobson A P. 2007. Projected impacts of climate and land-use change on the global diversity of birds. PLoS Biol, 5: 1211~1219.

Lenoir J, Svenning J C. 2014. Climate-related range shifts-a global multidimensional synthesis and new research directions. Ecography, doi: 10. 1111/ecog. 00967.

Oliver T H, Morecroft M D. 2014. Interactions between climate change and land use change on biodiversity: Attribution problems, risks, and opportunities. WIREs Clim Change, 5: 317~335.

Parmesan C, Burrows M T, Duarte C M, et al. 2013. Beyond climate change attribution in conservation and ecological research. Ecol, Lett, 16: 58~71.

Root T L, MacMynowski D P, Mastrandrea M D, et al. 2005. Human-modified temperatures induce species changes: Joint attribution. Proceedings of the National Academy of Sciences of the United States of America, 102(21): 7465~7469.

Stone D, Auffhammer M, Carey M, et al. 2013. The challenge to detect and attribute effects of climate change on human and natural systems. Climatic Change, 121(2): 381~395.

Wu J, Shi Y. 2016. Attribution index for changes in migratory bird distributions: the role of climate change over the past 50 years in China. Ecological Informatics, 31: 147~155.

Wu J, Zhang G. 2015. Can changes in the distributions of resident birds in China over the past 50 years be attributed to climate change. Ecology and Evolution, 5(11): 2215~2233.

Wu J. 2016. Detection and attribution of the effects of climate change on bat distributions over the last 50 years. Climatic Change, 134: 681~696.

第 5 章　未来气候变化对生物多样性
风险评估的技术

风险是不利事件发生的可能性（Burgman et al.，1993 ；Bedford and Cooke，2001）。气候变化对生物多样性的风险是气候变化影响下生物多样性发生损害变化的可能性。评估气候变化对生物多样性风险主要评估气候变化影响下生物多样性发生不利影响的可能性。本章介绍未来气候变化对生物多样性风险评价的技术流程与实施步骤。

5.1　技术原理与要点

通过利用气候变化情景预估技术、蒙特卡罗方法、计算机模拟方法、GIS 技术、风险评估技术，以及生物分类学、保护生物学、生态学、气候学、生物数学、模糊数学、概率论、统计学等学科理论与方法，建立一种对未来气候变化对生物多样性影响与风险进行综合评估的技术。为了上述目的，采取以下技术方案。

5.1.1　原理

生物分布范围大小与生物生存关系，物种分布范围越大，则物种的生存能力越高，物种生存能力与物种灭绝关系密切，物种分布范围减少，则物种适宜生存能力下降（Jones，2001；Peck and Teisberg，1996）。根据 IUCN 判断物种濒危、灭绝的规则，物种分布范围减少与濒危、灭绝风险密切相关（Preston，2006）。

定量风险评价原理：风险评价是识别潜在危险，并对潜在危险发生的概率及可能造成的后果进行分析。风险为不利事件发生的概率。定量风险评价的程序包括前期准备与资料收集、危险辨识、频率分析、后果分析、数据库建立、风险计算、风险评价与风险管理等环节。蒙特卡洛模拟（Monte Carlo simulation）是一种计算机数学技术，允许人们在定量分析和决策制定过程中量化风险。蒙特卡洛模拟通过构建事件发生可能结果的模型，通过替换任意存在固有不确定性因子的一定范围的值（概率分布）来执行风险分析。它每次使用一个从概率分布获得的不同随机数据进行反复计算。根据不确定数及其范围，进行若干次重复计算，产生可能结果的分布，并基于这些概率分布得到不同结果发生概率，利用蒙特卡罗方法产生随机数，可以模拟计算随机事件发生的概率，并分析风险（Bedford and Cooke 2001；康崇禄，2015）。

气候变化风险评价强调了利用概率气候变化情景方法，即考虑气候变化不确定性及影响的不确定性，进行气候变化对生物多样性影响的综合评价（Peter et al.，2015；Estrada et al.，2012；Preston，2006）。

5.1.2　要点

1. 气候指标选择与计算

基于气候变化影响下物种分布改变程度与可能性，建立未来气候变化对生物多样性影响与风险评估的指标。通过主分量分析分析方法，筛选影响生物多样性的关键气候要素指标；利用全球气候 RCP 模式产生的情景数据，通过计算机程序，分析未来气候变化情景下气候要素时空变化。

2. 气候变化情景随机化

利用蒙特卡罗方法，产生随机化气候变化情景数据，利用计算机程序，分析未来随机化气候要素的时空变化。

3. 物种分布范围变化估计

基于模糊数学的隶属度分析方法，建立气候要素驱动的表征物种分布时空变化的生态位模型，与 GIS 技术结合，建立以分析未来气候变化驱动下物种丰富度变化及生物多样性时空变化的模拟技术。以确定性的气候变化情景下气候要素为驱动，利用生态位模型，评估未来气候变化对物种分布影响；以随机气候变化情景的气候要素为驱动，利用生态位模型，评估未来随机气候变化情景下物种分布的变化。

4. 物种分布范围损失分析

基于气候变化影响物种分布变化的程度，建立未来气候变化影响下物种分布损失的评估规则，分析未来气候变化影响下物种分布损失程度。

5. 物种分布变化不同程度的概率计算

以随机气候变化情景下的气候要素为驱动，利用物种生态位模型，模拟分析随机气候变化情景下，气候变化对物种分布影响程度与可能性，评估气候变化单物种分布风险。

6. 风险分析

综合分析气候变化影响下各物种分布变化，分析气候变化影响下物种丰富度变化与概率，综合评估气候变化对生物多样性的风险。

5.2　技 术 流 程

分析未来气候变化对生物多样性风险，主要流程是进行气候变化情景分析、气候变化情景随机化、气候变化对物种分布影响分析、损失计算、概率分析和风险分析（图 5.1）。

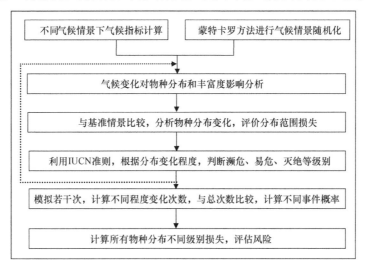

图 5.1　气候变化对生物多样性影响风险评估技术流程

1. 气候变化情景

以确定性气候情景（RCP2.6、RCP4.5、RCP6.0 和 RCP8.5）要素为驱动，分析气候变化下各个物种分布的变化，然后分析物种丰富度的变化，再以目前适宜范围丧失及物种总适宜分布范围为指标，分析气候变化影响目前适宜范围丧失程度不同的物种数量，以及总适宜范围占目前适宜分布范围比例的物种数量。

2. 气候变化情景随机化

以确定性气候情景（RCP2.6、RCP4.5、RCP6.0、RCP8.5）要素，按照均匀分布、三角分布和正态分布概率抽样，产生随机概率气候情景。

3. 气候变化对物种分布影响分析

进行随机气候情景下物种分布的变化分析，再以目前适宜范围的丧失及物种总适宜分布范围为指标，分析气候变化影响下目前适宜范围丧失程度不同的物种数量，以及总适宜范围占目前适宜分布范围比例不同的物种数量。

4. 气候变化下物种分布损失计算

以目前适宜范围的丧失及物种总适宜分布范围为指标,分析气候变化影响目前适宜范围丧失程度不同的物种数量，以及总适宜范围占目前适宜分布范围比例不同的物种数量。

5. 气候变化下物种分布损失概率计算

计算在模拟 N 次，物种分布不同损失程度下次数，计算物种分布不同程度损失下的概率，统计所有物种分布变化，计算分布不同损失下物种数量或丰富度变化的概率。

6. 风险分析

综合分析气候变化影响下各物种分布变化，分析气候变化影响下物种丰富度变化与概率，综合评估气候变化对生物多样性风险。

5.3 实施步骤

（1）基于气候变化影响下物种分布范围改变程度，建立评估气候变化对生物多样性影响的指标，即根据气候变化驱动下物种分布范围变化程度反映气候变化对物种分布范围的影响，通过分析气候变化影响下各物种分布变化导致的物种丰富度变化来表征气候变化对生物多样性影响。考虑物种目前适宜分布范围、新适宜分布范围和总适宜分布范围变化，分析气候变化影响下物种分布范围变化。物种分布范围通过中国地名录中物种分布点个数表示，或通过把物种分布点绘制到 GIS 图上，通过计算物种分布范围面积来反映物种的分布范围。具体如下：

设某物种目前分布范围为 S_1，气候变化驱动下物种适宜分布范围变为 S_2，则气候变化对物种分布范围的影响为：$\Delta s = S_2 - S_1$，如果 $\Delta s = 0$，表明气候变化对物种分布范围没有产生影响，如果 $\Delta s > 0$，表明气候变化影响下物种范围扩大，如果 $\Delta s < 0$，表明气候变化影响下物种分布范围缩小。在分析气候变化对各个物种分布影响基础上，进一步分析气候变化影响下物种丰富度的变化，确定气候变化对生物多样性的影响。设一定区域内有 N 个物种，分析确定气候变化影响下分布范围增加物种数有 M_1 种，分布范围减少物种数有 M_2 种，分布范围没有变化的物种数有 M_3 种，则定义气候变化对生物多样性的影响表示为

$$气候变化使物种范围增加的物种比例 \ G_1 = \frac{M_1}{N} \times 100 \tag{5.1}$$

$$气候变化使物种范围减少的物种比例 \ G_2 = \frac{M_2}{N} \times 100 \tag{5.2}$$

$$气候变化使物种分布范围没有改变的物种比例 \ G_3 = \frac{M_3}{N} \times 100 \tag{5.3}$$

在全国或区域内，基于分析每个点物种适宜度进一步确定在单点上气候变化对物种丰富度的影响，即设在气候没有变化下任意点 A 上适宜分布的物种数为 W_1，气候变化影响下点 A 上适宜分布的物种数为 W_2，则气候变化对点 A 上物种丰富度的影响为

$\Delta W = W_2 - W_1$，如果 $\Delta W = 0$，反映气候变化对点 A 上物种丰富度没有影响，如果 $\Delta W > 0$，反映气候变化影响使点 A 上物种丰富度增加，如果 $\Delta W < 0$，反映气候变化影响使点 A 上物种丰富度减小。

（2）建立气候变化对生物多样性风险评估指标：按照风险一般定义，气候变化对物种的风险指未来气候变化对物种带来不利影响的可能性。由于气候变化影响下物种比较敏感的响应使其分布范围改变，依据保护生物学原理，如果气候变化影响下物种分布范围扩大，则有利于物种的生存，如果物种分布范围减少，则对物种的生存不利，如果物种分布范围完全消失，则可能引起物种的灭绝。因此，把未来气候变化对物种风险的定义为未来气候变化影响下物种分布范围极大丧失的可能性或物种分布范围极大丧失的概率。物种分布范围丧失 20% 以上，对物种生存将有一定不利；40% 以上，不利增加；丧失 60% 以上，将使物种面临濒危；丧失 80% 以上，将使物种面临极危险；丧失 100%，则物种濒临灭绝。因此，按照分布范围丧失程度定义气候变化对物种不同级别的风险（表 5.1）。

表 5.1　气候变化对物种分布范围丧失风险指标

风险名	指标	涵义	计算
无危	$R_1 = P(L < 20\%)$	物种分布范围丧失小于 20% 概率	$p = \dfrac{n_1}{N}$
易危	$R_2 = P(40\% > L \geq 20\%)$	物种分布范围丧失大于 20% 小于 40% 概率	$p = \dfrac{n_2}{N}$
濒危	$R_3 = P(60\% > L \geq 40\%)$	物种分布范围丧失大于 40% 而小于 60% 概率	$p = \dfrac{n_3}{N}$
极危	$R_4 = P(80\% > L \geq 60\%)$	物种分布范围丧失大于 60% 而小于 80% 概率	$p = \dfrac{n_4}{N}$
灭绝	$R_5 = P(L \geq 80\%)$	物种分布范围丧失大于 80% 概率	$p = \dfrac{n_5}{N}$

注：表中 P 表示概率；$L = \dfrac{W_1 - W_2}{W_1} \times 100$ （5.4）；W_1 和 W_2 分别表示物种在没有气候变化影响和有气候变化影响下的分布范围；n_1，n_2，n_3，n_4，n_5 分别为发生无危、易危、濒危、极危和灭绝的次数；N 为模拟的总次数。

气候变化对物种丰富度的风险按照气候变化影响下物种数量变化来定义。设有 N 个物种，气候变化影响下处于无危、易危、濒危、极危和灭绝物种数分别为 M_1、M_2、M_3、M_4 和 M_5，则无危、易危、濒危、极危和灭绝物种数比例及概率与指标分别按照表 5.2 计算。

表 5.2　气候变化下物种丰富度改变风险

影响程度	比例计算	概率	指标	涵义
无危	$WW = \dfrac{M_1}{N}$	$P_1 = P(20\% > L)$	$F_1 = WW \times P_1$	发生无危的物种比例
易危	$YW = \dfrac{M_2}{N}$	$P_2 = P(40\% > L \geq 20\%)$	$F_2 = YW \times P_2$	发生易危风险的物种比例
濒危	$BW = \dfrac{M_3}{N}$	$P_3 = P(60\% > L \geq 40\%)$	$F_3 = BW \times P_3$	发生濒危风险的物种比例
极危	$JW = \dfrac{M_4}{N}$	$P_4 = P(80\% > L \geq 60\%)$	$F_4 = JW \times P_4$	发生极危风险的物种比例
灭绝	$MJ = \dfrac{M_5}{N}$	$P_5 = P(L \geq 80\%)$	$F_5 = MJ \times P_5$	发生灭绝风险的物种比例

（3）选择影响生物多样性气候指标：考虑到影响生物物种的气候指标包括热量、水分、辐射和风因素的平均值和极端值，以及气候因素的综合指标，所以选择年均温、年极端最高、年极端最低温、BT、PET、PER、WI、CI、HI、1 月均温、7 月均温、1 月极端最高、7 月极端最高、1 月极端最低、7 月极端最低温、春季极端高温、夏季极端高温、秋季极端高温、冬季极端高温、春季极端低温、夏季极端低温、秋季极端低温、冬季极端低温、春季均温、夏季均温、秋季均温、冬季均温、年降水、春季降水、夏季降水、秋季降水、冬季降水、≥0℃年积温、≥0℃天数、≥5℃年积温、≥5℃天数、≥10℃年积温、≥10℃天数共 38 个指标（表 5.3）。

表 5.3　选择的气候要素指标

序号	气候要素	单位	序号	气候要素	单位
1	年均温	℃	20	秋季均温	℃
2	年极端最高	℃	21	冬季均温	℃
3	年极端最低	℃	22	≥0℃年积温	℃
4	1 月均温	℃	23	≥0℃天数	℃
5	7 月均温	℃	24	≥5℃年积温	℃
6	1 月极端最高	℃	25	≥5℃天数	℃
7	7 月极端最高	℃	26	≥10℃年积温	℃
8	1 月极端最低	℃	27	≥10℃天数	℃
9	7 月极端最低	℃	28	年降水	mm
10	春季极端高温	℃	29	春季降水	mm
11	夏季极端高温	℃	30	夏季降水	mm
12	秋季极端高温	℃	31	秋季降水	mm
13	冬季极端高温	℃	32	冬季降水	mm
14	春季极端低温	℃	33	BT	mm
15	夏季极端低温	℃	34	PET	
16	秋季极端低温	℃	35	PER	mm
17	冬季极端低温	℃	36	WI	℃
18	春季均温	℃	37	CI	℃
19	夏季均温	℃	38	HI	%

由于这些指标间存在一定的相关性，并且一些指标并不重要（表 5.4）。为了减少指标变量间的相关性，并且选出关键的气候指标，对这些指标按照表 5.4 矩阵进行处理，获得各空间分布点气候要素，再利用主分量分析方法（式（5.5）），计算各气候要素的主分量，把这些指标转换为互相没有相关性的综合指标。

根据主分量方程，计算不同气候要素主分量载荷矩阵（表 5.5）。根据不同气候要素载荷矩阵中累积贡献率，选择累积贡献率为 80%~85%，并且特征值大于 1 的主分量，根据主分量载荷矩阵，进一步找到最主要气候要素指标。

表 5.4　气候要素指标矩阵

点数	X_1	X_2	$\cdots$	X_{38}
1	x_{11}	x_{12}	$\cdots$	x_{138}
2	x_{21}	x_{22}	$\cdots$	x_{238}
$\vdots$	$\vdots$	$\vdots$		$\vdots$
n	x_{n1}	x_{n2}	$\cdots$	x_{n38}

注：表中表示空间 n 个点，每个点都有 38 个气候要素。

主分量方程：

$$z_1 = a_{11}x_1 + a_{12}x_2 + \cdots + a_{1n}x_n = \sum_{i=1}^{38} a_{1i}x_i$$

$$z_2 = a_{21}x_2 + a_{22}x_2 + \cdots + a_{2n}x_n = \sum_{i=1}^{38} a_{2i}x_i$$

$$\cdots$$

$$z_{38} = a_{381}x_1 + a_{382}x_2 + \cdots + a_{38n}x_n = \sum_{i=1}^{38} a_{38i}x_i$$

（5.5）

表 5.5　载荷矩阵

气候因素	主分量			
	1	2	…	n
X_1	p_{11}	p_{12}	…	p_{1n}
X_2	p_{21}	p_{22}	…	p_{2n}
⋮	⋮	⋮		⋮
X_{38}	P_{381}	P_{382}	…	P_{38n}

注：表中有 n 个主分量，每个主分量包括 38 个气候要素组合。

（4）未来气候变化的分析利用采用 ISI-MIP（The Inter-Sectoral Impact Model Intercomparison Project，http：//www.isi-mip.org）提供的 5 套全球气候模式（GFDL-ESM2M、HadGEM2-ES、IPSL-CM5A-LR，MIROC-ESM-CHEM，NorESM1-M，包括平均气温、最高气温、最低气温、降水量、太阳总辐射、平均相对湿度、地面气压、地面风速日值）产生的 RCP2.6、RCP4.5、RCP6.0 和 RCP8.5 情景数据（RCP 是 representative concentration pathways 的简写，即代表浓度路径，其中 RCP2.6、RCP4.5、RCP6.0 和 RCP8.5 分别代表大气中辐射强迫为 $2.6W/m^2$、$4.5W/m^2$、$6.0W/m^2$ 和 $8.5W/m^2$），以 1951~2000 年数据为基准，以 2001~2100 年为未来时段，每个时段点空间分辨率 2.5°×2.5°（表 5.6）。

表 5.6　未来气候变化情景　　　（单位：W/m^2）

	基准年份	RCP2.6	RCP4.5	RCP6.0	RCP8.5
GFDL	1951~2000	2.6	4.5	6.0	8.5
HADGEM	1951~2000	2.6	4.5	6.0	8.5
IPSL	1951~2000	2.6	4.5	6.0	8.5
MIN	1951~2000	2.6	4.5	6.0	8.5
NORTH	1951~2000	2.6	4.5	6.0	8.5

对不同气候情景都按技术环节 2 中选择的气候要素指标，利用 Fortran 程序计算每个空间点在基准情景 1951~2000 年、未来 2001~2100 年时段每年的气候要素指标值（表5.7），这些结果中每个气候要素为 1 个矩阵，N 个气候指标对应 N 个矩阵。

（5）基于确定性的气候变化情景，利用蒙特卡罗方法产生随机化气候变化情景：包括计算每个模式各情景下每个点各个气候要素指标值的最小值、最大值、平均值、标准

表 5.7　各气候要素计算矩阵

空间点数	1951~2000 年	2001 年	2002 年	...	2100 年
1	q_{01}	q_{11}	q_{11}	...	q_{11}
2	q_{01}	q_{11}	q_{11}	...	q_{11}
⋮	⋮	⋮	⋮		⋮
n	q_{0n}	q_{1n}	q_{1n}	...	q_{1n}

注：表中 n 表示 n 个空间点。

方差、极差。设各个气候要素为遵循正态分布、三角分布、均匀分布方式的随机变量，然后按照正态分布、三角分布、均匀分布随机变量的方式，用蒙特卡罗方法进行随机抽样，产生随机的气候变化要素。具体计算如表 5.8 所示。

表 5.8　每个气候模式各气候情景下参数

指标	基准	RCP2.6	RCP4.5	RCP6.0	RCP8.5
平均值	pj	pj	pj	pj	pj
最小值	zx	zx	zx	zx	zx
最大值	zd	zd	zd	zd	zd
标准方差	bz	bz	bz	bz	bz
极差	jc	jc	jc	jc	jc

设气候要素遵循均匀分布 $U[a, b]$ 随机变量，密度函数为

$$f(x) = \begin{cases} \dfrac{1}{b-a} & x \in [a,b] \\ 0 & 其他 \end{cases} \tag{5.6}$$

则按均匀分布抽样的随机气候要素为

$$x = a + (b-a) \times r \tag{5.7}$$

式中，r 为随机数。

设气候要素遵循三角分布 Triang(a, b, m) 的随机变量，密度函数为

$$f(x) = \begin{cases} \dfrac{2(x-a)}{(b-a)(m-a)} & a < x \leqslant m \\ \dfrac{2(b-x)}{(b-a)(b-m)} & m < x \leqslant b \\ 0 & 其他 \end{cases} \tag{5.8}$$

则按三角分布抽样的随机气候要素为

$$x = \begin{cases} a + \sqrt{r_i \times (b-a) \times (c-a)} & r_i \in \left(0, \dfrac{c-a}{b-a}\right) \\ b - \sqrt{(1-r_i)(b-a)(b-c)} & r_i \in \left(\dfrac{c-a}{b-a}, 1\right) \end{cases} \tag{5.9}$$

式中，r_i 为随机数。

设气候要素遵循正态分布 $N(m,\sigma)$ 的随机变量，密度函数为

$$f(x)=\frac{1}{\sqrt{2\pi}\sigma}\mathrm{e}^{-\frac{(x-m)^2}{2\sigma^2}} \tag{5.10}$$

则按正态分布抽样的随机气候要素为

$$x=\begin{cases}\sqrt{-2\ln r} & 0<r\leqslant 0.5\\ \sqrt{-2\ln(1-r)} & 0.5<r\leqslant 1\end{cases} \tag{5.11}$$

$$\xi_f=\begin{cases}x-\dfrac{2.515517+0.802853x+0.010328x^2}{1+1.432788x+0.189269x^2+0.001308x^3} & 0<r\leqslant 0.5\\[4mm]\dfrac{2.515517+0.802853x+0.010328x^2}{1+1.432788x+0.189269x^2+0.001308x^3} & 0.5\leqslant r<1\end{cases} \tag{5.12}$$

对空间 n 个点分别进行抽样，每个点抽样 m 次，则每个点上产生对气候要素抽样数为 m 的随机样本，每个样本计算如表 5.9 所示。

表 5.9　随机产生气候要素矩阵

次数	X_1	X_2	⋯	X_n
1	Q_{11}	Q_{12}	⋯	Q_{1n}
2	Q_{21}	Q_{22}	⋯	Q_{2n}
⋮	⋮	⋮		⋮
m	Q_{m1}	Q_{m2}	⋯	Q_{mn}

注：Q_{mn} 表示空间 n 个点进行 m 次抽样；Q_{ij} 表示第 i 次第 j 个气候指标。

（6）基于模糊数学隶属度的分析方法，建立以气候要素驱动的表征生物多样性时空变化模拟技术：包括以 Cauchy 模糊隶属度函数分析各物种各气候要素适宜性，对平均状态气候要素选择中间型函数，对极端最小值气候要素选择偏大型函数，对极端最大值的气候指标选择偏小型函数（隶属度函数见表 5.10 所示）。

偏小型：

$$A(x)=\begin{cases}1 & x\leqslant a\\ \dfrac{1}{1+\alpha(x-a)^\beta} & x>a\end{cases}\qquad \alpha>0,\beta>0 \tag{5.13}$$

中间型：

$$A(x)=\frac{1}{1+\alpha(x-a)^\beta}\qquad \alpha>0,\beta\text{为正偶数} \tag{5.14}$$

偏大型：

$$A(x)=\begin{cases}0 & x\leqslant a\\ \dfrac{1}{1+\alpha(x-a)^{-\beta}} & x>a\end{cases}\qquad \alpha>0,\beta>0 \tag{5.15}$$

表 5.10　各气候要素的隶属度函数

气候要素	类型	隶属度函数	参数	
年均气温	对称型	$A(x) = \dfrac{1}{1+\alpha(x-a)^{\beta}}$ （$\alpha>0, \beta$ 为偶数），x 为年平均气温，a 为年均温度平均值	α	β
1 月平均气温	对称型	$A(x) = \dfrac{1}{1+\alpha(x-a)^{\beta}}$ （$\alpha>0, \beta$ 为偶数），x 为 1 月均温，a 为 1 月均温平均值	α	β
7 月平均气温	对称型	$A(x) = \dfrac{1}{1+\alpha(x-a)^{\beta}}$ （$\alpha>0, \beta$ 为偶数），x 为 7 月均温，a 为 7 月均温平均值	α	β
最热月最高温度	递减型	$A(x) = \begin{cases} 1 & x \leqslant a \\ \dfrac{1}{1+\alpha(x-a)^{\beta}} & x > a \end{cases}$ （$\alpha>0, \beta>0$），x 为最热月最高气温，a 为最热月最高气温最小值	α	β
最冷月最低温度	递减型	$A(x) = \begin{cases} 0 & x \leqslant a \\ \dfrac{1}{1+\alpha(x-a)^{-\beta}} & x > a \end{cases}$ （$\alpha>0, \beta>0$），x 为最冷月最低气温，a 为最冷月最低气温最小值	α	β
大于 0℃积温	对称型	$A(x) = \dfrac{1}{1+\alpha(x-a)^{\beta}}$ （$\alpha>0, \beta$ 为偶数），x 为大于 0℃积温，a 为大于 0℃积温平均	α	β
年降水量	对称型	$A(x) = \dfrac{1}{1+\alpha(x-a)^{\beta}}$ （$\alpha>0, \beta$ 为偶数），x 为年降水量，a 为年降水多年平均	α	β
BT	对称型	$A(x) = \dfrac{1}{1+\alpha(x-a)^{\beta}}$ （$\alpha>0, \beta$ 为偶数），x 为 BT，a 为 BT 平均	α	β
PER	对称型	$A(x) = \dfrac{1}{1+\alpha(x-a)^{\beta}}$ （$\alpha>0, \beta$ 为偶数），x 为 PER，a 为 PER 平均	α	β

利用中国地名录，收集物种目前分布数据，利用 GIS 方法输入到 GIS 软件中，然后把气候观测数据也输入到 GIS 软件中，按照插值方法，产生地名录气候数据，建立物种分布与气候要素匹配的数据库，再根据物种分布范围内各分布点的气候要素，利用 FORTARN 计算机程序计算各物种适宜分布气候参数，包括各气候要素指标值平均值、最小值和最大值，其中最大值与最小值分别是分布范围内所有分布点最小值和最大值，平均值是分布范围内所有点上平均。根据这些气候要素值，通过对比方法确定隶属度函数中的 a；利用最适宜点、最不适宜点的隶属度，通过优化迭代计算方法获得不同模糊隶属度模型的参数 α, β。

根据各气候要素隶属度函数，计算各个气候要素隶属度后，再利用以下公式加权综合计算各气候要素总适宜隶属度作为物种的适宜度。

$$S_j = \sum_{i=1}^{m} W_{ij} \times A_{ij} \qquad (5.16)$$

式中，W_{ij} 为 i 个气候要素权重；A_{ij} 为第 j 个物种的 i 个气候要素隶属度。

除了加权法外，用最大墒法或气候要素隶属度交集方法计算各个物种对气候要素总适宜度，设总隶属度在 0.5 以上，则物种适宜分布，否则物种不适应分布。

分析各物种各个气候要素适宜性，根据每分布点上适宜性大小，计算物种适宜分布，如果适宜性在 0.5 以上，则适宜度为 1，如果适宜性在 0.5 以下，则适宜度为 0。根据各分布点上适宜性函数值，计算各个物种在分布点上适宜度，所有适宜点组成物种范围（表5.11），再利用中国地名录，把这些适宜性数据转换为 Excel 文件，利用 GIS 系统中加载地理坐标的工具，把各个点加载到地图上显示。计算每个点物种丰富度值，根据所有的点上物种丰富度变化表征生物多样性空间变化特征。

表 5.11　利用适宜度函数计算物种范围与丰富度

点号	S_1	S_2	S_3	...	S_m	丰富度
1	S_{11}	S_{12}	S_{12}	...	S_{12}	
2	S_{21}	S_{22}	S_{22}	...	S_{22}	
⋮	⋮	⋮	⋮		⋮	
n	S_{n1}	S_{n2}	S_{n3}	...	S_{nm}	
物种范围						

注：S_{nm} 表示第 n 个点第 m 个物种适宜性；每个点物种丰富度为把所有适宜物种加起来；每个物种范围是把适宜点加起来。

（7）把确定性气候变化情景下气候要素作为输入变量输入到模糊隶属度生态位模型，评估确定性气候变化对物种分布的影响：包括以确定性情景下的气候要素为驱动，输入到模糊适宜性模型中，分析各分布点每年每个气候要素的隶属度，再通过加权方法或最小方法计算每个点每年的综合隶属度，根据综合隶属度大小，转化为每个分布点的适宜度（表 5.12）。

表 5.12　确定性气候变化影响下物种分布范围变化

	1951~2000 年	2001 年	2002 年	...	2100 年
1	y_{11}	y_{12}	y_{13}	...	y_{1m}
2	y_{21}	y_{22}	y_{23}	...	y_{2m}
3	y_{31}	y_{23}	y_{33}	...	y_{2m}
⋮	⋮	⋮	⋮		⋮
n	y_{n1}	y_{n2}	y_{n3}	...	y_{nm}
分布范围	N_1	N_2	N_3	...	N_m

注：分布范围为 N 个点中适宜物种分布点数量，每个点适宜性是各个气候要素适宜性综合。

以 10 年平均计算物种在每个分布点适宜度，再利用 GIS 技术加载地理坐标技术，加载到 GIS 平台中，显示物种分布范围，比较不同时段分布范围，利用气候变化对物种分布范围影响指标，分析气候变化对物种分布影响（表 5.12）。根据各个物种分析，综合分析气候驱动下物种丰富度的变化，分析气候变化对生物多样性的影响。

用 Kappa 统计学方法检验模型，计算如下：

$$k = \left[(a+d) - \left(\left((a+c)(a+b) + (b+d)(c+d) \right) \div N \right) \right] \div \left[N - \left(\left((a+c)(a+b) + (b+d)(c+d) \right) \div N \right) \right] \quad (5.17)$$

式中，a = 实际与预测都有的点数量；b = 实际没有预测有的点数；c = 实际有预测没有的点数量；d = 预测与实际都没有的点数量。

$$N = a + b + c + d \qquad (5.18)$$

（8）把随机性气候变化情景下气候要素作为输入变量输入到生态位模型，分析随机气候变化驱动下物种分布变化，评估随机气候变化对生物多样性的影响，包括进行 n 次模拟，每次以概率气候变化情景为驱动，把气候要素输入到模糊适宜性模型中，分析计算各分布点每年每个气候要素下隶属度，然后再通过加权方法计算每个点每年综合隶属度，根据综合隶属度大小，转化为每个分布点的适宜度，按 10 年平均计算每个物种在每个分布点的适宜度，再利用 GIS 加载地理坐标方法，加载到 GIS 平台中，显示物种分布范围，比较不同时段分布范围，利用气候变化对物种分布范围影响指标，与基准情景下物种分布进行比较，然后计算 n 次的平均值、最小值和最大值，分析随机气候变化情景下气候变化对物种分布的影响（表 5.13）。

表 5.13　随机气候变化情景下物种分布范围变化

	1951~2000 年	2001 年	2002 年	…	2100 年	物种范围
1	z_{11}	z_{12}	z_{13}	…	z_{1n}	F_1
2	z_{21}	z_{22}	z_{23}	…	z_{2n}	F_2
⋮	⋮	⋮	⋮	⋮	⋮	⋮
n	z_{n1}	z_{n2}	z_{n3}	…	z_{nn}	F_n
平均	$Z_{Л}$	$Z_{Л}$	$Z_{Л}$	…	$Z_{Л}$	$Z_{Л}$

注：随机抽样 n 次，每次抽样下物种在不同时间段下分布范围，比较不同时间段范围差异，反映气候变化对物种分布的影响。

根据分析各物种分布范围变化确定气候驱动下物种丰富度变化，分析气候变化对生物多样性的影响。

（9）按照物种目前适宜范围变化、总适宜范围变化的程度，建立未来气候变化影响下物种分布损失评估规则和损失级别，具体如下：

物种目前适宜范围稳定的点数占基准情景下点数比例（=0，≥0.1，0.2，0.3，0.4，0.5，0.6，0.7，0.8，0.9，1）；

物种目前适宜范围丧失的点数占基准情景下点数比例（=0，≥0.1，0.2，0.3，0.4，0.5，0.6，0.7，0.8，0.9，1）；

新增加适宜范围的点数占基准情景下点数比例（=0，≥0.1，0.2，0.3，0.4，0.5，0.6，0.7，0.8，0.9，1）；

总适宜分布范围的点数占基准情景下点数比例（=0，≥0.1，0.2，0.3，0.4，0.5，0.6，0.7，0.8，0.9，1）。

在分析各个物种分布范围损失的基础上（表 5.14），进一步分析判断物种丰富度变化。

（10）利用确定性气候变化情景数据，分析气候变化对物种分布影响基础上，进一步按照未来气候变化影响下物种分布范围损失评估规则，分析未来气候变化影响下单个物种分布损失程度（表 5.15）。

表 5.14 气候变化影响下物种分布范围损失影响判断矩阵

指标	20%~40%	40%~60%	60%~80%	≥80%
目前适宜分布范围	易危	濒危	极危	灭绝
总适宜分布范围	易危	濒危	极危	灭绝
综合	易危	濒危	极危	灭绝

表 5.15 气候变化对物种分布影响的程度

	1951~2000 年	2001 年	2002 年	...	2100 年
目前适宜分布范围	X_1	X_2	X_3		X_n
总适宜分布范围	Z_1	Z_2	Z_3		Z_n

在分析全部物种分布范围损失程度的基础上，进一步分析气候变化影响下物种丰富度的变化，确定气候变化对生物多样性影响的程度（表 5.16）。

表 5.16 气候变化对物种丰富度影响程度计算

	易危	濒危	极危	灭绝
S_1	X_1	X_1	X_1	X_1
S_2	X_2	X_2	X_2	X_2
⋮	⋮	⋮	⋮	⋮
S_n	X_n	X_n	X_n	X_n
丰富度	y	y	y	y

注：表中表示了由 n 个物种，每个物种分布损失级别，再综合分析每个级别下物种数量或丰富度。X_i 表示 i 个物种属于某种状态的值（取 0 或 1）。

（11）基于未来气候变化影响下物种分布损失评估和损失级别规则，利用蒙特卡罗方法产生的随机气候变化情景为驱动，输入到物种生态位模型，分析未来气候变化影响下单个物种分布范围损失的程度（表 5.17、表 5.18）。

表 5.17 随机气候变化情景下物种目前适宜范围分析矩阵

次数	1951~2000 年	2001 年	2002 年	...	2100 年
1	L_s1x	L_s1x	L_s1x		L_s1x
2	L_s2x	L_s2x	L_s2x		L_s2x
⋮	⋮	⋮	⋮		⋮
n	L_{snx}	L_{snx}	L_{snx}		L_{snx}
平均	$P_j l_{xn}$	$P_j l_{xn}$	$P_j l_{xn}$		$P_j l_{xn}$

注：次数表示随机产生的气候情景的次数，n 次就是随机产生了 n 次气候变化情景，计算每次气候变化情景每个时段物种分布范围。

表 5.18 随机气候变化情景下物种分布范围变化分析

	1951~2000 年	2001 年	2002 年	...	2100 年
目前适宜分布范围	L_s1x	L_s1x	L_s1x		L_s1x
总适宜分布范围	L_s2x	L_s2x	L_s2x		L_s2x

注：比较不同时段分布范围变化差异，确定物种分布范围损失程度。

分析全部物种分布范围损失程度,进一步分析物种丰富度的变化。

(12)在计算分析随机气候变化情景下物种分布范围损失的基础上,利用物种分布损失评估规则和损失级别规则,计算物种分布范围不同损失下概率(表 5.19、表 5.20)。

物种目前适宜范围稳定的点数占基准情景下点数比例(=0,≥0.1,0.2,0.3,0.4,0.5,0.6,0.7,0.8,0.9,1)概率;

物种目前适宜范围丧失的点数占基准情景下点数比例(=0,≥0.1,0.2,0.3,0.4,0.5,0.6,0.7,0.8,0.9,1)概率;

新增加适宜范围的点数占基准情景下点数比例(=0,≥0.1,0.2,0.3,0.4,0.5,0.6,0.7,0.8,0.9,1)概率;

总适宜分布范围的点数占基准情景下点数比例(=0,≥0.1,0.2,0.3,0.4,0.5,0.6,0.7,0.8,0.9,1)概率。

表 5.19　计算物种范围变化次数

损失比例	1	2	…	n	
0	X_0	X_0		X_0	Y_0
0.1	X_1	X_1		X_1	Y_1
0.2	X_2	X_2		X_2	Y_2
0.3	X_3	X_3		X_3	Y_3
0.4	X_4	X_4		X_4	Y_4
0.5	X_5	X_5		X_5	Y_5
0.6	X_6	X_6		X_6	Y_6
0.7	X_7	X_7		X_7	Y_7
0.8	X_8	X_8		X_8	Y_8
0.9	X_9	X_9		X_9	Y_9
1.0	X_{10}	X_{10}		X_{10}	Y_{10}

注:Y_i 是模拟了 n 次,不同损失比例的次数。

表 5.20　计算物种范围变化概率

损失比例	目前稳定适宜范围	目前适宜范围丧失	新增加适宜范围	总适宜范围
0	X_0	X_0	X_0	X_0
0.1	X_1	X_1	X_1	X_1
0.2	X_2	X_2	X_2	X_2
0.3	X_3	X_3	X_3	X_3
0.4	X_4	X_4	X_4	X_4
0.5	X_5	X_5	X_5	X_5
0.6	X_6	X_6	X_6	X_6
0.7	X_7	X_7	X_7	X_7
0.8	X_8	X_8	X_8	X_8
0.9	X_9	X_9	X_9	X_9
1.0	X_{10}	X_{10}	X_{10}	X_{10}

注:不同损失比例下分布范围变化的概率。

（13）基于物种丧失程度和概率，进行气候变化影响下物种分布损失等级划分，按照世界自然保护联盟规则，对气候变化影响下按物种损失程度把物种划分归为易危、濒危、极危和灭绝四种级别。根据物种目前分布范围损失 20%、40%、60% 和 80% 及其概率划分为易危、濒危、极危、灭绝风险的事件，以及总适宜范围占目前范围的 20%、40%、60% 和 80% 的物种划分为灭绝、极危、濒危、易危风险事件，对气候变化影响下物种分布范围损失程度进行划分（表 5.21、表 5.22）。

表 5.21　气候变化影响下按照目前分布范围变化风险指标

指标	20%~40%	40%~60%	60%~80%	≥80%
0.3	易危	濒危	极危	灭绝
0.6	易危	濒危	极危	灭绝
0.9	易危	濒危	极危	灭绝

注：不同概率不同损失程度下的判别矩阵。

表 5.22　气候变化影响下按照物种总适宜范围变化风险指标

指标	60%~80%	40%~60%	20%~40%	<20%
0.3	易危	濒危	极危	灭绝
0.6	易危	濒危	极危	灭绝
0.9	易危	濒危	极危	灭绝

注：不同概率不同损失程度下的判别矩阵。

分析未来气候变化影响单个物种损失程度，再分析全部物种损失程度，进一步分析物种丰富度的变化及概率，具体见技术环节（10）。

（14）分析随机气候变化情景下物种分布损失程度的概率，通过随机气候变化情景下气候要素驱动下物种分布变化，利用气候变化影响下物种分布损失等级划分规则，分析物种分布范围不同级别损失的概率。设模拟了 n 次，则物种分布范围损失发生易危、濒危、极危、灭绝随机事件次数为 m_1、m_2、m_3、m_4，则各个事件的概率为

$$p_1 = \frac{m_1}{n} \tag{5.19}$$

$$p_2 = \frac{m_2}{n} \tag{5.20}$$

$$p_3 = \frac{m_3}{n} \tag{5.21}$$

$$p_4 = \frac{m_4}{n} \tag{5.22}$$

根据表 5.23 和表 5.24，计算物种目前分布范围损失、总适宜分布范围损失程度不同的概率，即模拟 n 次，分析物种目前或者总适宜分布范围不同损失下的次数，计算物种目前或总适宜分布范围不同损失程度下的概率。

表 5.23　物种目前分布范围损失程度计算矩阵

	易危	濒危	极危	灭绝
1	X_1	X_1	X_1	X_1
2	X_2	X_2	X_2	X_2
⋮	⋮	⋮	⋮	⋮
n	X_n	X_n	X_n	X_n
次数	Y	Y	Y	Y

注：Y 是模拟 n 次产生不同程度损失的次数，根据这些次数与总次数计算概率。

表 5.24　物种总分布范围损失程度计算矩阵

	易危	濒危	极危	灭绝
1	x_1	x_1	x_1	x_1
2	x_2	x_2	x_2	x_2
⋮	⋮	⋮	⋮	⋮
n	x_n	x_n	x_n	x_n
次数	y	y	y	y

注：y 是模拟 n 次产生不同程度损失的次数，根据这些次数与总次数计算概率。

在计算单个物种分布范围损失概率的基础上，进一步计算在 n 次模拟中，每个物种分布范围不同程度损失次数，进一步计算每个物种分布范围不同程度损失（易危、濒危、极危、灭绝）的概率，并且计算不同概率、不同损失范围物种丰富度的变化（表 5.25）。

表 5.25　物种分布范围损失程度综合计算矩阵

	S_1	S_2	…	S_m
1	X_1	X_1	…	X_1
2	X_2	X_2	…	X_2
⋮	⋮	⋮		⋮
n	X_n	X_n	…	X_n
次数	Y_1	Y_2	…	Y_m

注：S_m 表示第 m 个物种，根据每次模拟下分布不同程度改变下的物种数量，计算在 n 次模拟中分布不同程度改变下的物种数量范围的次数，计算概率。

（15）分析气候变化对单个物种的风险，计算气候变化影响下物种风险主要利用物种分布范围丧失的程度与概率，包括丧失范围与概率的二维矩阵。

$$R = L \times P \qquad\qquad (5.23)$$

在进行了物种风险筛选后，根据物种丧失范围的危险水平和概率，进一步利用评价矩阵计算风险（表 5.26、表 5.27）。

对物种分布范围的每个点，分析气候变化影响下适宜性丧失概率，包括先计算单个物种分布丧失的概率（表 5.28），再计算所有物种在这个点适宜性丧失的概率，以及不同概率下该点物种丰富度变化（表 5.29）。

表 5.26　物种分布范围丧失风险评价矩阵

概率	0	10%	20%	30%	40%	50%	60%	70%	80%	90%	100%
0	X_0	X_0	X_0	X_0	X_0	X_0	X_0	X_0	X_0	X_0	X_0
0.1	X_1	X_1	X_1	X_1	X_1	X_1	X_1	X_1	X_1	X_1	X_1
0.2	X_2	X_2	X_2	X_2	X_2	X_2	X_2	X_2	X_2	X_2	X_2
0.3	X_3	X_3	X_3	X_3	X_3	X_3	X_3	X_3	X_3	X_3	X_3
0.4	X_4	X_4	X_4	X_4	X_4	X_4	X_4	X_4	X_4	X_4	X_4
0.5	X_5	X_5	X_5	X_5	X_5	X_5	X_5	X_5	X_5	X_5	X_5
0.6	X_6	X_6	X_6	X_6	X_6	X_6	X_6	X_6	X_6	X_6	X_6
0.7	X_7	X_7	X_7	X_7	X_7	X_7	X_7	X_7	X_7	X_7	X_7
0.8	X_8	X_8	X_8	X_8	X_8	X_8	X_8	X_8	X_8	X_8	X_8
0.9	X_9	X_9	X_9	X_9	X_9	X_9	X_9	X_9	X_9	X_9	X_9
1.0	X_{10}	X_{10}	X_{10}	X_{10}	X_{10}	X_{10}	X_{10}	X_{10}	X_{10}	X_{10}	X_{10}

注：计算不同概率、不同损失范围下的物种数量。

表 5.27　气候变化影响下物种风险评价表

	易危	濒危	极危	灭绝
概率	P_1	P_2	P_3	P_4

表 5.28　计算单个物种在各个点适宜性丧失的概率

	1	2	…	m
1	z_1	z_1		z_1
2	z_2	z_2		z_2
⋮	⋮	⋮		⋮
n	z_n	z_n		z_n
	N_1	N_2		N_m

注：模拟 n 次，nm 表示物种在 m 个点适宜丧失次数。

表 5.29　计算各个点适宜性不同丧失概率下物种丰富度变化

物种	1	2	…	n
S_1	X_1	X_1		X_1
S_2	X_2	X_2		X_2
S_3	X_3	X_3		X_3
⋮				
S_m				

注：S_m 表示第 m 个物种；n 表示 n 个点；X_i 表示在 n 个点上物种分布丧失的概率。

（16）分析气候变化生物多样性的风险，对不同的类群（包括鸟类、两栖类、爬行类、兽类或植物）全部物种，如果一个类群中有物种数为 M，其中受到气候变化影响的物种数为 N，受到影响物种平均风险为 R，则类群风险为

$$RZ = \frac{N}{M} \times R \qquad (5.24)$$

根据气候变化对物种分布范围有无影响来确认 N，平均风险根据每个物种风险来计算。

根据表 5.30 计算不同概率下不同物种分布适宜性丧失的状况，根据表 5.31 计算不同物种适宜范围丧失不同程度的概率。

表 5.30　各物种风险综合评价的概率矩阵

物种	0	0.1	0.2	0.3	0.4	0.5	0.6	0.7	0.8	0.9	1.0
S_1	X_1	X_1	X_1	X_1	X_1	X_1	X_1	X_1	X_1	X_1	X_1
S_2	X_2	X_2	X_2	X_2	X_2	X_2	X_2	X_2	X_2	X_2	X_2
⋮											
S_n	X_n	X_n	X_n	X_n	X_n	X_n	X_n	X_n	X_n	X_n	X_n
∑	Y_1	Y_1	Y_1	Y_1	Y_1	Y_1	Y_1	Y_1	Y_1	Y_1	Y_1

注：S_n 表示第 n 个物种；X 表示不同概率下分布范围丧失状况。

表 5.31　生物多样性风险评价范围变化矩阵

物种	0%	10%	20%	30%	40%	50%	60%	70%	80%	90%	100%
S_1	X_1	X_1	X_1	X_1	X_1	X_1	X_1	X_1	X_1	X_1	X_1
S_2	X_2	X_2	X_2	X_2	X_2	X_2	X_2	X_2	X_2	X_2	X_2
⋮											
S_n	X_n	X_n	X_n	X_n	X_n	X_n	X_n	X_n	X_n	X_n	X_n
∑	Y_1	Y_1	Y_1	Y_1	Y_1	Y_1	Y_1	Y_1	Y_1	Y_1	Y_1

注：S_n 是第 n 个物种；X 表示分布范围丧失不同比例下的概率。

根据表 5.30 和表 5.31 分析结果，利用表 5.32 计算各个物种在不同濒危程度下概率，综合反映气候变化对物种丰富度的风险。

表 5.32　生物多样性风险概率评价矩阵

物种	易危	濒危	极危	灭绝
S_1	X_1	X_1	X_1	X_1
S_2	X_2	X_2	X_2	X_2
⋮				
S_3	X_n	X_n	X_n	X_n
S_n	Y_n	Y_n	Y_n	Y_n
平均	P_j	P_j	P_j	P_j

注：S_n 表示第 n 个物种；X_n 表示不同危险程度下的概率。

在气候变化影响下，物种分布每个点都可以计算风险，设一个点物种丰富度为 n，则气候变化影响下物种丰富度变化的概率可以通过以表 5.33 进行分析，综合反映每个点物种丰富度的风险。

在表 5.30~表 5.34 分析的基础上，进一步根据表 5.35 进行气候变化影响下物种丰富度变化风险的计算。

表 5.33　每个点生物多样性风险概率评价矩阵

物种	1	2	…	n 次
S_1	X_1	X_1		X_1
S_2	X_2	X_2		X_2
⋮				
S_m	X_m	X_m		X_m
丰富度	N_1	N_2	…	N_n

注：S_m 表示第 m 个物种；n 表示有 n 个点，其中每个点不同物种丰富度下概率根据每个物种适宜性变化概率计算，或者通过模拟 q 次，计算物种不同丰富度变化下次数而得到。

表 5.34　计算各点物种丰富度变化程度不同的概率

丰富度变化程度/%	1	2	…	n
>100	X_1	X_1		X_1
100	X_2	X_2		X_2
90	X_3	X_3		X_3
80	X_4	X_4		X_4
70	X_5	X_5		X_5
60	X_6	X_6		X_6
50	X_7	X_7		X_7
40	X_8	X_8		X_8
30	X_9	X_9		X_9
20	X_{10}	X_{10}		X_{10}
10	X_{11}	X_{11}		X_{11}
0	X_{12}	X_{12}		X_{12}

注：通过分析模拟 n 次，计算不同丰富度下的次数，计算丰富度变化的概率。

表 5.35　物种丰富度变化风险判断矩阵

	极度危险	中度危险	危险	低危险	无危险
指标	100	80	60	40	0

结合 GIS 技术，根据每个点上的变化概率，把这些点概率在图上显示，显示不同风险的区域。

5.4　技 术 应 用

气象灾害造成的风险巨大，对气象灾害风险评价理论比较完善（黄崇福，2005；张继权和李宁，2007；章国材，2010）。气候变化风险评价是对气候变化造成危害或危险的识别与分析（吴绍洪等，2012；Estrada et al.，2012），分析未来气候变化对生物多样性风险受到高度关注（魏一鸣等，2014；Mantyka-Pringle et al.，2015），特别是分析气候变化引起物种灭绝的风险（Cahill et al.，2013）。本书提出的技术将能进行未来气候变化对生物多样性风险评估。这些技术的应用需要一定的条件，并且适用于一定范围。

5.4.1　应用条件

这些风险技术应用条件：①需要有气候变化情景数据；②生物多样性相关的数据，包括物种分布数据，及生物适应的气候要素特征指标数据；③随机化气候变量，包括随机化的气候要素指标数据；④物种分布模拟模型工具，包括能够模拟分析物种分布变化的模拟模型；⑤计算分析的程序。

5.4.2　应用范围

这些技术可以应用于评估气候变化对野生动植物、种质资源物种多样性、有害生物风险等方面，综合分析气候变化对生物多样性的影响与风险，并且可以分析气候变化对生物多样性影响的不确定性。

参 考 文 献

段海来, 千怀遂, 杜尧东. 2011. 中国亚热带地区柑橘气候风险评估. 地理学报, 65(3): 301~312.

黄崇福. 2005. 自然灾害风险评价理论与实践. 北京: 科学出版社.

康崇禄. 2015. 蒙特卡罗方法与应用. 北京: 科学出版社.

魏一鸣, 袁潇晨, 吴刚, 等. 2014 气候变化风险评估研究现状与热点: 基于 Web of Science 的文献计量分析. 中国科学基金, 5: 347~356.

吴绍洪, 潘韬, 贺山峰. 2012. 气候变化风险研究的初步探讨. 气候变化研究进展, 7(5): 363~368.

张继权, 李宁. 2007. 主要气象灾害风险评价与管理的数量化方法及其应用. 北京: 北京师范大学出版社.

章国材. 2010. 气象灾害风险评估与区划方法. 北京: 气象出版社.

Akçakaya H R, Butchart S H M, Mace G. M, et al. 2006. Use and misuse of the IUCN red list criteria in projecting climate change impacts on biodiversity. Global Change Biology, 12: 2037~2043.

Bedford T, Cooke R. 2001. Probabilistic risk analysis: foundations and methods. Cambridge: Cambridge University Press.

Burgman M A, Ferson S, Akcakaya H R. 1993. Risk assessment in conservation biology. London: Crapman & Hall.

Cahill A E, Aiello-Lammens M E, Fisher-Reid M C, et al. 2013. How does climate change cause extinction. Proceedings of the Royal Society B, 280(1750): 20121890.

Estrada F, Gay C, Conde C. 2012. A methodology for the risk assessment of climate variability and change under uncertainty. A case study: Coffee production in Veracruz, Mexico. Climatic Change, 113(2): 455~479.

Jones R N. 2001. An Environmental risk assessment/management framework for climate change impact assessments. Natural Hazards, 23(2-3): 197~230.

Mantyka-Pringle C S, Visconti P, Marco M D, et al. 2015. Climate change modifies risk of global biodiversity loss due to land-cover change. Biological Conservation, 187: 103~111.

Peck S C, Teisberg T J. 1996. Uncertainty and the value of information with stochastic losses from global warming. Risk Analysis, 16: 227~235.

Peters H, O'Leary B C, Hawkins J P, et al. 2015. Identifying spercies at extinction risk using global models of anthropgenic impact. Global Change Biology, 21: 618~628.

Preston B L. 2006. Risk-based reanalysis of the effects of climate change on U. S. cold-water habitat. Climatic Change, 76(1-2): 91~119.

第6章 气候变化对生物多样性影响与风险评估技术研究综合结论及建议

气候变化对生物多样性影响与风险评估是综合的过程，需要综合应用不同的技术方法。本章总结了本书研究建立的生物多样性与气候关系分析技术，气候变化对生物多样性影响识别技术，气候变化对生物多样性影响与风险评估技术，指出了不同技术的优点与不足，并且指出了这些技术未来需要发展的方向。

6.1 技术体系研究综合结论

综合利用生物学、生物地理学、气候学、模糊数学、灰色系统、统计学、计算机模拟和地理信息系统等理论与实践，建立了生物多样性与气候关系分析技术，分析归因生物多样性演变受到气候变化的影响，检测气候变化对生物多样性产生已有的影响程度及气候变化的影响贡献，以及区分人类活动与气候变化对生物多样性影响的技术，以及未来气候变化对生物多样性影响与风险评估的综合技术。开发了物种分布与气候要素关系分析的软件。这将为系统开展气候变化对生物多样性影响与风险评估提供了重要的技术方法。

6.1.1 生物多样性与气候要素关系的分析技术

生物多样性与气候要素关系分析技术，综合了气候学、地理学与 GIS 技术，计算机编程技术、多元统计学技术方法，能够分析生物多样性适应的气候特征，并且分析物种丰富度与气候要素关系，明确物种适应的气候特征。能够分析生物多样性与气候要素的关系，以及物种关键参数、物种丰富度与气候要素关系。同时，通过这些技术方法能够确定影响物种分布的关键气候因素。

6.1.2 过去气候变化对生物多样性影响识别的归因技术

过去气候变化对生物多样性影响识别归因技术，综合利用生物学、生物地理学、气候学、模糊数学、灰色系统、统计学、计算机模拟和地理信息系统等理论与实践，包括物种分布变化识别、物种分布变化与气候变化关系分析、气候变化驱动下物种分布分析，物种观测分布变化与气候变化驱动下物种分布变化一致性判别，以及计算归因系数的技术过程，能够识别归因过去气候变化对生物多样性影响，并且判断影响程度，这些技术能够比较观测的物种分布与气候变化驱动的一致性。特别是气候变化对生物多样性影响检测技术与气候变化对生物多样性影响评估技术和气候变化与非气候因素分离技术综合应用，能检测与归因气候变化对生物多样性的影响，并且能够确定不同因素影响的程度。

6.1.3　气候变化对生物多样性影响评估技术

气候变化对生物多样性影响评估技术，综合利用生物学、生物地理学、气候学、模糊数学、灰色系统、统计学、计算机模拟和地理信息系统等理论与实践，以及气候变化脆弱性影响评估的方法，通过分析气候变化下物种分布变化，综合确定气候变化对区域内物种丰富度影响，进而反映气候变化对区域内生物多样性影响的技术过程，能够分析过去与未来气候变化对生物多样性的影响。该技术集成了生态位模型、观测技术、气候情景分析技术，以及气候变化脆弱性分析技术方法，发展了气候变化对生物多样性影响评估技术。

6.1.4　气候与非气候因素对生物多样性影响分离技术

气候与非气候因素对生物多样性影响分离技术，综合利用了生物学、生物地理学、气候学、模糊数学、灰色系统、统计学、计算机模拟和地理信息系统等理论与实践，通过识别物种分布变化，以及同时间的气候变化和人类活动要素数据，分析物种分布变化与气候变化和人类活动要素关系，判别归因气候变化和人类活动影响的程度，利用综合判别函数，确定归因气候变化和人类活动的程度的技术过程，能够对过去气候变化影响进行识别分离。气候变化对生物多样性影响评估技术与归因检测及分离技术密切相关，在进行气候变化对生物多样性影响评估中，需要气候变化影响检测与分析技术。

6.1.5　气候变化对生物多样性风险评估技术

气候变化对生物多样性风险评估技术，利用气候变化情景预估技术、蒙特卡罗方法、计算机模拟方法、GIS技术、风险评估技术，以及生物分类学、保护生物学、生态学、气候学、生物数学、模糊数学、概率论、统计学等学科理论与方法，通过对气候变化情景利用蒙特卡罗方法进行随机化，利用随机化气候变化情景，并且利用模糊数学方法模拟物种分布的生态位模型方法，进行气候变化情景下物种适宜度的分析，计算物种分布范围不同损失下的概率，分析不同物种在不同气候情景下适宜范围改变的概率，利用IUCN判断准则，进行不同概率不同分布范围丧失下物种数量分析，进而分析气候变化对生物多样性风险的技术过程，这些技术以随机的气候变化情景为驱动，模拟分析气候变化影响下的风险。在这些过程中首先需要进行气候变化影响的分析。

6.1.6　各技术间联系

技术体系可以系统应用到气候变化对生物多样性影响评估，并且进行气候变化的风险分析。不同技术的应用、优点和不足，以及未来发展不同。这些技术之间关系密切，生物多样性与气候要素关系分析技术应用，可以为气候变化影响与风险评估技术应用提供参数，气候变化影响评估技术是气候变化风险评估技术的基础，气候变化影响归因识别技术是进一步进行气候变化影响与风险评估的基础，综合应用可以有效分析气候变化对生物多样性影响与风险。

6.2　技术体系研究的进步与不足之处

与国际上同类技术综合比较，本研究技术体系取得一定进步，也存在一定的不足。

6.2.1　进步之处

1）生物多样性与气候要素关系分析技术

本书从生物适应气候要素特征和丰富度与气候要素关系方面，在广泛收集物种分布和气候数据基础上，利用中国地名录和 GIS 技术，在进行物种分布与气候要素时间空间匹配的基础上，建立了分析生物多样性与气候要素关系的技术，这些技术可以进行不同物种适应气候要素特征分析，同时可以进行区域物种丰富度与气候要素关系的分析，在进行物种适应气候特征分析方面，本研究考虑适应气候要素平均值、极端值，并且借助于统计学方法，可以识别影响物种分布的关键气候要素。与国际上相关技术比较，本研究提出的新分析方法，能定量分析生物多样性与气候要素的关系。另外，本研究完成了软件工具，能够进行物种与气候关系的分析。这些都将促进生物多样性与气候关系的认识与分析。

2）过去气候变化对生物多样性影响识别归因技术

本书利用历史观测物种分布数据和气候数据进行识别分析，利用灰色关联度分析技术，进行物种分布变化与气候要素关系分析，利用模糊适宜度分析方法分析过去气候变化对物种分布驱动影响分析，利用关联度分析观测分布变化与预测分布变化的一致性，利用观测与预测分布变化、物种分布与气候要素关联性、观测分布与气候变化驱动一致性分析气候变化影响归因，通过这些技术过程，建立了识别气候变化对生物多样性影响的技术。与国际上相关技术比较，本研究技术主要体现在综合利用多种技术方法，并且建立了一个把观测物种变化、关联度、气候驱动变化、一致性结合起来的归因函数，通过计算归因函数，能够定量反映气候变化对生物多样性影响程度，以及间接反映其他因素的贡献。

3）气候与非气候因素对生物多样性影响分离技术

本书通过收集同时间空间范围内的物种分布、气候变化和人类活动变化数据，利用灰色关联度分析技术，通过同时考虑气候变化和人类活动因素与物种分布变化关联度，分析物种分布与人类活动和气候要素关系，利用模糊数学适宜度模型方法，分析气候变化驱动下物种分布变化，以关联度判别方法观测变化与气候驱动和人类活动驱动模拟的一致性，并且把物种分布变化与气候变化的关联性与人类活动驱动与物种分布变化的一致性综合。在区分不同因素的技术方面，考虑了土地利用活动的有利与不利影响。这些技术的应用，将为系统识别与评估过去几十年或者更长时间气候变化对我国生物多样性影响提供有效方法，为识别与归因检测气候变化对生物系统的影响也有借鉴意义。

4）气候变化对生物多样性影响评估技术

本书通过模糊适宜度分析技术，分析气候变化驱动下物种分布变化，综合各个物种分布变化，分析以气候要素为驱动，判别气候变化影响下物种丰富度变化，进一步建立了分析气候变化对生物多样性影响的技术。

5）气候变化对生物多样性风险评估技术

本书建立了未来气候变化对生物多样性影响与风险评估模型，采取了随机气候变化情景方法，从单个物种角度、物种丰富度角度进行了气候变化对生物多样性风险的分析。与国际上技术比较，本技术更加广泛考虑了气候变化的随机性，并体现了风险评估的基本内容。

综合起来，这些技术将为进一步分析气候变化对生物多样性影响及风险评估提供一套工具与方法。

6.2.2　不足之处

从气候变化对生物多样性影响与风险评估技术体系先进性，完备性和使用的情况进行判断，本研究提出的技术方法还存在以下方面不足。

1）生物多样性与气候要素关系分析的技术

目前生物多样性与气候要素关系分析技术还比较初级，特别是对一些分布信息不完备的生物而言，分布信息不完善，可能会限制技术的应用，并且一些物种分布范围还不全面，分析这些物种适应的气候特征可能会有一定的误差。在气候数据收集方面，一些区域由于气象观测站稀少，并且观测数据时间短或者观测站位置代表性等问题，分析物种适应的气候要素也可能有一定误差。另外，在进行物种分布与气候要素匹配过程中，物种分布与气候要素时间空间不一致，也可能导致物种适应气候要素方面误差。同时，对不同物种适应的气候要素，除了宏观的特征外，可能与局部小气候关系密切，这些对分析物种适应的气候特征方面也可能带来误差。同时，在分析物种丰富度与气候要素关系方面，物种丰富度受到物种多少的影响，一个区域内物种的数量能否完备将影响物种丰富度与气候要素的关系。同时，在分析物种丰富度与气候要素关系方面，目前选择方法还是传统的统计学方法，包括多元回归与相关分析、主成分分析、典型相关分析，以及利用群落的分类和排序的方法，如典范主分量分析、对应分析、典范对应分析等，这些分析需要借助于一些专业软件完成。另外，目前物种与气候关系软件还不完善，特别是还不能广泛得到应用。本研究气候与生物多样性关系分析技术还不能广泛使用，并且对一些物种的分布信息还不完备，在空间尺度下还需要许多步骤。提高气候变化对生物多样性影响评价方法中的指标的一致性，由于目前的研究方法中对生物多样性的指标选择还不统一，所以结果的差异很大。

2）气候变化对生物多样性影响识别归因技术

本书建立的气候变化对生物多样性影响归因技术还存在一些问题，包括在收集物种分布数据数据有误差或因为历史上调查不充分，则物种分布变化将存在误差，这些误差将影响归因识别结果。物种分布变化与气候要素关联度存在一定的误差，模糊适宜度分析技术也存在一定的误差，在归因计算中，由于综合了观测与预测变化、关联度和一致性，以及气候要素的相关性，这些误差将综合影响归因结果。定量识别不同因素对生物多样性的影响贡献，以及系统识别不同因素对生物多样性影响程度。另外，对这些技术存在的误差还不能应用系统的统计检验的方法进行分析。

3）气候与非气候因素对生物多样性影响分离技术

本书收集的人类活动数据、气候变化数据和物种分布数据，这些数据可能在空间与时间尺度存在不一致，这将影响归因分离。另外，由于人类活动和气候变化对物种分布影响不同，并且气候变化和人类活动数据在时间和空间有不同的分布，所以在计算气候变化驱动下和人类活动驱动下物种分布可能存在误差，这些误差可能影响结果。

4）气候变化对生物多样性影响评估技术

以气候要素为驱动，分析气候变化对生物多样性影响的技术中只考虑了气候变化对物种分布影响，没有考虑物种适应或者进化，以及物种迁移过程。目前对气候变化对基因多样性影响评价还没有开展，基因多样性的评价方法还很不完善。评价生物多样性影响方面，试验方法的时间和空间问题还没有系统考虑，尤其是试验的时间长度问题没有充分考虑。由于目前的方法中都假设了物种和生态系统将随着气候同步变化，分析结果还存在很大的不确定性。另外，目前方法中对物种之间相互作用考虑的很不够，因素、变量之间相互关系考虑不够。

5）气候变化对生物多样性风险评估技术

未来气候变化对生物多样性影响与风险评估技术，还不能考虑物种适应过程以及迁移过程。另外，由于气候变化对生物多样性风险包括了多个方面，目前仅考虑了物种分布和丰富度变化方面，对物种个体死亡，以及有害生物，极端气候事件影响风险评估还不充分，另外在风险评估中关于气候要素分布的假设的合理性还没有系统的进行评估。

6.3　未来技术研究建议

目前在气候变化对生物多样性影响与评估技术上虽然取得一定的进展，但与国际上发展趋势比较（Tingley and Beissinger，2009；Sun and Zhang，2000；Stone et al.，2013；Rosenzweig and Neofotis，2013；Sparks and Tryjanowski，2005；Shoo et al.，2006；Rosenzweig et al.，2008；Kujala et al.，2013；Hitch and Leberg，2007；Gregory et al.，2009；Green et al.，2008），还需要深入研究。另外，从满足认识气候变化与生物多样性关系方面，以及科学认识气候变化对生物多样性影响与风险方面还存在一定的差距，还需要进一步开展气候与生物多样性结合技术研究。综合目前气候变化对生物多样性影响与风险的认识，未来需要重点从以下方面进行气候变化对生物多样性影响与风险评估技术的发展。

6.3.1　生物多样性与气候关系分析技术

为了更加准确分析生物多样性与气候要素关系，需要发展生物多样性信息数据库技术，包括把生物多样性相关的数据进行系统整理，全面分析生物多样性与气候要素关系。另外，需要进一步发展生物多样性指标，完善生物多样性与气候要素关系分析技术。目前技术还主要从物种分布与丰富度与气候要素关系方面建立分析技术，需要进一步发展生物多样性表征指标，发展综合的分析气候要素与生物多样性关系的技术。利用 GIS 先进技术，发展生物多样性与气候要素时间空间精确匹配技术，包括空间插值技术方法。发展把群落排序与分类的多元统计方法应用到生物多样性与气候要素关系的分析。同时，发展把生物生理学指标与气候要素关系匹配的综合技术。

6.3.2　过去气候变化对生物多样性影响识别技术

气候变化对生物多样性影响的识别与归因还存在不确定性，需要发展气候变化对生物多样性影响识别的技术，同时考虑不同的生物类群，发展气候变化对不同生物多样性属性影响进行综合判别的技术。同时，考虑影响生物多样性的不同因素，发展综合的归因识别的技术。另外，发展识别气候变化对生物多样性影响的观测技术。

6.3.3　气候变化对生物多样性影响评估技术

为了系统分析气候变化对生物多样性影响，综合考虑物种的迁移过程、适应过程，分析气候变化对物种分布影响，同时发展分析气候变化影响下物种迁移速率的技术。另外，考虑气候变化影响下，发展物种分布范围变化的速率，以及气候变化影响下物种分布变化过程的分析技术。

6.3.4　气候与非气候因素对生物多样性影响分离技术

考虑物种间关系，发展气候变化对生物多样性影响的技术方法和检验极端气候事件评价方法。需要提高模型模拟的分辨率、许多模拟生物群区的模型不适合区域的生物多样性、许多模型没有考虑到景观的格局，需要考虑物种的迁移过程。

6.3.5　气候变化对生物多样性风险评估技术

气候变化对生物多样性的风险的评估，以及气候变化对生物多样性风险评估技术还不成熟，需要发展综合的技术，特别是考虑把气候变化下物种迁移过程分析纳入到气候变化对物种分布影响的分析。另外，结合 IUCN 标准，发展分析物种灭绝风险的评估技术。

6.3.6　气候变化对生物多样性影响与风险评估综合技术

生物多样性不同尺度的分析技术，包括从不同类群、不同物种，不同区域进行气候变化对生物多样性的影响分析技术。考虑气候变化对生物多样性影响分析的综合技术，综合发展系统的气候变化对生物多样性影响识别，风险判断的技术。气候变化对生物影响的评估在内容上主要包括气候变化影响的特征、脆弱性、适应性等方面；在时间尺度上，气候变化的影响评估包括对已经发生的气候变化对生物多样性影响的评估。对未来气候变化影响的评估，可以依据所针对的评估实体、所要解决的问题、数据资料等的不同，选择不同评估途经与方法来进行。在评估时，依据气候与生物多样性关系，特别是气候要素对生物在生长与发育过程中的生理生化反应以及物种地理分布的调节、约限，制定适宜的评估途径、采用相应的评估方法。值得指出的是：由于生物对气候变化响应反应往往具有"滞后"的特点，以及生物对不断变化的"环境"往往表现出"自适应"的特点，在气候变化影响的评估中需要对这些特点予以充分考虑，以降低评估的不确定性。

6.3.7　观测试验技术

目前对气候变化对生物多样性影响与风险评估的综合观测试验还不够，需要加强气候变化对生物多样性影响与风险的试验与观测技术研究，特别是多因素控制试验方法的研究，以及长时间观测技术发展。

参 考 文 献

吕佳佳, 吴建国. 2009. 气候变化对我国植物和植被影响研究进展. 环境科学与技术, 32(6): 85~95.

Green R E, Collingham Y C, Willis S G, et al . 2008. Performance of climate envelope models in retrodicting recent changes in bird population size from observed climatic change. Biology Letters, 4: 599~602.

Gregory R D, Willis S G, Jiguet F, et al. 2009. An indicator of the impact of climatic change on European bird populations. PLoS ONE, 4: e4678.

Hitch A T, Leberg P L. 2007. Breeding distributions of North American bird species moving North as a result of climate change. Conservation Biology, 21: 534~539.

Kujala H, Vepsäläinen V, Zuckerberg B, et al. 2013. Range margin shifts of birds revisited – the role of spatiotemporally varying survey effort. Global Change Biology, 19: 420~430.

Rosenzweig C, Karoly D, Vicarelli M, et al. 2008. Attributing physical and biological impacts to anthropogenic climate change. Nature, 453: 353~358.

Rosenzweig C, Neofotis P. 2013. Detection and attribution of anthropogenic climate change impacts. Wiley Interdisciplinary Reviews Climate Change, 4(2): 121~150.

Shoo L P, Williams S E, Hero J M . 2006. Detecting climate change induced range shifts: Where and how should we be looking. Austral Ecol, 31: 22~29.

Sparks T H, Tryjanowski P. 2005. The detection of climate impacts: Some methodological considerations. Int J Climatol, 25: 271~277.

Stone D, Auffhammer M, Carey M, et al. 2013. The challenge to detect and attribute effects of climate change on human and natural systems. Climatic Change, 121(2): 381~395.

Sun Q H, Zhang Z W. 2000. The impact of climate warming on the distribution of Chinese birds. Chinese Journal of Zoology, 35: 45~48.

Tingley M W, Beissinger S R. 2009. Detecting range shifts from historical species occurrences: New perspectives on old data. Trends in Ecology and Evolution, 24: 625~633.

应　用　篇

第 7 章　生物多样性与气候要素的关系

气候是影响生物多样性的重要因素。本章从野生动植物、种质资源和有害生物适应的气候特征，以及物种丰富度与气候要素关系方面，分析了生物多样性与气候要素的关系。

7.1　概　　述

分析生物多样性在空间上变异情况与气候要素关系，对认识气候变化对生物多样性影响与风险有重要的意义。

7.1.1　野生动植物多样性

1. 野生植物

苔藓植物、蕨类植物、裸子植物、被子植物多样性与气候要素的关系不同（吴建国和周巧富，2012a，b；严岳鸿等，2013；应俊生和陈梦铃，2011；黄继红等，2014）。吴鹏程和贾渝（2006）在对中国苔藓植物相关研究资料进行总结归纳的基础上，对中国苔藓植物分区进行了重新划分，将最初的 7 个分区划分为 10 个分区，从华中区中分出华东区，由华北区中分出华西，并将青藏区及云贵区内的云南西北部、四川西南部和西藏东南部组成单独的横断山区。就中国苔藓植物的分布类型及可能的分布路线也作了讨论，指出中国苔藓植物的分布路线有 3 条，一条是从喜马拉雅地区经滇西北、川西沿长江流域到中国的东南部；一条位于喜马拉雅、横断山区和台湾之间；第三条则从喜马拉雅地区通过秦岭直至长白山区（吴鹏程和贾渝，2006）。

由于气候的南北差异显著，以及地势自西向东呈现三级巨大阶梯的影响，中国蕨类植物的分布也具有明显的南北向和东西向变化。大致以大兴安岭、阴山、贺兰山至青藏高原东部为一条分界线，其西北主要是亚洲内陆干旱荒漠和草原气候，青藏高原则为高寒的高原气候，这一广大地区的蕨类植物极为贫乏，仅有极少属种，主要是一些世界或温带广布成分和高山种类，它们大多为耐寒及耐旱的中小型蕨类，如冷蕨属、珠蕨属、鳞毛蕨属、卷柏属、木贼属、岩蕨属、粉背蕨属、药蕨属等。据吴玉虎等研究，在东昆仑山及毗邻地区 72 万 km² 范围内只有 48 种蕨类植物，而其中东经 95° 以西的高原则已无蕨类植物分布（陈功锡等，2014）。

中国裸子植物物种丰富度南高北低，山地裸子植物丰富度较高，平原和高原相对贫乏。占中国陆地面积 5% 的裸子植物最丰富区域内分布了 85% 自然分布的裸子植物物种。

将这些区域划分为 6 个裸子植物多样性中心：①东喜马拉雅—横断山脉—秦岭；②滇黔桂—南岭；③华中山地；④黄山—武夷山脉；⑤海南岛南部山地；⑥长白山（甄峰山附近）。各中心裸子植物区系之间的特点和联系反映了各自地理位置的差异和空间距离的隔离作用，其中横断山脉地区是中国裸子植物最重要的分化中心（李果等，2009）。

中国植物多样性的分布是很不均匀的，主要集中分布于中南部，在 20°~35°N。在该范围确定了 3 个植物多样性热点地区：横断山脉地区、华中地区和岭南地区，植物多样性和特有性程度都很高，其中横断山脉地区尤为突出。灰色关联度分析表明，在时间尺度上，对植物多样性影响强烈的是初级生产力、年降水量、相对湿度、1 月均温和潜在蒸发量这几个因子的变化（应俊生，2001）。

2. 野生动物

中国鸟类、兽类、两栖类、爬行类多样性与气候要素的关系不同（张荣祖，1999，2010）。中国鸟类特有种中，分布区狭窄的有 63 种，分布区广泛的有 8 种，其中呈不连续分布的有 38 种，连续分布的有 33 种，留鸟有 67 种，候鸟有 4 种；大部分地区鸟类特有种丰富度较低，但在青海东南部、四川中部和西北部、甘肃南部等地区的丰富度较高；在 93°~121°E 或 26°~39°N 范围内鸟类特有种丰富度较高。我国鸟类特有种分布受气候因素限制，年均气温过高或过低、年降水量过高或过低、过于干燥、辐照日数过长或过短等都将使鸟类特有种减少。鸟类特有种的适宜气候可分为低温干燥、较高温湿度、高温高湿和中等温湿度等类型，但以低温干燥和中等温湿度型为主。鸟类特有种丰富度与各气候要素相关系数较低，气候要素下丰富度变化呈抛物线形趋势，其中在年均气温为 1~18℃，年降水量为 500~1300 mm 的范围内丰富度较高（武美香等，2011）。刘澍等（2014）基于中国鸟类分布数据和增强型植被指数（EVI）、海拔、气温、降水等环境和地理因子数据，探讨中国鸟类及其主要类群的物种丰富度的地理格局及可能的影响因素，发现中国鸟类物种丰富度存在着一定的随纬度增高物种丰富度降低的趋势，物种丰富度高值地区包括大兴安岭、小兴安岭、长江下游、武夷山、西双版纳、天山西部、喜马拉雅山东南麓至横断山脉等若干地区，而在青藏高原大部、长江以南部分地区等出现低值，但线性回归显示，纬度梯度不明显；与物种丰富度的 Spearman 相关性系数较高的环境因子有 EVI、年均温、年平均降水等；这些环境因子可以分为能量、海拔变幅、气温稳定性、距最近大型水体的距离等 4 种主要因子。

在东部季风区、西北干旱区和青藏高寒区内我国大陆鸟类多样性变异大部分都是由随机因素所引起的。兽类多样性的分布，在东部季风区和西北干旱区内是由随机因素所产生的，而在青藏高寒区，兽类多样性的总变异中 99.9%是由空间依赖性所引起的，其分布表现出了强空间相关性（丁晶晶等，2012）。张瑞等（2013）在充分考虑特有种丰富度分布情况及特有种分布所占国土面积比的基础上，采用克里金插值法对特有种在中国范围内的分布情况进行拟合，确定了 6 个主要的分布中心，即：藏东南—滇西北横断山区中心、川西邛崃山—大雪山中心、川北—陇南山地中心、秦岭—大巴山中心、巴颜喀拉山—唐古拉山中心、祁连山中心。林鑫等（2009）利用中国陆栖哺乳动物分布数据，结合高分辨率的气候、地形、植被等环境信息，探讨了中国陆栖哺乳动物及主要类群的物种丰富度格局及其影响因素，发现中国陆栖哺乳动物物种丰富度具有显著的纬度梯度格局，总体上呈现出由低纬度向高纬度逐渐减少的趋势，并与宏观地形具有良好的对应关系；亚热带、热带西部山区的物种丰富度最高，而东部平原地区、西北干旱区和青藏高原腹地则是丰富度的低值区。各主要类群的物种丰富度格局既有相似性，又存在差异。由归一化植被指数（NDVI）、生态系统类型数和气温年较差构成的回归模型对哺乳动物物种丰富度格局的解释率最高，其中 NDVI 对模型解释率的贡献最大。

姚明灿（2014）发现中国两栖类东亚型成分占据主体，可归为东亚型成分的种（分布区主体位于东亚区域内的种）有 323 种，其中典型的东亚型成分种（分布区全部位于东亚区域内的种）达到 239 种，占总种数的 60.1%；根据现生两栖动物分布特点将全国划分为 11 个特有分布区，位于川滇藏交界处的横断山区为中国两栖类的分布和特化中心；另有云贵高原、秦巴山脉及以东地区、江南丘陵地区、云南南部至华南地区 4 个次级中心以及东南山地、黄土高原、东北地区、天山及阿尔泰山地区、台湾及周边岛屿、海南岛 6 个小型中心；可将中国两栖类种级、属级分布式样分别归纳为 10 类 35 种和 8 类 29 种；两栖类区系在中国的分布格局与中国各水系的分布状况密切相关；中国两栖类东亚型成分的各分布型彼此紧密联系，东亚两栖类区系整体性明显，其主体成分是单源的并且很可能是东亚本地起源。推测中国及东亚两栖类区系的主要起源中心位于我国川滇两省西部横断山区至云贵高原的一段区域内，相当于长江流域的上流地段，提出了中国两栖类东亚区系的基本格局和可能的分布路线：以长江上游横断山区、云贵高原区段为起源地与主要的特化中心，另有 2 个秦巴大别山地-汉江渭河-淮河流域区、南岭-珠江流域-东南沿海区主要次级特化中心，和台琼海岛区、浙闽山地-江南水乡区、东北长白山-三江流域区、天山-伊犁河流域区 4 个小型特化中心。两栖类从主要中心大致分东西南北四个方向分别沿各水系向东亚各地区扩散。其中以向北和向东为主，向南和向西扩散的种类较少。王翠红（2004）发现在 TWINSPAN 分类图中，从左到右，两栖类和爬行类种数逐渐增加，而两栖类和爬行类的分布主要受水分和热量的限制，这一分类也反映了由高纬度的内陆向低纬度沿海过渡的趋势，同时兽类和鸟类也有增加的趋势。通过排序表明，第一轴与多个环境因子均呈显著相关，其中与经度、年均温、年均降水量、年均相对湿度、潜在蒸发量、初级生产力呈正相关，与纬度、海拔、年均风速、寒冷指数、年均日照率呈负相关。两栖类和爬行类动物的多样性在 DCA 第一轴上呈现一致的变化规律，即幂指数增长模型，而兽类、鸟类多样性在 DCA 第一轴上的变化规律不明显。CCA 和 DCCA 排序表明，影响中国陆栖脊椎动物分布格局的主要因素是地理因子，特别是纬度和经度，从四大类陆栖脊椎动物在 DCA 第一轴上的分布情况和陆栖脊椎动物的 DCCA 排序图看，爬行类与两栖类的分布格局与水热条件的变化呈更明显的相关性，而兽类和鸟类的分布受经度和海拔的影响较为明显。灰色关联度分析表明，时间尺度上，兽类丰富度受 7 月降水量、年均降水量、绝对最低温度、初级生产力、相对湿度的变化影响最为强烈。鸟类丰富度受 7 月降水量、经度、7 月相对湿度、年均降水量和无霜期变化影响大。影响两栖类和爬行类丰富度的环境变量是年均降水量、初级生产力、绝对最低温度、1 月均温和 1 月降水量的变化。中国蛇类物种丰富度在经、纬度上呈现多峰分布格局，物种丰富度最高的地区位于东洋界亚热带、热带，丰富度较低的地区位于青藏高原、北方草原荒漠、黄淮平原、两湖平原及鄱阳湖平原等；多元回归分析能解释 56.5%的蛇类物种丰富度变化，分析得出蛇类物种丰富度格局的主要影响因子是归一化植被指数、最冷季降水量和年温差。在多元回归分析中，$P<0.05$ 的变量（归一化植被指数、最冷季降水量和年温差）组成的模型是解释蛇类物种丰富度格局的最优模型（蔡波等，2012）。

7.1.2　种质资源多样性

种质资源是人类直接利用的动植物物种，是经过人类驯化的物种类群。由于它们受到自然和人为活动共同选择，适应的气候特征不同。气候对种质资源的影响不同，以及种质资源适应气候要素的特征不同（白惠卿等，2016）。

1. 栽培植物

何奇瑾等（2012）根据中国玉米农业气象观测站的地理分布数据和 1961~2010 年 10km×10km 空间分辨率的逐日气象资料，结合已有影响作物地理分布的限制因子，从全国范围和年尺度筛选出了影响我国玉米种植分布的潜在气候因子；采用相关性分析方法、最大熵（MaxEnt）模型和 ArcGIS 空间分析技术，定量评价了潜在气候因子对玉米（春玉米、夏玉米）种植分布影响的贡献，确定了影响我国玉米（春玉米、夏玉米）潜在种植分布的主导气候因子，发现影响玉米（包括春玉米、夏玉米、套玉米）种植分布的主导气候因子有：日平均气温≥10℃的持续日数、≥10℃积温、年均温度、最热月平均温度、年降水、湿润指数；影响春玉米种植分布的主导气候因子有：≥10℃积温、日平均气温≥10℃的持续日数、最热月平均温度、年均温度、年降水、湿润指数和气温年较差；影响夏玉米种植分布的主导气候因子有：年均温度、日平均气温≥10℃的持续日数、≥10℃积温、最冷月平均温度、最热月平均温度、年降水和湿润指数。

中国白及潜在分布区主要位于秦岭、淮河以南大部分地区，白及主要适生省份为云南、湖北、四川、湖南、江西、浙江；刀切法测试表明，4 月和 10 月最低气温、年温度变化范围、11 月平均降水量为影响白及潜在分布的最主要气象因子。7 月平均最高温、7 月平均气温、无霜期、年平均气温、年降水量、干燥度为何首乌地理分布的主要限制因子。影响何首乌地理分布的水热指标作用的相对次序是：热量因子、高温条件、干燥度（龚晔等，2014）。影响大果藤黄分布的主要限制指标包括极端最高温、7 月平均温、平均相对湿度、年均气温、蒸发量、温暖指数、平均日照时数和 1 月平均温。其中，热量条件包括年平均气温和温暖指数，是对大果藤黄地理分布影响最大的主导因子；湿度因子包括年降水量和平均相对湿度，是对大果藤黄地理分布影响较大的第二主导因子（马婷等，2012）。81 份资源分为茶组植物 4 种 2 变种，9 份大厂茶主要分布于温湿度较高的贵州西南部；9 份秃房茶主要分布在气候条件相似的贵州西北部；1 份厚轴茶位于金沙马路；3 份阿萨姆茶分布在温湿度较高的广西贵州交界处；59 份茶主要分布于贵州中西部，境内分布广泛。典型相关分析表明气候要素影响了 81 份资源分布，如年降水量、年均气温和年极端最低气温对秃房茶分布影响较大。秃房茶、厚轴茶及大厂茶乔木型、植株高大，叶大、革质或薄革质；阿萨姆茶小乔木型，叶大、无革质；59 份茶以中叶种为主，品种多，形态多样，叶面积与年极端最高气温相关系数为 0.28（$P<0.05$）。贵州可能存在野生茶树资源秃房茶、大厂茶和茶的分布中心，气候要素影响了其分布、演化及部分形态特征（刘声传等，2013）。

2. 家养动物

欧阳平和王加斌（1993）对阿坝州气候生态环境与羊的种群分布进行探讨，确定出绵羊、山羊适宜气候区的综合气候指标分别为：年均气温 0.7~12℃，年≥0℃积温为 1432.2~4366℃，年辐射总量 130~147.9 kJ/cm^2，年日照时数为 2213.8~2417.9 h，年降水量≥610 mm，生长季干燥度 0.094~1.048；年均气温 4.7~13.5℃，年≥0℃积温 2131~4892℃，年辐射总量 101~122.9 kJ/cm^2，年日照时数 1637~2129.7 h，年降水量 492.7~830 mm，生长季干燥度 0.216~1.421，其中气温和空气相对湿度为主要限制因子，对山羊生物学特性的地理分布规律起决定作用，其余诸因子或直接，或通过饲草料的数量和质量对山羊产生影响。王加斌（2004）对阿坝州气候生态环境与马的数量分布进行探讨，确定马适宜的气候区的综合指标分别为年均气温 1.7~2.2℃，年≥0℃，积温为 1432.2~4448，年辐射总量 130~147 kJ/cm^2，年日照时数 2310~2410 h，年降水量＞680 mm，生长季干燥度 0.11~0.33；不适宜的气候区的综合指标为年均气温 9.0~13.5℃，年＞0℃积温为 3362~4892℃，年辐射总量 102~122 kJ/cm^2，年日照时数 1637~2129.7h，年降水量 490~730 mm，生长季干燥度为 1.03~1.41，其过渡区气候指标为年辐射总量 124~131 kJ/cm^2，年日照时数 1630~2200 h，年降水量 590~760 mm，生长季干燥度 0.60~068。新疆家畜地理分布气候模式。牛、马要求温凉湿润的气候条件，驴、骡、骆驼、山羊和绵羊对炎热干燥的气候条件有很强的适应能力；骆驼、山羊和骡对强光照条件的适应能力强，而绵羊的适应能力较差；草食家畜的地理分布与气候条件关系密切，气候模式能够反映气候条件对草食家畜地理分布的影响（刘寿东等，2010）。

7.1.3　有害生物多样性

在 70 种害虫中，有 33 种分布极狭窄，其他 37 种中有 22 种呈地域连续分布、15 种呈间断分布，多数害虫适宜分布在多年平均气温 10~20℃、年降水量 400~1600 mm、多年平均相对湿度 60%~80%、年日照时数 1500~2000 h。多数害虫适应多年平均气温变化幅度在 20℃以下，适应极端气温变化幅度较宽；多数害虫适应年降水量变化幅度较大，适应多年平均相对湿度变化幅度较小；多数害虫适应年日照时数变化幅度较大。70 种害虫丰富度与多年平均气温、多年平均最高和最低气温及极端最低气温相关性显著（$P<0.05$），丰富度随各气候要素总体上呈抛物线变化趋势（李艳等，2012）。

7.1.4 讨论

生物多样性与气候要素关系比较复杂，国际上开展了大量研究，包括气候要素与野生动植物分布、不同物种适应气候特征，以及种质资源多样性与气候要素关系，有害生物与气候要素关系的分析。基于生物多样性与环境要素关系提出了不同的理论模型进行解释，包括面积假说（Rosenzweig and Ziv, 1999）、能量假说（Brown et al., 2004）、环境稳定性假说（Stevens, 1989）、生境异质性假说（Kerr and Packer, 1997）、历史假说（Qian and Ricklefs, 2000）等。这些假说基于不同影响因子和生态/非生态过程，探讨物种丰富度大尺度格局形成机制。虽然以往研究对各种假说进行了大量验证，但对于不同假说及物种丰富度大尺度格局形成的主导因子仍存在争议（Rosenzweig, 1995）。由于生物适应环境的多样性，不同的物种适应的气候特征差异较大，物种丰富度或多样性与气候要素关系也表现复杂。我国已经开展了一些生物与气候要素关系方面的许多分析，并且总结了一些物种适应的气候特征。但总体上，野生植物与气候关系认识还不全面，特别是目前还没有全面进行不同生物与气候因子关系，以及生物丰富度与气候因素关系分析。另外，种质资源与气候要素关系，以及有害生物与气候要素关系分析还不完善。

7.2 野生动植物多样性与气候要素的关系

中国野生动植物种类繁多，不同野生动植物物种分布不同，适应气候特征也不同，不同物种的丰富度与气候因素的关系也不同。

7.2.1 植物多样性与气候要素的关系

物种数量比较多，本节以一些物种为代表，介绍了苔藓植物、蕨类植物、裸子植物、被子植物多样性与气候要素的关系。不同植物类群与气候要素的关系不同。

1. 野生植物适应的气候特征

影响植物生长发育气候要素很多，本节考虑的气候要素包括热量因素指标（年均气温，最小值、最大值，1 月和 7 月气温，最热月和最冷月气温，0℃以上积温）、水分要素指标（年降水量），综合指标（BT、PET、PER）。

1）苔藓植物

苔藓植物适应的年均气温范围为−4~26℃，1 月适应温度为−19~20℃，7 月适应温度为 17~30℃，极端最高温度为 30~41℃，极端最低气温为−47~6℃；大于 0℃积温为 2000~9000℃。年降水量为 55~1700 mm；年均生物学温度为 6~24℃；PER 为 0.1~23（表7.1）。苔藓植物适应温度范围宽广，极端温度范围、降水量范围广，个别适应干旱地区。

2）蕨类植物

蕨类植物适应的年均气温范围为 1~21℃，1 月适应温度为−23~21℃，7 月适应温度为 14~30℃，极端最高温度为 27~40℃，极端最低气温为-41~6℃；大于 0℃积温为 2400~7000℃。年降水量为 700~2100 mm；年均生物学温度为 6~25℃；PER 为 0.1~1.2（表 7.2）。蕨类植物适应潮湿环境，降水量要求高，温度适应范围宽，极端温度适应能力高，对平均温度要求高。

3）裸子植物

裸子植物适应的年均气温范围为 1~26℃，适应 1 月温度为-18~21℃，适应 7 月温度为 12~29℃，极端最高温度为 27~40℃，极端最低气温为-20~6℃；大于 0℃积温为 2200~9300℃。年降水量为 400~2500 mm；年均生物学温度为 6~23℃；PER 为 0.5~1.9（表 7.3）。裸子植物适应温度范围广，需要湿润的环境，年降水量多，极端温度范围宽，1 月和 7 月的温度范围也较宽。

4）被子植物

被子植物适应的年均气温范围为 0~18℃，1 月适应温度为-13~10℃，7 月适应温度为 11~28℃，极端最高温度为 25~37℃，极端最低气温为-44~2℃；大于 0℃积温为 1100~7000℃。年降水量为 15~1800 mm；年均生物学温度为 4~18℃；PER 为 0.1~55（表 7.4）。被子植物对降水量和温度范围适应广泛，适应的极端温度范围也比较宽广。

2. 野生植物丰富度与气候要素的关系

在分析动植物丰富度与气候要素关系中，由于考虑了 38 个气候要素指标，这些气候要素之间存在一定相关性，为了消除这些相关性，首先对这些气候要素进行了主分量分析，选择了占总方差 92%以上的前三个主分量进行分析（表 7.5）。这三个主分量中，第一主分量代表了低温指标，第二主分量代表了高温，第三主分量代表了降水量指标（表 7.6）。

四类植物丰富度与三个主分量的相关性不同，蕨类植物丰富度与第一主分量相关系数较高，被子植物与第二主分量相关系数较高，裸子植物丰富度与第二主分量相关性性较高，苔藓植物丰富度与第二主分量 相关性系数高。总体上，这些植物丰富度与高温和低温要素相关性高（表 7.7）。

四类植物丰富度与三个主分量的多元线性回归方程比较复杂。表 7.8 和表 7.9 显示，苔藓植物分布受到不同气候要素的影响，不同植物丰富度与气候要素关系比较复杂，且决定系数不高。在标准化系数中，与第一和第二主分量系数较高，说明受到高低温因素影响大。蕨类植物分布受到不同因素的影响，表 7.8、表 7.9 显示不同植物丰富度与气候要素关系比较复杂，决定系数也不高。在标准化系数中，与第一和第二主分量系数较高，说明受到高低温因素影响大。裸子植物分布受到不同因素影响，标准化系数中，与第一和第二主分量系数较高，说明受到高低温因素影响大。被子植物分布受到不同因素影响，与第一和第二主分量系数较高，说明受到高低温因素影响大。结果说明四类植物丰富度都受到高低温因素影响较大。

表 7.1 苔藓植物适应的气候特征

	S_1	S_2	S_3	S_4	S_5	S_6	S_7	S_8	S_9	S_{10}	S_{11}	S_{12}	S_{13}	S_{14}
TP	10.99	12.25	9.93	15.44	12.25	2.08	22.75	14.33	12.20	13.42	17.49	21.60	16.51	25.15
TX	6.67	12.25	3.41	14.17	12.25	-4.21	20.82	14.14	9.04	13.42	16.16	18.25	11.20	25.15
TD	14.40	12.25	13.83	16.66	12.25	9.06	23.76	14.57	15.30	13.42	18.44	23.76	19.99	25.15
PY	-1.08	5.25	-0.41	8.16	5.25	-18.69	16.54	7.31	3.57	0.15	5.85	14.28	8.36	19.75
XY	-11.63	5.25	-5.41	7.53	5.25	-28.80	12.82	7.14	-1.28	0.15	4.09	8.13	1.91	19.75
DY	6.02	5.25	2.12	9.31	5.25	-9.54	18.47	7.47	7.35	0.15	7.21	18.47	13.70	19.75
PQ	22.09	19.99	24.03	21.51	19.99	21.75	27.88	17.21	22.28	24.02	27.14	27.53	22.03	28.42
XQ	19.45	19.99	22.90	20.79	19.99	19.13	26.70	17.15	19.89	24.02	26.84	26.63	19.76	28.42
DQ	25.26	19.99	25.20	22.08	19.99	24.17	28.47	17.34	25.48	24.02	27.50	28.47	24.54	28.42
GP	36.75	34.75	37.61	34.38	34.75	38.73	37.19	31.57	35.96	38.70	38.40	36.95	34.85	37.75
GX	33.78	34.75	35.33	34.13	34.75	37.14	36.24	31.43	34.23	38.70	38.14	36.36	33.03	37.75
GD	39.51	34.75	39.95	34.72	34.75	40.59	37.67	31.64	38.33	38.70	38.78	37.67	37.22	37.75
XP	-17.94	-11.21	-13.86	-6.56	-11.21	-37.50	2.87	-2.00	-9.95	-16.77	-9.65	2.06	-4.80	5.24
XX	-30.64	-11.21	-19.33	-8.41	-11.21	-47.91	1.94	-2.49	-13.38	-16.77	-15.55	-4.15	-9.54	5.24
XD	-10.01	-11.21	-10.97	-4.29	-11.21	-29.52	4.54	-1.55	-5.64	-16.77	-4.88	5.19	-1.05	5.24
JP	4398.04	4834.58	4432.14	5759.31	4834.58	3023.98	8310.97	4711.63	4892.34	4675.57	6239.06	7811.68	5879.20	9077.78
JX	3206.58	4834.58	3411.18	5423.95	4834.58	2216.27	7331.74	4664.01	4405.76	4675.57	5793.87	6446.57	4174.54	9077.78
JD	5250.04	4834.58	5135.23	6054.36	4834.58	3908.16	8813.50	4744.16	5626.84	4675.57	6643.45	8813.50	7093.01	9077.78
SP	639.74	839.30	1263.85	1009.94	839.30	300.86	1697.86	1657.15	1097.58	606.05	1674.90	1580.86	1202.49	1162.15
SX	186.69	839.30	853.21	925.85	839.30	55.49	965.76	1591.04	967.82	606.05	1560.91	1046.44	977.42	1162.15
SD	967.82	839.30	1741.60	1056.42	839.30	466.65	2071.18	1766.48	1295.56	606.05	1768.65	2071.18	1506.80	1162.15
WP	12.48	14.11	14.15	16.10	14.11	8.51	22.22	10.84	14.92	12.53	16.65	20.78	15.49	23.83
WX	8.56	14.11	13.79	15.47	14.11	6.25	18.89	10.77	13.67	12.53	15.42	16.72	11.84	23.83
WD	14.58	14.11	14.30	16.54	14.11	10.53	23.88	10.97	15.74	12.53	17.98	23.88	18.48	23.83
ZP	1.60	0.86	0.61	0.91	0.86	6.34	0.88	0.51	0.69	1.34	0.62	0.87	0.93	1.36
ZX	0.74	0.86	0.16	0.78	0.86	0.69	0.74	0.49	0.42	1.34	0.54	0.64	0.67	1.36
ZD	3.28	0.86	0.93	1.05	0.86	22.85	1.14	0.52	0.80	1.34	0.68	1.11	1.22	1.36

注：TP、TX、TD 分别代表年均气温平均值、最小值、最大值；PY、XY 、DY 分别代表 1 月气温平均值、最小值、最大值；PQ、XQ、DQ 分别代表 7 月气温的平均值、最小值、最大值；GP、GX、GD 分别代表热月气温平均值、最小值、最大值；XP、XX、XD 分别代表冷月气温平均值、最小值、最大值；JP、JX、JD 分别代表大于年 0℃积温平均值、最小值、最大值；SP、SX、SD 分别代表年降水量平均值、最小值、最大值；WP、WX、WD 代表年均生物学温度平均值、最小值、最大值；ZP、ZX、ZD 代表 PER 平均值、最小值、最大值。$S_1 \sim S_{14}$ 分别代表芦荟藓、四川石毛藓、阿里粗枝藓、南亚圆网藓、兜叶灰藓、中华厚边藓、陕西卷边藓、无毛卷叶苔、东亚虫叶苔、黄羽叶苔、大紫叶苔、中华小毛藓、拟牛毛藓、水藓。

表 7.2　蕨类植物适应的气候特征

	S_1	S_2	S_3	S_4	S_5	S_6	S_7	S_8	S_9	S_{10}	S_{11}	S_{12}	S_{13}	S_{14}
TP	17.8	17.19	4.15	14.67	19.38	20.46	8.89	14.99	15.86	11.17	17.49	15.22	17.04	6.31
TX	17.79	16.34	1.2	14.67	9.21	19.66	4.67	14.85	12.73	-6.69	17.49	8.97	15.5	3.41
TD	17.8	18.04	7.09	14.67	24.99	21.34	12.73	15.07	18.09	18.22	17.49	20.74	19.51	9.21
PY	6.9	10.35	-16.02	4.91	10.84	12.33	0.71	6.96	4.22	-3.03	10.37	7.31	8.71	-2.79
XY	6.81	9.25	-17.86	4.91	-0.17	11.2	-4.98	4.82	2.37	-22.6	10.37	1.12	4.7	-5.41
DY	7	11.45	-12.46	4.91	20.29	13.54	6.02	8.2	6.59	6.22	10.37	13.09	12.22	-0.17
PQ	26.24	22.55	20.48	20.63	25.85	26.8	17.35	22.43	26.54	24.77	21.42	21.58	22.67	22.9
XQ	26.18	22.43	20.21	20.63	13.53	26.36	14.18	21.13	19.89	17.62	21.42	17.78	21.84	22.9
DQ	26.3	22.67	20.8	20.63	28.52	27.19	19.89	23.84	27.85	28.46	21.42	24.69	24.27	22.9
GP	39.68	35.08	34.43	33.63	36.97	36.23	32.23	35.23	38.1	38.08	34.32	34.98	36.26	35.33
GX	39.64	35.07	34.22	33.63	27.83	35.61	29.57	34.14	34.23	32.43	34.32	32.24	35.56	35.33
GD	39.73	35.08	34.54	33.63	39.99	36.92	34.24	36.13	39.51	40.77	34.32	37.51	37.57	35.33
XP	-4.19	-1.5	-37.88	-5.74	-1.27	3.91	-17.97	-8.56	-11.9	-21.08	-1.13	-7.02	-4.49	-15.88
XX	-4.27	-1.67	-44.04	-5.74	-12.66	1.64	-27.13	-10.24	-16.6	-41.91	-1.13	-15.42	-7.3	-19.33
XD	-4.11	-1.32	-29.88	-5.74	5.78	5.36	-10.27	-7.53	-7.55	-8.13	-1.13	-1.48	-2.06	-12.43
JP	6252.08	6385.94	2874.59	4981.04	6979.98	7253.74	3634.26	5678.8	5752.32	4744.68	6324.22	5612.16	6100.77	3790.05
JX	6236.8	6194.91	2661.23	4981.04	2959.78	6965.95	2618.12	5538.77	4947.84	2457.12	6324.22	3632.54	5532.02	3411.18
JD	6267.37	6576.97	3105.19	4981.04	9168.95	7560.12	4947.84	5867.44	6378.67	6560.55	6324.22	6947.06	6746.36	4168.92
SP	1240.06	1597.83	784.01	1394.24	1435.61	1027.51	797.09	1042.05	1465.89	1018.84	1500.68	1023.27	864.93	1660.62
SX	1229.62	1556.68	734.16	1394.24	793.7	897.8	627.39	903.88	967.82	430.51	1500.68	710.82	792.45	1579.64
SD	1250.5	1638.99	881.99	1394.24	2430.9	1335.78	967.82	1227.68	1894.39	2026.2	1500.68	1638.99	994.27	1741.6
WP	16.13	17.83	7.81	12.58	18.65	18.81	11.12	16.13	15.6	13.21	16.85	15.48	16.05	14.3
WX	16.04	17.81	7.61	12.58	6.49	17.69	6.99	15.54	14.42	7.4	16.85	10.94	14.44	14.3
WD	16.22	17.85	8.07	12.58	24.54	19.84	14.42	17.22	16.9	17.94	16.85	18.01	16.88	14.3
ZP	0.85	0.69	0.62	0.67	0.84	1.08	0.67	0.88	0.67	0.79	0.69	0.93	1.24	0.28
ZX	0.84	0.59	0.55	0.67	0.41	0.9	0.55	0.72	0.48	0.12	0.69	0.59	0.99	0.16
ZD	0.85	0.79	0.69	0.67	1.18	1.17	0.87	1.01	0.86	1.37	0.69	1.67	1.51	0.41

注：TP、TX、TD 分别代表年均气温平均值、最小值、最大值；PY、XY、DY 分别代表 1 月气温的平均值、最小值、最大值；PQ、XQ、DQ 分别代表 7 月气温平均值、最小值、最大值；GP、GX、GD 分别代表热月气温平均值、最小值、最大值；XP、XX、XD 分别代表冷月气温平均值、最小值、最大值；JP、JX、JD 分别代表大于年 0℃积温平均值、最小值、最大值；SP、SX、SD 分别代表年降水量平均值、最小值、最大值；WP、WX、WD 代表年均气温水量平均值、最小值、最大值；ZP、ZX、ZD 代表 PER 平均值、最小值、最大值。$S_1 \sim S_{14}$ 分别代表荷叶铁线蕨、原始观音座莲、对开蕨、光叶蕨、中华水韭、宽叶水韭、鹿角蕨、狭叶瓶儿小草、扇蕨和峨眉鱼鳞蕨。

表 7.3　裸子植物适应的气候特征

	S_1	S_2	S_3	S_4	S_5	S_6	S_7	S_8	S_9	S_{10}	S_{11}	S_{12}	S_{13}	S_{14}
TP	15.87	18.07	18.51	16.48	20.94	16.26	18.91	20.59	11.36	8.64	17.76	2.51	19.05	15.45
TX	11.53	16.21	14.61	15.81	8.02	3.41	15.07	19.6	8.43	8.4	11.69	1.2	15.96	12.25
TD	20.18	21.36	22.56	17.79	25.15	21.71	24.77	21.09	14.43	8.85	22.47	3.83	22.14	19.26
PY	5.02	6.9	9.81	5.24	14.43	5.72	11.79	12.45	1.05	0.35	8	-16.89	11.28	7.37
XY	1.15	4.67	5.83	4.51	-1.56	-5.41	5.07	11.12	-2.3	0.03	1.99	-17.33	8.63	4.98
DY	10.29	12.01	14.13	7	20.23	12.94	19.57	13.13	3.1	0.68	14.65	-16.44	13.94	11.52
PQ	26.69	27.61	27.13	26.02	25.55	25.9	24.6	26.71	18.63	13.44	26.45	20.25	24.7	21.78
XQ	24.92	26.05	22.67	25.89	11.75	20.08	21.66	26.6	14.06	12.98	21.75	20.21	21.88	19.99
DQ	28.32	28.75	28.52	26.3	28.5	28.46	28.47	26.92	22.05	14.18	28.75	20.29	27.53	25.42
GP	38.49	38.94	37.71	39.16	36.35	37.9	36.63	36.14	32.87	27.96	37.82	34.38	36.54	35.96
GX	37.52	37.58	35.07	38.87	26.07	33.17	34.38	35.76	29.22	27.12	34.75	34.22	34.48	34.75
GD	39.24	39.87	38.85	39.64	38.58	39.97	38.3	36.63	35.17	29.57	39.87	34.54	38.6	38.49
XP	-7.2	-7.33	-4.24	-8.28	-0.36	-8.06	-2.56	4.05	-13	-14.52	-5.31	-38.8	-4.85	-6.89
XX	-10.14	-12.74	-9.66	-10.25	-16.54	-19.33	-8.21	2.5	-17.89	-15.85	-12.43	-40.76	-9.47	-11.24
XD	-2	-1.05	1.41	-4.27	5.24	0.48	4.17	5.2	-8.95	-13.56	2.12	-36.84	-0.23	-1.65
JP	5961.84	6531.96	6874.37	5888.62	7631.72	6005.17	7001.77	7259.28	3932.85	2770.37	6518.38	2731.98	6957.5	5649.22
JX	4881.1	5806.4	5772.45	5720.94	2367.74	3411.18	5829.55	6950.26	2792.56	2654.34	4569.39	2661.23	5938.9	4834.58
JD	7439.71	7775.64	8204.52	6267.37	9138.07	7939.48	9023.67	7412.4	4820.47	2822.77	8178.48	2802.72	7976.09	6536.52
SP	1393.08	1557.33	1601.08	1357.34	1542.77	1392.64	1364.76	976.19	694.48	731.42	1462.76	753.22	1097.76	991.32
SX	1032.63	1384.98	1268.33	1250.5	423.51	829.48	801.42	931.73	474.71	629.65	860.19	734.16	885.56	839.3
SD	1711.51	1907.6	1879.31	1402.16	2272.01	1755.73	2430.9	1078.93	958.34	896.05	2379.62	772.29	1309.96	1093.53
WP	16.87	17.66	18.97	15.59	20.48	16.53	19.25	18.71	10.2	6.48	17.84	7.68	18.99	15.22
WX	15.39	15.35	16.37	15.35	5.14	13.6	16.4	17.94	6.73	6.17	13.94	7.61	16.76	14.11
WD	20.82	21.27	22.51	16.22	24.19	21.53	23.88	19.14	13.45	6.99	21.77	7.74	21.23	16.14
ZP	0.68	0.69	0.7	0.72	0.88	0.72	0.9	1.12	1.08	0.73	0.74	0.58	1.02	0.91
ZX	0.57	0.56	0.48	0.68	0.6	0.16	0.56	1.08	0.64	0.57	0.46	0.55	1	0.8
ZD	0.83	0.89	0.91	0.84	1.36	1.35	1.75	1.16	1.8	0.87	1.04	1.05	1.05	1.05

注：TP、TX、TD 分别代表年均气温平均值、最小值、最大值；PY、XY、DY 分别代表 1 月气温的平均值、最小值、最大值；PQ、XQ、DQ 分别代表 7 月气温的平均值、最小值、最大值；GP、GX、GD 分别代表最热月气温平均值、最小值、最大值；XP、XX、XD 分别代表冷月气温平均值、最小值、最大值；JP、JX、JD 分别代表大于年 0℃积温平均值、最小值、最大值；SP、SX、SD 分别代表年降水量平均值、最小值、最大值；WP、WX、WD 代表年均生物学温度平均值、最小值、最大值；ZP、ZX、ZD 代表 PER 平均值、最小值、最大值。$S_1 \sim S_{14}$ 代表银杉、白豆杉、水杉、水松、篦子三尖杉、海南粗榧、翠柏、红桧、岷江柏木、巨柏、福建柏、朝鲜崖柏、叉叶苏铁、攀枝花苏铁。

表 7.4　被子植物适应的气候特征

	S_1	S_2	S_3	S_4	S_5	S_6	S_7	S_8	S_9	S_{10}	S_{11}	S_{12}	S_{13}	S_{14}
TP	9.56	3.12	4.46	1.77	7.38	9.75	9.95	9.95	0.05	8.23	3.37	5.29	6.07	3.73
TX	3.59	3.12	-4.16	0.29	-0.26	4.67	6.03	6.03	0.05	0.05	3.33	0.05	5.54	0.29
TD	15.32	3.12	17.26	5.44	14.59	14.59	12.95	12.95	0.05	17.37	3.45	8.85	6.6	11.52
PY	2.31	-8.51	-8.67	-10.63	-1.04	1.6	2.15	2.15	-8.71	-0.66	-5.06	-5.26	-12.18	-8.02
XY	-3.72	-8.51	-19.12	-12.2	-9.85	-5.24	-1.82	-1.82	-8.71	-10.66	-5.32	-9.94	-12.71	-12.2
DY	8.3	-8.51	9.58	-8.8	7.99	7.99	5.86	5.86	-8.71	10.27	-4.53	0.68	-11.65	-3.72
PQ	16.09	15.32	16	16.65	15.37	17.76	15.42	15.42	12.38	16.6	12.21	12.63	21.39	16.36
XQ	12.21	15.32	9.52	12.05	11.94	15.79	12.98	12.98	12.38	11.03	12.21	11.7	21.37	12.05
DQ	21.24	15.32	27.03	21.63	20.96	20.96	17.38	17.38	12.38	22.05	12.21	13.41	21.41	24.29
GP	30	29.38	32.16	31.27	29.68	32.39	29.81	29.81	25.92	31.24	25.99	27.76	36.96	31.04
GX	25.99	29.38	24.93	25.8	25.88	30.68	27.12	27.12	25.92	25.92	25.99	25.75	36.88	25.8
GD	34	29.38	41.25	37.13	34.34	34.75	31.58	31.58	25.92	35.39	25.99	30.07	37.03	40.24
XP	-10.32	-29.63	-27.97	-36.42	-18.42	-14.44	-9.8	-9.8	-30.03	-17.64	-23.8	-22.43	-33.03	-29.7
XX	-20.65	-29.63	-47.52	-43.48	-36.86	-27.13	-15.85	-15.85	-30.03	-33.52	-24.46	-30.03	-33.81	-43.48
XD	-1.55	-29.63	-3.19	-31.25	-3.19	-3.19	-3.19	-3.19	-30.03	-3.19	-22.47	-13.56	-32.24	-20.65
JP	3622.37	2198.03	2559.72	2289.35	3078.07	3865.55	3426.91	3426.91	1691.61	3375.73	1796.31	2114.12	3151.03	2444.74
JX	1816.25	2198.03	1126.59	1626.51	1662.6	2591.33	2654.34	2654.34	1691.61	1504.68	1794.97	1691.61	3110.97	1713.95
JD	5790.43	2198.03	6282.81	3265.02	5548.62	5548.62	4434.38	4434.38	1691.61	6297.59	1798.99	2803.85	3191.09	4440.53
SP	1104.94	155.02	397.39	154.33	655.41	755.35	795.5	795.5	449.41	755.74	530.66	383.76	357.4	268.35
SX	608.81	155.02	15	64.21	298.75	321.97	608.81	608.81	449.41	449.41	503.18	41.95	350.97	47.02
SD	1766.48	155.02	1144.33	287.92	1144.33	1144.33	1144.33	1144.33	449.41	1144.33	585.62	708.71	363.84	664.1
WP	9.77	6.69	7.14	7.34	8.91	11.46	8.61	8.61	5.66	9.77	5.2	5.3	8.49	7.35
WX	5.2	6.69	3.26	4.87	5.1	8.92	6.17	6.17	5.66	4.37	5.2	4.64	8.46	4.87
WD	16.57	6.69	17.07	10.01	15.82	15.82	10.73	10.73	5.66	16.87	5.2	6.48	8.52	11.76
ZP	0.53	2.02	3.56	3.36	0.76	0.86	0.77	0.77	0.35	0.7	0.73	4.04	1.46	3.9
ZX	0.39	2.02	0.14	1.1	0.35	0.52	0.64	0.64	0.35	0.31	0.61	0.35	1.38	0.39
ZD	0.71	2.02	55.83	9.49	1.2	2.67	0.87	0.87	0.35	1.58	0.79	10.25	1.55	15.37

注：TP、TX、TD 分别代表年均气温平均值，最小值，最大值；PY、XY、DY 分别代表 1 月气温平均值，最小值，最大值；PQ、XQ、DQ 分别代表 7 月气温的平均值，最小值，最大值；GP、GX、GD 分别代表最暖热最冷月气温平均值，最小值，最大值；XP、XX、XD 分别代表最冷月气温平均值，最小值，最大值；JP、JX、JD 分别代表大于年 0℃积温平均值，最小值，最大值；SP、SX、SD 分别代表年降水量平均值，最小值，最大值；WP、WX、WD 代表年均生物学温度平均值，最小值，最大值；ZP、ZX、ZD 代表 PER 平均值，最小值，最大值。$S_1 \sim S_{14}$ 代表细弱矮嵩草、普兰嵩草、线叶嵩草、薹草嵩草、川滇嵩草、尾穗嵩草、发秆嵩草(变种)、杂穗嵩草、截形嵩草、吉隆嵩草、弯叶嵩草、大青山嵩草、藏西嵩草。

表 7.5 气候指标的主分量

主成分	初始特征值			提取平方和载入			旋转平方和载入		
	合计	方差/%	累积/%	合计	方差/%	累积/%	合计	方差/%	累积/%
1	28.394	74.721	74.721	28.394	74.721	74.721	21.605	56.854	56.854
2	4.914	12.931	87.652	4.914	12.931	87.652	8.415	22.145	78.999
3	1.678	4.416	92.069	1.678	4.416	92.069	4.966	13.070	92.069

表 7.6 不同气候要素的得分系数

	成分		
	P_1	P_2	P_3
年均温	.066	−.003	−.062
年极端最高	−.057	.175	−.011
年极端最低	.091	−.052	−.075
BT	.033	.014	.001
PET	.033	.014	.001
PER	.107	−.012	−.289
WI	.034	.018	−.006
CI	.041	−.007	.004
HI	−.082	−.049	.325
1 月均温	.092	−.056	−.073
7 月均温	−.049	.126	.064
1 月极端最高	.075	−.048	−.041
7 月极端最高	−.076	.184	.026
1 月极端最低	.090	−.051	−.072
7 月极端最低	−.021	.079	.059
春季极端高温	.031	.092	−.114
夏季极端高温	−.060	.177	−.007
秋季极端高温	−.064	.161	.039
冬季极端高温	.032	.016	−.002
春季极端低温	.091	−.052	−.076
夏季极端低温	.036	.011	−.002
秋季极端低温	.080	−.028	−.074
冬季极端低温	.091	−.051	−.075
春季均温	.094	−.035	−.100
夏季均温	−.008	.095	.004
秋季均温	.006	.051	.027
冬季均温	.083	−.044	−.060
年降水量	−.055	.008	.224
春季降水量	−.083	.030	.259
夏季降水量	−.047	.005	.206
秋季降水量	.024	−.040	.067
冬季降水量	−.073	.029	.239

续表

| | 成分 | | |
	P_1	P_2	P_3
≥0℃积温	.042	.011	−.016
≥0℃积温天数	.047	−.008	−.016
≥5℃积温	.042	.010	−.016
≥5℃积温天数	.042	−.013	.008
≥10℃积温	.047	.012	−.033
≥10℃积温天数	.064	−.008	−.057

表 7.7　四类植物丰富度与三个主分量相关系数

		P_1	P_2	P_3
苔藓植物	Pearson 相关性	−024**	−.070**	−.002
	显著性（双侧）	.000	.000	.678
蕨类植物	Pearson 相关性	.089**	−.075**	−.006
	显著性（双侧）	.000	.000	.289
裸子植物	Pearson 相关性	.048**	−.082**	.007
	显著性（双侧）	.000	.000	.216
被子植物	Pearson 相关性	−.048**	−.225**	−.014*
	显著性（双侧）	.000	0.000	.010

*表示显著（$P<0.05$）；**表示极显著（$P<0.01$）；P_1、P_2、P_3表示第一主分量、第二主分量和第三主分量。

表 7.8　四类植物丰富度与 3 个主分量多元线性回归方程

| 模型 | R | R^2 | 调整 R^2 | 标准估计的误差 | 更改统计量 | | | | | Durbin-Watson |
					R^2 更改	F 更改	df_1	df_2	Sig. F 更改	
苔藓植物	.074	.005	.005	.22571	.005	60.384	3	33205	.000	1.768
蕨类植物	.117	.014	.014	.20843	.014	153.438	3	33205	.000	1.659
裸子植物	.095	.009	.009	.32144	.009	100.782	3	33205	.000	1.766
被子植物	.231	.053	.053	.86468	.053	621.485	3	33205	0.000	1.571

注：R 表示决定系数。

表 7.9　四类植物丰富度与三个主分量多元线性回归方程

| 模型 | | 非标准化系数 | | 标准系数 | t | Sig. | B 的 95.0%置信区间 | | 相关性 | | |
		B	标准误差	试用版			下限	上限	零阶	偏	部分
苔藓植物	（常量）	.010	.001		7.828	.000	.007	.012			
	P_1	.005	.001	.024	4.383	.000	.003	.008	.024	.024	.024
	P_2	−.016	.001	−.070	−12.719	.000	−.018	−.013	−.070	−.070	−.070
	P_3	−.001	.001	−.002	−.416	.677	−.003	.002	−.002	−.002	−.002
蕨类植物	（常量）	.018	.001		15.560	.000	.016	.020			
	P_1	.019	.001	.089	16.421	.000	.017	.021	.089	.090	.089
	P_2	−.016	.001	−.075	−13.767	.000	−.018	−.014	−.075	−.075	−.075
	P_3	−.001	.001	−.006	−1.067	.286	−.003	.001	−.006	−.006	−.006
裸子植物	（常量）	.041	.002		23.251	.000	.038	.044			
	P_1	.016	.002	.048	8.836	.000	.012	.019	.048	.048	.048
	P_2	−.026	.002	−.082	−14.924	.000	−.030	−.023	−.082	−.082	−.082
	P_3	.002	.002	.007	1.244	.214	−.001	.006	.007	.007	.007

续表

模型		非标准化系数		标准系数	t	Sig.	B 的 95.0%置信区间		相关性		
		B	标准误差	试用版			下限	上限	零阶	偏	部分
被子植物	（常量）	.078	.005		16.532	.000	.069	.088			
	P_1	−.043	.005	−.048	−9.081	.000	−.052	−.034	−.048	−.050	−.048
	P_2	−.200	.005	−.225	−42.131	0.000	−.209	−.191	−.225	−.225	−.225
	P_3	−.013	.005	−.014	−2.646	.008	−.022	−.003	−.014	−.015	−.014

注：P_1、P_2、P_3 表示第一主分量、第二主分量和第三主分量。

7.2.2 动物多样性与气候要素的关系

1. 野生动物适应的气候特征

1）鸟类

鸟类适应的年均气温范围为−1~26℃，1 月适应温度为−22~20℃，7 月适应温度为 9~28℃，极端最高温度为 30~41℃，极端最低气温为−41~6℃；大于 0℃积温为 1500~9100℃。年降水量为 24~2300 mm；年均生物学温度为 4~25℃；PER 为 0.1~16（表 7.10）。鸟类适应温度范围广泛，年降水范围也比较广泛。

2）兽类

兽类适应的年均气温范围为−5~24℃，1 月适应温度为−30~19℃，7 月适应温度为 10~29℃，极端最高温度为 26~41℃，极端最低气温为−50~3℃；大于 0℃积温为 1200~8000℃。年降水量为 15~2500mm；年均生物学温度为 3~25℃；PER 为 0.2~56（表 7.11）。兽类适应温度范围、极端温度范围、年降水量范围都比较宽。

3）两栖类

两栖类适应的年均气温范围为 6~23℃，1 月适应温度为 1~17℃，7 月适应温度为 19~29℃，极端最高温度为 33~41℃，极端最低气温为−30~6℃；大于 0℃积温为 3000~7000℃。年降水量为 500~1500mm；年均生物学温度为 9~20℃；PER 为 0.5~1.6（表 7.12）。两栖类适应潮湿环境，并且温度范围、极端温度范围、1 月和 7 月温度范围都比较宽。

4）爬行类

爬行类植物适应的年均气温范围为 5~24℃，1 月适应温度为−16~19℃，7 月适应温度为 11~29℃，极端最高温度为 25~41℃，极端最低气温为−34~4℃；大于 0℃积温为 2000~8300℃。年降水量为 31~2400mm；年均生物学温度为 5~25℃；PER 为 0.2~21（表 7.13）。两栖类适应温度范围、降水量范围、极端温度范围都比较宽。

2. 野生动物丰富度与气候要素的关系

四类动物丰富度与三个主分量的相关性不同，鸟类丰富度与第一主分量相关系数较高，兽类与第二主分量相关系数较高，两栖类动物丰富度与第二主分量相关性系数高，

表 7.10　鸟类适应的气候特征

	S_1	S_2	S_3	S_4	S_5	S_6	S_7	S_8	S_9	S_{10}	S_{11}	S_{12}	S_{13}	S_{14}
TP	19.7	5.95	20.72	11.97	9.26	8.98	5.77	13	11.45	11.78	9.4	16.16	21.2	12.15
TX	10.96	-4.15	10.82	9.55	1.33	-1.36	1.31	1.33	1.33	2.67	-1.58	3.41	15.91	12.15
TD	25.15	23.6	23.6	13.2	17.57	16.22	12.62	22.23	17.92	20.44	22.64	24.5	25	12.15
PY	10.39	-5.07	12.08	0.15	-0.52	-5.49	-12.57	1.43	-0.62	-3.5	-2.95	7.18	14.08	-5.17
XY	-0.59	-18.47	-5.22	-1.09	-9.95	-15.74	-21.17	-10.58	-14.02	-15.74	-13.73	-5.41	7.68	-5.17
DY	19.75	16.9	16.9	0.75	9.58	4.5	-0.96	16.43	7.26	12.55	15.08	19.58	19.57	-5.17
PQ	27.84	15.7	27.73	22.88	18.23	21.9	21.96	22.88	22.24	24.95	20.67	23.5	26.52	23.7
XQ	26.03	9.52	24.41	17.8	11.32	12.24	20.01	11.32	11.32	19.88	12.5	13.18	22.24	23.7
DQ	28.91	28.58	28.58	24.67	26.3	25.87	25.32	28.56	26.93	27.92	28.37	28.5	28.91	23.7
GP	38.45	30.55	38.07	37.76	32.76	37.46	37.67	37.25	36.94	38.87	35.71	36.35	37.48	39.68
GX	37.07	24.93	36.08	32.26	27	29.05	34.68	27	27	33.87	29.15	27.45	34.63	39.68
GD	39.98	40.59	40.64	39.71	39.64	40.58	40.37	41.13	40.11	40.91	40.24	40.38	39.63	39.68
XP	-4.51	-24.14	-0.85	-15.47	-15.27	-23.04	-31.99	-13.15	-16.47	-19.65	-18.76	-6.44	-0.1	-22.74
XX	-17.35	-47.52	-21.75	-16.37	-29.92	-37.2	-41.45	-29.92	-36.83	-35.21	-36.65	-22.51	-6.96	-22.74
XD	5.8	3.41	4.95	-14.41	-3.19	-9.19	-13.36	1.73	-3.09	1.64	2.2	4.13	5.8	-22.74
JP	7209.74	2890.92	7537.81	4387.34	3627	3822.37	3301.33	4818.32	4394.8	4620.85	3913.1	5871.26	7754.57	4436.39
JX	4702.43	1126.59	4264.62	3369.15	1501.17	1653.91	2736.24	1501.17	1501.17	2841.49	1617.27	2591.33	6025.1	4436.39
JD	9077.78	8616.28	8616.28	4730.32	6216.06	5724.33	4521.32	7795.52	6323.4	7404.47	8228.06	9022.48	9062.34	4436.39
SP	1535.31	521.09	1625.8	727.79	862.95	504.77	370.34	841.39	804.53	723.6	789.29	1254.16	1640.04	49.29
SX	866.15	24.65	560.52	599.75	591.12	34.94	143.45	312.36	206.12	347.05	344.33	434.69	911.42	49.29
SD	2090.81	1878.58	2430.82	900.37	1741.6	1054.95	686.59	1711.37	1516.89	1461.32	1993.15	2272.01	2430.9	49.29
WP	19.62	8.06	20.19	12.07	10.15	10.45	9.08	12.93	11.89	12.47	11.01	15.79	20.99	11.46
WX	14.92	3.35	11.35	9.38	4.18	4.54	7.54	4.18	4.18	7.98	4.82	6.27	17.27	11.46
WD	24.51	23.6	23.6	13.35	16.22	15.05	12.07	19.63	16.31	19.84	21.94	24.19	24.51	11.46
ZP	0.81	2.73	0.8	1.04	0.71	1.76	1.52	1	1.02	1.16	1	0.83	0.83	15.27
ZX	0.42	0.25	0.55	0.77	0.16	0.45	1.05	0.38	0.38	0.66	0.16	0.16	0.52	15.27
ZD	1.53	28.68	1.39	1.18	1.31	18.67	3.59	1.99	3.24	1.8	1.53	1.33	1.53	15.27

注：TP、TX、TD 分别代表年均气温平均值、最小值、最大值；PY、XY、DY 分别代表 1 月气温平均值、最小值、最大值；PQ、XQ、DQ 分别代表 7 月气温的平均值、最小值、最大值；GP、GX、GD 分别代表最热月气温平均值、最小值、最大值；XP、XX、XD 分别代表最冷月气温平均值、最小值、最大值；JP、JX、JD 分别代表大于年 0℃积温平均值、最小值、最大值；SP、SX、SD 分别代表年均降水量平均值、最小值、最大值；WP、WX、WD 代表年均生物学温度平均值、最小值、最大值；ZP、ZX、ZD 代表 PER 平均值、最小值、最大值。S_1~S_{14} 分别代表海南鳽、黑颈鹤、黑嘴端凤头燕鸥、棕颈犀鸟、金胸歌鸲、褐头鸫、宝兴歌鸫、白眶鸦雀、细纹苇莺、四川柳莺、棕腹大仙鹟、海南蓝仙鹟、中亚夜鹰。

表 7.11 兽类适应的气候特征

	S_1	S_2	S_3	S_4	S_5	S_6	S_7	S_8	S_9	S_{10}	S_{11}	S_{12}	S_{13}	S_{14}
TP	19.69	23.4	15.93	12.71	7.97	13.12	8.96	7.54	2.07	9.02	-1.4	1.04	3.89	11.78
TX	15.91	22.82	3.41	0.36	-0.97	9.91	3.66	-1.23	-4.22	-0.98	-1.79	-4.21	3.83	3.41
TD	22.23	23.9	21.94	17.96	14.96	15.67	14.2	18.55	15.5	18.75	-0.88	4.34	3.95	16.22
PY	13.18	17.77	7.73	-1.39	-8.89	0.44	-8.91	-5.82	-16.72	-5.85	-24.09	-20.95	-17.52	1.45
XY	8.8	17.13	-5.41	-24.1	-25.03	-2.85	-18.04	-25.03	-29.73	-26.15	-24.72	-28.8	-18.6	-5.41
DY	16.43	18.69	16.34	7.85	3.78	4.7	-5.47	11.32	2.9	7.49	-23.42	-15.44	-16.44	5.19
PQ	22.84	28.3	22.18	25.16	22.23	24.35	22.75	18.99	18.36	21.64	19.58	20.59	21.4	21.78
XQ	21.42	28.01	16.18	18.02	17.39	18.36	19.58	10.51	10.51	14.03	19.4	19.13	20.21	14.06
DQ	23.74	28.5	26.1	28.56	25.28	27.85	24.91	27.11	27.71	28.75	19.88	22.46	22.6	25.68
GP	35.92	37.73	35.06	38.3	37.71	38.59	38.51	34.66	34.82	36.48	37.24	36.62	35.51	35.67
GX	34.32	37.58	30.92	32.57	35.22	32.57	36.13	26.13	26.33	29.57	37.17	34.54	34.22	29.22
GD	37.14	37.78	37.68	41.74	39.95	39.97	41.25	40.59	40.05	40.59	37.28	37.57	36.8	39.95
XP	-0.39	1.83	-4.98	-17.58	-28.12	-15.21	-28.36	-23.3	-35.74	-22.68	-43.24	-39.32	-39.4	-12.37
XX	-6.96	0.15	-19.36	-43.75	-42.22	-20.16	v39.56	-42.22	-49.26	-48.15	-45.45	-47.91	-40.76	-20.16
XD	2.19	2.73	1.14	-1.59	-9.23	-7.3	-22.37	-1.4	-9.19	-2.49	-42.12	-33.35	-38.05	-5.74
JP	7054.71	8680.2	5837.44	4903.71	3592.37	4771.42	3748.98	3459.56	2594.77	3980.84	2347.22	2698.52	2985.8	4472.16
JX	6025.1	8508.22	3119.96	2745.12	2333.47	3488.98	2950.81	1287.79	1287.79	1991.91	2324.19	2216.27	2802.72	2792.56
JD	7795.52	8868.65	7738.62	6358.34	5403.84	5752.41	4655.08	6704.03	5681.79	6853.62	2382.61	3148.63	3168.88	5724.33
SP	1449.93	2084.98	1305.29	984.69	326.11	725.08	173.88	536.02	540.24	735.55	470.6	505.63	663.61	948.46
SX	911.6	1835.9	457.91	182.22	42.4	521.7	15	34.94	195.31	55.49	415.45	350.77	554.94	555.29
SD	2200.22	2430.9	1766.48	1983.41	888.53	1246.83	512.63	1131.95	1063.2	1766.48	529.71	609.5	772.29	1741.6
WP	18.58	23.8	15.99	13.3	9.71	12.98	9.94	9.46	7.11	10.92	6.55	7.44	8.1	12.73
WX	16.85	23.57	9.57	7.4	6.48	9.59	7.96	3.7	3.7	6	6.42	6.25	7.61	6.73
WD	19.77	24.19	19.77	17.32	14.34	15.78	12.17	18.2	15.56	18.87	6.76	8.62	8.59	14.94
ZP	0.86	0.73	0.77	0.95	2.83	1.14	9.49	2.41	0.84	1.41	0.77	0.83	0.76	0.82
ZX	0.52	0.56	0.16	0.39	0.93	0.54	1.24	0.28	0.4	0.38	0.7	0.69	0.6	0.16
ZD	1.16	0.86	1.58	3.26	15.26	1.54	55.83	22.85	2.46	22.85	0.88	1.04	0.93	1.2

注: TP、TX、TD 分别代表年均气温平均值、最小值、最大值; PY、XY 、DY 分别代表 1 月气温的平均值、最小值、最大值; PQ、XQ、DQ 分别代表 7 月气温的平均值、最小值、最大值; GP、GX、GD 分别代表最热月气温平均值、最小值、最大值; XP、XX、XD 分别代表最冷月气温平均值、最小值、最大值; JP、JX、JD 分别代表大于年 0℃积温平均值、最小值、最大值; SP、SX、SD 分别代表年降水量平均值、最小值、最大值; WP、WX、WD 代表年均生物学温度平均值、最小值、最大值; ZP、ZX、ZD 代表 PER 平均值、最小值、最大值。S_1~S_{14} 代表小毛猬、海南新毛猬、刺猬、刺猬、达乌尔猬、侯氏猬、中国鼩猬、小鼩鼱、中鼩鼱、普通鼩鼱、长爪鼩鼱、大鼩鼱、栗齿鼩鼱、纹背鼩鼱。

表 7.12　两栖类适应的气候特征

	S_1	S_2	S_3	S_4	S_5	S_6	S_7	S_8	S_9	S_{10}	S_{11}	S_{12}	S_{13}	S_{14}
TP	21.63	13.66	13.33	15.56	21	17.83	9.76	18.1	20.94	16.58	14.69	15.37	9.88	15.24
TX	17.49	13.16	13.33	15.56	20.64	17.83	6.91	17.77	20.92	15.9	13.72	13.72	6.83	11.53
TD	22.99	14.17	13.33	15.56	21.29	17.83	10.88	18.44	20.97	17.49	15.67	16.4	15.67	17.03
PY	13.39	4.59	1.31	3.81	13.05	5.88	-6.29	6.93	12.99	5.36	0.51	2.08	-7.94	4.14
XY	9.13	4.1	1.31	3.81	12.62	5.88	-12.37	6.65	12.95	3.94	-1.57	-1.57	-13.52	1.15
DY	16.43	5.07	1.31	3.81	13.46	5.88	-3.96	7.21	13.02	6.37	2.59	4	2.59	5.97
PQ	27.49	19.92	26.51	26.45	26.78	27.35	23.62	27.21	26.7	26.91	26.69	27.5	25.15	25.87
XQ	21.42	19.75	26.51	26.45	26.7	27.35	23.06	26.92	26.7	26.3	25.52	25.52	23.63	25.48
DQ	28.58	20.08	26.51	26.45	27.05	27.35	23.9	27.5	26.7	27.36	27.85	27.92	27.85	26.05
GP	38.17	33.49	37.72	38.85	36.21	38.13	36.83	37.92	36.24	37.9	40	40.02	38.07	38.84
GX	34.32	33.44	37.72	38.85	36.08	38.13	36.49	37.69	36.24	36.98	39.97	39.95	36.71	38.33
GD	39.03	33.53	37.72	38.85	36.36	38.13	37.22	38.14	36.24	38.57	40.02	40.25	39.97	39.28
XP	0.15	-7.67	-14.43	-11.81	4.92	-7.95	-22.02	-5.09	5	-7.74	-18.39	-16.98	-28.66	-9.67
XX	-4.1	-8.42	-14.43	-11.81	4.36	-7.95	-30.63	-5.3	4.94	-10.77	-19.36	-19.36	-34.92	-10.25
XD	2.53	-6.92	-14.43	-11.81	5.33	-7.95	-18.86	-4.88	5.06	-5.44	-17.42	-13.51	-17.42	-8.03
JP	7856.71	4770.23	5116.78	5707.29	7398.73	6276.68	4009.47	6533.57	7362.73	5977.8	5311.17	5622.5	4306.15	5625.89
JX	6324.22	4663.88	5116.78	5707.29	7299.22	6276.68	3467.79	6423.68	7356.51	5772.83	4869.94	4869.94	3543.24	4881.1
JD	8382.8	4876.59	5116.78	5707.29	7544.41	6276.68	4226.29	6643.45	7368.96	6158.35	5752.41	5980.15	5752.41	6009.64
SP	1648.58	1049.4	1451.33	1227.29	980.36	1372.88	658.69	1703.32	949.46	1489.69	844.86	1153.45	786.23	1348.83
SX	1142.28	984.57	1451.33	1227.29	948.46	1372.88	600.65	1695.13	948.46	1219.65	530.01	530.01	557.98	1246.57
SD	2421.85	1114.22	1451.33	1227.29	1061.35	1372.88	820.5	1711.51	950.47	1763.3	1159.71	1461.32	1159.71	1402.16
WP	21.2	12.38	14.78	15.58	19.1	16.39	10.83	17.65	18.89	15.95	14.27	15.36	11.78	15.5
WX	16.85	12.32	14.78	15.58	18.85	16.39	9.44	17.33	18.89	15.13	12.76	12.76	9.65	15.35
WD	22.69	12.43	14.78	15.58	19.7	16.39	11.44	17.98	18.89	16.65	15.78	16.22	15.78	15.65
ZP	0.81	0.88	0.57	0.77	1.14	0.76	1	0.63	1.15	0.67	1.17	0.87	0.92	0.67
ZX	0.57	0.7	0.57	0.77	1.11	0.76	0.68	0.61	1.15	0.58	0.8	0.66	0.8	0.57
ZD	1.16	1.05	0.57	0.77	1.15	0.76	1.12	0.65	1.15	0.79	1.55	1.55	1.07	0.75

注：TP、TX、TD 分别代表年均气温平均值、最小值、最大值；PY、XY、DY 分别代表 1 月气温平均值、最小值、最大值；PQ、XQ、DQ 分别代表 7 月气温的平均值、最小值、最大值；GP、GX、GD 分别代表最热月气温平均值、最小值、最大值；JP、JX、JD 分别代表大于 0℃积温平均值、最小值、最大值；SP、SX、SD 分别代表最冷月气温平均值、最小值、最大值；XP、XX、XD 分别代表最冷月气温平均值、最小值、最大值；WP、WX、WD 代表年均生物学温度平均值、最小值、最大值；ZP、ZX、ZD 代表 PER 平均值、最小值、最大值。S_1~S_{14} 代表版纳鱼螈、阿里山小鲵、中国小鲵、安吉小鲵、普雄原鲵、挂榜山小鲵、猫儿山小鲵、东北小鲵、义乌小鲵、楚南小鲵、台湾小鲵、豫南小鲵、商城肥鲵、极北鲵。

表 7.13　爬行类适应的气候特征

	S_1	S_2	S_3	S_4	S_5	S_6	S_7	S_8	S_9	S_{10}	S_{11}	S_{12}	S_{13}	S_{14}
TP	8.5	11.22	9.46	11.58	9.46	9.46	7.86	7.36	12.51	9.68	22.12	22.11	15.75	16.06
TX	6.88	9.8	9.46	8.89	9.46	9.46	7.86	7.36	12.51	5.99	17.41	21.96	8.21	7.1
TD	15.23	12.38	9.46	19.66	9.46	9.46	7.86	7.36	12.51	12.52	23.9	22.23	19.25	22.75
PY	-7.64	-6.97	1.41	-6.05	1.41	1.41	-15.2	-2.15	-5.97	-7.3	14.51	14.3	4.34	4.17
XY	-12.5	-10.59	1.41	-10.91	1.41	1.41	-15.2	-2.15	-5.97	-14.87	6.54	13.6	-2.24	-10.09
DY	7.05	-3.23	1.41	9.23	1.41	1.41	-15.2	-2.15	-5.97	-2.09	18.69	16.43	9.6	14.65
PQ	21.7	23.22	13.53	24.22	22.11	13.53	22.11	11.7	22.67	23.71	28.1	27.15	27.43	26.72
XQ	17.72	22.23	13.53	20.97	13.53	13.53	22.11	11.7	22.67	22.97	26.83	23.62	26.64	20.76
DQ	26.88	24.96	13.53	28.35	13.53	13.53	22.11	11.7	22.67	24.69	28.5	28.49	28.75	28.53
GP	37.43	39.13	27.83	39.42	27.83	27.83	38.97	25.75	38.57	38.07	38.13	38.35	38.85	38.57
GX	34.42	38.08	27.83	37.34	27.83	27.83	38.97	25.75	38.57	37.58	37.58	37.1	37.07	34.98
GD	39.85	41	27.83	41.25	27.83	27.83	38.97	25.75	38.57	38.83	38.81	38.62	39.95	40.43
XP	-26.45	-24.63	-12.66	-25.02	-12.66	-12.66	-33.72	-18.53	-22.53	-25.92	0.48	0.32	-12.16	-10.56
XX	-32.68	-29.01	-12.66	-31.35	-12.66	-12.66	-33.72	-18.53	-22.53	-33.51	-6.13	-0.23	-22.53	-32.99
XD	-9.44	-22.11	-12.66	-3.41	-12.66	-12.66	-33.72	-18.53	-22.53	-20.63	3.41	1.73	-4.69	1.74
JP	3632.77	4178.02	2959.78	4475.32	2959.78	2959.78	3503.47	2266.41	4304.64	4002.28	8106.8	7972.27	5923.68	5844.56
JX	3055.66	3805.99	2959.78	3484.93	2959.78	2959.78	3503.47	2266.41	4304.64	3479.63	6382.06	7795.52	4368.51	3206.45
JD	6152.63	4465.03	2959.78	7233.56	2959.78	2959.78	3503.47	2266.41	4304.64	4565.9	8868.65	8028.37	6915.19	8273.47
SP	332	88.85	796	359.1	796	796	102.09	380.55	51.74	481.49	1700.78	1477.33	1657.6	1293.03
SX	94.65	31.52	796	35.02	796	796	102.09	380.55	51.74	425.59	1309.96	1142.28	1124.23	75.61
SD	1638.55	489.83	796	1644.25	796	796	102.09	380.55	51.74	554.83	2071.18	1750.83	2381.71	1928.3
WP	9.9	10.82	6.49	11.91	6.49	6.49	9.16	5.13	10.85	10.84	22.02	21.2	16.61	15.86
WX	7.58	9.67	6.49	8.6	6.49	6.49	9.16	5.13	10.85	9.5	17.47	19.63	15.05	8.46
WD	18.33	12.17	6.49	20.24	6.49	6.49	9.16	5.13	10.85	12.39	24.19	21.76	18.87	22.72
ZP	3.59	14.01	0.72	17.1	0.72	0.72	6.3	1.2	13.42	1.4	0.81	0.94	0.6	0.91
ZX	0.57	1.51	0.72	0.71	0.72	0.72	6.3	1.2	13.42	1.18	0.72	0.74	0.21	0.39
ZD	6.13	20.79	0.72	32.17	0.72	0.72	6.3	1.2	13.42	1.47	1.16	1.16	0.82	9.55

注：TP、TX、TD 分别代表年均气温平均值、最小值、最大值；PY、XY、DY 分别代表 1 月气温平均值、最小值、最大值；PQ、XQ、DQ 分别代表 7 月气温的平均值、最小值、最大值；GP、GX、GD 分别代表最热月气温平均值、最小值、最大值；XP、XX、XD 分别代表最冷月气温平均值、最小值、最大值；JP、JX、JD 分别代表大于年 0℃积温平均值、最小值、最大值；SP、SX、SD 分别代表年降水量平均值、最小值、最大值；WP、WX、WD 代表年均生物学温度平均值、最小值、最大值；ZP、ZX、ZD 代表 PER 平均值、最小值、最大值。S_1~S_{14} 分别代表隐耳漠虎、新疆漠虎、蝎虎、墨脱弯脚虎、长裸趾虎、卡西弯脚虎、耳疣壁虎、宽斑弯脚虎、西藏弯脚虎、灰弯脚虎、截趾虎、耳疣壁虎、中国壁虎、大壁虎、铅山壁虎。

说明了这些动物的丰富度与高低温因素关系密切（表 7.14）。总体上，这些动物丰富度与高温和低温要素相关性高。

表 7.14　四类动物丰富度与三个主分量的相关系数

		P_1	P_2	P_3
鸟类	Pearson 相关性	.047**	−.138**	−.013*
	显著性（双侧）	.000	.000	.020
兽类	Pearson 相关性	.063**	−.033**	.013*
	显著性（双侧）	.000	.000	.015
两栖类	Pearson 相关性	.090**	−.016**	.034**
	显著性（双侧）	.000	.003	.000
爬行类	Pearson 相关性	.050**	−.109**	.013*
	显著性（双侧）	.000	.000	.021

*表示显著（P<0.05），**表示极显著（P<0.01），P_1、P_2、P_3 表示第一、第二、第三主分量。

四类动物丰富度与三个主分量的多元线性回归方程比较复杂。表 7.15 和表 7.16 表明，鸟类丰富度与气候要素关系比较复杂，并且决定系数不高。在标准化系数中，与第一和第二主分量系数较高，说明受到高低温因素影响大。兽类分布受到不同因素的影响，在标准化系数中，与第一和第二主分量系数较高，说明受到高低温因素影响大。两栖类动物分布受到不同因素的影响，与第一和第二主分量系数较高，说明受到高低温因素影响大。爬行动物分布受到不同因素的影响，在标准化系数中，与第一和第二主分量系数较高，说明受到高低温因素影响大。总体上，四类动物丰富度受到高低温因素影响较大。

表 7.15　四类动物丰富度与主分量回归方程特征

模型	R	R^2	调整 R^2	标准估计的误差	更改统计量				
					R^2 更改	F 更改	df_1	df_2	Sig. F 更改
鸟类	.146	.021	.021	1.42516	.021	241.296	3	33205	.000
兽类	.072	.005	.005	.94160	.005	57.743	3	33205	.000
两栖类	.097	.009	.009	.67483	.009	105.833	3	33205	.000
爬行类	.120	.015	.014	.23905	.015	163.069	3	33205	.000

注：R 为决定系数。

表 7.16　四类动物丰富度与主分量回归方程

模型		非标准化系数		标准系数（试用版）	t	Sig.	B 的 95.0%置信区间		相关性		
		B	标准误差				下限	上限	零阶	偏	部分
鸟类	（常量）	.244	.008		31.158	.000	.228	.259			
	P_1	.068	.008	.047	8.749	.000	.053	.084	.047	.048	.047
	P_2	−.198	.008	−.138	−25.335	.000	−.213	−.183	−.138	−.138	−.138
	P_3	−.018	.008	−.013	−2.347	.019	−.034	−.003	−.013	−.013	−.013
兽类	（常量）	.120	.005		23.212	.000	.110	.130			
	P_1	.059	.005	.063	11.471	.000	.049	.069	.063	.063	.063
	P_2	−.031	.005	−.033	−5.976	.000	−.041	−.021	−.033	−.033	−.033
	P_3	.013	.005	.013	2.434	.015	.002	.023	.013	.013	.013

模型		非标准化系数		标准系数（试用版）	t	Sig.	B 的 95.0%置信区间		相关性		
		B	标准误差				下限	上限	零阶	偏	部分
两栖类	（常量）	.088	.004		23.752	.000	.081	.095			
	P_1	.061	.004	.090	16.455	.000	.054	.068	.090	.090	.090
	P_2	−.011	.004	−.016	−2.938	.003	−.018	−.004	−.016	−.016	−.016
	P_3	.023	.004	.034	6.172	.000	.016	.030	.034	.034	.034
爬行类	（常量）	.026	.001		19.833	.000	.023	.029			
	P_1	.012	.001	.050	9.097	.000	.009	.015	.050	.050	.050
	P_2	−.026	.001	−.109	−20.027	.000	−.029	−.024	−.109	−.109	−.109
	P_3	.003	.001	.013	2.318	.020	.000	.006	.013	.013	.013

注：P_1、P_2、P_3 表示第一主分量、第二主分量和第三主分量。

7.2.3　讨论与小结

中国野生动植物物种与气候要素关系复杂。植物与动物多样性与气候要素关系不同，并且不同物种适应气候要素不同，不同物种丰富度与气候要素关系不同。在不同植物适应的气候要素方面，苔藓植物、蕨类植物、裸子植物、被子植物具有不同的适应特征，它们的丰富度与气候要素关系也不同。鸟类、兽类、两栖类、爬行类物种适应的气候要素不同，并且它们丰富度与气候要素关系也不同。这与中国复杂的地形和气候条件，以及植被分布有很大关系（张荣祖，1999，2010；应俊生和陈梦铃，2011）。

中国野生动植物多样性与气候要素关系复杂，难以采用统一的指标反映出来。不同物种适应的气候要素不同，并且动植物物种丰富度与气候要素关系也不同。气候与生物多样性的关系还表现在具有一定的尺度、动植物丰富度与气候要素没有很强的线性关系。中国野生动植物多样性与高低温关系更加密切，与降水量关系次之。

由于中国野生动植物物种数量多，本书只分析了部分物种及丰富度特征。如果把全部的物种都进行分析，物种丰富度与气候要素的数量关系将可能不同。

7.3　种质资源物种多样性与气候要素的关系

中国种质资源物种非常丰富，气候与种质资源关系体现在气候要素与栽培植物、家养动物种质资源的关系，这些种质资源包括了人类直接利用的动植物，这些物种许多是人类直接培育的，其环境条件受到人类活动影响较大，也受到气候要素的影响。

7.3.1　种质资源物种适应的气候特征

本节分析的种质资源物种包括家养动物和栽培植物，家养动物主要包括猪、羊和鸡；栽培植物包括经济林木、作物等。分析的气候特征包括：热量因素指标（年均气温，最小值、最大值，1 月和 7 月气温，最热月和最冷月气温，0℃以上积温），水分要素指标（年降水量），综合指标（BT、PET、PER）。

1. 栽培植物

栽培植物适应的年均气温范围为–1~23℃，1 月温度为–23~16℃，7 月温度为 13~29℃，适应的极端最高温度为 25~42℃，适应的极端最低气温在–37~6℃；适应大于 0℃积温为 1600~8000℃。年降水量在 36~2400 mm；适应的年均生物学温度为 5.2~22℃；适应的 PER 为 0.2~5（表 7.17）。栽培植物适应温度范围广，降水量高。

2. 家养动物

1）家畜

猪适应植物的年均气温范围为–2~21℃，1 月温度为–13~17℃，7 月温度为 10~27℃，极端最高温度为 25~40℃，极端最低气温为–31~2℃；大于 0℃积温为 1300~8000℃。年降水量为 300~1800 mm；年均生物学温度为 5~21℃；PER 为 0.3~1.9（表 7.18）。猪适应温度范围、降水量范围、极端温度范围都比较宽。

羊适应的年均气温范围为 0~22℃，1 月温度为–14~15℃，7 月温度为 14~28℃，极端最高温度为 31~39℃，极端最低气温为–30~0℃；大于 0℃积温为 2000~7200℃。年降水量为 51~1600 mm；年均生物学温度为 5~19℃；PER 为 0.5~2.0（表 7.19）。羊适应极端温度范围、年降水量范围都比较宽。

2）家禽

不同鸡品种植物适应的年均气温范围为–2~23℃，1 月温度为–14~17℃，7 月温度为 11~26℃，极端最高温度为 26~42℃，极端最低气温为–38~2℃；大于 0℃积温为 1300~8000℃。年降水量为 15~1600 mm；年均生物学温度为 4~20℃；PER 为 0.7~22（表 7.20）。鸡适应温度范围、极端温度范围、降水量范围都比较宽。

7.3.2 种质资源物种丰富度与气候要素的关系

四类种质资源物种丰富度与三个主分量的相关性不同，猪丰富度与第一主分量相关系数较高，羊与第二主分量相关系数较高，其次是鸡丰富度与第二主分量相关性系数高，栽培植物丰富度与第二主分量相关性系数高，说明了这些种质资源物种丰富度与高低温因素关系密切（表 7.21）。总体上，这些种质资源物种丰富度与高温和低温要素相关性高。

1. 栽培植物

栽培植物丰富度与三个主分量的多元线性回归方程比较复杂。表 7.21 和表 7.22 表明，栽培植物分布受到不同因素影响，在标准化系数中，与第一和第二主分量系数较高，

表 7.17 栽培植物适应的气候特征

	S_1	S_2	S_3	S_4	S_5	S_6	S_7	S_8	S_9	S_{10}	S_{11}	S_{12}	S_{13}	S_{14}
TP	14.01	14.8	5.44	12.44	14.61	14.61	12.49	14.15	13.38	12.68	15.82	15.25	10.52	13.07
TX	9.73	1.15	-0.98	5.44	14.61	14.61	-0.26	9.3	4.58	10.57	13.6	7.42	2.53	0.05
TD	21.23	21.66	10.75	16.88	14.61	14.61	17.03	17.03	16.59	14.59	17.03	21.83	14.54	22.25
PY	1.03	5.24	-14.92	4.28	4.11	4.11	2.16	3.63	1.54	0.71	4.45	2.85	-5.57	0.09
XY	-7.48	-10.06	-26.15	-4.59	4.11	4.11	-9.85	-2.36	-6.48	-2.36	2.55	-10.06	-18.17	-22.46
DY	14.22	13.13	-6.65	9.58	4.11	4.11	8.19	8.49	5.09	3.42	5.97	13.21	0.77	13.93
PQ	24.44	23.35	22.51	20.14	21.9	21.9	22.09	23.57	25.72	22.43	26.06	26.04	24.1	24.15
XQ	20.97	13.18	19.62	13.88	21.9	21.9	12.18	17.02	14.5	20.1	25.86	18.78	19.67	11.75
DQ	27.9	28.77	25.28	22.33	21.9	21.9	28.14	27.32	28.24	25.87	26.45	28.43	27.18	28.58
GP	38.45	36.05	37.17	34.16	35.1	35.1	35.8	36.99	38.42	37.12	39.13	38.49	38.68	37.14
GX	34	27.45	34.54	30.1	35.1	35.1	25.88	32.13	29.92	35.66	38.85	32.79	34.42	25.92
GD	41.74	40.08	40.55	35.96	35.1	35.1	40.38	39.97	40.4	39.29	39.28	40.35	41.74	41.51
XP	-15.5	-9.24	-34.25	-10.12	-6.75	-6.75	-12.44	-11.07	-14.78	-13.81	-11.21	-12.5	-22.95	-15.59
XX	-25.08	-33.52	-48.15	-26.59	-6.75	-6.75	-36.86	-17.91	-26.28	-17.91	-13.03	-29.68	-44.04	-44.04
XD	0.03	5.2	-23.14	-3.83	-6.75	-6.75	-3.99	-3.96	-7.59	-9.91	-8.03	0.77	-12.82	5.19
JP	5100.76	5478.22	3302.45	4755.28	5031.66	5031.66	4686.8	5201.45	5112.48	4512.68	5742.18	5616.55	4202.5	5116.24
JX	3903.98	1808.09	2384.48	2355.84	5031.66	5031.66	1662.6	3151.93	2225.99	3672.35	5288.78	3647.21	2644.67	1691.61
JD	7199.73	7835.54	4335.22	6083.45	5031.66	5031.66	6009.64	6023.83	5955.13	5477.87	6009.64	7997.5	5343.61	8050.06
SP	668.47	1146.33	632.84	939	802.3	802.3	1005.79	1060.85	1304.47	734.6	1284.96	1120.24	569.32	1007.32
SX	36.49	607.42	426.95	658.6	802.3	802.3	365.52	490.1	607.42	490.1	987.22	474.71	206.37	142.63
SD	1127.3	2381.71	1048.9	1267.69	802.3	802.3	1889.21	1569.81	2325.75	1258.58	1496.39	1916.93	862.5	2037.53
WP	13.72	15.04	9	13.72	12.85	12.85	12.98	14.37	14.53	11.99	15.46	15.29	11.37	13.85
WX	10.12	5.77	6.52	6.75	12.85	12.85	5.2	8.15	6.7	9.53	15.1	10.12	7.36	5.14
WD	18.09	21.31	11.81	17.22	12.85	12.85	16.94	17.34	16.94	15.35	15.65	21.89	14.67	21.76
ZP	2.86	0.81	0.87	0.8	1.07	1.07	0.81	0.88	0.71	1.19	0.76	0.88	1.27	0.97
ZX	0.8	0.21	0.53	0.52	1.07	1.07	0.16	0.52	0.24	0.75	0.57	0.58	0.6	0.33
ZD	21.12	1.37	1.24	0.98	1.07	1.07	1.21	1.37	1.34	1.36	0.98	1.8	2.81	4.12

注: TP、TX、TD 分别代表年均气温平均值、最小值、最大值; PY、XY、DY 分别代表 1 月气温平均值、最小值、最大值; PQ、XQ、DQ 分别代表 7 月气温的平均值、最小值、最大值; GP、GX、GD 分别代表最热月气温平均值、最小值、最大值; XP、XX、XD 分别代表最冷月气温平均值、最小值、最大值; JP、JX、JD 分别代表大于 0℃积温平均值、最小值、最大值; SP、SX、SD 分别代表年降水量平均值、最小值、最大值; WP、WX、WD 代表年均生物学温度平均值、最小值、最大值; ZP、ZX、ZD 代表 PER 平均值、最小值、最大值。S_1~S_{14} 代表石榴、梅、野生榛子、滇榛、毛榛、平榛、绒苞榛、华榛、川榛、野板栗、刺榛、茅栗、锥栗、板栗。

表 7.18　猪适应的气候特征

	S_1	S_2	S_3	S_4	S_5	S_6	S_7	S_8	S_9	S_{10}	S_{11}	S_{12}	S_{13}	S_{14}
TP	8.98	13.22	3.92	7.43	8.09	3.99	17.39	19.11	14.63	14.05	16.62	17.81	16.12	14.26
TX	6.29	9.64	1.56	3.29	4.67	-1.17	13.82	15.92	11.58	11.62	15.12	15.67	15.02	12.09
TD	12.65	14.4	16.18	12.03	11.06	8.85	21.23	22.23	15.51	15.19	18.04	20.8	16.97	15.75
PY	-5.92	0.92	-7.96	-1.91	-0.56	-6.38	10.22	12.74	7.76	7.34	9.42	7.33	4.86	3.8
XY	-9.4	-6.2	-9.95	-5.71	-4.98	-12.58	6.38	8.92	3.92	4.29	8.11	4.31	3.62	1.61
DY	-1.08	2.5	5.33	2.62	2.11	0.68	14.22	16.43	9.01	9.19	10.82	10.77	5.97	5.6
PQ	21.39	24.43	15.53	15.68	16.78	12.23	22.28	22.84	20.64	18.65	21.52	26.49	26.03	24.52
XQ	16.05	21.71	12.93	13.22	15.79	10.4	21.38	21.94	18.78	17.15	20.83	25.55	25.6	21.18
DQ	23.25	25.26	24.87	18.08	18.02	13.76	23.04	23.62	21.28	20.36	21.94	28.22	26.18	25.66
GP	37.05	38.96	31.6	30.81	31.44	27.35	35.67	35.81	33.74	32.45	34.3	37.73	37.34	37.17
GX	34.16	36.83	29.17	29.22	30.68	25.73	34.78	34.63	32.79	31.64	33.56	36.84	37.15	34.21
GD	38.25	39.93	38.26	32.26	32.45	29.68	36.58	37.1	34.22	33.45	34.73	39.08	37.68	38.36
XP	-24.94	-13	-25.72	-19.62	-18.06	-25.85	-4.81	-1.55	-3.58	-2.68	-2.75	-5.35	-10.03	-8
XX	-30.85	-23.42	-28.67	-30.32	-27.13	-37.55	-13.53	-5.52	-8.73	-6.1	-3.79	-11.67	-13.06	-10.08
XD	-18.01	-10.01	-7.46	-10.69	-10.79	-13.56	-1.48	1.73	-1.07	-0.53	-1.22	-0.85	-7.28	-6.41
JP	3597.91	4893.06	2406.43	2937.5	3266.09	2016.1	6352.95	6926.89	5517.27	4983.61	6117.6	6507.76	5894.05	5339.73
JX	2574.8	3978.69	1755.73	2354.98	2618.12	1319.33	5354.41	6034.23	4354.79	4091.48	5702.16	5733.5	5561.01	4995.13
JD	4370.95	5250.04	5752.09	4119.56	3680.71	2803.85	7199.73	7795.52	5853.96	5643.81	6524.49	7561.33	6150.96	5736.57
SP	448.95	769.98	606.75	699.48	691.52	564.78	842.2	1183.74	1319.16	1382.69	1265.43	1340.96	1239.31	1142.09
SX	319.7	483.83	480.14	457.91	405.63	438.19	653.19	919.68	974.68	1210.52	993.13	1165.37	1112.09	1032.63
SD	570.66	912.58	922.59	833.69	1116.18	708.71	961.83	1515.68	1523.19	1766.48	1523.19	1543.73	1338.62	1262.51
WP	9.72	13.42	6.87	8.43	10.37	5.36	17.24	18.48	15.61	12.84	17.02	17.82	16.22	15.06
WX	6.63	10.59	5.07	6.06	9.18	3.89	15.68	17.33	13.01	10.77	16.1	15.82	15.69	14.24
WD	11.68	14.58	15.11	10.27	12.14	6.48	18.24	19.63	16.46	15.21	17.7	20.81	16.62	15.6
ZP	1.36	1.05	0.58	0.72	0.92	0.61	1.29	1	0.67	0.61	0.8	0.79	0.77	0.75
ZX	1.08	0.89	0.43	0.36	0.55	0.38	0.97	0.73	0.59	0.49	0.59	0.74	0.75	0.59
ZD	1.86	1.31	1.05	1.58	1.82	0.98	1.93	1.35	0.74	0.74	0.94	0.89	0.81	0.84

注：TP、TX、TD 分别代表年均气温平均值、最小值、最大值；PY、XY 、DY 分别代表 1 月气温平均值、最小值、最大值；PQ、XQ、DQ 分别代表 7 月气温的平均值、最小值、最大值；GP、GX、GD 分别代表最热月气温平均值、最小值、最大值；XP、XX、XD 分别代表最冷月气温平均值、最小值、最大值；JP、JX、JD 分别代表大于年 0℃积温平均值、最小值、最大值；SP、SX、SD 分别代表年降水量平均值、最小值、最大值；WP、WX、WD 代表年均生物学温度平均值、最小值、最大值；ZP、ZX、ZD 代表 PER 平均值、最小值、最大值。$S_1 \sim S_{14}$ 代表八眉猪、汉江黑猪、合作猪、四川藏猪、迪庆藏猪、西藏藏猪、撒坝猪、滇南小耳猪、明光小耳猪、高黎贡山猪、保山猪、香猪、黔东花猪、黔北黑猪。

表 7.19 羊适应的气候特征

	S_1	S_2	S_3	S_4	S_5	S_6	S_7	S_8	S_9	S_{10}	S_{11}	S_{12}	S_{13}	S_{14}
TP	8.43	4.45	6.47	8.78	14.06	12.37	17.84	14.57	16.98	17.78	15.43	17.12	15.22	17.4
TX	6.4	0.91	1.63	5.5	10.43	10.95	15.85	12.71	15.96	17.13	15.24	15.12	13.32	16.52
TD	9.5	6.63	7.81	11.35	15.99	14.14	21.23	15.74	18	18.49	15.62	18.04	16.13	19.12
PY	-6.85	-9.25	-9.56	-4.81	2.01	3.08	10.61	7.3	9.65	10.65	7.86	9.96	7.6	10.39
XY	-7.48	-13.16	-13.69	-7.66	-1.95	2.12	8.47	5.48	8.63	10.11	7.36	8.11	3.59	9.48
DY	-6.28	-6.83	-7.86	-1.18	3.94	4.66	14.22	8.45	10.66	11.03	8.35	10.82	8.63	12.04
PQ	20.52	15.57	18.56	20.92	25.16	21.49	22.4	20.45	21.25	22.62	21.69	21.59	21.73	22.05
XQ	18.31	14.02	17.18	19.08	24.59	18.02	21.67	19.86	20.63	20.63	21.6	20.83	20.47	21.86
DQ	22.79	16.27	19.58	22.75	25.54	22.98	23.04	20.75	21.88	23.9	21.77	21.94	22.91	22.3
GP	36.3	33.59	35.96	36.52	39.49	35.19	35.79	34.88	34.65	35.31	34.6	34.33	34.62	34.93
GX	34.85	31.7	35.27	35.38	39.09	32.42	34.82	34.38	34.48	34.75	34.36	33.56	33.43	34.69
GD	37.65	34.3	36.46	38.14	40.1	36.14	36.58	35.13	34.83	36.29	34.83	34.69	36.09	35.18
XP	-25.53	-27.37	-30.93	-22.61	-12.64	-9.92	-4.02	-8.81	-6.48	-2.49	-9.16	-2.06	-9.4	-2.11
XX	-29.13	-34.3	-34.05	-25.67	-18.31	-12.59	-8.98	-11.71	-9.47	-3.2	-9.48	-3.79	-11.88	-2.9
XD	-21.91	-23.14	-28.09	-16.05	-9.52	-6.06	-1.48	-7	-3.49	-1.94	-8.84	-1.22	-3.65	-0.64
JP	3397.06	2370.41	2884.63	3526.52	5130.45	4717.15	6471.4	5428.06	6076.62	6485.47	5765.28	6262.93	5709.22	6387.4
JX	3104.95	2092.58	2479.7	2890.29	4349.19	4107.22	5962.63	4913.68	5938.9	6319.78	5673.94	5702.16	5038.05	6137.83
JD	3827.34	2653.24	3073.61	3887.38	5526.85	5156.84	7199.73	5737.93	6214.33	6685.72	5856.62	6524.49	5960.91	6768.25
SP	260.8	386.45	148.79	486.55	806.23	840.88	830.82	952.97	945.14	1243.6	967.1	1442.44	954.37	1131.69
SX	178.61	314.43	51.97	412.26	670.24	710.82	653.19	882.95	885.56	1023.36	858.15	1395.94	877.59	1060.33
SD	408.74	517.12	270.03	554.37	1054.95	985.51	920.55	998.43	1004.72	1431.22	1076.05	1523.19	1135.37	1329.52
WP	9	6.37	7.6	9.62	13.86	13.92	17.45	15.01	16.02	17.42	16.26	17.16	16.21	17.73
WX	7.89	5.57	6.92	8.43	13.05	12.14	16.61	14.31	15.28	15.28	16.02	16.1	13.97	17.34
WD	10.22	6.83	8.13	10.72	14.88	15.33	18.24	15.36	16.76	18.57	16.5	17.7	17.2	17.98
ZP	2.42	1.08	5.23	1.18	1.05	0.88	1.33	0.88	1.07	0.9	1	0.71	0.95	0.91
ZX	1.13	0.51	2.24	0.98	0.84	0.69	1.02	0.84	1.05	0.75	0.85	0.59	0.78	0.86
ZD	3.32	1.34	14.14	1.43	1.16	0.96	1.93	0.91	1.09	1.09	1.14	0.76	1.08	0.93

注：TP、TX、TD 分别代表年均气温平均值、最小值、最大值；PY、XY、DY 分别代表 1 月气温的平均值、最小值、最大值；PQ、XQ、DQ 分别代表 7 月气温的平均值、最小值、最大值；GP、GX、GD 分别代表最热月气温平均值、最小值、最大值；XP、XX、XD 分别代表最冷月气温平均值、最小值、最大值；JP、JX、JD 分别代表大于 0℃积温平均值、最小值、最大值；SP、SX、SD 分别代表年降水量平均值、最小值、最大值；WP、WX、WD 代表年均生物学湿度平均值、最小值、最大值；ZP、ZX、ZD 代表 PER 平均值、最小值、最大值。S1~S14 代表中卫山羊、柴达木山羊、河西绒山羊、子午岭黑山羊、陕南白山羊、昭通山羊、云岭山羊、宁蒗黑山羊、弥勒红骨山羊、马关无角山羊、罗平黄山羊、龙陵黄山羊、圭山山羊、凤庆无角黑山羊。

表 7.20　鸡适应的气候特征

	S_1	S_2	S_3	S_4	S_5	S_6	S_7	S_8	S_9	S_{10}	S_{11}	S_{12}	S_{13}	S_{14}
TP	10.98	12.13	8	4.92	7.38	12.97	13.18	6.07	15.3	12.86	21.64	17.6	16.78	14.65
TX	4.72	11.24	4.72	0.42	5.51	12.72	9.64	-1.23	11.58	11.59	19.85	14.19	15.07	12.73
TD	14.2	12.5	10.26	7.64	9.57	13.13	14.96	14.38	18.55	15.38	22.32	21.79	21.23	17.3
PY	-8.13	-5.26	-10.23	-8.67	-6.18	0.6	1	-3.87	8.35	3.17	15.85	10.7	9.69	7.68
XY	-11	-6.91	-12.19	-13.16	-8.88	0.44	-6.2	-12.58	3.92	2.12	13.91	4.29	8.2	6.02
DY	-5.47	-4.41	-7.92	-5.98	-3.67	0.69	3.78	5.31	11.32	5.48	16.53	15.26	14.22	9.99
PQ	23.16	24.24	22.14	15.25	20.2	23.95	24.43	14.79	21	22.16	23.58	22.53	22.32	20.29
XQ	21.67	22.67	21.67	12.32	19.33	23.73	21.71	11.13	18.78	21.44	23.25	21.31	21.9	19.89
DQ	24.91	25.43	22.3	17.36	20.96	24.38	25.2	21.99	23.09	23.51	23.73	23.46	23.03	20.75
GP	39.55	40.38	38.58	33.13	35.82	39.12	39.02	29.88	34.28	35.7	36.96	35.75	35.54	34.6
GX	38.08	38.57	38.37	28.94	35.35	38.94	36.83	26.07	32.79	35.22	36.29	34.73	34.82	34.23
GD	41.25	41.53	38.72	35.47	36.19	39.49	39.82	35.27	36.45	36.78	37.14	36.86	36.58	35.13
XP	-27.82	-22.04	-28.6	-26.55	-25.76	-15.06	-13.08	-23.16	-3.72	-8.58	1.02	-2.65	-5.64	-7.88
XX	-35.88	-25.42	-31.01	-36.89	-31.95	-15.54	-23.42	-37.55	-8.73	-10.88	-0.81	-5.99	-8.98	-10.27
XD	-23.8	-20.13	-25.26	-20.99	-20.47	-14.7	-9.23	-9.02	-1.07	-5.78	1.73	-0.63	-1.54	-4.52
JP	4118.81	4521.59	3735.14	2371.52	3237.62	4661.77	4895.71	2661.74	5690.39	4846.75	7661.41	6462.12	6231.46	5431.13
JX	3308.76	4274.18	3308.76	1624.24	2894.86	4618.9	3978.69	1385.63	4354.79	4558.25	7257.08	5049.69	5867.44	4947.84
JD	4655.08	4597.19	4002.97	2735.22	3616.47	4713.19	5403.84	4805.37	6704.03	5512.09	7815.79	7439.38	7199.73	6064.84
SP	110.97	40.46	165.59	375.92	452.66	740.18	788.8	580.97	1058.56	842.62	1294.95	1141.99	870.7	993.53
SX	15	34.98	75.33	255.17	363.9	712.2	483.83	74.58	894.04	710.82	1142.28	911.44	653.19	967.82
SD	380.74	62.57	380.74	517.12	515.61	780.43	938.15	894.3	1210.52	1008.61	1515.68	1420.48	994.6	1026
WP	10.43	11.79	10.26	6.24	9.03	12.49	13.36	7.51	15.92	14.04	19.58	17.77	17.29	14.87
WX	9.71	10.85	9.89	4.7	8.55	12.28	10.59	4.44	13.01	13.6	19.18	13.6	16.79	14.42
WD	11.03	12.48	10.47	7.43	9.78	12.91	14.34	13.31	18.33	14.56	19.77	19.41	18.09	15.36
ZP	23.6	19.47	6.2	1.18	1.12	1.07	1.03	0.93	0.86	0.91	1.02	0.96	1.2	0.87
ZX	1.94	12.18	1.94	0.51	0.86	1	0.88	0.28	0.7	0.85	0.84	0.83	0.91	0.77
ZD	55.83	21.56	9.28	1.94	1.4	1.11	1.31	3.41	1.09	0.96	1.16	1.37	1.93	1.01

注：TP、TX、TD 分别代表年平均气温平均值、最小值、最大值；PY、XY 、DY 分别代表 1 月气温的平均值、最小值、最大值；GP、GX、GD 分别代表最热月气温平均值、最小值、最大值；XP、XX、XD 分别代表最冷月气温平均值、最小值、最大值；JP、JX、JD 分别代表大于年 0℃积温平均值、最小值、最大值；SP、SX、SD 分别代表年降水量平均值、最小值、最大值；WP、WX、WD 代表年均生物学温度平均值、最小值、最大值；ZP、ZX、ZD 代表 PER 平均值、最小值、最大值。$S_1 \sim S_{14}$ 代表吐鲁番斗鸡、和田黑鸡、拜城油鸡、海东鸡、藏鸡、略阳鸡、静原鸡、太白鸡、云龙矮脚鸡、盐津乌骨鸡、西双版纳斗鸡、无量山乌骨鸡、武定鸡、他留乌骨鸡。

表 7.21　种质资源物种丰富度与 3 个主分量的相关性

		P_1	P_2	P_3
猪	Pearson 相关性	.089**	−.007	.073**
	显著性（双侧）	.000	.215	.000
羊	Pearson 相关性	.014*	−.014*	−.084**
	显著性（双侧）	.012	.013	.000
鸡	Pearson 相关性	.092**	−.023**	.017**
	显著性（双侧）	.000	.000	.003
栽培植物	Pearson 相关性	.058**	−.047**	.003
	显著性（双侧）	.000	.000	.573

*表示显著（$P<0.05$）；**表示极显著（$P<0.01$）。

表 7.22　种质资源物种丰富度与 3 个主分量的回归方程特征

模型	R	R^2	调整 R^2	标准估计的误差	R^2 更改	F 更改	df_1	df_2	Sig. F 更改	Durbin-Watson
猪	.115	.013	.013	.19203	.013	148.193	3	33205	.000	1.715
羊	.087	.007	.007	.17625	.007	83.479	3	33205	.000	1.704
鸡	.097	.009	.009	.18775	.009	104.345	3	33205	.000	1.601
栽培植物	.075	.006	.006	.23987	.006	62.605	3	33205	.000	1.716

注：R 为决定系数。

说明受到高低温因素影响大。

2. 家养动物

三类家养动物丰富度与三个主分量的多元线性回归方程比较复杂。表 7.21 和表 7.23 表明，猪分布受到不同气候要素影响，在标准化系数中，与第一和第二主分量系数较高，说明受到高低温因素影响大。羊分布受到不同因素影响，从表中可以看到品种丰富度与气候要素关系比较复杂，并且决定系数不高。在标准化系数中，与第一和第二主分量系数较高，说明受到高低温因素影响大。鸡分布受到不同因素影响，从表中可以看到品种丰富度与气候要素关系比较复杂，并且决定系数不高。在标准化系数中，与第一和第二主分量系数较高，说明受到高低温因素影响大。

表 7.23　种质资源物种丰富度与 3 个主分量的回归方程

模型	非标准化系数 B	标准误差	标准系数（试用版）	t	Sig.	B 的 95.0%置信区间 下限	上限	相关性 零阶	偏	部分
猪 （常量）	.032	.001		30.434	.000	.030	.034			
P_1	.017	.001	.089	16.314	.000	.015	.019	.089	.089	.089
P_2	−.001	.001	−.007	−1.247	.212	−.003	.001	−.007	−.007	−.007
P_3	.014	.001	.073	13.300	.000	.012	.016	.073	.073	.073
羊 （常量）	.024	.001		25.188	.000	.022	.026			
P_1	.002	.001	.014	2.529	.011	.001	.004	.014	.014	.014
P_2	−.002	.001	−.014	−2.505	.012	−.004	−.001	−.014	−.014	−.014
P_3	−.015	.001	−.084	−15.420	.000	−.017	−.013	−.084	−.084	−.084

续表

模型		非标准化系数		标准系数试用版	t	Sig.	B 的 95.0%置信区间		相关性		
		B	标准误差				下限	上限	零阶	偏	部分
鸡	（常量）	.030	.001		28.906	.000	.028	.032			
	P_1	.017	.001	.092	16.894	.000	.015	.019	.092	.092	.092
	P_2	−.004	.001	−.023	−4.292	.000	−.006	−.002	−.023	−.024	−.023
	P_3	.003	.001	.017	3.032	.002	.001	.005	.017	.017	.017
植物	（常量）	.037	.001		28.458	.000	.035	.040			
	P_1	.014	.001	.058	10.604	.000	.011	.017	.058	.058	.058
	P_2	−.011	.001	−.047	−8.663	.000	−.014	−.009	−.047	−.047	−.047
	P_3	.001	.001	.003	.566	.572	−.002	.003	.003	.003	.003

注：P_1、P_2、P_3、表示第一、第二、第三主分量。

7.3.3　讨论与小结

种质资源与气候要素关系比较复杂，不同物种的品种多样性与气候要素关系不同，栽培植物适应的气候差异巨大，家养动物分布适应的气候特征也不同。这些复杂性是因为种质资源受到人类活动影响较大。另外，不同种质资源物种丰富度与气候要素关系不同。这些关系与种质资源物种的多少，以及种类及品种的选择有一定的关系。

中国种质资源非常丰富（国家畜禽遗传资源委员会，2011a，b），本书选择部分物种资源进行分析，这仅反映了这些物种适应的气候特征，并且品种丰富度与气候要素关系也只是反映了选择物种的丰富度与气候要素关系。如果选择所有种质资源，则气候要素与品种多样性关系将可能不同。

7.4　有害生物多样性与气候要素的关系

虫害的发生、发展及危害程度都与气象气候条件存在直接或间接的关系，气象及气候因素的改变将使农林病虫害的发生及危害程度发生改变。温度、降水、湿度、日照、风速等气候气象条件既可能直接影响昆虫的发育、繁殖、分布、迁移和适应，又可能通过对昆虫的寄主作物、天敌的作用而间接影响害虫的活动与危害。一些大范围暴发的毁灭性的农林作物病虫害的发生和流行更是与气象气候因素密切相关，气象气候因素的改变将直接影响病虫害的流行暴发和危害。害虫活动、病菌活动、入侵生物、鼠，以及对人体危害的生物都与气候要素关系密切。

7.4.1　有害生物适应的气候特征

（1）90 种农林害虫适宜分布区的年均气温为 6.73~20.76℃，年均最高气温为 13.16~25.43℃，年均最低气温为 1.19~17.51℃，年极端最高气温为 33.46~39.79℃，年极端最低气温为 −29.92~0.41 ℃，年降水量为 384.8~1961 mm，年均相对湿度为 56.65%~80.29%，年均日照时数为 1298~2686 h。

（2）桉树乳白蚁、兰圆蚧、台湾环蛱蝶、刺洋圆盾蚧、马尾松腮扁叶蜂、中华斑水螟受多种气候要素的影响较大，分布相对狭窄；糖槭蚧、松大蚜、苹果黄蚜、苹果瘤蚜、白毛蚜、杨树白毛蚜、黄栌胫跳甲、萧氏松茎象、柳丽细蛾、槐树小卷蛾、黑星麦蛾、伊藤厚丝叶蜂、延庆腮扁叶蜂、白蜡哈氏茎蜂、窄胸偏角树蜂、光腹夜蛾、梨实蜂、东亚飞蝗适应的气候要素变化值范围较大，分布广泛。

（3）不同气候因素对不同害虫限制作用不同，日照时数是橄榄片盾蚧、二色弯颈象、小叶女贞木蠹象、斜线网蛾等虫分布的限制性因子；年降水量和相对湿度是兰圆蚧、八角长足象、卷树叶象等虫分布限制性因子；年均气温是远东杉苞蚧、咖啡黑盔蚧、龙眼角颊木虱等虫分布的限制性因子；日照和降水量是角斑绢网蛾、明亮长脚金龟子限制因子，温湿度组合和日照是柳瘿叶蜂分布的限制因子（表 7.24）。

表 7.24 农林害虫对应的气候要素

昆虫名称	最高 pjqw /℃	最低 pjqw /℃	最高 pjzgqw /℃	最低 pjzdqw /℃	最高 jdzgqw /℃	最低 jdzdqw /℃	最高 pjxdsd /%	最低 pjxdsd /%	最高 jsl /mm	最低 jsl /mm	最高 rzss /h	最低 rzss /h
桉树乳白蚁	21.07	18.2	24.36	14.78	39.66	−6.93	80.21	79.86	1491	1342	2165	1467
兰圆蚧	19.85	15.8	24.34	12.19	39.46	−13.47	76.79	75.92	1508	1000	1919	1258
栗链蚧	21.99	1.95	27.49	−3.92	40.47	−37.49	80.5	56.49	1669	530	2571	1344
异喀木虱	26.59	−2.52	28.95	−9.88	38.78	−46.42	80.58	56.61	1762	435	2770	1139
龙眼角颊木虱	26.59	5.82	28.96	0.25	41.79	−33.62	82.95	52.71	2152	267	2840	1024
叉茎叶蝉	18.65	12.19	23.34	9.38	39.59	−13.04	78.86	67.91	1650	543	2715	1706
杨蛎盾蚧	16.49	5.9	20.11	0.45	41.16	−35.76	82.11	55.26	1639	184	2945	1767
刺洋圆盾蚧	7.62	7.62	15.17	1.19	35.93	−29.92	56.65	56.65	437	437	2614	2614
橄榄片盾蚧	22.02	0.84	26.79	−6.11	40.19	−37.71	81.57	37.45	1694	56	3181	1229
华山松球蚜	23.56	0.15	28.52	−8.15	41.46	−42.35	84.53	35.79	2076	190	3193	1064
杨树绵蚧	17.46	3.28	21.3	−3.41	40.71	−41.1	80.39	59.01	1328	523	2650	1071
咖啡黑盔蚧	14.27	1.96	20.05	−3.98	41.57	−34.43	67.11	46.93	626	197	2942	2191
樟叶木虱	23.99	9.19	28.53	3.28	39.59	−26.21	84.38	55.27	2102	410	2715	1607
大腿管蓟马	21.51	2.9	25.94	−1.8	40.84	−34.05	81.76	59.49	1607	573	2703	1160
八角长足象	22.49	2.64	27.39	−4.57	38.22	−33.01	81.44	35.14	1810	85	3221	1788
核桃长足象	22.71	3.09	27.23	−1.78	40.44	−37.49	82.09	53.7	2264	288	2768	1022
杞柳跳甲	24.04	1.58	28.13	−4.88	41.84	−41.38	84.39	48.23	1768	173	3152	1120
栎旋木柄天牛	20.96	10.49	24.71	5.37	40.31	−24.63	81.57	59.84	1964	503	2637	1160
槌木叶甲	22.58	5.67	26.4	0.38	40.98	−35.3	85.27	58.29	1968	480	2697	1004
二色弯颈象	18.87	12.87	24.82	7.72	38.25	−19.64	73.72	66.51	993	704	2425	2108
明亮长脚金龟子	19.23	−0.2	24.45	−6.03	40.66	−34.28	83.43	38.05	1632	178	3127	1154
双滴斑芫菁	21.81	9.19	26.52	3.28	38.64	−26.21	79.26	55.27	1618	410	2607	1674
卷树叶象	19.25	14.54	24.71	10.9	38.58	−14.84	80.11	78.34	1687	1354	1863	1511
小叶女贞木蠹象	15.88	9.53	22.17	5.13	36.98	−27.02	73.96	59.31	989	689	2565	2409
华山松木蠹象	21.12	5.08	28.25	−1.94	41.46	−34.6	82.69	51.15	2084	369	2841	1064
云南木蠹象	21.9	5.08	29.23	−1.94	41.46	−34.6	84.59	51.15	2199	369	2841	1064

续表

昆虫名称	最高 pjqw /℃	最低 pjqw /℃	最高 pjzgqw /℃	最低 pjzdqw /℃	最高 jdzgqw /℃	最低 jdzdqw /℃	最高 pjxdsd /%	最低 pjxdsd /%	最高 jsl /mm	最低 jsl /mm	最高 rzss /h	最低 rzss /h
日本鞘瘿蚊	20.59	12.51	25.74	7.99	40.63	−18.21	76.57	61.34	1716	552	2564	1825
闪光鹿蛾	22.6	15.09	26.55	12	39.95	−13.99	82.88	76.39	1974	1124	2048	1493
白线尖须夜蛾	22.48	12.19	26.35	9.38	39.95	−14.74	81.42	67.91	1958	543	2715	1551
并线尖须夜蛾	22.48	5.48	26.35	−0.54	40.97	−34.15	82.88	53.32	1958	358	2962	1493
张卜馍夜蛾	22.83	1.3	26.9	−4.55	40.7	−41.81	81.68	53.32	1958	288	2962	1151
臀珠斑凤蝶	22.83	2.99	26.9	−2.14	40.7	−38.21	84.08	54.65	1692	200	2936	1201
落叶松鞘蛾	22.98	−0.88	26.71	−7.62	41.1	−45.45	83.05	47.42	1906	341	3015	1105
栎小透翅蛾	17.9	12.41	22.38	6.83	41.12	−22.93	81.23	61.54	1606	470	2549	1055
斑冬夜蛾	18.04	6.91	22.25	1.61	40.85	−33.36	80.89	54.98	1726	512	2747	1515
中华斑水螟	16.01	15.09	20.23	12	39.95	−13.99	82.88	76.39	1650	1124	2048	1493
达光裳夜蛾	17.34	6.7	21.9	1.06	40.73	−33.92	80.89	54.98	1598	512	2747	1616
油松叶小卷蛾	24.64	3.74	28.74	−1.53	40.73	−34.45	80.28	41.4	1713	64	3152	1404
高山毛顶蛾	24.75	0.29	28.93	−5.94	39.96	−34.28	81.14	52.97	1511	168	2875	1477
角斑绢网蛾	14.37	9.38	19.14	3.27	39.22	−27.18	63.08	53.22	684	202	2971	2535
沙棘木蠹蛾	22.57	−1.4	26.91	−8.14	41.59	−37.84	81.84	39.98	1896	53	3226	1132
黑龙江松天蛾	17.34	6.7	21.9	1.06	41.1	−33.92	80.89	54.98	1598	476	2765	1616
木麻黄拟木蠹蛾	23.34	4.93	27.03	−1.05	38.39	−31.89	83.77	55.34	1718	450	2733	1165
线蛱蝶	19.25	6.42	24.71	0.35	40.5	−33.36	80.11	51.46	1687	377	2822	1511
褐顶毒蛾	21.96	15.09	26.79	10.79	40.7	−17.14	86.2	73.23	1663	933	2108	1099
绵山天幕毛虫	16.01	7.62	22.47	1.19	40.72	−29.92	78.09	56.65	1495	431	2614	1882
台湾环蛱蝶	19.25	19.25	24.71	15.55	38.58	−6	78.34	78.34	1687	1687	1750	1750
广州小斑螟	22.51	17.34	26.48	12.49	38.23	−2.3	82.29	73.84	2585	1114	2154	1295
江浙垂耳尺蠖	20.7	14.34	23.88	10.2	39.95	−14.74	81.42	71.56	1681	897	2232	1372
丝点足毒蛾	18.94	3.29	23.18	−2.64	38.69	−39.66	77.66	60.59	1916	537	2501	1486
桉环小卷蛾	25.72	−2.94	29.52	−9.07	39.65	−36.67	84.69	45.62	2152	149	3261	1453
三色星灯蛾	20.7	4.91	25.11	−0.96	40.43	−24.28	80.36	56.26	1916	526	2730	1116
沙朴锤角叶蜂	21.1	11.14	26.3	6.84	39.04	−21.19	80.07	64.83	1700	714	2567	1713
丹巴腮扁叶蜂	24.75	1.77	28.93	−3.28	40.87	−31.9	83.43	48.72	1511	168	2901	1154
马尾松腮扁叶蜂	17.82	16.5	21.6	12.98	40.77	−9.29	81.05	79.59	1354	1027	1856	1044
日本扁足叶蜂	18.5	9.98	23.95	4.12	39.89	−25.53	80.97	56.03	1715	446	2825	1657
靖远松叶蜂	21.07	3.51	25.97	−3.12	40.68	−41.93	80.91	51.47	1883	242	2835	1518
落叶松种子小蜂	21.25	−0.88	23.43	−7.62	40.08	−45.45	80.61	44.57	1350	64	3233	1502
红黄半皮丝叶蜂	18.5	1.95	23.21	−3.92	40.54	−35.99	85.27	49.28	1741	164	3062	1243
蔷薇大痣小蜂	19.85	8.13	24.34	2.22	39.77	−29.95	76.82	58.76	1508	476	2765	1258
圆柏大痣小蜂	23.07	−3.66	26.86	−10.34	39.8	−39.76	81.4	38.05	1829	131	3127	1703
杨潜叶叶蜂	22.24	3.28	26.19	−2.01	41.45	−39.23	79	51.95	1896	478	2752	1927
丰宁新松叶蜂	22.46	6.9	26.25	0.43	39.42	−28.27	82.05	54.06	2212	242	2783	1106
苏铁蛎盾蚧	15.4	6.7	20	1.06	40.73	−33.92	77.66	54.98	1877	187	2911	1765

续表

昆虫名称	最高 pjqw /℃	最低 pjqw /℃	最高 pjzgqw /℃	最低 pjzdqw /℃	最高 jdzgqw /℃	最低 jdzdqw /℃	最高 pjxdsd /%	最低 pjxdsd /%	最高 jsl /mm	最低 jsl /mm	最高 rzss /h	最低 rzss /h
远东杉苞蚧	12.2	4.22	16.18	-1.36	36.84	-37.5	83.43	65.61	952	516	2597	1154
华山松大小蠹	22.71	-1.25	25.78	-7.8	41.01	-36.08	81.94	40.03	2264	273	3002	1046
光穿孔尺蛾	21.1	18.1	26.3	15.1	39.04	-6	80.07	78.34	1700	1451	1750	1713
哑铃带钩蛾	22.48	7.39	26.35	1.05	39.95	-26.34	81.68	53.7	1958	288	2768	1551
斜线网蛾	20.4	5.48	27.52	-0.54	40.97	-34.15	82.21	53.32	2035	288	2962	994
柳瘿叶蜂	12.74	3.28	18.86	-3.41	41.14	-41.1	83.43	39.54	952	42	3265	1154
糖槭蚧	25.59	-4.21	29.47	-12	41.7	-47.81	85.34	35.52	2322	36	3289	1010
松大蚜	25.43	-4.18	29.42	-11.4	41.7	-49.5	87.79	32.14	2428	27	3447	970
苹果黄蚜	25.59	-3.63	29.47	-10.1	42.14	-47.81	85.34	33.71	2322	26	3380	1010
苹果瘤呀	25.59	-4.22	29.47	-10.94	41.89	-47.81	85.62	32.58	2337	36	3351	978
白毛蚜	26.87	-4.18	29.42	-11.4	41.89	-49.5	87.79	30.78	2419	27	3447	970
杨树毛白蚜	25.43	-4.18	29.42	-11.4	41.7	-49.5	87.79	32.14	2419	27	3447	970
萧氏松茎象	24.34	-1.56	28.6	-7.65	41.6	-40.91	84.96	39.11	2195	55	3210	983
黄栌胫跳甲	25.43	-4.18	29.42	-11.4	41.7	-49.5	87.79	32.14	2419	27	3447	970
柳丽细蛾	25.43	-4.18	29.42	-11.4	41.7	-49.5	87.79	32.14	2419	27	3447	970
槐树小卷蛾	25.43	-4.18	29.42	-11.4	41.7	-49.5	87.79	32.14	2419	27	3447	970
黑星麦蛾	25.43	-4.22	29.42	-11.4	41.89	-49.5	87.79	32.14	2419	27	3447	970
伊藤厚丝叶蜂	25.43	-4.18	29.42	-11.4	41.7	-49.5	87.79	32.14	2419	27	3447	970
延庆腮扁叶蜂	25.43	-4.18	29.42	-11.4	41.7	-49.5	87.79	32.14	2419	27	3447	970
白蜡哈氏茎蜂	25.43	-4.18	29.42	-11.4	41.7	-49.5	87.79	32.14	2419	27	3447	970
窄胸偏角树蜂	25.43	-4.18	29.42	-11.4	41.7	-49.5	87.79	32.14	2419	27	3447	970
光腹夜蛾	26.56	-3.3	28.92	-10.4	41.86	-47.71	85.89	32.35	2321	33	3356	992
梨实蜂	25.59	-4.18	29.47	-11.4	42.14	-49.5	87.79	32.14	2419	26	3447	970
落叶松锉叶蜂	22.46	3.81	26.25	-1.66	41.1	-37.6	82.05	54.06	2212	184	2939	1106
魏氏锉叶蜂	14.46	3.52	20.32	-1.9	41.1	-37.6	69.13	51.05	841	389	2933	2138
东亚飞蝗	26.81	-4.22	29.76	-11.4	42.61	-49.5	87.79	29.56	2419	16	3498	957

注：最高 pjqw. 年均气温的最大值；最低 pjqw. 年均气温的最小值；最高 pjzgqw. 年均最高气温的最大值；最低 pjzdqw. 年均最低气温的最小值；最高 jdzgqw. 年极端最高气温的最大值；最低 jdzdqw. 年极端最低气温的最小值；最高 pjxdsd. 年均相对湿度的最大值；最低 pjxdsd. 年均相对湿度的最小值；最高 jsl. 年降水量的最大值；最低 jsl. 年降水量的最小值；最高 rzss. 年日照时数的最大值；最低 rzss. 年日照时数的最小值。

7.4.2　有害生物丰富度与气候要素的关系

由于受多种因素的影响，害虫的空间分布很不均匀，在行政区划单元上显示，河北省分布的害虫种类最多，其次是山东、河南、江西、宁夏，次之是东北、华东、华中、华南、西南的多数省份，内蒙古、新疆、西藏、青海的害虫种类最少。

从经纬度的角度分析，我国害虫在 7°~53°N、76°~135°E 均有分布。在纬度方向上，7°~16°N 害虫的分布区很少，只有两个地方，并且种类是 1 种，18°~32°N 丰富度为 1~9，

33°~43°N 丰富度为 1~22，44°~53°N 丰富度为 1~4，在 41°N 处丰富度达到最大，为 22 种；在经度方向上，76°~88°E 丰富度为 1~3，94°~112°E 丰富度为 1~7，113°~120°E 丰富度为 1~22，121°~135°E 丰富度为 1~9，在 118°E 处丰富度达到最大，为 22 种。

丰富度与经纬度之间的关系基本上为正态分布，并且丰富度与两者之间都呈正相关性（r=0.139，P<0.01；r=0.231，P<0.01），具有极显著的线性关系。

我国 90 种农林害虫丰富度与年均气温、年均最高气温、年均最低气温、年极端最低气温、年均相对湿度、年降水量、年日照时数呈现负相关性，与年极端最高气温呈现正相关性，但相关系数都很低；丰富度与年均气温、年均最高气温、年均最低气温、年极端最高气温、年均相对湿度、年降水量、年日照时数之间具有极显著的统计学关系（表 7.25）。

表 7.25　不同气候要素与害虫丰富度的相关系数

气候要素	r	P	气候要素	r	P
年均气温/℃	−0.022	<0.01	年极端最低气温/℃	−0.058	0.513
年均最高气温/℃	−0.014	<0.01	年均相对湿度/%	−0.080	<0.01
年均最低气温/℃	−0.031	<0.01	年降水量/mm	−0.101	<0.01
年极端最高气温/℃	0.126	<0.01	年日照时数/h	−0.110	<0.01

年均气温−5~3℃丰富度为 1~14，3~17℃丰富度为 1~22，17~26℃丰富度为 1~15；在年均最高气温 2~10℃丰富度为 1~14，10~23℃丰富度为 1~22，23~30℃丰富度为 1~15；在年均最低气温−12~−3℃丰富度为 1~14，−3~15℃丰富度为 1~22，15~25℃丰富度为 1~15；在年极端最高气温 23~33℃丰富度为 1~14，33~42℃丰富度为 1~22；在年极端最低气温−50~−41℃丰富度为 1~13，−41~6℃丰富度为 1~22，15~17℃丰富度为 1~2；在年相对湿度 29%~40%丰富度为 1~13，40%~54%丰富度为 1~16，54%~72%丰富度为 1~22，72%~88%丰富度为 1~17；在年降水量 26~290 mm 丰富度为 1~13，290~850 mm 丰富度为 1~22，850~1490 mm 丰富度为 1~14，1490~1700 mm 丰富度为 1~17，1700~2500 mm 丰富度为 1~13；在年日照时数 950~1600 h 丰富度为 1~14，1600~2300 h 丰富度为 1~17，2300~3000 h 丰富度为 1~22，3000~3500 h 丰富度为 1~13。各气候要素下害虫丰富度变化总体上呈抛物线形趋势，年均气温为 3~18℃，或年均最高气温为 10~22℃，或年均最低气温为−5~15℃，或极端最高气温为 35~42℃，或极端最低气温为−35~−25℃，或年相对湿度为 55%~85%，或年降水量为 300~1000 mm，或年日照时数为 2200~3200h 丰富度都较高。

7.4.3　讨论

本书研究的 90 种害虫其物种丰富度与经、纬度间相关性不高，但并不能因此说明昆虫地理分布不受经纬度影响，可能与所选择昆虫种类有关。昆虫种类组成与植被类型的群落层次及植物种类组成也有关。如果当地的植物类型群落层次及植物种类较丰富，也会吸引多种类的昆虫的存在。猫儿山天牛科昆虫群落变化主要与植被类型有关，植被类型的变化不仅会影响大牛群落的种类组成，还会影响小环境中的温度、湿度等气候条件及天牛的栖息和繁衍条件，从而影响天牛的数量。昆虫种类较多的地区正是植物群落丰富的地区。另外，海拔因素对害虫分布也可能有一定影响，海拔一方面通过改变植物群落组成间接影响天牛群落的种类组成，另一方面与月份一样，通过改变植物群落的外貌及生境中的小气候条件如温度、湿度等影响害虫的发生期和发生量。同时，种间的生存竞争也是昆虫种分布的限制因素，尤其是在一个新种侵入一个新地区的初期，常与当地种产生了竞争，包括食物、空间和寄生、捕食关系等，结果使新侵入种被消灭淘汰或获胜而繁殖起稳定的种群。土壤条件还会对植物的组成发生影响。因而，土壤条件不仅对土中生活的昆虫，而且对其他类群的分布及种群密度发生作用。土壤的酸碱度对昆虫的影响是比较明显的，其显著差异与一些种类分布有关（李艳等，2012）。

7.5　结　　论

（1）气候与野生植物多样性关系体现在气候因素影响了植物的分布，不同植物适应的气候因素不同。这些植物适应的温度为-4~26℃，适应1月温度为-19~20℃，适应7月温度为17~30℃，极端最高温度为30~41℃，极端最低气温为-47~6℃；大于0℃积温为2000~9000℃。年降水量为25~2500 mm；年均生物学温度为6~24℃；PER为0.1~23。苔藓植物、蕨类植物、裸子植物、被子植物丰富度与气候要素关系不同。一般而言，高温与低温与这些植物丰富度关系密切。

（2）气候与野生动物多样性关系体现在气候因素影响了动物的分布，不同动物适应的气候因素不同，鸟类、兽类、两栖类、爬行类物种丰富度与气候要素关系不同。这些动物适应的年均气温范围为-5~27℃，1月温度为-30~21℃，适应7月温度为10~29℃，极端最高温度为26~41℃，极端最低气温为-50~3℃；大于0℃积温为1200~8000℃。年降水量为15~2500 mm；年均生物学温度为3~25℃；PER为0.2~56不同动物的丰富度与气候要素关系不同。一般而言，高温与低温与这些动物丰富度关系密切，但这些动物丰富度与气候要素的线性关系复杂。

（3）气候与栽培植物多样性关系体现在气候因素影响了植物的分布，不同植物丰富度与气候要素关系不同。栽培植物适应的年均气温范围为-1~23℃，1月适应温度为-23℃~16℃，7月温度为13~29℃，极端最高温度为25~42℃，极端最低气温为-37~6℃；大于0℃积温为1600~8000℃。年降水量为36~2400 mm；年均生物学温度为5.2~22℃；PER为0.2~5。高温与低温与这些植物丰富度关系密切，但这些植物丰富度与气候要素的线性关系复杂。

（4）气候与家养动物关系体现在气候因素影响了家养动物的分布，不同动物适应的气候因素不同，家养动物丰富度与气候要素关系不同。家养动物年均气温范围为-2~21℃，1月温度为-13~17℃，7月温度为10~27℃，极端最高温度为25~40℃，极端最低气温为-31~2℃；大于0℃积温为1300~8000℃。年降水量为300~1800 mm；年均生物学温度为5~21℃；PER为0.3~1.9。家养动物丰富度与气候要素关系不同。高温与低温与这些动物丰富度关系密切，但这些动物丰富度与气候要素的关系复杂。

（5）气候与有害生物关系体现在气候因素影响了有害生物的分布，不同有害生物适应的气候因素不同。90 种农林害虫在 7°~53°N、76°~135°E 均有分布，其中在 36°~43°N、110°~120°E 丰富度较高。丰富度与两者之间都呈正相关性，具有极显著的线性关系。害虫丰富度与年均气温、年均最高气温、年均最低气温、年极端最低气温、年均相对湿度、年降水量、年日照时数七项气候要素呈现负相关性，与年极端最高气温呈正相关性，但相关系数都较低。各气候要素下 90 种害虫丰富度变化总体上呈抛物线形趋势，年均气温为 3~18℃，或年均最高气温为 10~22℃，或年均最低气温为 –5~15℃，或极端最高气温为 35~42℃，或极端最低气温为 –35~–25℃、或年相对湿度为 55%~85%，或年降水量为 300~1000 mm，或年日照时数为 2200~3200h 丰富度都较高。

参 考 文 献

白惠卿, 吴建国, 潘学标. 2016. 影响我国荔枝分布的关键气候要素分析. 果树学报 33(4): 436~443.

蔡波, 黄勇, 陈跃英, 等. 2012. 中国蛇类物种丰富度地理格局及其与生态因子的关系. 动物学研究, 33(4): 343~353.

陈功锡, 杨斌, 邓涛, 等. 2014. 中国蕨类植物区系地理若干问题研究进展. 西北植物学报, 34(10): 2130~2136.

丁晶晶, 刘定震, 李春旺, 等. 2012. 中国大陆鸟类和兽类物种多样性的空间变异. 生态学报, 32(2): 0343~0350.

龚晔, 景鹏飞, 魏宇昆, 等. 2014. 中国珍稀药用植物白及的潜在分布与其气候特征. 植物分类与资源学报, 36(2): 237~244.

国家畜禽遗传资源委员会. 2011a. 中国畜禽遗传资源志——羊志. 北京: 中国农业出版.

国家畜禽遗传资源委员会. 2011b. 中国畜禽遗传资源志——猪志. 北京: 中国农业出版.

何奇瑾, 周广胜, 隋兴华, 等. 2012. 1961~2010 年中国春玉米潜在种植分布的年代际动态变化. 生态学杂志, 31(9): 2269~2275.

黄继红, 马克平, 陈彬. 2014. 中国特有植物多样性及其地理分布. 北京: 高等教育出版社.

李果, 沈泽昊, 应俊生, 等. 2009. 中国裸子植物物种丰富度空间格局与多样性中心. 生物多样性, 17(3): 272~279.

李艳, 吴建国, 谢立勇, 等. 2012. 分布狭窄昆虫与气候要素关系研究. 环境科学研究, 25(5): 533~542.

李艳. 2012. 中国典型农林害虫地理分布格局及其与气候要素关系的研究. 沈阳: 沈阳农业大学硕士学位论文.

林鑫, 王志恒, 唐志尧, 等. 2009. 中国陆栖哺乳动物物种丰富度的地理格局及其与环境因子的关系. 生物多样性, 17(6): 652~663.

刘澍, 郑成洋, 张腾, 等. 2014. 中国鸟类物种丰富度的地理格局及其与环境因子的关系. 北京大学学报(自然科学版), 50(3): 429~438.

刘声传, 曹雨, 鄢东海, 等. 2013. 贵州野生茶树资源地理分布和形态特征与气候要素的关系. 茶叶科学, 33(6): 517~525.

刘寿东, 于晋秋, 哈纳提. 2010. 新疆家畜地理分布气候模式研究. 中国农学通报, 26(8): 294~297

马婷, 司马永康, 马惠芬, 等. 2012. 大果藤黄地理分布与气候因子的关系. 广东农业科学, 15: 16~18

欧阳平, 王加斌. 1993. 阿坝州羊的种群分布与气候生态环境关系探讨. 西南民族学院学报, 19(1): 25~30.

王翠红. 2004. 中国陆地生物多样性分布格局的研究. 山西大学博士学位论文.

王加斌. 2004. 阿坝州马的数量分布与气候生态环境关系的探讨. 西南民族大学学报, 30(6): 770~774.

吴建国, 周巧富. 2012a. 中国嵩草属植物地理分布模式和适应的气候特征. 植物生态学报, 36(3): 199~221.

吴建国, 周巧富. 2012b. 中国嵩草属植物丰富度与气候要素的关系. 应用生态学报, 23(4): 1003~10017.

吴鹏程, 贾渝. 2006. 中国苔藓植物的地理分区及分布类型. 植物资源与环境学报, 15(1): 1~8.

武美香, 吴建国, 况明生, 等. 2011. 我国特有鸟类与气候要素关系的初步研究. 环境科学研究, 24(4): 409~420.

严岳鸿, 张宪春, 马克平. 2013. 中国蕨类植物多样性与地理分布. 北京: 科学出版社.

姚明灿. 2014. 中国两栖动物地理分布格局研究. 中南林业科技大学博士学位论文.

应俊生, 陈梦铃. 2011. 中国植物地理. 上海: 上海科学技术出版社.

应俊生. 2001. 中国种子植物物种多样性及其分布格局. 生物多样性, 9(4): 393~398.

张荣祖. 1999. 中国动物地理. 北京: 科学出版社.

张荣祖. 2010. 中国动物地理. 北京: 科学出版社.

张瑞, 黄贝, 周汝良. 2013. 中国陆栖哺乳动物特有种及其空间分布格局. 云南地理环境研究, 25(3): 65~70.

Brown J, Gillooly J, Allen A, et al. 2004. Toward a metabolic theory of ecology. Ecology, 85: 1771~1789.

Kerr J T, Packer L. 1997. Habitat heterogeneity as a determinant of mammal species richness in high-energy regions. Nature, 385: 252~254.

Qian H, Ricklefs R E. 2000. Large-scale processes and the Asian bias in species diversity of temperate plants. Nature, 407: 180~182.

Rosenzweig M L, Ziv Y. 1999. The echo pattern of species diversity: pattern and processes. Ecography, 22: 614~628.

Rosenzweig M. 1995. Species Diversity in Space and Time. Cambridge: Cambridge University Press.

Stevens G C. 1989. The latitudinal gradient in geographical range: How so many species coexist in the tropics. Am Nat, 133: 240~256.

第 8 章　气候变化对野生动植物多样性的
影响与风险

近几十年来，中国野生动植物多样性发生一定演变，这些变化受到气候变化和人类活动影响。本章分析了中国苔藓植物、蕨类植物、裸子植物、被子植物、鸟类、兽类、爬行类、两栖类近 50 年的演变特征，识别与归因了近 50 年来气候变化的影响，评估了未来 30 年气候变化风险。

8.1　近 50 年来野生动植物多样性的演变

近 50 年来，中国苔藓植物、蕨类植物、裸子植物、被子植物、鸟类、兽类、爬行类和两栖类的数量、分布范围和区域分布都已经改变。

8.1.1　野生植物多样性的演变

在中国知网，按照分布新记录搜索，植物就有 2644 条分布新记录文献，这些变化反映了野生动植物分布的变化信息。

1. 苔藓植物

中国苔藓植物物种数量，1951 年记录约 1900 多种，2011 年记录约有 2400 多种。31 个不同省份这些植物种类数量也呈现一定变化。

收集中国知网 2014 年以前公开发表的苔藓植物文献，1951~2010 年分布新记录的文献 184 条结果，每个文献分布新记录平均有 3 个种，估计中国苔藓植物中发现分布新记录的有 500 多种，这些植物物种分布变化导致部分区域苔藓植物物种多样性改变。

利用中国地名录，据分布新记录文献，结合中国苔藓志、数字植物标本馆（Chinese Virtual Herbarium，CVH）数据分析，发现分布改变明显的典型苔藓植物种类有 32 种（表 8.1）。约有一半植物分布向北部扩展（长尖叶墙藓、粗肋风尾藓、钝叶紫萼藓、复边藓、弯叶墙藓、黄边风尾藓、黄松箩藓、平叶墙藓、弯叶墙藓、微疣风尾藓、圆叶异萼苔等）；7 种植物分布南界改变，如长尖叶墙藓、短萼叶苔、平叶墙藓、弯叶墙藓、微疣风尾藓；10 种植物分布西界改变或东界改变；19 种植物分布中心向北扩展，10 种植物分布中心向南部扩展，如菠萝藓、复边藓，有些植物分布西界与东界改变，如叉齿异萼苔、丛生短月藓等；18 种植物分布中心向东扩展；10 种植物分布中心向西扩展。

表 8.1　近 50 年来典型苔藓植物分布变化

植物名	观测						预测					
	中心纬度	南界	北界	中心经度	西界	东界	中心纬度	南界	北界	中心经度	西界	东界
菠萝藓	1.26	0.00	0.00	5.54	0.00	0.00	0.40	0.00	0.00	1.11	0.00	0.00
叉齿异萼苔	0.33	0.00	0.00	1.42	0.00	0.15	1.10	0.80	0.98	0.66	−2.41	1.00
长尖叶墙藓	2.43	−3.02	6.38	0.88	0.00	0.00	−0.07	0.35	−0.13	−0.25	−0.23	−0.10
长叶青毛藓	−0.71	0.00	0.00	0.85	0.00	1.10	0.62	1.53	0.63	0.90	−4.90	0.65
丛生短月藓	0.38	0.00	0.77	5.83	0.00	11.67	0.68	2.37	0.85	0.80	−2.65	0.28
粗肋凤尾藓	1.49	0.00	2.84	−2.61	−2.15	0.00	0.49	0.03	0.60	0.41	0.07	0.03
粗叶青毛藓	−0.02	0.00	0.00	1.98	0.00	0.00	0.38	1.10	0.75	1.80	−3.15	1.25
大苞对叶藓	0.31	0.00	0.00	−0.32	0.00	0.00	−0.64	0.95	0.35	−0.46	1.15	0.18
大锦叶藓	−0.12	0.00	0.00	0.38	0.00	0.00	0.66	0.08	−0.20	0.32	0.15	0.04
大曲柄鲜	−0.57	0.00	0.00	−1.28	−0.16	0.00	1.31	0.00	−0.32	−2.44	0.08	0.42
短萼叶苔	−1.85	−7.25	0.00	−4.32	−18.45	0.00	0.38	0.00	0.00	1.11	0.25	0.00
短肢高领藓	1.28	0.00	0.22	1.88	0.00	0.00	0.60	0.00	2.57	0.21	0.30	0.40
钝叶紫萼藓	3.93	0.00	10.22	−1.30	0.00	0.00	0.15	0.32	2.70	−0.08	0.25	2.25
复边藓	11.57	0.00	15.80	0.78	−0.85	2.60	0.41	0.30	0.08	0.86	−0.94	0.00
旱藓	2.61	0.00	0.00	−0.99	−0.37	0.00	0.22	0.00	0.00	0.08	−0.15	0.00
黄边凤尾藓	1.07	0.00	7.10	0.15	−1.66	9.15	0.63	1.23	2.00	2.32	−3.93	1.23
黄松箩藓	2.55	0.00	3.82	12.62	0.00	18.93	1.02	0.98	1.60	1.49	−3.72	0.53
近高山真藓	−0.31	0.00	0.00	−0.34	0.00	0.00	0.25	0.20	0.20	1.03	−0.40	0.27
金黄银藓	−0.87	0.00	0.00	0.85	0.00	0.00	0.54	0.00	0.00	−0.09	0.00	0.00
锦叶藓	1.77	0.00	0.61	2.21	0.00	4.62	1.59	0.00	0.40	−3.34	0.11	−0.10
绿色溜苏藓	1.83	0.00	1.75	−7.88	−16.55	0.00	0.53	0.00	0.33	1.59	0.00	0.48
拟木毛藓	−0.88	−1.96	0.00	−1.73	0.00	0.00	0.50	0.09	−0.42	−0.17	−0.35	−0.16
平叶墙藓	0.71	−1.95	4.07	11.51	0.00	27.70	0.11	0.28	−0.17	0.34	−0.29	−0.10
弯叶墙藓	2.24	−3.05	10.03	−9.69	−11.45	0.00	−0.11	0.83	0.97	−0.24	2.45	1.20
微疣凤尾藓	4.38	0.00	9.72	1.27	0.00	0.00	1.44	0.00	−0.08	−2.43	0.08	0.05
小叶管口苔	−5.22	−14.73	2.07	−16.43	−40.03	0.00	−0.16	0.28	0.00	−0.51	−0.85	0.00
小叶苔	−7.57	−16.35	0.00	−10.44	−28.16	0.00	0.16	0.00	0.55	0.94	0.00	0.45
狭叶衰藓	0.00	0.00	0.00	0.00	0.00	0.00	0.28	0.36	−0.70	−1.41	−0.17	−0.45
芽苞银藓	0.00	0.00	0.00	0.00	0.00	0.00	0.66	0.00	0.00	0.33	0.00	0.00
圆叶异萼苔	1.15	0.00	1.92	3.14	0.00	10.18	0.83	0.13	1.59	1.44	0.08	1.02
中华短月藓	1.73	0.00	3.52	11.10	0.00	22.23	0.39	0.00	0.43	1.70	0.00	1.02
波叶圆叶苔	−0.15	0.00	0.00	−1.61	0.00	0.00	0.66	1.50	0.30	0.87	−4.85	0.80

2. 蕨类植物

中国蕨类植物种类也比较多，1950 年记录约 1900 种，2012 年记录有 2600 多种，个别蕨类植物认为已灭绝，区域性多样性变化较大。

收集中国知网 2014 年以前公开发表的蕨类植物文献，1951~2010 年分布新记录的文献有 139 条，每个文献分布新记录平均有 3 个种，估计分布新记录的有 400 多种，这些植物物种分布变化导致部分区域物种多样性改变。

利用中国地名录，根据分布新记录文献，结合中国苔藓志、数字植物标本馆数据，总结分布改变明显的典型蕨类植物中发生变化的 40 种（表 8.2），在这些分布范围改变明显的蕨类植物中，24 种植物分布向北部扩展，如川西金毛裸蕨、叉裂铁角蕨、东方狗脊等；14 种植物向南部扩展；16 种植物分布向东部扩展，如毛儿刺耳蕨；16 种植物向西部扩展；22 种植物分布中心改变向北移动，11 种植物分布向南移动；19 种植物分布向东部移动；15 种植物分布向西部移动。

表 8.2 近 50 年来典型蕨类植物分布变化

物种	观测						预测					
	中心纬度	南界	北界	中心经度	东界	西界	中心纬度	南界	北界	中心经度	东界	西界
叉裂铁角蕨	4.79	0.00	11.47	−16.56	−34.82	0.00	0.44	0.27	0.20	−0.18	−0.85	0.25
川西金毛裸蕨	1.15	0.00	12.10	1.92	0.00	13.48	0.29	0.00	0.00	0.09	0.25	0.00
粗根水蕨	−0.48	−2.72	0.00	0.68	0.83	1.33	1.68	0.00	0.18	−2.94	0.15	−0.05
大盖铁角蕨	0.33	0.00	0.00	1.05	0.00	0.00	0.73	0.15	0.80	1.18	0.18	1.92
大明凤尾蕨	0.59	0.00	1.63	−1.17	−3.40	0.00	0.94	0.00	3.05	−1.33	0.13	0.00
单叶凤尾蕨	0.00	0.00	0.00	0.00	0.00	0.00	0.49	0.05	1.53	0.12	0.18	−0.40
东方狗脊	0.85	0.00	5.61	−1.48	−7.93	0.05	1.40	0.00	0.02	−2.99	0.07	0.00
多羽凤尾蕨	0.22	−0.15	0.33	1.03	0.00	1.57	0.60	0.08	1.50	1.15	0.03	0.68
高大耳蕨	0.52	0.00	6.63	2.44	0.00	3.67	1.01	0.98	0.88	1.01	−3.72	1.03
贵阳铁角蕨	0.58	−0.65	8.90	1.63	0.00	13.64	0.62	1.23	0.80	2.27	−3.93	1.90
华南毛蕨	0.41	0.00	3.25	−0.11	0.00	0.00	1.00	0.00	2.20	−2.12	0.07	0.18
鸡冠凤尾蕨	−0.40	−0.80	0.00	−7.38	−14.75	0.00	0.78	0.06	2.07	0.15	0.25	−0.18
金毛裸蕨	0.42	−0.24	1.58	0.95	0.00	0.00	0.25	0.28	−0.03	0.01	−0.17	−0.20
阔叶凤尾蕨	0.64	−0.47	3.37	−0.02	0.00	0.00	0.45	0.67	1.64	1.51	−1.68	0.65
栗柄凤尾蕨	0.39	0.00	0.00	−0.86	−0.20	0.00	1.41	0.00	0.02	−2.57	0.04	0.00
陇南铁线蕨	0.05	0.00	0.41	0.20	0.00	0.00	0.52	0.12	0.00	1.31	0.00	0.00
毛儿刺耳蕨	1.27	0.00	7.52	2.75	0.00	11.20	−0.05	0.37	0.23	0.54	−0.23	0.02
密鳞鳞毛蕨	0.42	0.00	3.97	1.22	0.00	0.00	0.94	0.52	0.55	0.21	−1.63	0.43
宁陕耳蕨	−0.07	−1.09	0.81	2.14	0.00	3.75	1.08	1.23	1.36	1.12	−4.60	1.34
瓶尔小草	−0.58	−3.64	9.20	−1.22	−10.91	0.80	0.71	0.12	0.52	0.53	0.07	1.20
鞘舌卷柏	0.04	0.00	5.31	0.05	0.00	0.00	0.81	0.00	0.00	−0.06	0.00	0.00
秦岭耳蕨	−0.41	−0.49	0.00	−0.28	−5.88	0.09	0.27	0.00	0.00	0.33	0.25	0.00
三叉凤尾蕨	1.33	0.00	0.06	−3.07	−8.55	0.00	1.47	0.00	1.45	−2.93	0.10	−0.05
三翅铁角蕨	1.33	0.00	0.00	−3.07	−8.55	0.00	1.47	0.00	1.45	−2.93	0.10	−0.05
水蕨	−1.23	0.00	0.00	−0.99	−2.41	0.00	1.44	0.00	0.19	−2.86	0.07	−0.05
贴生石韦	0.58	0.00	8.05	−0.29	−3.92	0.47	0.97	0.00	2.59	−1.80	0.13	0.06
乌柄耳蕨	2.84	0.00	5.57	2.49	−0.34	8.50	−0.15	0.97	0.02	−0.52	1.57	−0.45
腺毛鲮毛蕨	−0.22	−1.87	0.61	0.74	0.00	0.00	1.03	1.45	1.33	0.97	−5.45	1.95
线羽凤毛蕨	0.40	0.00	1.94	2.43	−2.63	0.03	0.50	0.15	2.10	1.14	0.02	0.37
小卷柏	−0.23	0.00	0.00	−0.65	−2.62	0.00	0.34	0.00	0.00	1.03	0.00	0.00
小五台瓦韦	−0.15	−4.22	1.62	−0.70	−9.27	0.00	0.32	0.00	0.58	1.27	0.00	0.43
西南旱蕨	0.28	−0.90	1.05	0.47	0.00	2.46	−0.49	0.85	0.00	−0.15	1.60	−0.20
细弱凤尾蕨	−0.75	−1.50	0.00	1.68	0.00	3.35	−0.38	−0.50	0.83	−0.69	−0.25	−0.67
细羽凤尾蕨	−0.95	−2.76	0.00	0.80	−4.55	6.95	0.30	0.13	2.20	1.69	0.03	0.27
异穗卷柏	−0.25	0.00	0.00	0.62	0.00	0.00	0.71	0.00	1.55	0.14	0.18	0.19
玉龙蕨	0.45	0.00	2.39	0.28	0.00	1.18	−0.20	0.95	0.13	−0.31	1.45	−0.50
指叶凤尾蕨	0.08	0.00	0.29	0.93	0.00	3.30	0.22	0.48	−0.34	−1.16	−1.25	−0.22
中华耳蕨	−0.12	0.00	0.00	−0.06	0.00	0.00	−0.34	0.90	0.33	−1.11	0.72	0.14
中华鳞毛蕨	0.77	0.00	2.00	−0.35	−6.27	4.53	1.29	0.08	0.05	−0.54	0.10	0.95
中华水龙骨	−0.82	−0.59	1.02	0.22	−7.77	0.95	0.86	0.38	1.20	0.25	−0.70	1.41

3. 裸子植物

中国裸子植物物种 1951 年记录 100 多种，2010 年记录接近 250 种，也有统计为 221 种。31 个不同省份野生裸子植物种类数量也呈现一定变化。

收集中国知网 2014 年以前公开发表的裸子植物文献，1951~2010 年分布新记录的文献有 32 条，每个文献分布新记录平均有 3 个种，估计发现分布新记录的有 90 多种，这些植物分布变化导致部分区域裸子植物物种多样性改变。

利用中国地名录，根据分布新记录文献，结合中国植物志、数字植物标本馆数据，总结分布改变明显的典型裸子植物种类有 10 种（表 8.3）。5 种植物分布向北部扩展，如云南穗花杉、短叶黄杉；4 种植物分布向南部扩展；6 种植物分布向西部改变，如白豆杉；5 种植物分布中心向北移动；5 种植物分布向南移动；3 种植物分布向东移动；7 种植物分布向西移动。

表 8.3　近 50 年来典型裸子植物分布变化

物种	观测						预测					
	中心纬度	南界	北界	中心经度	西界	东界	中心纬度	南界	北界	中心经度	西界	东界
白豆杉	−0.22	−0.33	0.00	−0.17	−3.90	0.00	1.42	0.00	0.00	−2.70	0.04	0.00
巴山榧	−0.40	−0.54	0.00	0.10	0.00	0.00	1.03	0.08	3.36	−0.52	0.07	0.40
长叶榧树	0.23	0.00	1.60	−0.47	−5.75	0.00	1.65	0.00	0.00	−2.37	0.18	0.00
短叶黄杉	0.50	0.00	2.72	−0.64	−6.53	0.00	0.32	0.05	1.10	0.65	0.07	0.20
方枝柏	−0.46	0.00	0.00	−0.76	0.00	0.00	0.08	0.52	−0.38	0.22	−0.20	−0.15
高山三尖杉	0.96	0.00	1.72	0.53	0.00	0.00	0.67	0.20	−0.02	0.02	−0.58	0.00
南方铁杉	−0.22	−0.33	0.00	−0.17	−3.90	0.00	1.05	0.00	−2.08	−1.11	0.18	0.25
双穗麻黄	−0.40	−0.54	0.00	0.10	0.00	0.00	0.42	−0.02	2.40	1.85	0.00	2.07
银杉	0.23	0.00	1.60	−0.47	−5.75	0.00	1.17	0.00	2.37	−1.65	0.20	−0.02
云南穗花杉	0.50	0.00	2.72	−0.64	−6.53	0.00	0.51	0.70	1.02	1.63	−2.47	2.05

4. 被子植物

中国被子植物种类较多，变化比较复杂，20 世纪 80 年代统计被子植物有 24357 种，目前统计认为是 28993 种，也有统计为 26085~27073 种，中国植物志中统计为 28335 种。31 个不同省份野生被子植物种类数量也呈现一定变化。

收集中国知网 2014 年前公开发表的种子植物文献，1951~2010 年分布新记录的文献有 226 条，被子植物为 79 条记录，每个文献分布新记录平均有 3 个种，估计被子植物中发现分布新记录的有 600 多种，这些植物物种分布变化导致部分区域被子植物物种多样性改变。

利用中国地名录，根据分布新记录文献，结合中国植物志、数字植物标本馆数据，总结分布改变明显的典型蕨类植物中发生变化的有 58 种（表 8.4），在这些植物中，38 种植物分布物种向北部拓展，如黄花捻、水生栗、禺毛茛、菲律宾谷精草、灰藜、蒺藜草等；16 种植物分布向南扩展；22 种植物分布向东部扩展，如刺棒南星、翅柄车前、臭茶藨子等；19 种植物分布向西扩展；41 种植物分布中心向北移动；17 种植物分布向南移动；17 种植物分布向西移动；41 种植物分布向东移动。

表 8.4　近 50 年来典型被子植物分布变化

物种	观测						预测					
	中心纬度	南界	北界	中心经度	西界	东界	中心纬度	南界	北界	中心经度	西界	东界
白接骨	−0.14	−0.54	2.18	−0.37	−0.75	0.00	0.76	0.00	1.45	0.02	0.15	0.28
半边莲	−0.06	0.00	0.00	−0.04	0.00	0.00	1.28	0.00	1.07	−1.93	0.04	0.00
扁担扛	0.51	−1.76	0.00	−1.16	0.00	0.00	1.16	0.00	0.25	−1.44	0.10	0.00
刺棒南星	0.31	−0.25	2.64	4.69	0.00	15.20	−0.17	−0.15	−0.12	0.83	0.53	−0.82
长托叶石生金菜	−0.43	−1.01	0.00	−0.26	−0.92	0.00	0.75	0.25	1.06	0.63	−0.85	1.90
翅柄车前	−3.73	−5.82	0.00	11.53	0.00	19.98	0.34	0.08	0.55	1.50	−0.15	0.43
臭茶藨子	0.24	0.00	1.17	3.59	0.00	29.28	0.04	0.33	−0.13	0.54	−0.92	−0.05
垂头蒲公英	0.88	0.00	1.33	1.40	0.00	2.17	0.31	0.00	0.65	0.56	0.20	1.05
粗齿无名精	0.15	0.00	0.00	1.56	0.00	0.00	−0.13	0.93	−0.08	−0.11	0.95	−0.55
短果茴芹	−0.35	−9.63	3.10	−0.42	−4.98	1.52	0.45	0.00	0.00	1.22	0.20	0.00
短喙凤仙花	0.57	0.00	1.50	0.29	0.00	1.72	0.74	0.08	0.22	−0.98	−0.15	0.22
多花含笑	0.76	−3.29	2.67	1.68	−3.20	6.01	0.71	1.62	0.88	1.60	−4.70	2.18
多枝拟兰	3.40	0.00	6.80	2.26	0.00	4.51	0.68	0.18	1.68	−0.44	−0.85	1.15
多枝唐松草	1.25	0.00	2.14	−1.13	−1.25	0.00	0.96	0.85	0.92	0.27	−2.52	2.25
菲律宾谷精草	2.51	0.00	10.27	2.62	0.00	0.48	1.44	0.00	0.30	−3.45	0.08	−0.05
甘青鼠李	0.01	−0.09	0.00	0.05	−1.60	6.82	−0.15	0.70	0.10	−0.81	0.92	−0.03
高原委陵菜	−0.03	0.00	0.00	1.09	0.00	0.00	0.16	0.27	0.49	0.49	−0.87	0.00
黑水大戟	0.79	0.00	2.78	−0.06	0.00	0.33	−0.18	0.95	0.27	−0.79	1.55	0.23
黄花捻	0.97	0.00	10.82	1.41	0.00	0.00	0.86	0.00	1.82	−1.17	0.22	−0.13
湖北鼠尾草	0.79	0.00	2.22	−0.77	−1.37	0.00	0.89	0.42	1.83	0.02	−0.75	0.45
灰白风毛菊	−0.25	0.00	0.00	0.71	0.00	0.00	0.27	0.28	0.15	0.30	−0.17	0.05
灰藜	1.85	0.00	15.42	0.93	−0.38	0.00	0.73	0.08	3.19	0.29	0.05	0.45
坚硬女蒌菜	−1.45	0.00	0.00	−2.86	0.00	0.00	0.41	0.00	0.00	1.65	0.00	0.00
胶州卫矛	0.55	0.00	1.15	0.45	0.00	1.20	1.06	0.02	0.23	−0.71	0.17	0.08
蒺藜草	1.45	−2.37	15.95	0.07	−2.80	0.16	1.56	0.00	0.30	−3.58	0.05	−0.05
金疮小草	0.09	0.00	0.00	−0.06	0.00	0.00	0.90	0.00	0.83	−0.70	0.00	0.00
苦枥木	−0.63	0.00	0.00	−0.44	−2.30	0.00	1.05	0.00	0.10	−1.21	0.20	0.15
昆仑锦鸡儿	0.05	0.00	0.00	2.90	0.00	0.00	0.42	0.00	0.55	1.64	0.00	0.43
裸花水竹叶	0.23	0.00	3.55	0.20	−3.35	0.00	0.95	0.00	−2.07	−1.20	0.10	0.00
毛叶刺楸	1.42	0.00	5.83	1.83	0.00	0.00	0.97	1.52	1.74	0.07	−4.85	1.90
拟二叶飘拂草	−0.12	−4.18	3.05	−1.89	−2.75	0.00	1.37	0.00	2.12	−2.08	0.04	0.25
羌塘雪兔子	0.70	0.00	0.48	0.37	0.00	0.00	−1.25	0.03	0.85	−2.74	−1.07	−2.05
蓉草	2.58	0.00	0.00	3.85	0.00	6.85	1.30	0.00	3.57	−2.52	0.11	0.45
肉叶雪兔子	−0.17	−0.32	0.48	−0.04	−0.93	2.72	−0.94	0.21	−0.73	−1.81	0.45	−0.30
山西异瑞芥	−0.45	0.00	1.19	−1.43	−1.41	0.20	0.02	0.27	0.08	0.55	−0.56	0.00

续表

物种	观测						预测					
	中心纬度	南界	北界	中心经度	西界	东界	中心纬度	南界	北界	中心经度	西界	东界
陕西雨叶报春	32.27	−3.08	−2.98	109.95	−4.52	−4.02	0.67	2.42	3.80	−0.06	−1.12	−0.48
水生栗	0.60	0.00	10.27	2.27	−0.65	0.00	0.77	0.12	1.75	0.66	0.10	0.90
水田百	2.03	0.00	5.63	1.12	0.00	1.37	1.46	0.00	0.22	−3.13	0.04	−0.05
四川白珠	−0.19	−0.28	1.29	1.71	0.00	4.20	0.34	0.33	−0.55	−2.40	−0.95	−0.46
丝毛蓝刺头	−0.66	−0.57	0.00	4.33	0.00	16.35	0.51	−0.05	0.57	1.92	0.00	1.23
弯翅盾果草	1.16	0.00	3.30	0.98	0.00	2.18	1.02	0.05	2.71	−0.57	0.07	0.70
象鼻兰	0.85	0.00	3.10	−4.12	−14.12	0.00	0.95	0.75	2.53	−0.66	−0.94	−0.02
香科科	1.19	0.00	9.50	3.42	0.00	13.87	0.89	1.45	1.28	1.83	−5.40	1.58
小丽草	0.21	0.00	1.44	2.77	0.00	6.92	0.77	0.00	−1.00	−1.24	0.18	−0.17
小娃娃皮	0.50	0.00	1.24	0.67	0.00	0.00	0.80	1.75	1.80	0.88	−2.92	0.30
细叶芹	0.74	0.00	4.84	0.02	0.00	15.90	−0.34	0.10	−0.47	−0.42	−0.55	−0.65
亚高山冷水花	0.59	0.00	1.85	0.73	0.00	0.00	−0.14	0.13	−0.79	0.29	−0.30	0.92
翼茎风毛菊	−2.19	0.00	0.00	6.18	0.00	7.53	0.56	−0.02	1.78	1.41	0.20	2.75
荫生鼠尾草	−0.56	0.00	0.00	−2.40	0.00	0.00	0.75	1.45	1.18	0.97	−5.45	0.97
有摈水苦荬	0.74	0.00	1.90	1.67	0.00	8.98	0.29	0.00	0.00	1.20	0.00	0.00
玉龙谷精草	4.13	0.00	8.25	9.63	0.00	19.23	0.58	0.00	0.33	−0.71	0.00	1.12
禺毛茛	0.16	0.00	4.40	0.86	0.00	0.33	0.76	0.00	1.32	0.01	0.13	−0.02
藏岌岌草	0.95	0.00	6.24	1.06	0.00	5.33	−0.19	0.12	0.20	0.27	0.08	0.62
藏杏	0.04	0.00	0.00	0.36	0.00	0.30	−0.17	0.53	−0.15	0.43	−0.22	−0.10
泽珍珠菜	0.03	−2.11	0.62	−0.45	−0.98	0.00	0.90	0.02	2.87	−0.05	0.17	0.35
掌叶大黄	0.47	0.00	4.75	0.97	0.00	14.80	0.09	0.45	0.07	−0.20	−0.18	0.02
蚤草	−2.73	−10.80	0.00	4.53	0.00	17.52	0.50	0.08	0.55	0.89	−0.15	0.43
梓木草	−0.21	0.00	0.00	0.19	−2.40	0.00	1.07	0.05	2.45	−0.29	0.10	0.75

8.1.2 野生动物多样性演变

野生动物多样性的演变包括鸟类、兽类、两栖类、爬行类动物物种数量的变化特征，以及不同区域的变化。

1. 鸟类

中国鸟类物种数量 1950 年记录 1250 种，2012 年记录有 1354 种，亚种数量有 2345 种。根据中国动物区划中鸟类区划方法，划分为 19 个鸟类区域。1950~2012 年，中国 19 个不同动物地理区域鸟类物种多样性变化不同，一些区域内鸟类物种多样性增加，一些区域内鸟类物种数量减少，一些区域内鸟类多样性变化不大，并且候鸟分步变化大。

收集中国知网 294 条记录，按照每个记录 1 个种，则有新分布记录 290 多种。近 50 年来，1980~2012 年鸟类分布范围变化最大，在 1990~2010 年分布改变约 200 多种，在 2003~2007 年就有 100 多种。一些鸟类分布变化表明，20 种或亚种候鸟有一半向北部扩展,有些鸟类向西部或者东部扩展,有些鸟类分布中心也向北部、西部或东部移动(Wu and Zhang,2015)。有些鸟类分布范围发生连续变化,如白头鹎(表8.5)。另外,对14种候鸟分布变化归因分析表明,多数候鸟分布也向北移动,有些向西或东部扩张,有些鸟类分布中心也向北、西或东部移动(Wu and Shi,2016)。表8.5显示,19种或亚种留鸟中,13种分布向北部扩展、11种向南部移动、10种向东移动、11种向西移动;分布中心10种向北移动,9种向南移动;分布中心11种向东移动,8种向西移动。

表 8.5　近 50 年来观测与预测典型鸟类分布变化情况

鸟类名	观测						预测					
	中心纬度	南界	北界	中心经度	西界	东界	中心纬度	南界	北界	中心经度	西界	东界
小雅鹛	1.67	-0.97	13	0.01	0	0.6	0.55	0.1	2.3	-0.24	-0.1	0.17
褐翅雅鹛指名亚种	-0.91	-2.02	3.5	1.36	-0.9	0.3	0.3	1.48	2.5	0.19	-1.42	0.1
褐翅雅鹛云南亚种	0.36	0	0	-0.88	0	0	0.74	0.38	2.98	-0.4	-0.74	0.74
班头大翠鸟	1.53	-0.17	5.51	6.6	0	8.18	0.94	0.05	-0.35	0.53	0.15	0.02
绿胸八色鸫	1.87	0	8.49	-0.15	-0.03	0	0.5	0	1.28	0.24	0.05	1.7
黑领惊鸟	1.51	-0.01	5.69	10.34	0	2.2	0.63	1.2	1.1	0.18	-2	0.19
灰背燕尾	1.02	0	2.76	4.01	-0.57	4.75	0.7	0.23	1.75	0.55	-1.68	3.84
黑头奇鹛	1.33	0	6.67	1.13	0	8.9	-0.05	0.15	-0.37	0.58	-0.53	-0.47
黑颏凤鹛西南亚种	2.58	0	2.61	5.15	-1.82	14.02	0.52	0	3.27	0.35	0	5.52
黑颏凤鹛东南亚种	-0.31	-0.37	0	-1.16	-0.35	0	0.32	0.39	0.03	0.6	0.06	0.2
杂色山雀指名亚种	-2.35	-12.37	0	-1.16	-7.45	0	0.11	-0.29	0.65	0.58	0.32	3.17
杂色山雀台湾亚种	0	0	0	0	0	0	0.78	1.1	0.32	2.16	-0.48	1.75
黄腹山雀	-1.54	-7.38	9.02	1.96	-2.86	5.95	0.35	0.17	2.47	0.74	-1.05	3.3
震旦鸦雀指名亚种	0.43	0	-7.55	-0.82	-3.45	-2.7	1.37	0.95	4.6	-2.49	-5.95	0.39
震旦鸦雀黑龙江亚种	-2.11	-7.6	1.87	-4.15	-8.35	0	0.29	-0.48	0	1.18	-0.1	0
叉尾太阳鸟华南亚种	1.05	-1.22	7.26	1.04	0	1.91	0.34	-0.02	3.57	0.04	0.13	0.35
叉尾太阳鸟指名亚种	-0.01	0	0	-0.01	0	0	-0.59	-0.25	0.44	1.68	-0.1	1.06
白腰文鸟华南亚种	-0.12	-2.54	6.95	3.88	-1.48	4.62	0.89	0.35	0.57	-0.05	-0.05	1.12
白腰文鸟云南亚种	-2.92	-0.97	0.92	4.82	-3	0	0.42	0	-0.33	-0.62	0.05	0.38

2. 兽类

1950 年记录有 300 多种,2012 年记录有 600 多种。1950~2012 年,中国 34 个不同省份内兽类物种多样性改变较大,其中有些省种类增加多。

收集中国知网,分布记录文献 29 条,按照 2 个物种有 50 个种分布记录。1951~2010

年，分布范围改变的兽类 120~200 种，1990 年以前分布记录改变的就有 100 多种。这些兽类分布变化为 1990~2012 年，这些分布范围改变明显的兽类动物中，蝙蝠类动物分布变化较大，其次是啮齿类动物分布变化较大，如猪尾鼠、扁颅蝠主要向北部改变，有的分布向西部改变，还有一些向东北方向改变（表 8.6）。对 17 种蝙蝠分布变化的归因分析表明，有一半以上蝙蝠分布向北扩展，还有部分向东部或西扩展，有些分布中心多向北或者东或西移动（Wu，2016a）；对 8 种高原兽类分布变化分析发明，多数种类分布向西移动，或者向东移动，有些种类分布中心向北移动（Wu，2015）。菲菊头蝠过去只认为分布于热带亚热带，目前在地处温带的北京市和山东省境内也发现了该种。表 8.6 显示，7 种兽类中，1 种分布北界向北扩展、1 种向南扩展，3 种分布南界向北部移动，4 种西界东移，1 种分布东界西移，分布中心纬度向北或向南移动，分布中心经度向东移动。

表 8.6　近 50 年来观测与预测哺乳动物分布变化

物种	观测						预测					
	中心纬度	南界	北界	中心经度	西界	东界	中心纬度	南界	北界	中心经度	西界	东界
蒙古野驴	0.04	0	0	1.19	2.57	0	0.5	−0.62	0.03	2.13	0.93	0.02
双峰驼	0.19	0.58	0	1.01	0	0	0.31	−0.65	1.78	2.51	0.25	1.98
原麝	−0.53	0.83	0	2.93	3.75	0	0.42	−1.03	0.6	1.69	−0.25	1.03
驼鹿	0.22	1.93	0	0.84	0	0	−0.38	−0.2	−0.3	−0.24	0.62	−0.33
黄羊	−0.2	0	−0.58	−1.36	0	−2.52	0.45	−0.54	0.17	1.71	0.1	0.77
鹅喉羚	−0.37	0	0	2.51	0.74	0	0.3	−0.57	0.83	2.11	1.1	1.17
岩羊	0.01	0	0.52	1.64	0.18	0	−1.09	0.17	1.09	−2.4	0.39	0.36

3. 两栖类

1951~2010 年，中国两栖类物种数量改变，20 世纪 50 年代记录 100 多种，2010 年记录 380 多种。1951~2010 年，34 个省份区域内两栖类物种多样性发生改变，其中一些省份两栖类物种多样性增加种类多，一些省份两栖类物种多样性无变化，一些区域呈减少趋势。

收集中国知网，按照两栖类关键词搜索，有 21 条记录，按照蛙类关键词搜索有 41 多条。这些两栖类动物分布改变。进一步收集文献分析，分布变化明显的有 32 条（表 8.7）。在这些两栖类中 5 种分布北界向北扩展；5 种向南部扩展；12 种分布中心向南移动，16 种分布中心向北移动；13 种分布东界东移；5 种分布西界西移；10 种分布中心向西移动；18 种向东移动。

4. 爬行类

1951~2010 年，中国爬行类动物物种数量增加，20 世纪 50 年代记录 200 多种，2010 年记录 460 多种，近几年发现了一些分布在相邻国家的种类。1950~2012 年，中国 34 个不同省份爬行类物种多样性改变较大，一些省份增加种类多。

表 8.7　近 50 年来观测与预测两栖类动物分布变化

物种	观测						预测					
	中心纬度	南界	北界	中心经度	西界	东界	中心纬度	南界	北界	中心经度	西界	东界
凹耳臭蛙	−0.06	0.00	0.00	−0.14	−0.32	0.00	1.94	0.10	4.70	−3.49	0.06	0.05
白线树蛙	0.28	0.00	0.00	0.30	0.00	0.00	1.17	0.00	−0.04	−2.83	0.07	0.15
斑腿树蛙 X	0.00	0.00	0.00	0.00	0.00	0.00	0.75	0.00	1.48	−0.21	0.20	0.07
侧条跳树蛙	0.08	0.00	0.00	0.19	0.00	0.00	1.32	1.45	1.45	−2.64	0.06	−0.05
长肢林蛙	−0.61	−0.99	0.00	−2.40	−4.97	0.00	1.82	0.00	0.20	−3.70	0.20	0.07
崇安湍蛙	−0.22	0.00	0.00	0.33	0.00	0.00	0.79	0.10	2.73	0.69	0.03	0.50
大绿臭蛙	0.17	0.00	0.00	−0.01	0.00	0.00	1.50	0.43	0.43	−3.49	0.04	−0.10
大绿蛙	0.21	0.00	0.00	0.03	0.00	0.00	1.46	0.45	0.45	−3.47	0.04	−0.10
大树蛙	0.00	0.00	0.00	0.00	0.00	0.00	1.47	0.00	0.00	−2.61	0.04	0.00
滇南臭蛙	0.00	0.00	0.00	0.94	0.00	2.87	0.68	1.08	1.20	2.58	−4.07	1.45
峨眉树蛙	2.95	0.00	12.61	5.35	0.00	21.15	0.95	0.25	0.00	1.01	0.05	−0.02
光雾臭蛙	−0.30	−0.50	0.00	2.10	0.00	4.46	1.03	1.15	3.57	−1.54	−0.75	−0.46
黑点树蛙	0.72	0.00	1.49	1.34	0.00	6.05	1.08	1.05	1.18	1.33	−3.62	1.22
合江臭蛙	0.98	0.00	0.78	0.09	0.00	0.15	−0.14	1.94	0.40	2.35	−5.80	0.00
合江棘蛙	−0.23	−0.77	0.78	−0.05	−0.38	0.73	0.86	0.98	0.78	2.01	−3.25	0.23
桓仁林蛙	0.80	0.00	2.20	1.59	0.00	3.23	0.00	0.31	−0.08	0.69	−0.87	0.00
经甫树蛙	−0.04	0.00	0.00	0.02	0.00	0.00	0.85	0.63	0.25	0.76	−1.62	1.08
金线侧摺蛙	0.09	0.00	0.00	0.07	0.00	1.71	1.14	0.00	1.61	−1.22	0.15	0.02
棘胸蛙	0.00	0.00	0.00	−0.28	0.00	0.00	1.15	0.00	1.11	−1.62	0.07	0.05
锯腿小树蛙	−0.01	0.00	0.00	0.10	0.00	0.00	1.17	0.00	2.12	−2.43	0.05	−0.05
阔褶蛙	−0.08	0.00	0.00	−0.17	−6.65	0.00	1.49	0.00	1.05	−2.24	0.04	0.32
龙胜臭蛙	0.01	0.00	0.00	1.03	0.00	6.28	0.93	0.00	−1.18	−0.69	0.20	−0.10
罗默小树蛙	−0.12	−0.45	0.00	−1.59	−6.35	0.00	1.75	−0.02	1.10	−2.39	−0.10	1.17
绿臭蛙	0.07	0.00	0.00	−0.03	0.00	0.00	0.84	0.05	−0.05	0.55	0.07	1.12
南江臭蛙	0.32	0.00	0.00	−0.29	0.00	0.00	0.96	0.08	2.45	−0.03	0.18	0.45
弹琴蛙	0.06	0.00	0.00	−0.11	0.00	0.00	1.25	0.00	1.15	−1.85	0.04	0.05
仙琴水蛙	0.10	0.00	0.00	0.38	0.00	1.00	1.06	0.98	1.15	1.23	−3.25	0.92
小弧斑棘蛙	0.03	0.00	0.00	0.02	0.00	0.00	0.87	−1.07	−0.85	0.20	0.22
小棘蛙	0.14	0.00	0.00	0.23	0.00	0.80	1.37	0.00	0.33	−3.21	0.04	−0.05
宜章臭蛙	−0.69	−1.65	0.00	1.21	0.00	2.43	1.25	0.00	−0.35	−1.92	0.04	0.35
昭觉林蛙	−0.02	0.00	0.00	0.44	0.00	4.14	0.87	0.00	0.08	0.11	0.10	0.00
镇海林蛙	−0.05	0.00	0.00	−0.27	−1.78	0.00	1.36	0.00	1.07	−1.99	0.04	0.00

　　收集中国知识网，按照爬行类关键词搜索，有 20 条记录，按蛇类关键词搜索有 31 条记录，按照蛇关键词搜索 101 条记录，按照蜥蜴关键词搜索有 10 条记录，1951~2010 年，50 年来两栖类物种中分布改变的有 80~100 多种。这些物种分布范围主要朝北部扩展，一些种类向西部扩展，一些种类向东北或东部扩展。9 种蜥蜴分布变化归因分析结果表明一些北界向北扩展，一些西界或者东界扩展，分布中心移动（Wu，2015）。9 种蛇类分布变化也已经发表，一些北界向北扩展，一些西界或者东界扩展，分布中心移动

（Wu，2015）。表 8.7 显示的蛇一些主要向北部改变，一些向西部改变，如黑头剑蛇、白草蜥等分布变化较大（表 8.8）。

表 8.8　近 50 年来观测与预测典型爬行类分布变化

物种	观测						预测					
	中心纬度	南界	北界	中心经度	西界	东界	中心纬度	南界	北界	中心经度	西界	东界
灰腹绿锦蛇	0.14	−1.04	0.64	−0.01	−0.45	0	1.37	−0.38	0.19	−2.34	−0.08	0
玉斑锦蛇	0.4	0	7.31	−4.25	−6.6	0	0.98	0.42	2.27	−0.34	−0.69	0
百花锦蛇	0.33	−0.54	0.58	0.04	−1.47	0	1.22	1.13	−0.25	0.59	−0.85	−0.08
双全白环蛇	1.89	0	4.32	1.37	−0.02	0	0.74	0	2.3	0.09	0.15	1.87
黑背白环蛇	−1.09	−3.34	7.38	−2.22	−4.82	0	1.42	0.13	−0.03	−1.67	0.17	−0.08
龙胜小头蛇	−0.47	−1.31	1.01	0.36	−3.57	2.8	0.55	0.13	0.72	−0.27	0.85	0.03
宁陕小头蛇	−1.53	−2.32	0	1.37	0	2.34	8.32	2.61	1.77	33.29	0.82	0.9
饰纹小头蛇	0.62	−3.6	2.38	0.61	−5.69	1.58	1.07	0.3	0.02	−1.01	−0.17	0.07
平鳞钝头蛇	0.23	0	0	−0.02	0	0	1.34	0	4.18	−1.37	−1.72	0.05

8.1.3　野生动植物多样性演变总体特征

总结发表的论文和本书分析的种类，近 50 年来，中国的野生动植物数量变化较大，不同野生动植物变化总体不同，动物新记录的数量变化比较大。鸟类、两栖类、爬行类、兽类数量变化巨大，呈现增加的趋势。被子植物、裸子植物、苔藓植物、蕨类植物数量变化不大（表 8.9）。另外，一些新种被发现。

表 8.9　近 50 年来中国野生动植物多样性总体变化情况（种与亚种数量）

类群	50 年代	60 年代	70 年代	80 年代	90 年代	2000~2010 年
鸟类	1140	2002	2077	2139	2261	2304
两栖类	160	190	204	277	336	370
爬行类	215	212	332	380	468	468
兽类	405	461	509	507	607	645
裸子植物	124	193	193	221	246	246
被子植物	24357	24357	24357	28993	30000	32000
蕨类植物	1900	2200	2200	2200	2600	2600
苔藓植物	1900	2200	2200	2200	2200	2200

8.1.4　讨论与小结

本书分析野生动植物多样性演变，主要分析过去 50 年记录的物种数量，不同年代物种数量记录准确性将影响比较结果。

野生植物多样性变化比较复杂。野生植物中，苔藓植物一些种类变化较大，分布改变；蕨类植物分布变化，一些植物分布改变明显；裸子植物分布变化复杂；被子植物中一些植物分布范围变化较大，特别是干旱地区植物变化更大，如胡杨分布呈现缩小趋势，梭梭分布也呈现缩小趋势，一些分布在热带地区的植物出现在暖温带地区，如水百田等。

鸟类是对气候变化最为敏感的物种之一，一些鸟类地理分布明显朝北方向扩展，1951~2012 年，凤头鹰和白胸苦恶鸟分布明显向高纬度扩展；白头鹎、红胸黑雁、斑头大翠鸟等有向北扩展的趋势。一些兽类分布范围变化差异较大，雪豹分布范围呈现缩小趋势；双峰驼分布呈现缩小趋势；大熊猫、白唇鹿等都呈现一定缩小趋势。一些蝙蝠类分布向北扩展。两栖类分布范围变化复杂，崇安湍蛙分布呈现缩小趋势，版纳鱼螈、棘胸蛙、棘腹蛙、双团棘胸蛙等分布都呈现一定变化。爬行类动物分布范围变化比较复杂，鳄蜥、伊江巨蜥、圆嘴巨蜥、细脆蛇蜥等分布都呈现一定的变化，一些爬行类分布向北扩展。这些变化过程比较复杂。野生动物植物多样性变化，除了呈现数量上的变化，一些物种种群也呈现一定的改变，并且物种之间关系也发生改变。

在区域尺度，一些保护区，如西双版纳、安西自然保护区（包新康等，2014）、长白山自然保护区（孙寒梅等，2008）、太白山自然保护区（姚建初，1991）、山西历山自然保护区（张旭强等，2003）、秦岭地区（冯宁等，2007；赵洪峰等，2012；曹强，2015）、陕西榆林（汪青雄等，2014）、天目山（钱国桢等，1983）、东北三省（高玮，2006）、内蒙古哈素海（乌日古木拉和赵格日乐图，2014），以及新疆、广西（舒晓莲等，2013；赵金明，2007）、江苏（费宜玲，2011）、上海（蔡音亭等，2011）、浙江（Chen et al.，2012）、昆明地区（王紫江等，2015）、四川南充（曹发君等，1990）、青海湖（马瑞俊和蒋志刚，2006），一些野生动植物的丰富度已经发生改变，特别是鸟类，许多地区物种的丰富度都增加了（李雪艳等，2012；刘阳等，2013）。

识别生物多样性演变中主要基于文献，文献的完备性和准确性将影响识别结果的可靠性，在本书中尽可能收集文献，并且进行比较，筛选比较可靠的结果。

8.2　近 50 年来气候变化对野生动植物多样性影响识别与归因

近 50 年来中国野生动植物多样性已经发生了一定变化，归因与识别气候变化对这些变化影响将对科学预测未来的变化具有重要意义。

8.2.1　动植物多样性变化与气候变化和人类活动的关系

动植物多样性变化与气候变化和人类活动都存在一定的关系，并且与调查多少与调查强度也有一定的关系。

1. 野生动植物丰富度变化与人类活动和气候变化的关系

表 8.10 显示了不同物种丰富度变化受到多种因素的共同作用，不同人类活动因素和气候变化因素对物种丰富度变化都有较高的关系，不同物种丰富度的变化受到的因素影响差异不大。各个物种丰富度变化与人类活动因素和气候变化因素关联度不同，与冬季温度关联度高，与保护面积、森林面积关联度也比较高，蕨类和苔藓植物例外。

表 8.10 生物多样性变化与人类活动和气候要素关联性

	鸟类	两栖类	爬行类	兽类	裸子植物	被子植物	蕨类植物	苔藓植物
年均温	0.85	0.87	0.75	0.89	0.81	0.84	0.80	0.64
1 月均温	0.88	0.86	0.85	0.86	0.83	0.89	0.74	0.57
7 月均温	0.75	0.79	0.67	0.79	0.78	0.82	0.84	0.70
春季均温	0.76	0.80	0.69	0.81	0.80	0.83	0.86	0.72
夏季均温	0.76	0.80	0.68	0.81	0.79	0.82	0.83	0.70
秋季均温	0.85	0.83	0.74	0.89	0.78	0.81	0.78	0.64
冬季均温	0.96	0.92	0.85	0.90	0.87	0.86	0.78	0.57
最高气温	0.83	0.83	0.73	0.88	0.77	0.80	0.80	0.66
最低气温	0.86	0.81	0.89	0.81	0.86	0.81	0.79	0.56
大于 0℃积温	0.76	0.80	0.69	0.80	0.80	0.82	0.85	0.72
年降水量	0.61	0.64	0.65	0.58	0.73	0.67	0.69	0.61
生物学温度	0.76	0.80	0.69	0.80	0.80	0.82	0.85	0.72
PET	0.76	0.80	0.69	0.80	0.80	0.82	0.85	0.72
PER	0.44	0.43	0.44	0.48	0.41	0.42	0.51	0.61
温暖系数	0.74	0.78	0.67	0.79	0.78	0.81	0.84	0.72
寒冷系数	0.82	0.88	0.73	0.88	0.82	0.86	0.84	0.67
湿度	0.49	0.48	0.52	0.49	0.45	0.51	0.41	0.51
人口总	0.94	0.91	0.87	0.89	0.87	0.87	0.77	0.56
人口密度	0.93	0.90	0.79	0.89	0.83	0.87	0.77	0.60
保护面积	0.86	0.88	0.82	0.85	0.93	0.85	0.90	0.65
耕地	0.48	0.48	0.51	0.45	0.47	0.51	0.39	0.56
园地	0.90	0.90	0.78	0.91	0.83	0.88	0.80	0.61
林地	0.92	0.90	0.80	0.88	0.83	0.86	0.75	0.59
草地	0.51	0.51	0.50	0.46	0.49	0.48	0.39	0.58
工矿用地	0.92	0.89	0.79	0.88	0.83	0.85	0.75	0.60
交通用地	0.85	0.90	0.75	0.92	0.82	0.88	0.84	0.65
水域	0.44	0.44	0.50	0.42	0.43	0.47	0.37	0.55
未利用地	0.60	0.63	0.59	0.61	0.66	0.58	0.76	0.66
调查强度	0.67	0.64	0.71	0.65	0.63	0.67	0.56	0.56

2. 野生动植物物种分布变化与气候变化和人类活动的关联性

近 50 年里，一些物种分布范围已经改变，不同物种分布范围与边界改变受到气候变化和人类活动的影响，这些变化与气候要素的关系比较复杂。

1）野生植物

近 50 年来，一些苔藓植物、蕨类植物、裸子植物、被子植物分布改变，这些变化与气候要素的关联度不同。

A. 苔藓植物

关联度在 0.7 以上，大多数苔藓植物分布的南北界变化与热量因素关系密切，一些苔藓植物南北界改变与降水量因素关系密切，有些苔藓植物分布南北界变化与 PER 指标密切相关（表 8.11）。

表 8.11　苔藓植物分布南北界变化与气候要素关联度

物种	南界									北界								
	T_1	T_2	T_3	T_4	T_5	T_6	T_7	T_8	T_9	T_1	T_2	T_3	T_4	T_5	T_6	T_7	T_8	T_9
A_1	0.64	0.57	0.7	0.66	0.56	0.72	0.61	0.72	0.61	0.64	0.57	0.7	0.66	0.56	0.72	0.61	0.72	0.61
A_2	0.64	0.57	0.7	0.66	0.56	0.72	0.61	0.72	0.61	0.77	0.7	0.83	0.79	0.66	0.86	0.56	0.85	0.59
A_3	0.64	0.57	0.7	0.66	0.56	0.72	0.61	0.72	0.61	0.64	0.57	0.7	0.66	0.56	0.72	0.61	0.72	0.61
A_4	0.64	0.57	0.7	0.66	0.56	0.72	0.61	0.72	0.61	0.77	0.7	0.83	0.79	0.66	0.86	0.56	0.85	0.59
A_5	0.64	0.57	0.7	0.66	0.56	0.72	0.61	0.72	0.61	0.77	0.7	0.83	0.79	0.66	0.86	0.56	0.85	0.59
A_6	0.4	0.45	0.38	0.39	0.54	0.37	0.67	0.37	0.59	0.64	0.57	0.7	0.66	0.56	0.72	0.61	0.72	0.61
A_7	0.64	0.57	0.7	0.66	0.56	0.72	0.61	0.72	0.61	0.64	0.57	0.7	0.66	0.56	0.72	0.61	0.72	0.61
A_8	0.64	0.57	0.7	0.66	0.56	0.72	0.61	0.72	0.61	0.64	0.57	0.7	0.66	0.56	0.72	0.61	0.72	0.61
A_9	0.64	0.57	÷	0.66	0.56	0.72	0.61	0.72	0.61	0.64	0.57	0.7	0.66	0.56	0.72	0.61	0.72	0.61
A_{10}	0.4	0.45	0.38	0.39	0.54	0.37	0.67	0.37	0.59	0.64	0.57	0.7	0.66	0.56	0.72	0.61	0.72	0.61
A_{11}	0.4	0.45	0.38	0.39	0.54	0.37	0.67	0.37	0.59	0.64	0.57	0.7	0.66	0.56	0.72	0.61	0.72	0.61
A_{12}	0.64	0.57	0.7	0.66	0.56	0.72	0.61	0.72	0.61	0.64	0.57	0.7	0.66	0.56	0.72	0.61	0.72	0.61
A_{13}	0.64	0.57	0.7	0.66	0.56	0.72	0.61	0.72	0.61	0.64	0.57	0.7	0.66	0.56	0.72	0.61	0.72	0.61
A_{14}	0.4	0.45	0.38	0.39	0.54	0.37	0.67	0.37	0.59	0.77	0.7	0.83	0.79	0.66	0.86	0.56	0.85	0.59
A_{15}	0.4	0.45	0.38	0.39	0.54	0.37	0.67	0.37	0.59	0.64	0.57	0.7	0.66	0.56	0.72	0.61	0.72	0.61
A_{16}	0.4	0.45	0.38	0.39	0.54	0.37	0.67	0.37	0.59	0.77	0.7	0.83	0.79	0.66	0.86	0.56	0.85	0.59
A_{17}	0.64	0.57	0.7	0.66	0.56	0.72	0.61	0.72	0.61	0.77	0.7	0.83	0.79	0.66	0.86	0.56	0.85	0.59
A_{18}	0.64	0.57	0.7	0.66	0.56	0.72	0.61	0.72	0.61	0.64	0.57	0.7	0.66	0.56	0.72	0.61	0.72	0.61
A_{19}	0.64	0.57	0.7	0.66	0.56	0.72	0.61	0.72	0.61	0.64	0.57	0.7	0.66	0.56	0.72	0.61	0.72	0.61
A_{20}	0.64	0.57	0.7	0.66	0.56	0.72	0.61	0.72	0.61	0.77	0.7	0.83	0.79	0.66	0.86	0.56	0.85	0.59
A_{21}	0.4	0.45	0.38	0.39	0.54	0.37	0.67	0.37	0.59	0.64	0.57	0.7	0.66	0.56	0.72	0.61	0.72	0.61
A_{22}	0.64	0.57	0.7	0.66	0.56	0.72	0.61	0.72	0.61	0.64	0.57	0.7	0.66	0.56	0.72	0.61	0.72	0.61
A_{23}	0.64	0.57	0.7	0.66	0.56	0.72	0.61	0.72	0.61	0.77	0.7	0.83	0.79	0.66	0.86	0.56	0.85	0.59
A_{24}	0.4	0.45	0.38	0.39	0.54	0.37	0.67	0.37	0.59	0.64	0.57	0.7	0.66	0.56	0.72	0.61	0.72	0.61
A_{25}	0.64	0.57	0.7	0.66	0.56	0.72	0.61	0.72	0.61	0.64	0.57	0.7	0.66	0.56	0.72	0.61	0.72	0.61
A_{26}	0.38	0.41	0.37	0.38	0.41	0.38	0.54	0.38	0.68	0.64	0.57	0.7	0.66	0.56	0.72	0.61	0.72	0.61
A_{27}	0.4	0.45	0.38	0.39	0.54	0.37	0.67	0.37	0.59	0.64	0.57	0.7	0.66	0.56	0.72	0.61	0.72	0.61
A_{28}	0.64	0.57	0.7	0.66	0.56	0.72	0.61	0.72	0.61	0.64	0.57	0.7	0.66	0.56	0.72	0.61	0.72	0.61
A_{29}	0.64	0.57	0.7	0.66	0.56	0.72	0.61	0.72	0.61	0.64	0.57	0.7	0.66	0.56	0.72	0.61	0.72	0.61
A_{30}	0.64	0.57	0.7	0.66	0.56	0.72	0.61	0.72	0.61	0.77	0.7	0.83	0.79	0.66	0.86	0.56	0.85	0.59
A_{31}	0.64	0.57	0.7	0.66	0.56	0.72	0.61	0.72	0.61	0.77	0.7	0.83	0.79	0.66	0.86	0.56	0.85	0.59
A_{32}	0.64	0.57	0.7	0.66	0.56	0.72	0.61	0.72	0.61	0.64	0.57	0.7	0.66	0.56	0.72	0.61	0.72	0.61

注：$A_1 \sim A_{32}$ 分别代表菠萝藓、叉齿异萼苔、长尖叶墙藓、长叶青毛藓、丛生短月藓、粗肋风尾藓、粗叶青毛藓、大苞对叶藓、大锦叶藓、大曲柄藓、短萼叶苔、短肢高领藓、钝叶紫萼藓、复边藓、旱藓、黄边风尾藓、黄松箩藓、近高山真藓、金黄银藓、锦叶藓、绿色溜苏藓、拟木毛藓、平叶墙藓、弯叶墙藓、微疣风尾藓、小叶管口苔、小叶苔、狭叶衰藓、芽苞银藓、圆叶异萼苔、中华短月藓、波叶圆叶苔。表 8.18 和表 8.19 同。$T_1 \sim T_9$ 分别表示年平均气温、1 月平均气温、7 月平均气温、最热月最高温度、最冷月最低温度、大于 0℃积温、年降水量、BT 和 PER。表 8.18~表 8.40 相同。

关联度在 0.7 以上，大多数苔藓植物分布的东西界变化与热量因素关系也密切，一些植物分布改变与水分变化关联度在 0.7 以上，还有一些分布变化与干燥度关联性高（表 8.12）。

表 8.12　苔藓植物分布东西界变化与气候要素关联度

物种	西界									东界								
	T_1	T_2	T_3	T_4	T_5	T_6	T_7	T_8	T_9	T_1	T_2	T_3	T_4	T_5	T_6	T_7	T_8	T_9
A_1	0.64	0.57	0.7	0.66	0.56	0.72	0.61	0.72	0.61	0.64	0.57	0.7	0.66	0.56	0.72	0.61	0.72	0.61
A_2	0.64	0.57	0.7	0.66	0.56	0.72	0.61	0.72	0.61	0.64	0.57	0.7	0.66	0.56	0.72	0.61	0.72	0.61
A_3	0.4	0.45	0.38	0.39	0.54	0.37	0.67	0.37	0.59	0.77	0.7	0.83	0.79	0.66	0.86	0.56	0.85	0.59
A_4	0.64	0.57	0.7	0.66	0.56	0.72	0.61	0.72	0.61	0.64	0.57	0.7	0.66	0.56	0.72	0.61	0.72	0.61
A_5	0.64	0.57	0.7	0.66	0.56	0.72	0.61	0.72	0.61	0.77	0.7	0.83	0.79	0.66	0.86	0.56	0.85	0.59
A_6	0.64	0.57	0.7	0.66	0.56	0.72	0.61	0.72	0.61	0.86	0.81	0.85	0.85	0.73	0.89	0.61	0.89	0.47
A_7	0.64	0.57	0.7	0.66	0.56	0.72	0.61	0.72	0.61		0.57	0.7	0.66	0.56	0.72	0.61	0.72	0.61
A_8	0.64	0.57	0.7	0.66	0.56	0.72	0.61	0.72	0.61	0.64	0.57	0.7	0.66	0.56	0.72	0.61	0.72	0.61
A_9	0.64	0.57	0.7	0.66	0.56	0.72	0.61	0.72	0.61	0.64	0.57	0.7	0.66	0.56	0.72	0.61	0.72	0.61
A_{10}	0.64	0.57	0.7	0.66	0.56	0.72	0.61	0.72	0.61	0.64	0.57	0.7	0.66	0.56	0.72	0.61	0.72	0.61
A_{11}	0.4	0.45	0.38	0.39	0.54	0.37	0.67	0.37	0.59	0.64	0.57	0.7	0.66	0.56	0.72	0.61	0.72	0.61
A_{12}	0.64	0.57	0.7	0.66	0.56	0.72	0.61	0.72	0.61	0.77	0.7	0.83	0.79	0.66	0.86	0.56	0.85	0.59
A_{13}	0.64	0.57	0.7	0.66	0.56	0.72	0.61	0.72	0.61	0.77	0.7	0.83	0.79	0.66	0.86	0.56	0.85	0.59
A_{14}	0.64	0.57	0.7	0.66	0.56	0.72	0.61	0.72	0.61	0.77	0.7	0.83	0.79	0.66	0.86	0.56	0.85	0.59
A_{15}	0.64	0.57	0.7	0.66	0.56	0.72	0.61	0.72	0.61	0.64	0.57	0.7	0.66	0.56	0.72	0.61	0.72	0.61
A_{16}	0.64	0.57	0.7	0.66	0.56	0.72	0.61	0.72	0.61	0.77	0.7	0.83	0.79	0.66	0.86	0.56	0.85	0.59
A_{17}	0.64	0.57	0.7	0.66	0.56	0.72	0.61	0.72	0.61	0.77	0.7	0.83	0.79	0.66	0.86	0.56	0.85	0.59
A_{18}	0.64	0.57	0.7	0.66	0.56	0.72	0.61	0.72	0.61	0.64	0.57	0.7	0.66	0.56	0.72	0.61	0.72	0.61
A_{19}	0.64	0.57	0.7	0.66	0.56	0.72	0.61	0.72	0.61		0.57	0.7	0.66	0.56	0.72	0.61	0.72	0.61
A_{20}	0.64	0.57	0.7	0.66	0.56	0.72	0.61	0.72	0.61	0.77	0.7	0.83	0.79	0.66	0.86	0.56	0.85	0.59
A_{21}	0.64	0.57	0.7	0.66	0.56	0.72	0.61	0.72	0.61	0.77	0.7	0.83	0.79	0.66	0.86	0.56	0.85	0.59
A_{22}	0.42	0.39	0.46	0.45	0.37	0.47	0.41	0.47	0.81		0.57	0.7	0.66	0.56	0.72	0.61	0.72	0.61
A_{23}	0.4	0.45	0.38	0.39	0.54	0.37	0.67	0.37	0.59	0.77	0.7	0.83	0.79	0.66	0.86	0.56	0.85	0.59
A_{24}	0.4	0.45	0.38	0.39	0.54	0.37	0.67	0.37	0.59	0.77	0.7	0.83	0.79	0.66	0.86	0.56	0.85	0.59
A_{25}	0.64	0.57	0.7	0.66	0.56	0.72	0.61	0.72	0.61	0.77	0.7	0.83	0.79	0.66	0.86	0.56	0.85	0.59
A_{26}	0.38	0.41	0.37	0.38	0.41	0.37	0.54	0.37	0.67	0.8	0.74	0.84	0.8	0.79	0.85	0.69	0.85	0.51
A_{27}	0.4	0.45	0.38	0.39	0.54	0.37	0.67	0.37	0.59	0.64	0.57	0.7	0.66	0.56	0.72	0.61	0.72	0.61
A_{28}	0.64	0.57	0.7	0.66	0.56	0.72	0.61	0.72	0.61	0.64	0.57	0.7	0.66	0.56	0.72	0.61	0.72	0.61
A_{29}	0.64	0.57	0.7	0.66	0.56	0.72	0.61	0.72	0.61		0.57	0.7	0.66	0.56	0.72	0.61	0.72	0.61
A_{30}	0.64	0.57	0.7	0.66	0.56	0.72	0.61	0.72	0.61	0.77	0.7	0.83	0.79	0.66	0.86	0.56	0.85	0.59
A_{31}	0.64	0.57	0.7	0.66	0.56	0.72	0.61	0.72	0.61	0.77	0.7			0.66	0.86	0.56	0.85	0.59
A_{32}	0.64	0.57	0.7	0.66	0.56	0.72	0.61	0.72	0.61	0.64	0.57	0.7	0.66	0.56	0.72	0.61	0.72	0.61

注：A_1~A_{32} 分别代表菠萝藓、叉齿异萼苔、长尖叶墙藓、长叶青毛藓、丛生短月藓、粗肋凤尾藓、粗叶青毛藓、大苞对叶藓、大锦叶藓、大曲柄鲜、短萼叶苔、短肢高领藓、钝叶紫萼藓、复边藓、旱藓、黄边凤尾藓、黄松箩藓、近高山真藓、金黄银藓、锦叶藓、绿色溜苏藓、拟木毛藓、平叶墙藓、弯叶墙藓、微疣凤尾藓、小叶管口苔、小叶苔、狭叶衰藓、芽苞银藓、圆叶异萼苔、中华短月藓、波叶圆叶苔。

　　关联度在 0.7 以上，大多数苔藓植物分布中心经纬度变化与热量因素关系也密切，一些与水分变化关联度在 0.7 以上，还有一些苔藓植物分布变化与干燥度有关（表 8.13）。
　　B. 蕨类植物
　　关联度在 0.7 以上，蕨类植物南北界改变与热量因素关系密切，一些蕨类植物分布南北界变化与水分关联度在 0.7 以上，还有部分与干燥度关系密切（表 8.14）。

表 8.13　苔藓植物分布中心变化与气候要素的关联度

物种	中心纬度									中心经度								
	T_1	T_2	T_3	T_4	T_5	T_6	T_7	T_8	T_9	T_1	T_2	T_3	T_4	T_5	T_6	T_7	T_8	T_9
A_1	0.77	0.7	0.83	0.79	0.66	0.86	0.56	0.85	0.59	0.77	0.7	0.83	0.79	0.66	0.86	0.56	0.85	0.59
A_2	0.77	0.7	0.83	0.79	0.66	0.86	0.56	0.85	0.59	0.77	0.7	0.83	0.79	0.66	0.86	0.56	0.85	0.59
A_3	0.77	0.7	0.83	0.79	0.66	0.86	0.56	0.85	0.59	0.77	0.7	0.83	0.79	0.66	0.86	0.56	0.85	0.59
A_4	0.4	0.45	0.38	0.39	0.54	0.37	0.67	0.37	0.59	0.77	0.7	0.83	0.79	0.66	0.86	0.56	0.85	0.59
A_5	0.77	0.7	0.83	0.79	0.66	0.86	0.56	0.85	0.59	0.77	0.7	0.83	0.79	0.66	0.86	0.56	0.85	0.59
A_6	0.86	0.8	0.85	0.84	0.73	0.89	0.61	0.88	0.47	0.44	0.5	0.41	0.42	0.52	0.4	0.58	0.4	0.61
A_7	0.4	0.45	0.38	0.39	0.54	0.37	0.67	0.37	0.59	0.77	0.7	0.83	0.79	0.66	0.86	0.56	0.85	0.59
A_8	0.77	0.7	0.83	0.79	0.66	0.86	0.56	0.85	0.59	0.4	0.45	0.38	0.39	0.54	0.37	0.67	0.37	0.59
A_9	0.4	0.45	0.38	0.39	0.54	0.37	0.67	0.37	0.59	0.77	0.7	0.83	0.79	0.66	0.86	0.56	0.85	0.59
A_{10}	0.4	0.45	0.38	0.39	0.54	0.37	0.67	0.37	0.59	0.4	0.45	0.38	0.39	0.54	0.37	0.67	0.37	0.59
A_{11}	0.4	0.45	0.38	0.39	0.54	0.37	0.67	0.37	0.59	0.4	0.45	0.38	0.39	0.54	0.37	0.67	0.37	0.59
A_{12}	0.77	0.7	0.83	0.79	0.66	0.86	0.56	0.85	0.59	0.77	0.7	0.83	0.79	0.66	0.86	0.56	0.85	0.59
A_{13}	0.77	0.7	0.83	0.79	0.66	0.86	0.56	0.85	0.59	0.4	0.45	0.38	0.39	0.54	0.37	0.67	0.37	0.59
A_{14}	0.77	0.7	0.83	0.79	0.66	0.86	0.56	0.85	0.59	0.77	0.7	0.83	0.79	0.66	0.86	0.56	0.85	0.59
A_{15}	0.77	0.7	0.83	0.79	0.66	0.86	0.56	0.85	0.59	0.4	0.45	0.38	0.39	0.54	0.37	0.67	0.37	0.59
A_{16}	0.77	0.7	0.83	0.79	0.66	0.86	0.56	0.85	0.59	0.77	0.7	0.83	0.79	0.66	0.86	0.56	0.85	0.59
A_{17}	0.77	0.7	0.83	0.79	0.66	0.86	0.56	0.85	0.59	0.77	0.7	0.83	0.79	0.66	0.86	0.56	0.85	0.59
A_{18}	0.42	0.39	0.46	0.45	0.37	0.47	0.41	0.47	0.81	0.42	0.39	0.46	0.45	0.37	0.47	0.41	0.47	0.81
A_{19}	0.42	0.39	0.46	0.45	0.37	0.47	0.41	0.47	0.81	0.66	0.66	0.69	0.69	0.58	0.69	0.46	0.69	0.65
A_{20}	0.77	0.7	0.83	0.79	0.66	0.86	0.56	0.85	0.59	0.77	0.7	0.83	0.79	0.66	0.86	0.56	0.85	0.59
A_{21}	0.77	0.7	0.83	0.79	0.66	0.86	0.56	0.85	0.59	0.4	0.45	0.38	0.39	0.54	0.37	0.67	0.37	0.59
A_{22}	0.51	0.56	0.5	0.52	0.48	0.49	0.49	0.49	0.66	0.43	0.49	0.41	0.41	0.52	0.39	0.6	0.39	0.6
A_{23}	0.77	0.7	0.83	0.79	0.66	0.86	0.56	0.85	0.59	0.77	0.7	0.83	0.79	0.66	0.86	0.56	0.85	0.59
A_{24}	0.77	0.7	0.83	0.79	0.66	0.86	0.56	0.85	0.59	0.4	0.45	0.38	0.39	0.54	0.37	0.67	0.37	0.59
A_{25}	0.77	0.7	0.83	0.79	0.66	0.86	0.56	0.85	0.59	0.77	0.7	0.83	0.79	0.66	0.86	0.56	0.85	0.59
A_{26}	0.39	0.42	0.38	0.39	0.41	0.38	0.57	0.38	0.69	0.41	0.44	0.4	0.42	0.42	0.42	0.55	0.41	0.67
A_{27}	0.4	0.45	0.38	0.39	0.54	0.37	0.67	0.37	0.59	0.4	0.45	0.38	0.39	0.54	0.37	0.67	0.37	0.59
A_{28}	0.64	0.57	0.7	0.66	0.56	0.72	0.61	0.72	0.61	0.64	0.57	0.7	0.66	0.56	0.72	0.61	0.72	0.61
A_{29}	0.64	0.57	0.7	0.66	0.56	0.72	0.61	0.72	0.61	0.64	0.57	0.7	0.66	0.56	0.72	0.61	0.72	0.61
A_{30}	0.77	0.7	0.83	0.79	0.66	0.86	0.56	0.85	0.59	0.77	0.7	0.83	0.79	0.66	0.86	0.56	0.85	0.59
A_{31}	0.77	0.7	0.83	0.79	0.66	0.86	0.56	0.85	0.59	0.77	0.7	0.83	0.79	0.66	0.86	0.56	0.85	0.59
A_{32}	0.4	0.45	0.38	0.39	0.54	0.37	0.67	0.37	0.59	0.4	0.45	0.38	0.39	0.54	0.37	0.67	0.37	0.59

注：$A_1 \sim A_{32}$ 分别代表菠萝藓、叉齿异萼苔、长尖叶墙藓、长叶青毛藓、丛生短月藓、粗肋风尾藓、粗叶青毛藓、大苞对叶藓、大锦叶藓、大曲柄鲜、短萼叶苔、短肢高领藓、钝叶紫萼藓、复边藓、旱藓、黄边凤尾藓、黄松箩藓、近高山真藓、金黄银藓、锦叶藓、绿色溜苏藓、拟木毛藓、平叶墙藓、弯叶墙藓、微疣凤尾藓、小叶管口苔、小叶藓、狭叶衰藓、芽苞银藓、圆叶异萼苔、中华短月藓、波叶圆叶苔。

表 8.14　蕨类植物分布南北界变化与气候要素关联度

物种	南界									北界								
	T_1	T_2	T_3	T_4	T_5	T_6	T_7	T_8	T_9	T_1	T_2	T_3	T_4	T_5	T_6	T_7	T_8	T_9
B_1	0.51	0.43	0.6	0.52	0.42	0.6	0.54	0.6	0.75	0.64	0.57	0.7	0.66	0.56	0.72	0.61	0.72	0.61
B_2	0.64	0.57	0.7	0.66	0.56	0.72	0.61	0.72	0.61	0.78	0.77	0.72	0.76	0.85	0.73	0.78	0.73	0.38
B_3	0.64	0.61	0.67	0.67	0.54	0.67	0.42	0.67	0.66	0.77	0.7	0.83	0.79	0.66	0.86	0.56	0.85	0.59
B_4	0.64	0.57	0.7	0.66	0.56	0.72	0.61	0.72	0.61	0.64	0.57	0.7	0.66	0.56	0.72	0.61	0.72	0.61

续表

物种	南界									北界								
	T_1	T_2	T_3	T_4	T_5	T_6	T_7	T_8	T_9	T_1	T_2	T_3	T_4	T_5	T_6	T_7	T_8	T_9
B_5	0.38	0.41	0.37	0.38	0.41	0.37	0.54	0.37	0.67	0.64	0.57	0.7	0.66	0.56	0.72	0.61	0.72	0.61
B_6	0.64	0.57	0.7	0.66	0.56	0.72	0.61	0.72	0.61	0.64	0.57	0.7	0.66	0.56	0.72	0.61	0.72	0.61
B_7	0.42	0.39	0.46	0.45	0.37	0.47	0.41	0.47	0.81	0.77	0.7	0.83	0.79	0.66	0.86	0.56	0.85	0.59
B_8	0.64	0.57	0.7	0.66	0.56	0.72	0.61	0.72	0.61	0.77	0.7	0.83	0.79	0.66	0.86	0.56	0.85	0.59
B_9	0.64	0.57	0.7	0.66	0.56	0.72	0.61	0.72	0.61	0.77	0.7	0.83	0.79	0.66	0.86	0.56	0.85	0.59
B_{10}	0.64	0.57	0.7	0.66	0.56	0.72	0.61	0.72	0.61	0.8	0.74	0.84	0.8	0.79	0.85	0.69	0.85	0.51
B_{11}	0.64	0.57	0.7	0.66	0.56	0.72	0.61	0.72	0.61	0.64	0.57	0.7	0.66	0.56	0.72	0.61	0.72	0.61
B_{12}	0.42	0.39	0.46	0.45	0.37	0.47	0.41	0.47	0.81	0.64	0.57	0.7	0.66	0.56	0.72	0.61	0.72	0.61
B_{13}	0.64	0.57	0.7	0.66	0.56	0.72	0.61	0.72	0.61	0.64	0.57	0.7	0.66	0.56	0.72	0.61	0.72	0.61
B_{14}	0.64	0.57	0.7	0.66	0.56	0.72	0.61	0.72	0.61	0.64	0.57	0.7	0.66	0.56	0.72	0.61	0.72	0.61
B_{15}	0.4	0.45	0.38	0.39	0.54	0.37	0.67	0.37	0.59	0.64	0.57	0.7	0.66	0.56	0.72	0.61	0.72	0.61
B_{16}	0.64	0.57	0.7	0.66	0.56	0.72	0.61	0.72	0.61	0.64	0.57	0.7	0.66	0.56	0.72	0.61	0.72	0.61
B_{17}	0.64	0.57	0.7	0.66	0.56	0.72	0.61	0.72	0.61	0.77	0.86	0.7	0.75	0.8	0.7	0.56	0.7	0.51
B_{18}	0.64	0.57	0.7	0.66	0.56	0.72	0.61	0.72	0.61	0.64	0.57	0.7	0.66	0.56	0.72	0.61	0.72	0.61
B_{19}	0.64	0.57	0.7	0.66	0.56	0.72	0.61	0.72	0.61	0.81	0.73	0.87	0.83	0.67	0.91	0.58	0.9	0.58
B_{20}	0.55	0.62	0.5	0.52	0.54	0.48	0.53	0.54	0.66	0.8	0.74	0.84	0.8	0.79	0.85	0.69	0.85	0.51
B_{21}	0.64	0.57	0.7	0.66	0.56	0.72	0.61	0.72	0.61	0.64	0.57	0.7	0.66	0.56	0.72	0.61	0.72	0.61
B_{22}	0.42	0.39	0.46	0.45	0.37	0.47	0.41	0.47	0.81	0.77	0.7	0.83	0.79	0.66	0.86	0.56	0.85	0.59
B_{23}	0.38	0.41	0.37	0.38	0.41	0.37	0.54	0.37	0.67	0.64	0.57	0.7	0.66	0.56	0.72	0.61	0.72	0.61
B_{24}	0.38	0.41	0.37	0.38	0.41	0.37	0.54	0.37	0.67	0.64	0.57	0.7	0.66	0.56	0.72	0.61	0.72	0.61
B_{25}	0.42	0.39	0.46	0.45	0.37	0.47	0.41	0.47	0.81	0.64	0.57	0.7	0.66	0.56	0.72	0.61	0.72	0.61
B_{26}	0.42	0.39	0.46	0.45	0.37	0.47	0.41	0.47	0.81	0.8	0.74	0.84	0.8	0.79	0.85	0.69	0.85	0.51
B_{27}	0.4	0.45	0.38	0.39	0.54	0.37	0.67	0.37	0.59	0.77	0.7	0.83	0.79	0.66	0.86	0.56	0.85	0.59
B_{28}	0.64	0.57	0.7	0.66	0.56	0.72	0.61	0.72	0.61	0.64	0.57	0.7	0.66	0.56	0.72	0.61	0.72	0.61
B_{29}	0.4	0.45	0.38	0.39	0.54	0.37	0.67	0.37	0.59	0.77	0.7	0.83	0.79	0.66	0.86	0.56	0.85	0.59
B_{30}	0.4	0.45	0.38	0.39	0.54	0.37	0.67	0.37	0.59	0.64	0.57	0.7	0.66	0.56	0.72	0.61	0.72	0.61
B_{31}	0.51	0.43	0.6	0.52	0.42	0.6	0.54	0.6	0.75	0.64	0.57	0.7	0.66	0.56	0.72	0.61	0.72	0.61
B_{32}	0.64	0.57	0.7	0.66	0.56	0.72	0.61	0.72	0.61	0.77	0.7	0.83	0.79	0.66	0.86	0.56	0.86	0.59
B_{33}	0.64	0.57	0.7	0.66	0.56	0.72	0.61	0.72	0.61	0.8	0.74	0.84	0.8	0.79	0.85	0.69	0.85	0.51
B_{34}	0.38	0.41	0.37	0.38	0.41	0.37	0.54	0.37	0.67	0.77	0.7	0.83	0.79	0.66	0.86	0.56	0.85	0.59
B_{35}	0.64	0.57	0.7	0.66	0.56	0.72	0.61	0.72	0.61	0.64	0.57	0.7	0.66	0.56	0.72	0.61	0.72	0.61
B_{36}	0.64	0.57	0.7	0.66	0.56	0.72	0.61	0.72	0.61	0.79	0.71	0.85	0.81	0.67	0.88	0.57	0.88	0.62
B_{37}	0.64	0.57	0.7	0.66	0.56	0.72	0.61	0.72	0.61	0.85	0.76	0.81	0.89	0.71	0.85	0.53	0.84	0.6
B_{38}	0.64	0.57	0.7	0.66	0.56	0.72	0.61	0.72	0.61	0.64	0.57	0.7	0.66	0.56	0.72	0.61	0.72	0.61
B_{39}	0.38	0.41	0.37	0.38	0.41	0.37	0.54	0.37	0.67	0.67	0.71	0.62	0.66	0.77	0.63	0.68	0.63	0.43
B_{40}	0.51	0.43	0.6	0.52	0.42	0.6	0.54	0.6	0.75	0.67	0.71	0.62	0.66	0.77	0.63	0.68	0.63	0.43

注：$B_1 \sim B_{40}$分别代表了叉裂铁角蕨、川西金毛裸蕨、粗根水蕨、大盖铁角蕨、大明凤尾蕨、单叶凤尾蕨、东方狗脊、多羽凤尾蕨、高大耳蕨、贵阳铁角蕨、华南毛蕨、鸡冠凤尾蕨、金毛裸蕨、阔叶凤尾蕨、栗柄凤尾蕨、陇南铁线蕨、毛儿刺耳蕨、密鳞鳞毛蕨、宁陕耳蕨、瓶尔小草、鞘舌卷柏、秦岭耳蕨、三叉凤尾蕨、三翅铁角蕨、水蕨、贴生石韦、乌柄耳蕨、腺毛鲮毛蕨、线羽凤毛蕨、小卷柏、小五台瓦韦、西南旱蕨、细弱凤尾蕨、细羽凤尾蕨、异穗卷柏、玉龙蕨、指叶凤尾蕨、中华耳蕨、中华鳞毛蕨、中华水龙骨。表 8.21 和表 8.22 相同。

关联度在 0.7 以上，蕨类植物东西界改变与热量因素关系密切，一些蕨类植物分布东西界变化与水分关联度在 0.7 以上，还有部分与干燥度关系密切（表 8.15）。

表 8.15　蕨类植物分布东西界变化与气候要素关联度

物种	西界									东界								
	T_1	T_2	T_3	T_4	T_5	T_6	T_7	T_8	T_9	T_1	T_2	T_3	T_4	T_5	T_6	T_7	T_8	T_9
B_1	0.64	0.57	0.7	0.66	0.56	0.72	0.61	0.72	0.61	0.73	0.8	0.66	0.72	0.81	0.67	0.67	0.67	0.44
B_2	0.64	0.57	0.7	0.66	0.56	0.72	0.61	0.72	0.61	0.75	0.75	0.75	0.73	0.83	0.76	0.82	0.76	0.38
B_3	0.44	0.49	0.41	0.42	0.48	0.4	0.61	0.4	0.6	0.66	0.6	0.71	0.67	0.69	0.72	0.75	0.72	0.53
B_4	0.64	0.57	0.7	0.66	0.56	0.72	0.61	0.72	0.61	0.64	0.57	0.7	0.66	0.56	0.72	0.61	0.72	0.61
B_5	0.64	0.57	0.7	0.66	0.56	0.72	0.61	0.72	0.61	0.8	0.74	0.84	0.8	0.79	0.85	0.69	0.85	0.51
B_6	0.64	0.57	0.7	0.66	0.56	0.72	0.61	0.72	0.61	0.64	0.57	0.7	0.66	0.56	0.72	0.61	0.72	0.61
B_7	0.64	0.57	0.7	0.66	0.56	0.72	0.61	0.72	0.61	0.77	0.7	0.83	0.79	0.66	0.86	0.56	0.85	0.59
B_8	0.4	0.45	0.38	0.39	0.54	0.37	0.67	0.37	0.59	0.67	0.71	0.62	0.66	0.77	0.63	0.68	0.63	0.43
B_9	0.64	0.57	0.7	0.66	0.56	0.72	0.61	0.72	0.61	0.78	0.71	0.84	0.8	0.66	0.86	0.56	0.86	0.61
B_{10}	0.4	0.45	0.38	0.39	0.54	0.37	0.67	0.37	0.59	0.79	0.72	0.85	0.81	0.67	0.88	0.57	0.88	0.62
B_{11}	0.64	0.57	0.7	0.66	0.56	0.72	0.61	0.72	0.61	0.77	0.7	0.83	0.79	0.66	0.86	0.56	0.85	0.59
B_{12}	0.42	0.39	0.46	0.45	0.37	0.47	0.41	0.47	0.81	0.64	0.57	0.7	0.66	0.56	0.72	0.61	0.72	0.61
B_{13}	0.42	0.39	0.46	0.45	0.37	0.47	0.41	0.47	0.81	0.75	0.75	0.75	0.73	0.83	0.76	0.82	0.76	0.38
B_{14}	0.38	0.41	0.37	0.38	0.41	0.37	0.54	0.37	0.67	0.77	0.7	0.83	0.79	0.66	0.86	0.56	0.85	0.59
B_{15}	0.64	0.57	0.7	0.66	0.56	0.72	0.61	0.72	0.61	0.64	0.57	0.7	0.66	0.56	0.72	0.61	0.72	0.61
B_{16}	0.64	0.57	0.7	0.66	0.56	0.72	0.61	0.72	0.61	0.8	0.74	0.84	0.8	0.79	0.85	0.69	0.85	0.51
B_{17}	0.64	0.57	0.7	0.66	0.56	0.72	0.61	0.72	0.61	0.86	0.79	0.79	0.89	0.74	0.82	0.52	0.82	0.56
B_{18}	0.64	0.57	0.7	0.66	0.56	0.72	0.61	0.72	0.61	0.77	0.7	0.83	0.79	0.66	0.86	0.56	0.85	0.59
B_{19}	0.38	0.41	0.37	0.38	0.41	0.37	0.54	0.37	0.67	0.77	0.7	0.83	0.79	0.66	0.86	0.56	0.85	0.59
B_{20}	0.41	0.45	0.39	0.39	0.53	0.37	0.66	0.38	0.59	0.77	0.7	0.83	0.79	0.66	0.86	0.56	0.85	0.59
B_{21}	0.64	0.57	0.7	0.66	0.56	0.72	0.61	0.72	0.61	0.77	0.7	0.83	0.79	0.66	0.86	0.56	0.85	0.59
B_{22}	0.42	0.39	0.46	0.45	0.37	0.47	0.41	0.47	0.81	0.64	0.57	0.7	0.66	0.56	0.72	0.61	0.72	0.61
B_{23}	0.64	0.57	0.7	0.66	0.56	0.72	0.61	0.72	0.61	0.75	0.75	0.75	0.73	0.83	0.76	0.82	0.76	0.38
B_{24}	0.64	0.57	0.7	0.66	0.56	0.72	0.61	0.72	0.61	0.75	0.75	0.75	0.73	0.83	0.76	0.82	0.76	0.38
B_{25}	0.64	0.57	0.7	0.66	0.56	0.72	0.61	0.72	0.61	0.64	0.57	0.7	0.66	0.56	0.72	0.61	0.72	0.61
B_{26}	0.64	0.57	0.7	0.66	0.56	0.72	0.61	0.72	0.61	0.86	0.89	0.82	0.82	0.82	0.82	0.66	0.82	0.42
B_{27}	0.64	0.57	0.7	0.66	0.56	0.72	0.61	0.72	0.61	0.77	0.7	0.83	0.79	0.66	0.86	0.56	0.85	0.59
B_{28}	0.4	0.45	0.38	0.39	0.54	0.37	0.67	0.37	0.59	0.77	0.7	0.83	0.79	0.66	0.86	0.56	0.85	0.59
B_{29}	0.64	0.57	0.7	0.66	0.56	0.72	0.61	0.72	0.61	0.77	0.7	0.83	0.79	0.66	0.86	0.56	0.85	0.59
B_{30}	0.64	0.57	0.7	0.66	0.56	0.72	0.61	0.72	0.61	0.64	0.57	0.7	0.66	0.56	0.72	0.61	0.72	0.61
B_{31}	0.51	0.43	0.6	0.52	0.42	0.6	0.54	0.6	0.75	0.8	0.74	0.84	0.8	0.79	0.85	0.69	0.85	0.51
B_{32}	0.38	0.41	0.37	0.38	0.41	0.37	0.54	0.37	0.67	0.77	0.7	0.83	0.79	0.66	0.86	0.56	0.85	0.59
B_{33}	0.38	0.41	0.37	0.38	0.41	0.37	0.54	0.37	0.67	0.64	0.57	0.7	0.66	0.56	0.72	0.61	0.72	0.61
B_{34}	0.38	0.41	0.37	0.38	0.41	0.37	0.54	0.37	0.67	0.64	0.57	0.7	0.66	0.56	0.72	0.61	0.72	0.61
B_{35}	0.64	0.57	0.7	0.66	0.56	0.72	0.61	0.72	0.61	0.64	0.57	0.7	0.66	0.56	0.72	0.61	0.72	0.61
B_{36}	0.64	0.57	0.7	0.66	0.56	0.72	0.61	0.72	0.61	0.77	0.7	0.83	0.79	0.66	0.86	0.56	0.85	0.59
B_{37}	0.64	0.57	0.7	0.66	0.56	0.72	0.61	0.72	0.61	0.8	0.74	0.84	0.8	0.79	0.85	0.69	0.85	0.51
B_{38}	0.64	0.57	0.7	0.66	0.56	0.72	0.61	0.72	0.61	0.64	0.57	0.7	0.66	0.56	0.72	0.61	0.72	0.61
B_{39}	0.64	0.57	0.7	0.66	0.56	0.72	0.61	0.72	0.61	0.67	0.71	0.62	0.66	0.77	0.63	0.68	0.63	0.43
B_{40}	0.4	0.45	0.38	0.39	0.54	0.37	0.67	0.37	0.59	0.8	0.74	0.84	0.8	0.79	0.85	0.69	0.85	0.51

注：B_1～B_{40} 分别代表了叉裂铁角蕨、川西金毛裸蕨、粗根水蕨、大盖铁角蕨、大明凤尾蕨、单叶凤尾蕨、东方狗脊、多羽凤尾蕨、高大耳蕨、贵阳铁角蕨、华南毛蕨、鸡冠凤尾蕨、金毛裸蕨、阔叶凤尾蕨、栗柄凤尾蕨、陇南铁线蕨、毛儿刺耳蕨、密鳞鳞毛蕨、宁陕耳蕨、瓶尔小草、鞘舌卷柏、秦岭耳蕨、三叉凤尾蕨、三翅铁角蕨、水蕨、贴生石韦、乌柄耳蕨、腺毛鲮毛蕨、线羽凤毛蕨、小卷柏、小五台瓦韦、西南旱蕨、细弱凤尾蕨、细羽凤尾蕨、异穗卷柏、玉龙蕨、指叶凤尾蕨、中华耳蕨、中华鳞毛蕨、中华水龙骨。

关联度在 0.7 以上，一些蕨类植物分布中心经纬度变化与热量因素关系密切，一些中心纬度与经度改变与水分关系密切，一些与 PER 关系密切（表 8.16）。

表 8.16 蕨类植物分布中心变化与气候要素关联度

物种	中心经度									中心纬度								
	T_1	T_2	T_3	T_4	T_5	T_6	T_7	T_8	T_9	T_1	T_2	T_3	T_4	T_5	T_6	T_7	T_8	T_9
B_1	0.74	0.82	0.67	0.73	0.79	0.68	0.61	0.68	0.47	0.52	0.44	0.61	0.54	0.43	0.62	0.56	0.62	0.75
B_2	0.86	0.89	0.79	0.82	0.85	0.79	0.65	0.8	0.42	0.83	0.89	0.74	0.82	0.87	0.75	0.64	0.75	0.42
B_3	0.55	0.51	0.49	0.51	0.57	0.47	0.6	0.48	0.61	0.69	0.7	0.73	0.73	0.62	0.73	0.5	0.73	0.67
B_4	0.68	0.68	0.67	0.66	0.75	0.68	0.82	0.68	0.43	0.79	0.7	0.85	0.81	0.66	0.87	0.56	0.87	0.56
B_5	0.8	0.74	0.84	0.8	0.79	0.85	0.69	0.85	0.51	0.38	0.41	0.37	0.38	0.41	0.37	0.54	0.37	0.67
B_6	0.64	0.57	0.7	0.66	0.56	0.72	0.61	0.72	0.61	0.64	0.57	0.7	0.66	0.56	0.72	0.61	0.72	0.61
B_7	0.88	0.77	0.83	0.91	0.71	0.86	0.54	0.86	0.55	0.45	0.5	0.44	0.46	0.49	0.46	0.51	0.45	0.69
B_8	0.63	0.7	0.57	0.62	0.8	0.58	0.69	0.58	0.5	0.87	0.85	0.78	0.87	0.79	0.82	0.55	0.82	0.49
B_9	0.81	0.73	0.87	0.83	0.68	0.91	0.58	0.9	0.58	0.79	0.72	0.85	0.81	0.67	0.88	0.57	0.88	0.62
B_{10}	0.8	0.72	0.93	0.83	0.64	0.88	0.65	0.89	0.55	0.79	0.74	0.89	0.79	0.68	0.85	0.67	0.86	0.53
B_{11}	0.83	0.85	0.77	0.83	0.73	0.77	0.52	0.77	0.52	0.58	0.55	0.56	0.57	0.5	0.56	0.56	0.56	0.6
B_{12}	0.42	0.39	0.46	0.45	0.37	0.47	0.41	0.47	0.81	0.42	0.39	0.46	0.45	0.37	0.47	0.41	0.47	0.81
B_{13}	0.83	0.77	0.87	0.81	0.69	0.87	0.63	0.87	0.48	0.77	0.71	0.8	0.75	0.64	0.81	0.61	0.81	0.5
B_{14}	0.78	0.83	0.72	0.78	0.73	0.76	0.51	0.75	0.53	0.45	0.48	0.44	0.45	0.49	0.44	0.54	0.44	0.62
B_{15}	0.84	0.82	0.83	0.82	0.74	0.87	0.61	0.86	0.47	0.46	0.52	0.43	0.44	0.49	0.41	0.58	0.42	0.62
B_{16}	0.63	0.57	0.71	0.63	0.67	0.7	0.5	0.7	0.58	0.72	0.63	0.77	0.75	0.57	0.78	0.54	0.78	0.61
B_{17}	0.91	0.9	0.82	0.9	0.81	0.81	0.57	0.82	0.46	0.76	0.87	0.68	0.75	0.92	0.7	0.69	0.7	0.41
B_{18}	0.86	0.75	0.85	0.85	0.69	0.88	0.59	0.88	0.53	0.87	0.89	0.87	0.87	0.78	0.86	0.64	0.87	0.44
B_{19}	0.46	0.5	0.45	0.46	0.51	0.46	0.49	0.46	0.67	0.84	0.76	0.9	0.86	0.69	0.95	0.59	0.94	0.56
B_{20}	0.48	0.46	0.51	0.51	0.43	0.52	0.49	0.52	0.82	0.59	0.49	0.65	0.63	0.46	0.67	0.59	0.66	0.69
B_{21}	0.75	0.8	0.68	0.74	0.75	0.68	0.65	0.68	0.46	0.61	0.58	0.65	0.65	0.51	0.66	0.4	0.65	0.72
B_{22}	0.42	0.39	0.46	0.45	0.37	0.47	0.41	0.47	0.81	0.47	0.44	0.51	0.49	0.42	0.51	0.39	0.51	0.83
B_{23}	0.8	0.83	0.78	0.77	0.86	0.79	0.73	0.79	0.4	0.39	0.43	0.38	0.39	0.43	0.38	0.51	0.38	0.68
B_{24}	0.8	0.83	0.78	0.77	0.86	0.79	0.73	0.79	0.4	0.39	0.43	0.38	0.39	0.43	0.38	0.51	0.38	0.68
B_{25}	0.61	0.56	0.54	0.6	0.52	0.56	0.51	0.55	0.69	0.54	0.46	0.58	0.56	0.45	0.59	0.56	0.59	0.8
B_{26}	0.86	0.84	0.76	0.82	0.86	0.77	0.67	0.77	0.42	0.55	0.52	0.6	0.6	0.47	0.61	0.43	0.62	0.83
B_{27}	0.77	0.7	0.83	0.79	0.66	0.86	0.56	0.85	0.59	0.77	0.7	0.83	0.79	0.66	0.86	0.56	0.85	0.59
B_{28}	0.4	0.45	0.38	0.39	0.54	0.37	0.67	0.37	0.59	0.77	0.7	0.83	0.79	0.66	0.86	0.56	0.85	0.59
B_{29}	0.86	0.76	0.85	0.86	0.7	0.89	0.59	0.89	0.52	0.87	0.89	0.88	0.88	0.76	0.83	0.54	0.83	0.49
B_{30}	0.46	0.52	0.43	0.44	0.54	0.41	0.59	0.41	0.65	0.55	0.52	0.56	0.51	0.54	0.51	0.54	0.54	0.66
B_{31}	0.69	0.61	0.72	0.69	0.59	0.7	0.59	0.7	0.63	0.55	0.48	0.65	0.46	0.66	0.61	0.66	0.66	0.8
B_{32}	0.68	0.71	0.64	0.67	0.62	0.64	0.49	0.64	0.56	0.78	0.71	0.84	0.8	0.66	0.87	0.56	0.87	0.62
B_{33}	0.38	0.41	0.37	0.38	0.41	0.37	0.54	0.37	0.67	0.8	0.74	0.84	0.8	0.79	0.85	0.69	0.85	0.51
B_{34}	0.4	0.43	0.39	0.4	0.43	0.39	0.58	0.39	0.73	0.57	0.63	0.55	0.56	0.6	0.55	0.46	0.55	0.64
B_{35}	0.46	0.51	0.44	0.45	0.61	0.42	0.71	0.42	0.54	0.9	0.91	0.9	0.85	0.81	0.8	0.62	0.8	0.43
B_{36}	0.82	0.74	0.87	0.84	0.68	0.9	0.57	0.9	0.58	0.78	0.68	0.81	0.81	0.61	0.81	0.52	0.81	0.6
B_{37}	0.79	0.71	0.82	0.77	0.62	0.79	0.56	0.8	0.57	0.72	0.78	0.65	0.7	0.82	0.66	0.65	0.66	0.47
B_{38}	0.65	0.56	0.67	0.68	0.53	0.69	0.51	0.69	0.75	0.67	0.58	0.7	0.69	0.57	0.71	0.49	0.71	0.73
B_{39}	0.75	0.81	0.66	0.74	0.79	0.67	0.7	0.67	0.45	0.54	0.58	0.55	0.56	0.54	0.56	0.68	0.56	0.53
B_{40}	0.5	0.58	0.49	0.51	0.52	0.51	0.51	0.51	0.69	0.65	0.66	0.67	0.62	0.79	0.67	0.85	0.67	0.48

注：$B_1 \sim B_{40}$ 分别代表了叉裂铁角蕨、川西金毛裸蕨、粗根水蕨、大盖铁角蕨、大明凤尾蕨、单叶凤尾蕨、东方狗脊、多羽凤尾蕨、高大耳蕨、贵阳铁角蕨、华南毛蕨、鸡冠凤尾蕨、金毛裸蕨、阔叶凤尾蕨、栗柄凤尾蕨、陇南铁线蕨、毛儿刺耳蕨、密鳞鳞毛蕨、宁陕耳蕨、瓶尔小草、鞘舌卷柏、秦岭耳蕨、三叉凤尾蕨、三翅铁角蕨、水蕨、贴生石韦、乌柄耳蕨、腺毛鲮毛蕨、线羽凤尾蕨、小卷柏、小五台瓦韦、西南旱蕨、细弱凤尾蕨、细羽凤尾蕨、异穗卷柏、玉龙蕨、指叶凤尾蕨、中华耳蕨、中华鳞毛蕨、中华水龙骨。

C. 裸子植物

关联度在 0.7 以上，裸子植物南北界改变与热量因素关系密切，一些裸子植物分布变化与水分关联度在 0.7 以上，还有部分与干燥度关系密切（表 8.17）。

表 8.17 裸子植物分布南北界变化与气候要素关联度

物种	南界									北界								
	T_1	T_2	T_3	T_4	T_5	T_6	T_7	T_8	T_9	T_1	T_2	T_3	T_4	T_5	T_6	T_7	T_8	T_9
C_1	0.42	0.48	0.4	0.41	0.53	0.39	0.63	0.39	0.62	0.64	0.57	0.7	0.66	0.56	0.72	0.61	0.72	0.61
C_2	0.64	0.57	0.7	0.66	0.56	0.72	0.61	0.72	0.61	0.64	0.57	0.7	0.66	0.56	0.72	0.61	0.72	0.61
C_3	0.38	0.41	0.37	0.38	0.41	0.37	0.54	0.37	0.67	0.64	0.57	0.7	0.66	0.56	0.72	0.61	0.72	0.61
C_4	0.41	0.45	0.39	0.39	0.54	0.37	0.67	0.38	0.6	0.64	0.57	0.7	0.66	0.56	0.72	0.61	0.72	0.61
C_5	0.64	0.57	0.7	0.66	0.56	0.72	0.61	0.72	0.61	0.64	0.57	0.7	0.66	0.56	0.72	0.61	0.72	0.61
C_6	0.64	0.57	0.7	0.66	0.56	0.72	0.61	0.72	0.61	0.64	0.57	0.7	0.66	0.56	0.72	0.61	0.72	0.61
C_7	0.42	0.48	0.4	0.41	0.53	0.39	0.63	0.39	0.62	0.64	0.57	0.7	0.66	0.56	0.72	0.61	0.72	0.61
C_8	0.64	0.57	0.7	0.66	0.56	0.72	0.61	0.72	0.61	0.64	0.57	0.7	0.66	0.56	0.72	0.61	0.72	0.61
C_9	0.38	0.41	0.37	0.38	0.41	0.37	0.54	0.37	0.67	0.64	0.57	0.7	0.66	0.56	0.72	0.61	0.72	0.61
C_{10}	0.41	0.45	0.39	0.39	0.54	0.37	0.67	0.38	0.6	0.64	0.57	0.7	0.66	0.56	0.72	0.61	0.72	0.61

注：C_1~C_{10} 分别代表了白豆杉、巴山榧、长叶榧树、短叶黄杉、方枝柏、高山三尖杉、南方铁杉、双穗麻黄、银杉、云南穗花杉。表 8.24、表 8.25 相同。

关联度在 0.7 以上，裸子植物东西界改变与热量因素关系密切，一些裸子植物分布变化与水分关联度在 0.7 以上，还有部分与干燥度关系密切（表 8.18）。

表 8.18 裸子植物分布东西界变化与气候要素关联度

物种	东界									西界								
	T_1	T_2	T_3	T_4	T_5	T_6	T_7	T_8	T_9	T_1	T_2	T_3	T_4	T_5	T_6	T_7	T_8	T_9
C_1	0.59	0.49	0.58	0.62	0.48	0.59	0.51	0.59	0.75	0.64	0.57	0.7	0.66	0.56	0.72	0.61	0.72	0.61
C_2	0.4	0.45	0.38	0.39	0.54	0.37	0.67	0.37	0.59	0.64	0.57	0.7	0.66	0.56	0.72	0.61	0.72	0.61
C_3	0.64	0.57	0.7	0.66	0.56	0.72	0.61	0.72	0.61	0.8	0.74	0.84	0.8	0.79	0.85	0.69	0.85	0.51
C_4	0.64	0.57	0.7	0.66	0.56	0.72	0.61	0.72	0.61	0.77	0.7	0.83	0.79	0.66	0.86	0.56	0.85	0.59
C_5	0.64	0.57	0.7	0.66	0.56	0.72	0.61	0.72	0.61	0.64	0.57	0.7	0.66	0.56	0.72	0.61	0.72	0.61
C_6	0.64	0.57	0.7	0.66	0.56	0.72	0.61	0.72	0.61	0.8	0.74	0.84	0.8	0.79	0.85	0.69	0.85	0.51
C_7	0.59	0.49	0.58	0.62	0.48	0.59	0.51	0.59	0.75	0.64	0.57	0.7	0.66	0.56	0.72	0.61	0.72	0.61
C_8	0.4	0.45	0.38	0.39	0.54	0.37	0.67	0.37	0.59	0.64	0.57	0.7	0.66	0.56	0.72	0.61	0.72	0.61
C_9	0.64	0.57	0.7	0.66	0.56	0.72	0.61	0.72	0.61	0.8	0.74	0.84	0.8	0.79	0.85	0.69	0.85	0.51
C_{10}	0.64	0.57	0.7	0.66	0.56	0.72	0.61	0.72	0.61	0.77	0.7	0.83	0.79	0.66	0.86	0.56	0.85	0.59

注：C_1~C_{10} 分别代表了白豆杉、巴山榧、长叶榧树、短叶黄杉、方枝柏、高山三尖杉、南方铁杉、双穗麻黄、银杉、云南穗花杉。

关联度在 0.7 以上，裸子植物分布中心经纬度改变与热量因素关系密切，部分变化与水分因素关系密切，一些与 PER 关系密切（表 8.19）。

D. 被子植物

联度在 0.7 以上，被子植物南北界改变与热量因素关系密切，一些被子植物分布变化与水分关联度在 0.7 以上，还有部分与干燥度关系密切（表 8.20）。

表 8.19 裸子植物分布中心界变化与气候要素关联度

物种	中心经度									中心纬度								
	T_1	T_2	T_3	T_4	T_5	T_6	T_7	T_8	T_9	T_1	T_2	T_3	T_4	T_5	T_6	T_7	T_8	T_9
C_1	0.5	0.49	0.54	0.54	0.44	0.55	0.52	0.55	0.86	0.59	0.58	0.63	0.64	0.51	0.63	0.49	0.64	0.79
C_2	0.47	0.51	0.45	0.47	0.45	0.47	0.46	0.46	0.7	0.67	0.69	0.66	0.64	0.81	0.67	0.83	0.67	0.47
C_3	0.8	0.74	0.84	0.8	0.79	0.85	0.69	0.85	0.51	0.38	0.41	0.37	0.38	0.41	0.37	0.54	0.37	0.67
C_4	0.92	0.8	0.82	0.89	0.74	0.86	0.56	0.86	0.5	0.45	0.51	0.42	0.43	0.58	0.4	0.62	0.41	0.65
C_5	0.49	0.49	0.53	0.53	0.44	0.54	0.46	0.54	0.78	0.49	0.46	0.52	0.53	0.42	0.53	0.45	0.52	0.82
C_6	0.8	0.74	0.84	0.8	0.79	0.85	0.69	0.85	0.51	0.8	0.74	0.84	0.8	0.79	0.85	0.69	0.85	0.51
C_7	0.5	0.49	0.54	0.54	0.44	0.55	0.52	0.55	0.86	0.59	0.58	0.63	0.64	0.51	0.63	0.49	0.64	0.79
C_8	0.47	0.51	0.45	0.47	0.45	0.47	0.46	0.46	0.7	0.67	0.69	0.66	0.64	0.81	0.67	0.83	0.67	0.47
C_9	0.8	0.74	0.84	0.8	0.79	0.85	0.69	0.85	0.51	0.38	0.41	0.37	0.38	0.41	0.37	0.54	0.37	0.67
C_{10}	0.92	0.8	0.82	0.89	0.74	0.86	0.56	0.86	0.5	0.45	0.51	0.42	0.43	0.58	0.4	0.62	0.41	0.65

注：C_1~C_{10}分别代表了白豆杉、巴山榧、长叶榧树、短叶黄杉、方枝柏、高山三尖杉、南方铁杉、双穗麻黄、银杉、云南穗花杉。

表 8.20 被子植物分布南北界变化与气候要素关联度

物种	南界									北界								
	T_1	T_2	T_3	T_4	T_5	T_6	T_7	T_8	T_9	T_1	T_2	T_3	T_4	T_5	T_6	T_7	T_8	T_9
D_1	0.51	0.43	0.6	0.52	0.42	0.6	0.54	0.6	0.75	0.64	0.57	0.7	0.66	0.56	0.72	0.61	0.72	0.61
D_2	0.64	0.57	0.7	0.66	0.56	0.72	0.61	0.72	0.61	0.64	0.57	0.7	0.66	0.56	0.72	0.61	0.72	0.61
D_3	0.64	0.57	0.7	0.66	0.56	0.72	0.61	0.72	0.61	0.64	0.57	0.7	0.66	0.56	0.72	0.61	0.72	0.61
D_4	0.64	0.57	0.7	0.66	0.56	0.72	0.61	0.72	0.61	0.86	0.82	0.85	0.85	0.73	0.89	0.62	0.89	0.47
D_5	0.4	0.45	0.38	0.39	0.54	0.37	0.67	0.37	0.59	0.64	0.57	0.7	0.66	0.56	0.72	0.61	0.72	0.61
D_6	0.64	0.57	0.7	0.66	0.56	0.72	0.61	0.72	0.61	0.77	0.7	0.83	0.79	0.66	0.86	0.56	0.85	0.59
D_7	0.64	0.57	0.7	0.66	0.56	0.72	0.61	0.72	0.61	0.77	0.7	0.83	0.79	0.66	0.86	0.56	0.85	0.59
D_8	0.64	0.57	0.7	0.66	0.56	0.72	0.61	0.72	0.61	0.67	0.72	0.62	0.66	0.77	0.63	0.68	0.63	0.44
D_9	0.64	0.57	0.7	0.66	0.56	0.72	0.61	0.72	0.61	0.64	0.57	0.7	0.66	0.56	0.72	0.61	0.72	0.61
D_{10}	0.38	0.41	0.37	0.38	0.41	0.37	0.54	0.37	0.67	0.77	0.7	0.83	0.79	0.66	0.86	0.56	0.85	0.59
D_{11}	0.64	0.57	0.7	0.66	0.56	0.72	0.61	0.72	0.61	0.77	0.7	0.83	0.79	0.66	0.86	0.56	0.85	0.59
D_{12}	0.51	0.43	0.6	0.52	0.42	0.6	0.54	0.6	0.75	0.9	0.82	0.84	0.95	0.76	0.89	0.54	0.88	0.51
D_{13}	0.64	0.57	0.7	0.66	0.56	0.72	0.61	0.72	0.61	0.77	0.7	0.83	0.79	0.66	0.86	0.56	0.85	0.59
D_{14}	0.4	0.45	0.38	0.39	0.54	0.37	0.67	0.37	0.59	0.64	0.57	0.7	0.66	0.56	0.72	0.61	0.72	0.61
D_{15}	0.64	0.57	0.7	0.66	0.56	0.72	0.61	0.72	0.61	0.77	0.7	0.83	0.79	0.66	0.86	0.56	0.85	0.59
D_{16}	0.38	0.41	0.37	0.38	0.41	0.37	0.54	0.37	0.67	0.77	0.7	0.83	0.79	0.66	0.86	0.56	0.85	0.59
D_{17}	0.64	0.57	0.7	0.66	0.56	0.72	0.61	0.72	0.61	0.64	0.57	0.7	0.66	0.56	0.72	0.61	0.72	0.61
D_{18}	0.64	0.57	0.7	0.66	0.56	0.72	0.61	0.72	0.61	0.77	0.7	0.83	0.79	0.66	0.86	0.56	0.85	0.59
D_{19}	0.64	0.57	0.7	0.66	0.56	0.72	0.61	0.72	0.61	0.64	0.57	0.7	0.66	0.56	0.72	0.61	0.72	0.61
D_{20}	0.4	0.45	0.38	0.39	0.54	0.37	0.67	0.37	0.59	0.64	0.57	0.7	0.66	0.56	0.72	0.61	0.72	0.61
D_{21}	0.64	0.57	0.7	0.66	0.56	0.72	0.61	0.72	0.61	0.64	0.57	0.7	0.66	0.56	0.72	0.61	0.72	0.61
D_{22}	0.51	0.43	0.6	0.52	0.42	0.6	0.54	0.6	0.75	0.64	0.57	0.7	0.66	0.56	0.72	0.61	0.72	0.61
D_{23}	0.64	0.57	0.7	0.66	0.56	0.72	0.61	0.72	0.61	0.64	0.57	0.7	0.66	0.56	0.72	0.61	0.72	0.61
D_{24}	0.64	0.57	0.7	0.66	0.56	0.72	0.61	0.72	0.61	0.75	0.75	0.75	0.73	0.83	0.76	0.82	0.76	0.38
D_{25}	0.51	0.43	0.6	0.52	0.42	0.6	0.54	0.6	0.75	0.75	0.75	0.75	0.73	0.83	0.76	0.82	0.76	0.38

续表

物种	南界									北界								
	T_1	T_2	T_3	T_4	T_5	T_6	T_7	T_8	T_9	T_1	T_2	T_3	T_4	T_5	T_6	T_7	T_8	T_9
D_{26}	0.64	0.57	0.7	0.66	0.56	0.72	0.61	0.72	0.61	0.64	0.57	0.7	0.66	0.56	0.72	0.61	0.72	0.61
D_{27}	0.51	0.43	0.6	0.52	0.42	0.6	0.54	0.6	0.75	0.64	0.57	0.7	0.66	0.56	0.72	0.61	0.72	0.61
D_{28}	0.64	0.57	0.7	0.66	0.56	0.72	0.61	0.72	0.61	0.64	0.57	0.7	0.66	0.56	0.72	0.61	0.72	0.61
D_{29}	0.42	0.39	0.46	0.45	0.37	0.47	0.41	0.47	0.81	0.64	0.57	0.7	0.66	0.56	0.72	0.61	0.72	0.61
D_{30}	0.64	0.57	0.7	0.66	0.56	0.72	0.61	0.72	0.61	0.64	0.57	0.7	0.66	0.56	0.72	0.61	0.72	0.61
D_{31}	0.42	0.39	0.46	0.45	0.37	0.47	0.41	0.47	0.81	0.64	0.57	0.7	0.66	0.56	0.72	0.61	0.72	0.61
D_{32}	0.64	0.57	0.7	0.66	0.56	0.72	0.61	0.72	0.61	0.64	0.57	0.7	0.66	0.56	0.72	0.61	0.72	0.61
D_{33}	0.64	0.57	0.7	0.66	0.56	0.72	0.61	0.72	0.61	0.75	0.75	0.75	0.73	0.83	0.76	0.82	0.76	0.38
D_{34}	0.42	0.39	0.46	0.45	0.37	0.47	0.41	0.47	0.81	0.81	0.83	0.78	0.77	0.86	0.8	0.73	0.8	0.41
D_{35}	0.4	0.45	0.38	0.39	0.54	0.37	0.67	0.37	0.59	0.8	0.74	0.84	0.8	0.79	0.85	0.69	0.85	0.51
D_{36}	0.4	0.45	0.38	0.39	0.54	0.37	0.67	0.37	0.59	0.4	0.45	0.38	0.39	0.54	0.37	0.67	0.37	0.59
D_{37}	0.42	0.39	0.46	0.45	0.37	0.47	0.41	0.47	0.81	0.64	0.57	0.7	0.66	0.56	0.72	0.61	0.72	0.61
D_{38}	0.64	0.57	0.7	0.66	0.56	0.72	0.61	0.72	0.61	0.77	0.7	0.83	0.79	0.66	0.86	0.56	0.85	0.59
D_{39}	0.64	0.57	0.7	0.66	0.56	0.72	0.61	0.72	0.61	0.82	0.75	0.84	0.83	0.81	0.85	0.67	0.85	0.49
D_{40}	0.64	0.57	0.7	0.66	0.56	0.72	0.61	0.72	0.61	0.77	0.7	0.83	0.79	0.66	0.86	0.56	0.85	0.59
D_{41}	0.64	0.57	0.7	0.66	0.56	0.72	0.61	0.72	0.61	0.69	0.74	0.63	0.67	0.77	0.64	0.65	0.64	0.46
D_{42}	0.41	0.46	0.39	0.4	0.53	0.38	0.66	0.38	0.59	0.64	0.57	0.7	0.66	0.56	0.72	0.61	0.72	0.61
D_{43}	0.64	0.57	0.7	0.66	0.56	0.72	0.61	0.72	0.61	0.86	0.84	0.86	0.85	0.75	0.9	0.63	0.9	0.45
D_{44}	0.64	0.57	0.7	0.66	0.56	0.72	0.61	0.72	0.61	0.78	0.7	0.84	0.79	0.66	0.86	0.56	0.86	0.61
D_{45}	0.64	0.57	0.7	0.66	0.56	0.72	0.61	0.72	0.61	0.64	0.57	0.7	0.66	0.56	0.72	0.61	0.72	0.61
D_{46}	0.64	0.57	0.7	0.66	0.56	0.72	0.61	0.72	0.61	0.77	0.7	0.83	0.79	0.66	0.86	0.56	0.85	0.59
D_{47}	0.64	0.57	0.7	0.66	0.56	0.72	0.61	0.72	0.61	0.64	0.57	0.7	0.66	0.56	0.72	0.61	0.72	0.61
D_{48}	0.64	0.57	0.7	0.66	0.56	0.72	0.61	0.72	0.61	0.77	0.7	0.83	0.79	0.66	0.86	0.56	0.85	0.59
D_{49}	0.64	0.57	0.7	0.66	0.56	0.72	0.61	0.72	0.61	0.64	0.57	0.7	0.66	0.56	0.72	0.61	0.72	0.61
D_{50}	0.64	0.57	0.7	0.66	0.56	0.72	0.61	0.72	0.61	0.77	0.7	0.83	0.79	0.66	0.86	0.56	0.85	0.59
D_{51}	0.64	0.57	0.7	0.66	0.56	0.72	0.61	0.72	0.61	0.77	0.7	0.83	0.79	0.66	0.86	0.56	0.85	0.59
D_{52}	0.64	0.57	0.7	0.66	0.56	0.72	0.61	0.72	0.61	0.8	0.83	0.78	0.77	0.86	0.79	0.73	0.79	0.4
D_{53}	0.64	0.57	0.7	0.66	0.56	0.72	0.61	0.72	0.61	0.85	0.76	0.81	0.89	0.71	0.85	0.53	0.84	0.59
D_{54}	0.64	0.57	0.7	0.66	0.56	0.72	0.61	0.72	0.61	0.77	0.7	0.83	0.79	0.66	0.86	0.56	0.85	0.59
D_{55}	0.51	0.43	0.6	0.52	0.42	0.6	0.54	0.6	0.75	0.64	0.57	0.7	0.66	0.56	0.72	0.61	0.72	0.61
D_{56}	0.64	0.57	0.7	0.66	0.56	0.72	0.61	0.72	0.61	0.77	0.7	0.83	0.79	0.66	0.86	0.56	0.85	0.59
D_{57}	0.64	0.57	0.7	0.66	0.56	0.72	0.61	0.72	0.61	0.77	0.7	0.83	0.79	0.66	0.86	0.56	0.85	0.59
D_{58}	0.42	0.39	0.46	0.45	0.37	0.47	0.41	0.47	0.81	0.64	0.57	0.7	0.66	0.56	0.72	0.61	0.72	0.61

注：$D_1 \sim D_{58}$ 代表了白接骨、半边莲、扁担扛、刺棒南星、长托叶石生金菜、翅柄车前、臭茶藨子、垂头蒲公英、粗齿无名精、短果茴芹、短喙凤仙花、多花含笑、多枝拟兰、多枝唐松草、菲律宾谷精草、甘青鼠李、高原委陵菜、黑水大戟、黄花捻、湖北鼠尾草、灰白凤毛菊、灰藜、坚硬女蒌菜、胶州卫矛、蒺藜草、金疮小草、苦栎木、昆仑锦鸡儿、裸花水竹叶、毛叶刺楸、拟二叶飘拂草、羌塘雪兔子、蓉草、肉叶雪兔子、山西异瑞芥、陕西雨叶报春、水生栗、水田百、四川白珠、丝毛蓝刺头、弯翅盾果草、象鼻兰、香科科、小丽草、小娃娃皮、细叶芹、亚高山冷水花、翼茎凤毛菊、萌生鼠尾草、有摈水苦荬、玉龙谷精草、禺毛茛、藏岌岌草、藏杏、泽珍珠菜、掌叶大黄、蚤草、梓木草。表 8.28~表 8.29 相同。

关联度在 0.7 以上，被子植物东西界改变与热量因素关系密切，一些被子植物分布变化与水分关联度在 0.7 以上，还有部分与干燥度关系密切（表 8.21）。

表 8.21 被子植物分布东西界变化与气候要素关联度

物种	东界									西界								
	T_1	T_2	T_3	T_4	T_5	T_6	T_7	T_8	T_9	T_1	T_2	T_3	T_4	T_5	T_6	T_7	T_8	T_9
D_1	0.42	0.39	0.46	0.45	0.37	0.47	0.41	0.47	0.81	0.75	0.75	0.75	0.73	0.83	0.76	0.82	0.76	0.38
D_2	0.64	0.57	0.7	0.66	0.56	0.72	0.61	0.72	0.61	0.64	0.57	0.7	0.66	0.56	0.72	0.61	0.72	0.61
D_3	0.42	0.39	0.46	0.45	0.37	0.47	0.41	0.47	0.81	0.64	0.57	0.7	0.66	0.56	0.72	0.61	0.72	0.61
D_4	0.42	0.39	0.46	0.45	0.37	0.47	0.41	0.47	0.81	0.77	0.7	0.83	0.79	0.66	0.86	0.56	0.85	0.59
D_5	0.4	0.45	0.38	0.39	0.54	0.37	0.67	0.37	0.59	0.64	0.57	0.7	0.66	0.56	0.72	0.61	0.72	0.61
D_6	0.4	0.45	0.38	0.39	0.54	0.37	0.67	0.37	0.59	0.64	0.57	0.7	0.66	0.56	0.72	0.61	0.72	0.61
D_7	0.64	0.57	0.7	0.66	0.56	0.72	0.61	0.72	0.61	0.77	0.7	0.83	0.79	0.66	0.86	0.56	0.85	0.59
D_8	0.64	0.57	0.7	0.66	0.56	0.72	0.61	0.72	0.61	0.67	0.71	0.62	0.66	0.77	0.63	0.68	0.63	0.43
D_9	0.64	0.57	0.7	0.66	0.56	0.72	0.61	0.72	0.61	0.64	0.57	0.7	0.66	0.56	0.72	0.61	0.72	0.61
D_{10}	0.38	0.41	0.37	0.38	0.41	0.37	0.54	0.37	0.67	0.77	0.7	0.83	0.79	0.66	0.86	0.56	0.85	0.59
D_{11}	0.64	0.57	0.7	0.66	0.56	0.72	0.61	0.72	0.61	0.77	0.7	0.83	0.79	0.66	0.86	0.56	0.85	0.59
D_{12}	0.51	0.43	0.6	0.52	0.42	0.6	0.54	0.6	0.75	0.9	0.81	0.86	0.86	0.76	0.86	0.65	0.86	0.45
D_{13}	0.64	0.57	0.7	0.66	0.56	0.72	0.61	0.72	0.61	0.77	0.7	0.83	0.79	0.66	0.86	0.56	0.85	0.59
D_{14}	0.64	0.57	0.7	0.66	0.56	0.72	0.61	0.72	0.61	0.81	0.74	0.87	0.82	0.8	0.88	0.7	0.88	0.48
D_{15}	0.64	0.57	0.7	0.66	0.56	0.72	0.61	0.72	0.61	0.77	0.7	0.83	0.79	0.66	0.86	0.56	0.85	0.59
D_{16}	0.4	0.45	0.38	0.39	0.54	0.37	0.67	0.37	0.59	0.64	0.57	0.7	0.66	0.56	0.72	0.61	0.72	0.61
D_{17}	0.64	0.57	0.7	0.66	0.56	0.72	0.61	0.72	0.61	0.64	0.57	0.7	0.66	0.56	0.72	0.61	0.72	0.61
D_{18}	0.64	0.57	0.7	0.66	0.56	0.72	0.61	0.72	0.61	0.77	0.7	0.83	0.79	0.66	0.86	0.56	0.85	0.59
D_{19}	0.64	0.57	0.7	0.66	0.56	0.72	0.61	0.72	0.61	0.79	0.72	0.85	0.81	0.67	0.88	0.57	0.88	0.61
D_{20}	0.64	0.57	0.7	0.66	0.56	0.72	0.61	0.72	0.61	0.77	0.7	0.83	0.79	0.66	0.86	0.56	0.85	0.59
D_{21}	0.64	0.57	0.7	0.66	0.56	0.72	0.61	0.72	0.61	0.64	0.57	0.7	0.66	0.56	0.72	0.61	0.72	0.61
D_{22}	0.64	0.57	0.7	0.66	0.56	0.72	0.61	0.72	0.61	0.86	0.78	0.79	0.9	0.74	0.83	0.52	0.82	0.57
D_{23}	0.64	0.57	0.7	0.66	0.56	0.72	0.61	0.72	0.61	0.64	0.57	0.7	0.66	0.56	0.72	0.61	0.72	0.61
D_{24}	0.64	0.57	0.7	0.66	0.56	0.72	0.61	0.72	0.61	0.75	0.75	0.75	0.73	0.83	0.76	0.82	0.76	0.38
D_{25}	0.4	0.45	0.38	0.39	0.54	0.37	0.67	0.37	0.59	0.78	0.7	0.83	0.79	0.66	0.86	0.56	0.86	0.6
D_{26}	0.64	0.57	0.7	0.66	0.56	0.72	0.61	0.72	0.61	0.64	0.57	0.7	0.66	0.56	0.72	0.61	0.72	0.61
D_{27}	0.64	0.57	0.7	0.66	0.56	0.72	0.61	0.72	0.61	0.64	0.57	0.7	0.66	0.56	0.72	0.61	0.72	0.61
D_{28}	0.64	0.57	0.7	0.66	0.56	0.72	0.61	0.72	0.61	0.64	0.57	0.7	0.66	0.56	0.72	0.61	0.72	0.61
D_{29}	0.64	0.57	0.7	0.66	0.56	0.72	0.61	0.72	0.61	0.77	0.7	0.83	0.79	0.66	0.86	0.56	0.85	0.59
D_{30}	0.64	0.57	0.7	0.66	0.56	0.72	0.61	0.72	0.61	0.77	0.7	0.83	0.79	0.66	0.86	0.56	0.85	0.59
D_{31}	0.42	0.39	0.46	0.45	0.37	0.47	0.41	0.47	0.81	0.86	0.84	0.86	0.85	0.75	0.9	0.62	0.9	0.45
D_{32}	0.64	0.57	0.7	0.66	0.56	0.72	0.61	0.72	0.61	0.77	0.7	0.83	0.79	0.66	0.86	0.56	0.85	0.59
D_{33}	0.64	0.57	0.7	0.66	0.56	0.72	0.61	0.72	0.61	0.64	0.57	0.7	0.66	0.56	0.72	0.61	0.72	0.61
D_{34}	0.42	0.39	0.46	0.45	0.37	0.47	0.41	0.47	0.81	0.77	0.7	0.83	0.79	0.66	0.86	0.56	0.85	0.59
D_{35}	0.64	0.57	0.7	0.66	0.56	0.72	0.61	0.72	0.61	0.8	0.74	0.84	0.8	0.79	0.85	0.69	0.85	0.51
D_{36}	0.4	0.45	0.38	0.39	0.54	0.37	0.67	0.37	0.59	0.4	0.45	0.38	0.39	0.54	0.37	0.67	0.37	0.59
D_{37}	0.64	0.57	0.7	0.66	0.56	0.72	0.61	0.72	0.61	0.77	0.7	0.83	0.79	0.66	0.86	0.56	0.85	0.59
D_{38}	0.58	0.56	0.61	0.59	0.6	0.6	0.49	0.6	0.7	0.78	0.8	0.77	0.76	0.73	0.8	0.6	0.79	0.48
D_{39}	0.51	0.43	0.6	0.52	0.42	0.6	0.54	0.6	0.75	0.77	0.7	0.83	0.79	0.66	0.86	0.56	0.85	0.59

续表

物种	东界									西界								
	T_1	T_2	T_3	T_4	T_5	T_6	T_7	T_8	T_9	T_1	T_2	T_3	T_4	T_5	T_6	T_7	T_8	T_9
D_{40}	0.4	0.45	0.38	0.39	0.54	0.37	0.67	0.37	0.59	0.64	0.57	0.7	0.66	0.56	0.72	0.61	0.72	0.61
D_{41}	0.64	0.57	0.7	0.66	0.56	0.72	0.61	0.72	0.61	0.72	0.8	0.65	0.71	0.87	0.67	0.63	0.67	0.48
D_{42}	0.64	0.57	0.7	0.66	0.56	0.72	0.61	0.72	0.61	0.77	0.7	0.83	0.79	0.66	0.86	0.56	0.85	0.59
D_{43}	0.64	0.57	0.7	0.66	0.56	0.72	0.61	0.72	0.61	0.77	0.7	0.83	0.79	0.66	0.86	0.56	0.85	0.59
D_{44}	0.64	0.57	0.7	0.66	0.56	0.72	0.61	0.72	0.61	0.77	0.7	0.83	0.79	0.66	0.86	0.56	0.85	0.59
D_{45}	0.64	0.57	0.7	0.66	0.56	0.72	0.61	0.72	0.61	0.77	0.7	0.83	0.79	0.66	0.86	0.56	0.85	0.59
D_{46}	0.64	0.57	0.7	0.66	0.56	0.72	0.61	0.72	0.61	0.77	0.7	0.83	0.79	0.66	0.86	0.56	0.85	0.59
D_{47}	0.64	0.57	0.7	0.66	0.56	0.72	0.61	0.72	0.61	0.86	0.82	0.76	0.85	0.87	0.77	0.64	0.78	0.46
D_{48}	0.64	0.57	0.7	0.66	0.56	0.72	0.61	0.72	0.61	0.64	0.57	0.7	0.66	0.56	0.72	0.61	0.72	0.61
D_{49}	0.64	0.57	0.7	0.66	0.56	0.72	0.61	0.72	0.61	0.64	0.57	0.7	0.66	0.56	0.72	0.61	0.72	0.61
D_{50}	0.64	0.57	0.7	0.66	0.56	0.72	0.61	0.72	0.61	0.75	0.75	0.75	0.73	0.83	0.76	0.82	0.76	0.38
D_{51}	0.64	0.57	0.7	0.66	0.56	0.72	0.61	0.72	0.61	0.77	0.7	0.83	0.79	0.66	0.86	0.56	0.85	0.59
D_{52}	0.64	0.57	0.7	0.66	0.56	0.72	0.61	0.72	0.61	0.77	0.7	0.83	0.79	0.66	0.86	0.56	0.85	0.59
D_{53}	0.64	0.57	0.7	0.66	0.56	0.72	0.61	0.72	0.61	0.83	0.74	0.84	0.85	0.67	0.87	0.53	0.87	0.59
D_{54}	0.64	0.57	0.7	0.66	0.56	0.72	0.61	0.72	0.61	0.64	0.57	0.7	0.66	0.56	0.72	0.61	0.72	0.61
D_{55}	0.51	0.43	0.6	0.52	0.42	0.6	0.54	0.6	0.75	0.77	0.7	0.83	0.79	0.66	0.86	0.56	0.85	0.59
D_{56}	0.64	0.57	0.7	0.66	0.56	0.72	0.61	0.72	0.61	0.85	0.78	0.79	0.8	0.74	0.83	0.52	0.82	0.57
D_{57}	0.48	0.55	0.44	0.46	0.54	0.43	0.57	0.43	0.68	0.64	0.57	0.7	0.66	0.56	0.72	0.61	0.72	0.61
D_{58}	0.64	0.57	0.7	0.66	0.56	0.72	0.61	0.72	0.61	0.64	0.57	0.7	0.66	0.56	0.72	0.61	0.72	0.61

注：D_1~D_{58} 代表了白接骨、半边莲、扁担扛、刺棒南星、长托叶石生金菜、翅柄车前、臭茶鹰子、垂头蒲公英、粗齿无名精、短果茴芹、短喙凤仙花、多花含笑、多枝拟兰、多枝唐松草、菲律宾谷精草、甘青鼠李、高原委陵菜、黑水大戟、黄花捻、湖北鼠尾草、灰白凤毛菊、灰黎、坚硬女蒌菜、胶州卫矛、蔾蔾草、金疮小草、苦枥木、昆仑锦鸡儿、裸花水竹叶、毛叶刺楸、拟二叶飘拂草、羌塘雪兔子、蓉草、肉叶雪兔子、山西异瑞芥、陕西雨叶报春、水生栗、水田百、四川白珠、丝毛蓝刺头、弯翅盾果草、象鼻兰、香科科、小丽草、小娃娃皮、细叶芹、亚高山冷水花、翼茎凤毛菊、荫生鼠尾草、有摈水苦荬、玉江谷精草、禺毛茛、藏岌发草、藏杏、泽珍珠菜、掌叶大黄、蚤草、梓木草。

　　被子植物分布中心经纬度改变与热量因素关系密切，一些变化与水分关系密切，一些与 PER 关系密切（表 8.22）。

表 8.22　被子植物分布中心变化与气候要素关联度

物种	中心经度									中心纬度								
	T_1	T_2	T_3	T_4	T_5	T_6	T_7	T_8	T_9	T_1	T_2	T_3	T_4	T_5	T_6	T_7	T_8	T_9
D_1	0.55	0.66	0.5	0.53	0.62	0.48	0.58	0.48	0.6	0.52	0.57	0.49	0.52	0.49	0.51	0.5	0.5	0.69
D_2	0.4	0.45	0.38	0.39	0.54	0.37	0.67	0.37	0.59	0.4	0.45	0.38	0.39	0.54	0.37	0.67	0.37	0.59
D_3	0.85	0.76	0.86	0.88	0.7	0.9	0.55	0.89	0.56	0.54	0.56	0.51	0.54	0.49	0.53	0.5	0.52	0.68
D_4	0.66	0.67	0.7	0.69	0.59	0.7	0.47	0.7	0.65	0.86	0.81	0.85	0.85	0.73	0.89	0.61	0.89	0.47
D_5	0.53	0.56	0.51	0.54	0.48	0.53	0.49	0.53	0.7	0.47	0.45	0.5	0.49	0.42	0.51	0.46	0.51	0.92
D_6	0.4	0.45	0.38	0.39	0.54	0.37	0.67	0.37	0.59	0.77	0.7	0.83	0.79	0.66	0.86	0.56	0.85	0.59
D_7	0.77	0.7	0.83	0.79	0.66	0.86	0.56	0.85	0.59	0.77	0.7	0.83	0.79	0.66	0.86	0.56	0.85	0.59
D_8	0.82	0.88	0.76	0.83	0.75	0.77	0.53	0.77	0.5	0.82	0.88	0.76	0.83	0.75	0.77	0.53	0.77	0.5
D_9	0.69	0.61	0.79	0.7	0.57	0.79	0.56	0.78	0.63	0.77	0.86	0.7	0.75	0.79	0.7	0.56	0.7	0.52
D_{10}	0.42	0.45	0.41	0.42	0.45	0.41	0.56	0.41	0.73	0.43	0.47	0.42	0.43	0.46	0.42	0.6	0.42	0.74
D_{11}	0.81	0.72	0.83	0.83	0.68	0.86	0.54	0.86	0.59	0.71	0.64	0.81	0.72	0.59	0.81	0.6	0.81	0.6
D_{12}	0.77	0.87	0.7	0.75	0.83	0.7	0.59	0.7	0.47	0.77	0.86	0.7	0.75	0.87	0.7	0.62	0.7	0.44
D_{13}	0.77	0.7	0.83	0.79	0.66	0.86	0.56	0.85	0.59	0.77	0.7	0.83	0.79	0.66	0.86	0.56	0.85	0.59
D_{14}	0.86	0.85	0.83	0.82	0.78	0.84	0.66	0.84	0.43	0.47	0.49	0.45	0.47	0.43	0.46	0.46	0.46	0.71
D_{15}	0.8	0.72	0.87	0.82	0.67	0.9	0.57	0.89	0.59	0.8	0.72	0.87	0.82	0.67	0.9	0.57	0.9	0.59

续表

物种	中心经度									中心纬度								
	T_1	T_2	T_3	T_4	T_5	T_6	T_7	T_8	T_9	T_1	T_2	T_3	T_4	T_5	T_6	T_7	T_8	T_9
D_{16}	0.56	0.6	0.52	0.57	0.58	0.55	0.66	0.55	0.62	0.64	0.67	0.57	0.65	0.69	0.6	0.73	0.6	0.59
D_{17}	0.48	0.55	0.46	0.47	0.5	0.46	0.46	0.46	0.67	0.86	0.79	0.89	0.84	0.68	0.86	0.67	0.86	0.48
D_{18}	0.78	0.71	0.84	0.8	0.66	0.87	0.56	0.87	0.62	0.46	0.5	0.45	0.47	0.51	0.46	0.49	0.46	0.67
D_{19}	0.76	0.68	0.89	0.79	0.63	0.88	0.6	0.88	0.6	0.88	0.82	0.89	0.94	0.75	0.91	0.54	0.92	0.53
D_{20}	0.77	0.7	0.83	0.79	0.66	0.86	0.56	0.85	0.59	0.4	0.45	0.38	0.39	0.54	0.37	0.67	0.37	0.59
D_{21}	0.54	0.56	0.51	0.54	0.49	0.53	0.49	0.53	0.68	0.65	0.71	0.58	0.64	0.81	0.6	0.74	0.6	0.45
D_{22}	0.83	0.75	0.82	0.88	0.71	0.85	0.52	0.85	0.6	0.75	0.67	0.87	0.77	0.62	0.87	0.62	0.87	0.6
D_{23}	0.4	0.45	0.38	0.39	0.54	0.37	0.67	0.37	0.59	0.4	0.45	0.38	0.39	0.54	0.37	0.67	0.37	0.59
D_{24}	0.87	0.9	0.79	0.88	0.82	0.83	0.56	0.83	0.47	0.8	0.8	0.86	0.82	0.64	0.86	0.62	0.86	0.56
D_{25}	0.82	0.74	0.9	0.85	0.68	0.93	0.58	0.93	0.55	0.61	0.63	0.64	0.59	0.78	0.63	0.71	0.63	0.49
D_{26}	0.82	0.81	0.82	0.86	0.72	0.86	0.5	0.86	0.57	0.63	0.54	0.69	0.65	0.52	0.71	0.53	0.7	0.74
D_{27}	0.46	0.53	0.44	0.46	0.47	0.45	0.47	0.45	0.76	0.63	0.66	0.57	0.62	0.59	0.54	0.57	0.55	0.61
D_{28}	0.66	0.59	0.75	0.67	0.54	0.75	0.52	0.75	0.64	0.76	0.68	0.85	0.77	0.64	0.86	0.57	0.86	0.59
D_{29}	0.86	0.75	0.78	0.87	0.7	0.81	0.53	0.81	0.54	0.8	0.85	0.74	0.79	0.77	0.73	0.58	0.73	0.48
D_{30}	0.77	0.7	0.83	0.79	0.66	0.86	0.56	0.85	0.59	0.77	0.7	0.83	0.79	0.66	0.86	0.56	0.85	0.59
D_{31}	0.43	0.48	0.42	0.43	0.5	0.42	0.51	0.42	0.71	0.51	0.46	0.46	0.49	0.41	0.47	0.44	0.47	0.75
D_{32}	0.85	0.78	0.83	0.83	0.71	0.87	0.6	0.86	0.5	0.67	0.67	0.71	0.7	0.58	0.72	0.47	0.71	0.67
D_{33}	0.82	0.71	0.82	0.82	0.67	0.81	0.56	0.8	0.54	0.93	0.85	0.88	0.87	0.74	0.87	0.63	0.88	0.45
D_{34}	0.58	0.5	0.59	0.6	0.5	0.6	0.5	0.6	0.8	0.7	0.73	0.7	0.71	0.65	0.68	0.48	0.69	0.69
D_{35}	0.5	0.59	0.46	0.48	0.7	0.45	0.67	0.45	0.51	0.48	0.57	0.44	0.46	0.66	0.43	0.63	0.43	0.58
D_{36}	0.77	0.7	0.83	0.79	0.66	0.86	0.56	0.85	0.59	0.77	0.7	0.83	0.79	0.66	0.86	0.56	0.85	0.59
D_{37}	0.77	0.69	0.84	0.79	0.64	0.85	0.56	0.85	0.58	0.73	0.81	0.66	0.71	0.81	0.67	0.59	0.67	0.52
D_{38}	0.81	0.7	0.81	0.84	0.66	0.8	0.56	0.8	0.55	0.81	0.7	0.83	0.8	0.65	0.81	0.58	0.81	0.53
D_{39}	0.64	0.54	0.64	0.61	0.53	0.65	0.54	0.65	0.72	0.83	0.9	0.73	0.8	0.81	0.74	0.58	0.74	0.46
D_{40}	0.4	0.45	0.38	0.39	0.54	0.37	0.67	0.37	0.59	0.77	0.7	0.83	0.79	0.66	0.86	0.56	0.85	0.59
D_{41}	0.87	0.88	0.8	0.88	0.75	0.8	0.53	0.81	0.49	0.8	0.72	0.92	0.83	0.63	0.88	0.64	0.89	0.56
D_{42}	0.79	0.71	0.85	0.8	0.66	0.88	0.56	0.87	0.59	0.43	0.48	0.4	0.41	0.52	0.39	0.61	0.39	0.6
D_{43}	0.79	0.69	0.83	0.81	0.65	0.82	0.56	0.82	0.57	0.88	0.83	0.88	0.88	0.74	0.89	0.62	0.9	0.46
D_{44}	0.66	0.63	0.66	0.7	0.56	0.66	0.44	0.66	0.63	0.79	0.72	0.85	0.81	0.67	0.88	0.57	0.88	0.62
D_{45}	0.77	0.7	0.83	0.79	0.66	0.86	0.56	0.85	0.59	0.77	0.7	0.83	0.79	0.66	0.86	0.56	0.85	0.59
D_{46}	0.83	0.75	0.88	0.85	0.68	0.92	0.58	0.92	0.56	0.63	0.67	0.59	0.63	0.58	0.6	0.43	0.59	0.67
D_{47}	0.91	0.8	0.9	0.95	0.72	0.92	0.58	0.93	0.5	0.85	0.91	0.78	0.87	0.81	0.82	0.56	0.82	0.47
D_{48}	0.51	0.48	0.54	0.55	0.49	0.45	0.54	0.49	0.71	0.82	0.8	0.82	0.73	0.86	0.61	0.85	0.48
D_{49}	0.52	0.46	0.48	0.51	0.41	0.49	0.44	0.49	0.73	0.51	0.51	0.48	0.5	0.44	0.5	0.47	0.5	0.68
D_{50}	0.66	0.68	0.69	0.63	0.83	0.67	0.77	0.67	0.42	0.83	0.8	0.74	0.82	0.71	0.77	0.49	0.76	0.58
D_{51}	0.77	0.7	0.83	0.79	0.66	0.86	0.56	0.85	0.59	0.77	0.7	0.83	0.79	0.66	0.86	0.56	0.85	0.59
D_{52}	0.68	0.73	0.66	0.67	0.65	0.67	0.48	0.67	0.56	0.7	0.79	0.64	0.69	0.91	0.65	0.65	0.65	0.46
D_{53}	0.85	0.75	0.83	0.87	0.7	0.86	0.53	0.85	0.6	0.86	0.8	0.78	0.88	0.75	0.82	0.52	0.81	0.55
D_{54}	0.58	0.6	0.54	0.59	0.58	0.59	0.67	0.58	0.54	0.73	0.64	0.72	0.78	0.61	0.72	0.49	0.72	0.59
D_{55}	0.69	0.65	0.71	0.73	0.61	0.72	0.45	0.72	0.7	0.54	0.55	0.57	0.58	0.51	0.57	0.47	0.57	0.84
D_{56}	0.86	0.79	0.79	0.9	0.74	0.82	0.52	0.82	0.57	0.86	0.81	0.78	0.87	0.75	0.81	0.52	0.81	0.55
D_{57}	0.44	0.5	0.42	0.43	0.53	0.4	0.6	0.4	0.64	0.78	0.71	0.82	0.8	0.66	0.86	0.55	0.85	0.59
D_{58}	0.47	0.45	0.51	0.5	0.42	0.51	0.45	0.51	0.79	0.8	0.82	0.85	0.8	0.72	0.83	0.69	0.83	0.45

注：$D_1 \sim D_{58}$ 代表了白接骨、半边莲、扁担扛、刺棒南星、长托叶石生金菜、翅柄车前、臭茶麂子、垂头蒲公英、粗齿无名精、短果茴芹、短喙凤仙花、多花含笑、多枝拟兰、多枝唐松草、菲律宾谷精草、甘青鼠李、高原委陵菜、黑水大戟、黄花捻、湖北鼠尾草、灰白风毛菊、灰黎、坚硬女蒌菜、胶州卫矛、蒺藜草、金疮小草、苦枥木、昆仑锦鸡儿、裸花水竹叶、毛叶刺楸、拟二叶飘拂草、羌塘雪兔子、蓉草、肉甲雪兔子、山西异瑞芥、陕西雨叶报春、水生栗、水田百、四川白珠、丝毛蓝刺头、弯翅盾果草、象鼻兰、香科科、小丽草、小娃娃皮、细叶芹、亚高山冷水花、翼茎风毛菊、荫生鼠尾草、有挨水苦荬、玉龙谷精草、禺毛茛、藏岌岌草、藏杏、泽珍珠菜、掌叶大黄、蚤草、梓木草。

2）野生动物

近 50 年来，一些鸟类、兽类、两栖类和爬行类动物分布已经改变，不同类群物种分布范围变化受到气候变化因素和人类活动因素共同影响。

A. 鸟类

鸟类分布范围变化与不同气候要素变化相关性反映，与年均气温、年降水量、最高气温、最低气温、极端最高气温、极端最低气温关系，一些鸟分布范围变化与降水变化关系密切，人类活动对鸟类分布区域变化影响不同，包括与人口、自然保护区面积、森林面积、草地面积、城市与建设用地、交通与工矿用地，与调查强度也有一定关系。不同物种分布范围变化与气候变化要素的关系不同，一些物种分布变化与气候变化要素关系密切，一些物种比较复杂，如斑头大翠鸟分布变化与最高温度变化关系明显，与年降水量变化关系复杂。

鸟类分布的南北界改变与热量因素关系密切，分布的东西界变化与热量因素关系密切，分布的中心纬度与经度改变与热量因素关系密切。

关联度在 0.7 以上，鸟类分布的南北界改变与热量因素关系密切，一些与水分关系密切，一些与 PER 关系密切（表 8.23）。

表 8.23　鸟类分布南北界变化与气候因子关联度

物种	南界									北界								
	T_1	T_2	T_3	T_4	T_5	T_6	T_7	T_8	T_9	T_1	T_2	T_3	T_4	T_5	T_6	T_7	T_8	T_9
CBL	0.56	0.58	0.52	0.56	0.51	0.54	0.51	0.54	0.67	0.84	0.93	0.76	0.82	0.80	0.76	0.56	0.76	0.47
CSS	0.42	0.39	0.46	0.45	0.37	0.47	0.41	0.47	0.81	0.75	0.75	0.75	0.73	0.83	0.76	0.82	0.76	0.38
CSI	0.64	0.57	0.70	0.66	0.56	0.72	0.61	0.72	0.61	0.64	0.57	0.70	0.66	0.56	0.72	0.61	0.72	0.61
AH	0.43	0.46	0.43	0.44	0.43	0.45	0.56	0.44	0.65	0.84	0.76	0.91	0.87	0.69	0.95	0.59	0.95	0.55
PSC	0.64	0.57	0.70	0.66	0.56	0.72	0.61	0.72	0.61	0.77	0.70	0.83	0.79	0.66	0.86	0.56	0.85	0.59
GN	0.40	0.45	0.38	0.39	0.54	0.37	0.67	0.37	0.59	0.84	0.76	0.91	0.87	0.69	0.95	0.59	0.95	0.55
ES	0.64	0.57	0.70	0.66	0.56	0.72	0.61	0.72	0.61	0.75	0.75	0.75	0.73	0.83	0.76	0.82	0.76	0.38
HMD	0.64	0.57	0.70	0.66	0.56	0.72	0.61	0.72	0.61	0.83	0.74	0.84	0.85	0.69	0.87	0.53	0.87	0.59
YNI	0.64	0.57	0.70	0.66	0.56	0.72	0.61	0.72	0.61	0.88	0.80	0.91	0.86	0.71	0.91	0.61	0.91	0.53
YNP	0.42	0.39	0.46	0.45	0.37	0.47	0.41	0.47	0.81	0.64	0.57	0.70	0.66	0.56	0.72	0.61	0.72	0.61
PVV	0.42	0.47	0.40	0.41	0.53	0.39	0.39	0.39	0.60	0.64	0.57	0.70	0.66	0.56	0.72	0.61	0.72	0.61
PVC	0.64	0.57	0.70	0.66	0.56	0.72	0.61	0.72	0.61	0.64	0.57	0.70	0.66	0.56	0.72	0.61	0.72	0.61
PV	0.51	0.61	0.47	0.49	0.57	0.45	0.54	0.46	0.66	0.80	0.72	0.85	0.82	0.67	0.88	0.56	0.87	0.61
PHH	0.64	0.57	0.70	0.66	0.56	0.72	0.61	0.72	0.61	0.65	0.55	0.72	0.69	0.51	0.73	0.59	0.74	0.71
PHP	0.51	0.52	0.49	0.51	0.45	0.51	0.47	0.50	0.68	0.86	0.77	0.93	0.89	0.70	0.93	0.60	0.94	0.55
ACL	0.52	0.46	0.47	0.50	0.42	0.48	0.47	0.47	0.79	0.76	0.84	0.68	0.74	0.85	0.69	0.63	0.69	0.46
ACC	0.64	0.57	0.70	0.66	0.56	0.72	0.61	0.72	0.61	0.64	0.57	0.70	0.66	0.56	0.72	0.61	0.72	0.61
LSS	0.51	0.43	0.60	0.52	0.60	0.54	0.54	0.60	0.75	0.86	0.83	0.76	0.85	0.87	0.77	0.64	0.77	0.46
LSSP	0.63	0.61	0.55	0.60	0.57	0.53	0.56	0.54	0.63	0.77	0.70	0.83	0.79	0.66	0.86	0.56	0.85	0.59

注：T_1，T_2，T_3，T_4，T_5，T_6，T_7，T_8，T_9 分别表示年平均气温、1 月平均气温、7 月平均气温、最热月最高温度、最冷月最低温度、大于 0℃积温、年降水量、BT 和 PER。CBL 表示小雅鹛；CSS 表示褐翅雅鹛指名亚种；CSI 表示褐翅雅鹛云南亚种；AH 表示斑头大翠鸟；PSC 表示绿胸八色鸫；GN 表示黑领惊鸟；ES 表示灰背燕尾；HMD 表示黑头奇鹛；YNI 表示黑颏凤鹛西南亚种；YNP 表示黑颏凤鹛东南亚种；PVV 表示杂色山雀指名亚种；PVC 表示杂色山雀台湾亚种；PV 表示黄腹山雀；PHH 表示震旦鸦雀指名亚种；PHP 表示震旦鸦雀黑龙江亚种；ACL 表示叉尾太阳鸟华南亚种；ACC 表示叉尾太阳鸟指名亚种；LSS 表示白腰文鸟华南亚种；LSSP 表示白腰文鸟云南亚种。

关联度在 0.7 以上，鸟类分布的东西界改变与热量因素关系密切，部分与水分关系密切，部分与 PER 关系密切（表 8.24）。

表 8.24　鸟类分布东西界变化与气候因子关联度

物种	西界									东界								
	T_1	T_2	T_3	T_4	T_5	T_6	T_7	T_8	T_9	T_1	T_2	T_3	T_4	T_5	T_6	T_7	T_8	T_9
CBL	0.64	0.57	0.70	0.66	0.56	0.72	0.61	0.72	0.61	0.77	0.70	0.83	0.79	0.66	0.86	0.56	0.85	0.59
CSS	0.42	0.39	0.46	0.45	0.37	0.47	0.41	0.47	0.81	0.80	0.74	0.84	0.80	0.79	0.85	0.69	0.85	0.51
CSI	0.64	0.57	0.70	0.66	0.56	0.72	0.61	0.72	0.61	0.64	0.57	0.70	0.66	0.56	0.72	0.61	0.72	0.61
AH	0.64	0.57	0.70	0.66	0.56	0.72	0.61	0.72	0.61	0.93	0.82	0.92	0.93	0.73	0.92	0.57	0.92	0.51
PSC	0.40	0.45	0.38	0.39	0.54	0.37	0.67	0.37	0.59	0.64	0.57	0.70	0.66	0.56	0.72	0.61	0.72	0.61
GN	0.64	0.57	0.70	0.66	0.56	0.72	0.61	0.72	0.61	0.90	0.81	0.95	0.89	0.71	0.94	0.61	0.95	0.50
ES	0.42	0.39	0.46	0.45	0.37	0.47	0.41	0.47	0.81	0.85	0.86	0.74	0.82	0.84	0.75	0.61	0.75	0.46
HMD	0.64	0.57	0.70	0.66	0.56	0.72	0.61	0.72	0.61	0.87	0.83	0.77	0.86	0.75	0.81	0.52	0.80	0.54
YNI	0.42	0.39	0.46	0.45	0.37	0.47	0.41	0.47	0.81	0.86	0.90	0.75	0.82	0.79	0.76	0.61	0.76	0.47
YNP	0.42	0.39	0.46	0.45	0.37	0.47	0.41	0.47	0.81	0.64	0.57	0.70	0.66	0.56	0.72	0.61	0.72	0.61
PVV	0.43	0.48	0.40	0.41	0.52	0.39	0.61	0.39	0.60	0.64	0.57	0.70	0.66	0.56	0.72	0.61	0.72	0.61
PVC	0.64	0.57	0.70	0.66	0.56	0.72	0.61	0.72	0.61	0.64	0.57	0.70	0.66	0.56	0.72	0.61	0.72	0.61
PV	0.41	0.46	0.39	0.41	0.46	0.39	0.50	0.39	0.73	0.82	0.73	0.86	0.84	0.68	0.89	0.57	0.89	0.59
PHH	0.46	0.48	0.48	0.44	0.45	0.57	0.46	0.63	0.61	0.53	0.45	0.64	0.55	0.44	0.72	0.57	0.64	0.75
PHP	0.42	0.47	0.41	0.43	0.47	0.40	0.50	0.40	0.69	0.64	0.57	0.70	0.66	0.56	0.72	0.61	0.72	0.61
ACL	0.64	0.57	0.70	0.66	0.56	0.72	0.61	0.72	0.61	0.67	0.71	0.62	0.66	0.77	0.63	0.68	0.63	0.43
ACC	0.64	0.57	0.70	0.66	0.56	0.72	0.61	0.72	0.61	0.64	0.57	0.70	0.66	0.56	0.72	0.61	0.72	0.61
LSS	0.51	0.43	0.60	0.52	0.42	0.60	0.54	0.60	0.75	0.71	0.67	0.65	0.69	0.77	0.66	0.63	0.66	0.50
LSSP	0.43	0.49	0.41	0.41	0.52	0.39	0.60	0.39	0.60	0.64	0.57	0.70	0.66	0.56	0.72	0.61	0.72	0.61

注：T_1，T_2，T_3，T_4，T_5，T_6，T_7，T_8，T_9 分别表示年平均气温、1 月平均气温、7 月平均气温、最热月最高温度、最冷月最低温度、大于 0℃积温、年降水量、BT 和 PER。CBL 表示小雅鹛；CSS 表示褐翅雅鹛指名亚种；CSI 表示褐翅雅鹛云南亚种；AH 表示斑头大翠鸟；PSC 表示绿胸八色鸫；GN 表示黑领惊鸟；ES 表示灰背燕尾；HMD 表示黑头奇鹛；YNI 表示黑颏凤鹛西南亚种；YNP 表示黑颏凤鹛东南亚种；PVV 表示杂色山雀指名亚种；PVC 表示杂色山雀台湾亚种；PV 表示黄腹山雀；PHH 表示震旦鸦雀指名亚种；PHP 表示震旦鸦雀黑龙江亚种；ACL 表示叉尾太阳鸟华南亚种；ACC 表示叉尾太阳鸟指名亚种；LSS 表示白腰文鸟华南亚种；LSSP 表示白腰文鸟云南亚种。

关联度在 0.7 以上，鸟类分布的中心经纬度改变与热量因素关系密切，部分分布与水分关系密切，部分与 PER 关系密切（表 8.25）。

表 8.25　鸟类分布中心变化与气候因子关联度

物种	中心经度									中心纬度								
	T_1	T_2	T_3	T_4	T_5	T_6	T_7	T_8	T_9	T_1	T_2	T_3	T_4	T_5	T_6	T_7	T_8	T_9
CBL	0.68	0.70	0.69	0.64	0.72	0.68	0.64	0.68	0.53	0.70	0.70	0.74	0.67	0.77	0.71	0.81	0.72	0.40
CSS	0.72	0.67	0.69	0.68	0.75	0.70	0.81	0.70	0.51	0.43	0.48	0.40	0.41	0.50	0.39	0.63	0.39	0.60
CSI	0.42	0.39	0.46	0.45	0.37	0.47	0.41	0.47	0.81	0.75	0.75	0.75	0.73	0.83	0.76	0.82	0.76	0.38
AH	0.91	0.84	0.90	0.91	0.74	0.90	0.58	0.90	0.50	0.83	0.77	0.91	0.82	0.70	0.88	0.64	0.89	0.53
PSC	0.40	0.45	0.38	0.39	0.54	0.37	0.67	0.37	0.59	0.77	0.70	0.83	0.79	0.66	0.86	0.56	0.85	0.59
GN	0.77	0.87	0.70	0.75	0.84	0.70	0.59	0.71	0.46	0.93	0.81	0.92	0.92	0.72	0.91	0.61	0.92	0.47
ES	0.88	0.83	0.78	0.84	0.71	0.78	0.51	0.78	0.54	0.79	0.84	0.71	0.77	0.81	0.72	0.59	0.72	0.47
HMD	0.88	0.94	0.78	0.85	0.82	0.78	0.58	0.78	0.45	0.77	0.85	0.69	0.75	0.80	0.70	0.61	0.70	0.45
YNI	0.83	0.85	0.73	0.80	0.75	0.74	0.55	0.74	0.50	0.81	0.89	0.72	0.79	0.85	0.73	0.62	0.73	0.44

续表

物种	中心经度									中心纬度								
	T_1	T_2	T_3	T_4	T_5	T_6	T_7	T_8	T_9	T_1	T_2	T_3	T_4	T_5	T_6	T_7	T_8	T_9
YNP	0.42	0.39	0.46	0.45	0.37	0.47	0.41	0.47	0.81	0.42	0.39	0.46	0.45	0.37	0.47	0.41	0.47	0.81
PVV	0.45	0.50	0.42	0.43	0.53	0.41	0.61	0.41	0.55	0.42	0.47	0.40	0.40	0.53	0.38	0.63	0.39	0.60
PVC	0.64	0.57	0.70	0.66	0.56	0.72	0.61	0.72	0.61	0.64	0.57	0.70	0.66	0.56	0.72	0.61	0.72	0.61
PV	0.79	0.77	0.83	0.77	0.67	0.79	0.63	0.80	0.47	0.52	0.64	0.47	0.51	0.65	0.46	0.63	0.46	0.59
PHH	0.53	0.54	0.56	0.50	0.54	0.54	0.77	0.54	0.56	0.70	0.74	0.71	0.66	0.70	0.70	0.62	0.70	0.50
PHP	0.45	0.50	0.45	0.46	0.48	0.47	0.52	0.46	0.61	0.51	0.57	0.50	0.52	0.50	0.48	0.50	0.48	0.66
ACL	0.75	0.82	0.70	0.75	0.71	0.74	0.50	0.73	0.57	0.67	0.74	0.60	0.65	0.87	0.62	0.64	0.62	0.51
ACC	0.40	0.45	0.38	0.39	0.54	0.37	0.67	0.37	0.59	0.40	0.45	0.38	0.39	0.54	0.37	0.67	0.37	0.59
LSS	0.81	0.80	0.86	0.81	0.80	0.84	0.69	0.85	0.46	0.64	0.60	0.64	0.60	0.69	0.63	0.67	0.63	0.57
LSSP	0.74	0.83	0.68	0.74	0.73	0.71	0.50	0.71	0.58	0.59	0.61	0.52	0.55	0.55	0.50	0.55	0.50	0.63

注：T_1、T_2、T_3、T_4、T_5、T_6、T_7、T_8、T_9 分别表示年平均气温、1 月平均气温、7 月平均气温、最热月最高温度、最冷月最低温度、大于 0℃积温、年降水量、BT 和 PER。CBL 表示小雅鹛；CSS 表示褐翅雅鹛指名亚种；CSI 表示褐翅雅鹛云南亚种；AH 表示班头大翠鸟；PSC 表示绿胸八色鸫；GN 表示黑领惊鸟；ES 表示灰背燕尾；HMD 表示黑头奇鹛；YNI 表示黑颏凤鹛西南亚种；YNP 表示黑颏凤鹛东南亚种；PVV 表示杂色山雀指名亚种；PVC 表示杂色山雀台湾亚种；PV 表示黄腹山雀；PHH 表示震旦鸦雀指名亚种；PHP 表示震旦鸦雀黑龙江亚种；ACL 表示叉尾太阳鸟华南亚种；ACC 表示叉尾太阳鸟指名亚种；LSS 表示白腰文鸟华南亚种；LSSP 表示白腰文鸟云南亚种。

B. 兽类

关联度在 0.7 以上，兽类南北界改变与热量因素关系密切，部分与水分因素关系密切，还有部分与 PER 关系密切（表 8.26）。

表 8.26　一些兽类动物分布南北边界变化与气候变化要素的关联度

物种	南界									北界								
	T_1	T_2	T_3	T_4	T_5	T_6	T_7	T_8	T_9	T_1	T_2	T_3	T_4	T_5	T_6	T_7	T_8	T_9
EH	0.64	0.57	0.70	0.66	0.56	0.72	0.61	0.72	0.61	0.64	0.57	0.70	0.66	0.56	0.72	0.61	0.72	0.61
CF	0.75	0.75	0.75	0.73	0.83	0.76	0.82	0.76	0.38	0.64	0.57	0.70	0.66	0.56	0.72	0.61	0.72	0.61
MM	0.67	0.71	0.62	0.66	0.77	0.63	0.68	0.63	0.43	0.64	0.57	0.70	0.66	0.56	0.72	0.61	0.72	0.61
AA	0.67	0.71	0.62	0.66	0.77	0.63	0.68	0.63	0.43	0.64	0.57	0.70	0.66	0.56	0.72	0.61	0.72	0.61
PG	0.64	0.57	0.70	0.66	0.56	0.72	0.61	0.72	0.61	0.42	0.39	0.46	0.45	0.37	0.47	0.41	0.47	0.81
GS	0.64	0.57	0.70	0.66	0.56	0.72	0.61	0.72	0.61	0.64	0.57	0.70	0.66	0.56	0.72	0.61	0.72	0.61
PN	0.64	0.57	0.70	0.66	0.56	0.72	0.61	0.72	0.61	0.77	0.61	0.83	0.79	0.66	0.86	0.56	0.85	0.59

注：T_1、T_2、T_3、T_4、T_5、T_6、T_7、T_8、T_9 分别表示年平均气温、1 月平均气温、7 月平均气温、最热月最高温度、最冷月最低温度、大于 0℃积温、年降水量、BT 和 PER。EH（蒙古野驴），CF（双峰驼），MM（原麝），AA（驼鹿），PG（黄羊），GS（鹅喉羚），PN（岩羊）。下同。

关联度在 0.7 以上，兽类东西界变化与热量因素关系密切，部分与水分部分，个别与 PER 变化关系密切（表 8.27）。

表 8.27　一些兽类动物分布东西边界变化与气候变化要素的关联度

物种	西界									东界								
	T_1	T_2	T_3	T_4	T_5	T_6	T_7	T_8	T_9	T_1	T_2	T_3	T_4	T_5	T_6	T_7	T_8	T_9
EH	0.67	0.71	0.62	0.66	0.77	0.63	0.68	0.63	0.43	0.64	0.57	0.70	0.66	0.56	0.72	0.61	0.72	0.61
CF	0.64	0.57	0.70	0.66	0.56	0.72	0.61	0.72	0.61	0.64	0.57	0.70	0.66	0.56	0.72	0.61	0.72	0.61
MM	0.67	0.71	0.62	0.66	0.77	0.63	0.68	0.63	0.43	0.64	0.57	0.70	0.66	0.56	0.72	0.61	0.72	0.61
AA	0.51	0.54	0.50	0.51	0.51	0.51	0.48	0.51	0.65	0.64	0.57	0.70	0.66	0.56	0.72	0.61	0.72	0.61
PG	0.64	0.57	0.70	0.66	0.56	0.72	0.61	0.72	0.61	0.42	0.39	0.46	0.45	0.37	0.47	0.41	0.47	0.81
GS	0.80	0.74	0.84	0.80	0.79	0.85	0.69	0.85	0.51	0.64	0.57	0.70	0.66	0.56	0.72	0.61	0.72	0.61
P N	0.67	0.61	0.71	0.67	0.69	0.72	0.75	0.72	0.54	0.64	0.57	0.70	0.66	0.56	0.72	0.61	0.72	0.61

兽类中心纬度与经度改变与热量因素关系密切，个别与水分变化和 PER 变化关系密切。兽类分布边界变化与气候变化要素与人类活动关系也比较密切，从 6 种典型物种分布范围与边界变化与气候变化要素的关联性可以看出，这些物种分布边界变化与气候变化因素关系密切（表 8.28）。

表 8.28 一些兽类动物分布中心变化与气候变化要素的关联度

物种	中心经度									中心纬度								
	T_1	T_2	T_3	T_4	T_5	T_6	T_7	T_8	T_9	T_1	T_2	T_3	T_4	T_5	T_6	T_7	T_8	T_9
CF	0.73	0.79	0.66	0.71	0.79	0.67	0.63	0.67	0.47	0.73	0.68	0.76	0.72	0.60	0.78	0.55	0.77	0.56
MM	0.75	0.75	0.74	0.73	0.83	0.76	0.82	0.76	0.38	0.75	0.75	0.75	0.73	0.83	0.76	0.82	0.76	0.38
AA	0.67	0.72	0.62	0.66	0.78	0.63	0.69	0.63	0.44	0.51	0.44	0.60	0.53	0.43	0.61	0.55	0.61	0.76
PG	0.61	0.66	0.57	0.62	0.68	0.60	0.53	0.60	0.59	0.66	0.71	0.60	0.64	0.78	0.61	0.67	0.61	0.50
GS	0.57	0.51	0.53	0.56	0.44	0.52	0.47	0.53	0.68	0.52	0.51	0.55	0.52	0.46	0.52	0.49	0.53	0.81
P N	0.78	0.72	0.82	0.78	0.81	0.83	0.70	0.83	0.51	0.39	0.42	0.38	0.39	0.41	0.39	0.54	0.39	0.70
EH	0.81	0.75	0.85	0.81	0.77	0.86	0.67	0.86	0.51	0.52	0.56	0.51	0.52	0.52	0.51	0.49	0.51	0.64

C. 两栖类

联度在 0.7 以上，两栖类南北界改变与热量因素关系密切，部分与水分因素关系密切，个别与 PER 关系密切（表 8.29）。

表 8.29 两栖类分布南北界变化与气候要素关联度

物种	南界									北界								
	T_1	T_2	T_3	T_4	T_5	T_6	T_7	T_8	T_9	T_1	T_2	T_3	T_4	T_5	T_6	T_7	T_8	T_9
E_1	0.4	0.45	0.38	0.39	0.54	0.37	0.67	0.37	0.59	0.64	0.57	0.7	0.66	0.56	0.72	0.61	0.72	0.61
E_2	0.64	0.57	0.7	0.66	0.56	0.72	0.61	0.72	0.61	0.64	0.57	0.7	0.66	0.56	0.72	0.61	0.72	0.61
E_3	0.64	0.57	0.7	0.66	0.56	0.72	0.61	0.72	0.61	0.64	0.57	0.7	0.66	0.56	0.72	0.61	0.72	0.61
E_4	0.64	0.57	0.7	0.66	0.56	0.72	0.61	0.72	0.61	0.64	0.57	0.7	0.66	0.56	0.72	0.61	0.72	0.61
E_5	0.4	0.45	0.38	0.39	0.54	0.37	0.67	0.37	0.59	0.64	0.57	0.7	0.66	0.56	0.72	0.61	0.72	0.61
E_6	0.64	0.57	0.7	0.66	0.56	0.72	0.61	0.72	0.61	0.64	0.57	0.7	0.66	0.56	0.72	0.61	0.72	0.61
E_7	0.64	0.57	0.7	0.66	0.56	0.72	0.61	0.72	0.61	0.64	0.57	0.7	0.66	0.56	0.72	0.61	0.72	0.61
E_8	0.64	0.57	0.7	0.66	0.56	0.72	0.61	0.72	0.61	0.64	0.57	0.7	0.66	0.56	0.72	0.61	0.72	0.61
E_9	0.64	0.57	0.7	0.66	0.56	0.72	0.61	0.72	0.61	0.64	0.57	0.7	0.66	0.56	0.72	0.61	0.72	0.61
E_{10}	0.64	0.57	0.7	0.66	0.56	0.72	0.61	0.72	0.61	0.77	0.7	0.83	0.79	0.66	0.86	0.56	0.85	0.59
E_{11}	0.64	0.57	0.7	0.66	0.56	0.72	0.61	0.72	0.61	0.75	0.75	0.75	0.73	0.83	0.76	0.82	0.76	0.38
E_{12}	0.64	0.57	0.7	0.66	0.56	0.72	0.61	0.72	0.61	0.77	0.7	0.83	0.79	0.66	0.86	0.56	0.85	0.59
E_{13}	0.64	0.57	0.7	0.66	0.56	0.72	0.61	0.72	0.61	0.75	0.75	0.75	0.73	0.83	0.76	0.82	0.76	0.38
E_{14}	0.64	0.57	0.7	0.66	0.56	0.72	0.61	0.72	0.61	0.77	0.7	0.83	0.79	0.66	0.86	0.56	0.85	0.59
E_{15}	0.4	0.45	0.38	0.39	0.54	0.37	0.67	0.37	0.59	0.77	0.7	0.83	0.79	0.66	0.86	0.56	0.85	0.59
E_{16}	0.64	0.57	0.7	0.66	0.56	0.72	0.61	0.72	0.61	0.77	0.7	0.83	0.79	0.66	0.86	0.56	0.85	0.59
E_{17}	0.64	0.57	0.7	0.66	0.56	0.72	0.61	0.72	0.61	0.64	0.57	0.7	0.66	0.56	0.72	0.61	0.72	0.61
E_{18}	0.64	0.57	0.7	0.66	0.56	0.72	0.61	0.72	0.61	0.8	0.74	0.84	0.8	0.79	0.85	0.69	0.85	0.51
E_{19}	0.64	0.57	0.7	0.66	0.56	0.72	0.61	0.72	0.61	0.64	0.57	0.7	0.66	0.56	0.72	0.61	0.72	0.61
E_{20}	0.64	0.57	0.7	0.66	0.56	0.72	0.61	0.72	0.61	0.64	0.57	0.7	0.66	0.56	0.72	0.61	0.72	0.61

续表

物种	南界									北界								
	T_1	T_2	T_3	T_4	T_5	T_6	T_7	T_8	T_9	T_1	T_2	T_3	T_4	T_5	T_6	T_7	T_8	T_9
E_{21}	0.4	0.45	0.38	0.39	0.54	0.37	0.67	0.37	0.59	0.64	0.57	0.7	0.66	0.56	0.72	0.61	0.72	0.61
E_{22}	0.64	0.57	0.7	0.66	0.56	0.72	0.61	0.72	0.61	0.77	0.7	0.83	0.79	0.66	0.86	0.56	0.85	0.59
E_{23}	0.4	0.45	0.38	0.39	0.54	0.37	0.67	0.37	0.59	0.64	0.57	0.7	0.66	0.56	0.72	0.61	0.72	0.61
E_{24}	0.64	0.57	0.7	0.66	0.56	0.72	0.61	0.72	0.61	0.64	0.57	0.7	0.66	0.56	0.72	0.61	0.72	0.61
E_{25}	0.64	0.57	0.7	0.66	0.56	0.72	0.61	0.72	0.61	0.64	0.57	0.7	0.66	0.56	0.72	0.61	0.72	0.61
E_{26}	0.64	0.57	0.7	0.66	0.56	0.72	0.61	0.72	0.61	0.64	0.57	0.7	0.66	0.56	0.72	0.61	0.72	0.61
E_{27}	0.64	0.57	0.7	0.66	0.56	0.72	0.61	0.72	0.61	0.77	0.7	0.83	0.79	0.66	0.86	0.56	0.85	0.59
E_{28}	0.64	0.57	0.7	0.66	0.56	0.72	0.61	0.72	0.61	0.64	0.57	0.7	0.66	0.56	0.72	0.61	0.72	0.61
E_{29}	0.64	0.57	0.7	0.66	0.56	0.72	0.61	0.72	0.61	0.77	0.7	0.83	0.79	0.66	0.86	0.56	0.85	0.59
E_{30}	0.64	0.57	0.7	0.66	0.56	0.72	0.61	0.72	0.61	0.77	0.7	0.83	0.79	0.66	0.86	0.56	0.85	0.59
E_{31}	0.64	0.57	0.7	0.66	0.56	0.72	0.61	0.72	0.61	0.75	0.75	0.75	0.73	0.83	0.76	0.82	0.76	0.38
E_{32}	0.4	0.45	0.38	0.39	0.54	0.37	0.67	0.37	0.59	0.64	0.57	0.7	0.66	0.56	0.72	0.61	0.72	0.61

注：$E_1 \sim E_{32}$ 代表了凹耳臭蛙、白线树蛙、斑腿树蛙 X、侧条跳树蛙、长肢林蛙、崇安湍蛙、大绿臭蛙、大绿蛙、大树蛙、滇南臭蛙、峨眉树蛙、光雾臭蛙、黑点树蛙、合江臭蛙、合江棘蛙、桓仁林蛙、经甫树蛙、金线侧摺蛙、棘胸蛙、锯腿小树蛙、阔褶蛙、龙胜臭蛙、罗默小树蛙、绿臭蛙、南江臭蛙、弹琴蛙、仙琴水蛙、小弧斑棘蛙、小棘蛙、宜章臭蛙、昭觉林蛙、镇海林蛙。表 8.36、表 8.37 相同。

关联度在 0.7 以上，两栖类东西界变化与热量因素关系密切，部分与水分因素关系密切，个别与 PER 关系密切（表 8.30）。

表 8.30　两栖类分布东西界变化与气候要素关联度

物种	西界									东界								
	T_1	T_2	T_3	T_4	T_5	T_6	T_7	T_8	T_9	T_1	T_2	T_3	T_4	T_5	T_6	T_7	T_8	T_9
E_1	0.64	0.57	0.7	0.66	0.56	0.72	0.61	0.72	0.61	0.64	0.57	0.7	0.66	0.56	0.72	0.61	0.72	0.61
E_2	0.64	0.57	0.7	0.66	0.56	0.72	0.61	0.72	0.61	0.64	0.57	0.7	0.66	0.56	0.72	0.61	0.72	0.61
E_3	0.64	0.57	0.7	0.66	0.56	0.72	0.61	0.72	0.61	0.64	0.57	0.7	0.66	0.56	0.72	0.61	0.72	0.61
E_4	0.64	0.57	0.7	0.66	0.56	0.72	0.61	0.72	0.61	0.64	0.57	0.7	0.66	0.56	0.72	0.61	0.72	0.61
E_5	0.4	0.45	0.38	0.39	0.54	0.37	0.67	0.37	0.59	0.64	0.57	0.7	0.66	0.56	0.72	0.61	0.72	0.61
E_6	0.64	0.57	0.7	0.66	0.56	0.72	0.61	0.72	0.61	0.6	0.58	0.6	0.59	0.6	0.63	0.74	0.63	0.48
E_7	0.64	0.57	0.7	0.66	0.56	0.72	0.61	0.72	0.61	0.64	0.57	0.7	0.66	0.56	0.72	0.61	0.72	0.61
E_8	0.64	0.57	0.7	0.66	0.56	0.72	0.61	0.72	0.61	0.64	0.57	0.7	0.66	0.56	0.72	0.61	0.72	0.61
E_9	0.64	0.57	0.7	0.66	0.56	0.72	0.61	0.72	0.61	0.64	0.57	0.7	0.66	0.56	0.72	0.61	0.72	0.61
E_{10}	0.64	0.57	0.7	0.66	0.56	0.72	0.61	0.72	0.61	0.64	0.57	0.7	0.66	0.56	0.72	0.61	0.72	0.61
E_{11}	0.64	0.57	0.7	0.66	0.56	0.72	0.61	0.72	0.61	0.75	0.75	0.75	0.73	0.83	0.76	0.82	0.76	0.38
E_{12}	0.4	0.45	0.38	0.39	0.54	0.37	0.67	0.37	0.59	0.64	0.57	0.7	0.66	0.56	0.72	0.61	0.72	0.61
E_{13}	0.64	0.57	0.7	0.66	0.56	0.72	0.61	0.72	0.61	0.75	0.75	0.75	0.73	0.83	0.76	0.82	0.76	0.38
E_{14}	0.64	0.57	0.7	0.66	0.56	0.72	0.61	0.72	0.61	0.77	0.7	0.83	0.79	0.66	0.86	0.56	0.85	0.59
E_{15}	0.4	0.45	0.38	0.39	0.54	0.37	0.67	0.37	0.59	0.77	0.7	0.83	0.79	0.66	0.86	0.56	0.85	0.59
E_{16}	0.64	0.57	0.7	0.66	0.56	0.72	0.61	0.72	0.61	0.77	0.7	0.83	0.79	0.66	0.86	0.56	0.85	0.59
E_{17}	0.64	0.57	0.7	0.66	0.56	0.72	0.61	0.72	0.61	0.64	0.57	0.7	0.66	0.56	0.72	0.61	0.72	0.61
E_{18}	0.64	0.57	0.7	0.66	0.56	0.72	0.61	0.72	0.61	0.64	0.57	0.7	0.66	0.56	0.72	0.61	0.72	0.61

续表

物种	西界									东界								
	T_1	T_2	T_3	T_4	T_5	T_6	T_7	T_8	T_9	T_1	T_2	T_3	T_4	T_5	T_6	T_7	T_8	T_9
E_{19}	0.64	0.57	0.7	0.66	0.56	0.72	0.61	0.72	0.61	0.64	0.57	0.7	0.66	0.56	0.72	0.61	0.72	0.61
E_{20}	0.64	0.57	0.7	0.66	0.56	0.72	0.61	0.72	0.61	0.64	0.57	0.7	0.66	0.56	0.72	0.61	0.72	0.61
E_{21}	0.64	0.57	0.7	0.66	0.56	0.72	0.61	0.72	0.61	0.64	0.57	0.7	0.66	0.56	0.72	0.61	0.72	0.61
E_{22}	0.64	0.57	0.7	0.66	0.56	0.72	0.61	0.72	0.61	0.64	0.57	0.7	0.66	0.56	0.72	0.61	0.72	0.61
E_{23}	0.4	0.45	0.38	0.39	0.54	0.37	0.67	0.37	0.59	0.64	0.57	0.7	0.66	0.56	0.72	0.61	0.72	0.61
E_{24}	0.64	0.57	0.7	0.66	0.56	0.72	0.61	0.72	0.61	0.64	0.57	0.7	0.66	0.56	0.72	0.61	0.72	0.61
E_{25}	0.64	0.57	0.7	0.66	0.56	0.72	0.61	0.72	0.61	0.64	0.57	0.7	0.66	0.56	0.72	0.61	0.72	0.61
E_{26}	0.64	0.57	0.7	0.66	0.56	0.72	0.61	0.72	0.61	0.64	0.57	0.7	0.66	0.56	0.72	0.61	0.72	0.61
E_{27}	0.64	0.57	0.7	0.66	0.56	0.72	0.61	0.72	0.61	0.64	0.57	0.7	0.66	0.56	0.72	0.61	0.72	0.61
E_{28}	0.64	0.57	0.7	0.66	0.56	0.72	0.61	0.72	0.61	0.64	0.57	0.7	0.66	0.56	0.72	0.61	0.72	0.61
E_{29}	0.64	0.57	0.7	0.66	0.56	0.72	0.61	0.72	0.61	0.64	0.57	0.7	0.66	0.56	0.72	0.61	0.72	0.61
E_{30}	0.4	0.45	0.38	0.39	0.54	0.37	0.67	0.37	0.59	0.64	0.57	0.7	0.66	0.56	0.72	0.61	0.72	0.61
E_{31}	0.64	0.57	0.7	0.66	0.56	0.72	0.61	0.72	0.61	0.64	0.57	0.7	0.66	0.56	0.72	0.61	0.72	0.61
E_{32}	0.64	0.57	0.7	0.66	0.56	0.72	0.61	0.72	0.61	0.64	0.57	0.7	0.66	0.56	0.72	0.61	0.72	0.61

注：E_1~E_{32} 代表了凹耳臭蛙、白线树蛙、斑腿树蛙 X、侧条跳树蛙、长肢林蛙、崇安湍蛙、大绿臭蛙、大绿蛙、大树蛙、滇南臭蛙、峨眉树蛙、光雾臭蛙、黑点树蛙、合江臭蛙、合江棘蛙、桓仁林蛙、经甫树蛙、金线侧褶蛙、棘胸蛙、锯腿小树蛙、阔褶蛙、龙胜臭蛙、罗默小树蛙、绿臭蛙、南江臭蛙、弹琴蛙、仙琴水蛙、小弧斑棘蛙、小棘蛙、宜章臭蛙、昭觉林蛙、镇海林蛙。

关联度在 0.7 以上，两栖类中心纬度与经度改变与热量因素关系密切，个别与水分变化关系密切，一些与 PER 变化关系密切（表 8.31）。

表 8.31　两栖类分布中心变化与气候要素关联度

物种	中心经度									中心纬度								
	T_1	T_2	T_3	T_4	T_5	T_6	T_7	T_8	T_9	T_1	T_2	T_3	T_4	T_5	T_6	T_7	T_8	T_9
E_1	0.4	0.45	0.38	0.39	0.54	0.37	0.67	0.37	0.59	0.4	0.45	0.38	0.39	0.54	0.37	0.67	0.37	0.59
E_2	0.75	0.75	0.75	0.73	0.83	0.76	0.82	0.76	0.38	0.75	0.75	0.75	0.73	0.83	0.76	0.82	0.76	0.38
E_3	0.64	0.57	0.7	0.66	0.56	0.72	0.61	0.72	0.61	0.64	0.57	0.7	0.66	0.56	0.72	0.61	0.72	0.61
E_4	0.77	0.7	0.83	0.79	0.66	0.86	0.56	0.85	0.59	0.77	0.7	0.83	0.79	0.66	0.86	0.56	0.85	0.59
E_5	0.4	0.45	0.38	0.39	0.54	0.37	0.67	0.37	0.59	0.4	0.45	0.38	0.39	0.54	0.37	0.67	0.37	0.59
E_6	0.53	0.59	0.5	0.51	0.52	0.47	0.65	0.48	0.53	0.73	0.75	0.7	0.74	0.76	0.7	0.62	0.69	0.5
E_7	0.77	0.7	0.83	0.79	0.66	0.86	0.56	0.85	0.59	0.4	0.45	0.38	0.39	0.54	0.37	0.67	0.37	0.59
E_8	0.88	0.76	0.84	0.85	0.7	0.88	0.59	0.88	0.52	0.62	0.6	0.66	0.64	0.53	0.66	0.42	0.66	0.7
E_9	0.64	0.57	0.7	0.66	0.56	0.72	0.61	0.72	0.61	0.64	0.57	0.7	0.66	0.56	0.72	0.61	0.72	0.61
E_{10}	0.64	0.57	0.7	0.66	0.56	0.72	0.61	0.72	0.61	0.77	0.7	0.83	0.79	0.66	0.86	0.56	0.85	0.59
E_{11}	0.77	0.77	0.76	0.74	0.82	0.77	0.79	0.77	0.38	0.77	0.77	0.76	0.74	0.82	0.77	0.78	0.77	0.38
E_{12}	0.4	0.45	0.38	0.39	0.54	0.37	0.67	0.37	0.59	0.77	0.7	0.83	0.79	0.66	0.86	0.56	0.85	0.59
E_{13}	0.81	0.83	0.79	0.78	0.81	0.8	0.71	0.8	0.4	0.74	0.74	0.73	0.72	0.84	0.75	0.82	0.75	0.38
E_{14}	0.77	0.7	0.83	0.79	0.66	0.86	0.56	0.85	0.59	0.77	0.7	0.83	0.79	0.66	0.86	0.56	0.85	0.59
E_{15}	0.4	0.45	0.38	0.39	0.54	0.37	0.67	0.37	0.59	0.4	0.45	0.38	0.39	0.54	0.37	0.67	0.37	0.59
E_{16}	0.77	0.7	0.83	0.79	0.66	0.86	0.56	0.85	0.59	0.77	0.7	0.83	0.79	0.66	0.86	0.56	0.85	0.59
E_{17}	0.42	0.39	0.46	0.45	0.37	0.47	0.41	0.47	0.81	0.75	0.75	0.75	0.73	0.83	0.76	0.82	0.76	0.38
E_{18}	0.8	0.74	0.84	0.8	0.79	0.85	0.69	0.85	0.51	0.8	0.74	0.84	0.8	0.79	0.85	0.69	0.85	0.51
E_{19}	0.64	0.57	0.7	0.66	0.56	0.72	0.61	0.72	0.61	0.42	0.39	0.46	0.45	0.37	0.47	0.41	0.47	0.81

续表

| 物种 | 中心经度 | | | | | | | | | 中心纬度 | | | | | | | | |
	T_1	T_2	T_3	T_4	T_5	T_6	T_7	T_8	T_9	T_1	T_2	T_3	T_4	T_5	T_6	T_7	T_8	T_9
E_{20}	0.4	0.45	0.38	0.39	0.54	0.37	0.67	0.37	0.59	0.77	0.7	0.83	0.79	0.66	0.86	0.56	0.85	0.59
E_{21}	0.4	0.45	0.38	0.39	0.54	0.37	0.67	0.37	0.59	0.4	0.45	0.38	0.39	0.54	0.37	0.67	0.37	0.59
E_{22}	0.77	0.7	0.83	0.79	0.66	0.86	0.56	0.85	0.59	0.77	0.7	0.83	0.79	0.66	0.86	0.56	0.85	0.59
E_{23}	0.4	0.45	0.38	0.39	0.54	0.37	0.67	0.37	0.59	0.4	0.45	0.38	0.39	0.54	0.37	0.67	0.37	0.59
E_{24}	0.77	0.7	0.83	0.79	0.66	0.86	0.56	0.85	0.59	0.4	0.45	0.38	0.39	0.54	0.37	0.67	0.37	0.59
E_{25}	0.77	0.7	0.83	0.79	0.66	0.86	0.56	0.85	0.59	0.4	0.45	0.38	0.39	0.54	0.37	0.67	0.37	0.59
E_{26}	0.77	0.7	0.83	0.79	0.66	0.86	0.56	0.85	0.59	0.4	0.45	0.38	0.39	0.54	0.37	0.67	0.37	0.59
E_{27}	0.77	0.7	0.83	0.79	0.66	0.86	0.56	0.85	0.59	0.77	0.7	0.83	0.79	0.66	0.86	0.56	0.85	0.59
E_{28}	0.77	0.7	0.83	0.79	0.66	0.86	0.56	0.85	0.59	0.77	0.7	0.83	0.79	0.66	0.86	0.56	0.85	0.59
E_{29}	0.77	0.7	0.83	0.79	0.66	0.86	0.56	0.85	0.59	0.77	0.7	0.83	0.79	0.66	0.86	0.56	0.85	0.59
E_{30}	0.4	0.45	0.38	0.39	0.54	0.37	0.67	0.37	0.59	0.77	0.7	0.83	0.79	0.66	0.86	0.56	0.85	0.59
E_{31}	0.4	0.45	0.38	0.39	0.54	0.37	0.67	0.37	0.59	0.86	0.83	0.85	0.85	0.74	0.9	0.62	0.89	0.46
E_{32}	0.4	0.45	0.38	0.39	0.54	0.37	0.67	0.37	0.59	0.4	0.45	0.38	0.39	0.54	0.37	0.67	0.37	0.59

注：E_1~E_{32} 代表了凹耳臭蛙、白线树蛙、斑腿树蛙 X、侧条跳树蛙、长肢林蛙、崇安湍蛙、大绿臭蛙、大绿蛙、大树蛙、滇南臭蛙、峨眉树蛙、光雾臭蛙、黑点树蛙、合江臭蛙、合江棘蛙、桓仁林蛙、经甫树蛙、金线侧褶蛙、棘胸蛙、锯腿小树蛙、阔褶蛙、龙胜臭蛙、罗默小树蛙、绿臭蛙、南江臭蛙、弹琴蛙、仙琴水蛙、小弧斑棘蛙、小棘蛙、宜章臭蛙、昭觉林蛙、镇海林蛙。

D. 爬行类

关联度分析看出，爬行类分布边界受到人类活动影响较大，同时也受气候变化要素影响较大。爬行类分布边界变化也与气候变化要素关系密切。

关联度在 0.7 以上，爬行类南北界改变与热量因素关系密切，一些与水分因素关系密切，个别与 PER 因素关系密切（表 8.32）。

表 8.32 观测蛇类分布南北界变化与气候因素关联度

| 物种 | 南界 | | | | | | | | | 北界 | | | | | | | | |
	T_1	T_2	T_3	T_4	T_5	T_6	T_7	T_8	T_9	T_1	T_2	T_3	T_4	T_5	T_6	T_7	T_8	T_9
EF	0.38	0.41	0.37	0.38	0.41	0.37	0.54	0.37	0.67	0.80	0.74	0.84	0.80	0.79	0.85	0.69	0.85	0.51
EM	0.64	0.57	0.70	0.66	0.56	0.72	0.61	0.72	0.61	0.81	0.83	0.78	0.77	0.86	0.80	0.73	0.80	0.41
EMO	0.42	0.39	0.46	0.45	0.37	0.47	0.41	0.47	0.81	0.87	0.78	0.84	0.84	0.71	0.88	0.60	0.88	0.50
LF	0.64	0.57	0.70	0.66	0.56	0.72	0.61	0.72	0.61	0.68	0.73	0.62	0.67	0.79	0.64	0.69	0.64	0.48
LR	0.44	0.50	0.41	0.42	0.52	0.40	0.58	0.40	0.61	0.85	0.76	0.81	0.90	0.72	0.84	0.53	0.84	0.59
OL	0.40	0.45	0.38	0.39	0.54	0.37	0.67	0.37	0.59	0.77	0.70	0.83	0.79	0.66	0.86	0.56	0.85	0.59
ON	0.40	0.45	0.38	0.39	0.54	0.37	0.67	0.37	0.59	0.64	0.57	0.70	0.66	0.56	0.72	0.61	0.72	0.61
OO	0.40	0.45	0.38	0.39	0.54	0.37	0.67	0.37	0.59	0.72	0.78	0.65	0.71	0.83	0.66	0.72	0.66	0.42
PB	0.64	0.57	0.70	0.66	0.56	0.72	0.61	0.72	0.61	0.64	0.57	0.70	0.66	0.56	0.72	0.61	0.72	0.61

注：T_1，T_2，T_3，T_4，T_5，T_6，T_7，T_8，T_9 分别表示年平均气温、1 月平均气温、7 月平均气温、最热月最高温度、最冷月最低温度、大于 0℃积温、年降水量、BT 和 PER。EF（灰腹绿锦蛇）；EM（玉斑锦蛇）；EMO（百花锦蛇）；LF（双全白环蛇）；LR（黑背白环蛇）；OL（龙胜小头蛇）；ON（宁陕小头蛇）；OO（饰纹小头蛇）；PB（平鳞钝头蛇）。下同。

关联度在 0.7 以上，爬行类东西界变化与热量因素关系密切，一些与水分因素关系密切，个别与 PER 关系密切（表 8.33）。

表 8.33　观测蛇类分布东西界变化与气候因素关联度

物种	西界									东界								
	T_1	T_2	T_3	T_4	T_5	T_6	T_7	T_8	T_9	T_1	T_2	T_3	T_4	T_5	T_6	T_7	T_8	T_9
EF	0.38	0.41	0.37	0.38	0.41	0.37	0.54	0.37	0.67	0.64	0.57	0.70	0.66	0.56	0.72	0.61	0.72	0.61
EM	0.50	0.57	0.49	0.51	0.53	0.51	0.52	0.51	0.68	0.64	0.57	0.70	0.66	0.56	0.72	0.61	0.72	0.61
EMO	0.42	0.39	0.46	0.45	0.37	0.47	0.41	0.47	0.81	0.64	0.57	0.70	0.66	0.56	0.72	0.61	0.72	0.61
LF	0.42	0.39	0.46	0.45	0.37	0.47	0.41	0.47	0.81	0.64	0.57	0.70	0.66	0.56	0.72	0.61	0.72	0.61
LR	0.51	0.58	0.47	0.48	0.53	0.45	0.55	0.45	0.69	0.64	0.57	0.70	0.66	0.56	0.72	0.61	0.72	0.61
OL	0.40	0.45	0.38	0.39	0.54	0.37	0.67	0.37	0.59	0.77	0.70	0.83	0.79	0.66	0.86	0.56	0.85	0.59
ON	0.64	0.57	0.70	0.66	0.56	0.72	0.61	0.72	0.61	0.77	0.70	0.83	0.79	0.66	0.86	0.56	0.85	0.59
OO	0.44	0.40	0.47	0.47	0.37	0.49	0.41	0.49	0.78	0.83	0.76	0.85	0.85	0.80	0.86	0.70	0.86	0.46
PB	0.64	0.57	0.70	0.66	0.56	0.72	0.61	0.72	0.61	0.64	0.57	0.70	0.66	0.56	0.72	0.61	0.72	0.61

按照关联度在 0.7 以上，爬行类中心纬度与经度改变与热量因素关系密切，一些与水分变化关系密切，个别与 PER 变化关系密切（表 8.34）。

表 8.34　观测蛇类分布中心变化与气候因素关联度

物种	中心经度									中心纬度								
	T_1	T_2	T_3	T_4	T_5	T_6	T_7	T_8	T_9	T_1	T_2	T_3	T_4	T_5	T_6	T_7	T_8	T_9
EF	0.52	0.59	0.50	0.53	0.58	0.50	0.61	0.50	0.58	0.59	0.62	0.55	0.60	0.59	0.59	0.68	0.59	0.60
EM	0.49	0.56	0.45	0.48	0.50	0.46	0.49	0.46	0.74	0.57	0.62	0.52	0.56	0.69	0.53	0.75	0.53	0.57
EMO	0.75	0.75	0.75	0.73	0.83	0.76	0.82	0.76	0.38	0.77	0.78	0.76	0.75	0.82	0.77	0.77	0.78	0.38
LF	0.72	0.66	0.74	0.76	0.62	0.74	0.50	0.74	0.67	0.84	0.98	0.75	0.81	0.83	0.75	0.58	0.75	0.45
LR	0.46	0.47	0.43	0.45	0.43	0.44	0.45	0.43	0.70	0.48	0.45	0.52	0.51	0.42	0.53	0.47	0.53	0.94
OL	0.77	0.70	0.83	0.79	0.66	0.86	0.56	0.85	0.59	0.40	0.45	0.38	0.39	0.54	0.37	0.67	0.37	0.59
ON	0.77	0.70	0.83	0.79	0.66	0.86	0.56	0.85	0.59	0.40	0.45	0.38	0.39	0.54	0.37	0.67	0.37	0.59
OO	0.85	0.76	0.73	0.81	0.86	0.74	0.68	0.74	0.45	0.67	0.75	0.59	0.66	0.85	0.60	0.75	0.60	0.46
PB	0.54	0.50	0.59	0.57	0.46	0.60	0.45	0.60	0.73	0.85	0.77	0.75	0.85	0.74	0.78	0.51	0.78	0.54

8.2.2　近 50 年来气候变化驱动下动植物多样性的变化

1. 植物多样性

气候变化驱动下，被子植物、裸子植物、蕨类植物和苔藓植物分布变化范围和格局不同，丰富度变化也不同。

1）苔藓植物

近 50 年气候变化驱动下，苔藓植物北界变化、南界、东界、西界，中心纬度、中心经度变化程度不同，一些植物分布程度较大，18 种北界向北扩展、7 种向南扩展，20 种南界向北扩展，28 种中心纬度向北移动，4 种向南移动，15 种西界向西，20 种东界向东扩展，20 种中心经度向东移动（表 8.1）。近 50 年气候变化下，苔藓植物分布改变将引起物种丰富度变化，一些区域苔藓植物丰富度增加，一些区域丰富度将下降（图 8.1）。

2）蕨类植物

气候变化驱动下，北界、南界、东界、西界，中心纬度、中心经度变化程度不同，

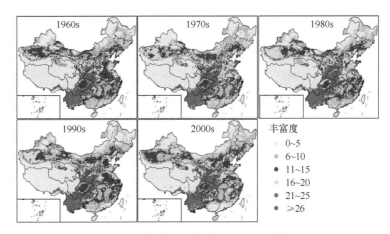

图 8.1　气候变化驱动下苔藓植物丰富度变化

可以看出，一些植物分布程度较大，并且一些变化主要向北界改变，如粗梗水蕨、玉龙蕨、东方狗脊、中国蕨。在这些分布范围改变明显的蕨类植物中，一些植物分布向北部扩展，如川西金毛裸蕨、叉裂铁角蕨、东方狗脊等；一些植物分布向东部扩展，如毛儿刺耳蕨；还有向不同方向改变，如贵阳铁角蕨，部分分布中心改变，如叉裂铁角蕨。28种北界向北扩展，18种南界向北移动，31种中心纬度向北移动，17种东界东移，10种西界西移，21种中心经度东移，部分西移（表 8.2）。气候变化驱动下，蕨类植物分布改变将引起物种丰富度变化，一些区域植物丰富度增加，一些区域丰富度下降（图 8.2）。

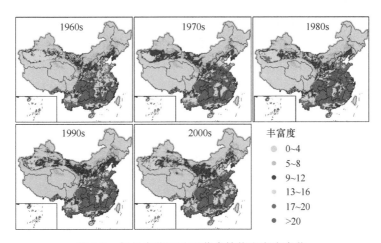

图 8.2　气候变化驱动下蕨类植物丰富度变化

　3）裸子植物

　气候变化驱动下，裸子植物北界、南界、东界、西界，中心纬度、中心经度变化程度不同，可以看出，一些植物分布程度较大，并且一些变化主要向北界改变。白豆沙、水松、水杉分布变化较大。5种北界北移，5种南界北移，部分南移。10种中心纬度北移。5种东界东移，6种西界东移，部分西移。5种中心经度西移，部分东移（表 8.3）。气候变化下，植物分布改变将引起物种丰富度变化，一些区域植物丰富度增加，一些区域丰富度下降（图 8.3）。

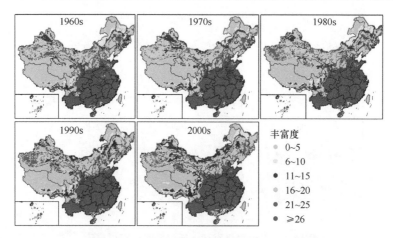

图 8.3 气候变化驱动下裸子植物丰富度变化

4）被子植物

气候变化驱动下，北界、南界、东界、西界，中心纬度、中心经度变化程度不同，可以看出，一些植物分布程度较大，一些变化主要向北界改变。分布变化较大的是四福花、山苘香长穗花、梭梭、宽丝爵床、明党参、环根芹、马蹄芹、紫伞芹、滇芹、舟瓣芹、马蹄香、金凤藤、驼峰藤、白水藤、画笔菊、丝苞菊、歧柱蟹甲草、复芒菊、枦菊木、君范菊、百花蒿、七子花猬实、金铁锁、永瓣藤、单性滨藜、苞藜、琪桐、岩匙、杜仲、疣果地沟叶、华南地沟叶、巴豆藤、冬麻豆、山枴枣、匙叶草、山白树、四药门花、青钱柳、毛药花、心叶石蚕、观光木、棱果花、药囊花、长穗花、喜树、合柱、金莲木、蒜头果、血水草、川藻、翘果蓼、翼蓼、羽叶点地梅、罂粟莲花、独叶草、毛茛莲花、太行花、绣球茜、香果树、棱萼茜、伞花木、掌叶木、青檀、舌柱麻、四合木、刺头毛黍、三蕊草、芒苞草、苞叶尖、胡杨、半日花、盐桦（表 8.4）。气候变化下，被子植物分布改变将引起物种丰富度变化，可以看出，气候变化下，一些区域植物丰富度增加，一些区域丰富度下降（图 8.4）。

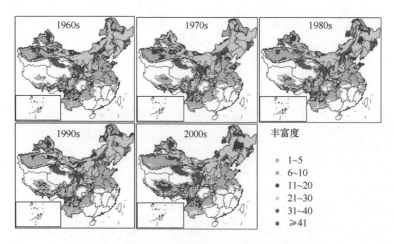

图 8.4 气候变化驱动下被子植物丰富度变化

2. 动物多样性

气候变化影响下，中国鸟类、两栖类、爬行类、兽类物种分布范围变化不同，动物的丰富度也不同。

1）鸟类

在气候变化驱动下，这些鸟类分布都发生一些改变，其中变化较大的是凤头鹰、震旦雅雀、红脚苦恶鸟、褐翅雅鹛、褐尔鹰向北、新疆亚种向东、班头大翠鸟、灰斑鸠、小雅鹛、林雕、黑领惊鸟、黄腹山雀、黑翅鸢、白头鹎、白胸苦恶鸟、高山兀鹫、中华秋沙鸭、蓑羽鹤。气候变化驱动下，北界、南界、东界、西界、中心纬度、中心经度变化程度不同，可以看出，一些鸟类分布程度较大，并且一些变化主要向北界改变（表 8.6）。气候变化下，鸟类分布改变将引起物种丰富度变化，一些区域鸟类丰富度增加，一些区域丰富度下降（图 8.5）。

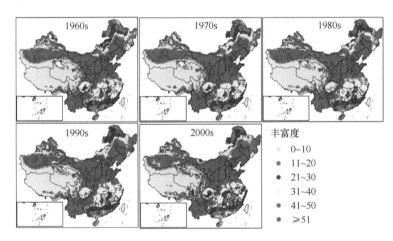

图 8.5　气候变化驱动下鸟类丰富度变化

2）兽类

气候变化驱动下，北界、南界、东界、西界、中心纬度、中心经度变化程度不同，可以看出，一些兽类分布程度较大，并且一些变化主要向北界改变。对兽类而言，变化较大的是猪尾鼠、皮氏菊头蝠、东方蝙蝠、绯鼠耳蝠、犬吻蝠、角菊头蝠、水鼠耳蝠、长翼蝠、贵州菊头蝠、大耳菊头腹、灰伏翼、南蝠等。气候变化下，兽类分布改变将引起物种丰富度变化，一些区域兽类丰富度增加，一些区域丰富度下降（图 8.6）。

3）两栖类

气候变化驱动下，北界、南界、东界、西界、中心纬度、中心经度变化程度不同，可以看出，一些两栖动物分布程度较大，并且一些变化主要向北界改变。对两栖类而言，气候变化驱动下，新疆北鲵、绿臭蛙、淡肩角蟾、短肢角蟾、宜章臭蛙、乐东蟾蜍、合江棘蛙、昭觉林蛙、大鲵、黄山角蟾、小棘蛙、双团棘胸蛙、南江齿蟾、镇海林蛙、昭觉林蛙变化较大（表 8.7）。气候变化下，两栖类动物分布改变将引起物种丰富度变化，一些区域两栖类丰富度增加，一些区域两栖类丰富度下降（图8.7）。

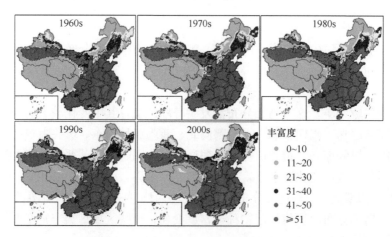

图8.6　气候变化驱动下兽类丰富度变化

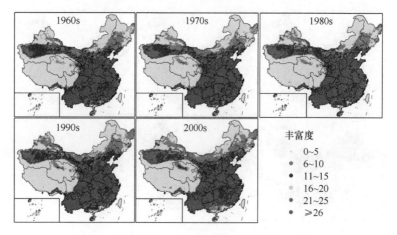

图8.7　气候变化驱动下两栖类动物丰富度变化

4）爬行类

气候变化驱动下，北界、南界、东界、西界、中心纬度、中心经度变化程度不同，可以看出，一些爬行动物分布程度较大，并且一些变化主要向北界改变。对爬行类动物而言，气候变化驱动下分布变化较大的是黑头剑蛇、玉斑锦蛇、王锦蛇等（表8.8）。气候变化下，爬行类分布改变将引起物种丰富度变化，一些区域爬行类动物丰富度增加，一些区域丰富度下降（图8.8）。

8.2.3　观测与预测气候变化驱动动植物多样性变化的一致性

物种观测分布变化与气候变化驱动的变化不同，为了进一步分析物种观测分布变化与气候变化驱动下分布变化是否一致需要进行一致性分析。一致性越高则受到气候变化影响较大，一致性低则受到气候变化影响小。

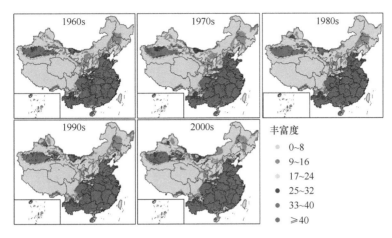

图 8.8　气候变化驱动下爬行动物分布范围变化

1. 野生植物多样性

对于苔藓植物、蕨类植物、裸子植物、被子植物来说，不同的野生植物，观测分布变化与预测变化一致性程度不同。

1）苔藓植物

一些苔藓植物观测分布变化与预测分布变化的一致性较高，南界变化一致性系数在 0.7 以上的物种包括长尖叶墙藓，北界变化一致性在 0.7 以上物种包括锦叶藓、弯叶墙藓；中心纬度变化一致性系数在 0.7 以上的物种包括绿色溜苏藓；东界变化一致性系数在 0.7 以上的物种包括长叶青毛藓，西界变化一致性在 0.7 以上物种包括长尖叶墙藓，中心经度变化一致性系数在 0.7 以上的物种包括短萼叶苔、菠萝藓、锦叶藓、微疣凤尾藓（表 8.35）。

表 8.35　苔藓植物观测与预测分布变化的一致性

物种	中心纬度	南界	北界	中心经度	西界	东界
菠萝藓	0	0	0	0.74	0	0
叉齿异萼苔	0.65	0.69	0.63	0.6	0.52	0.59
长尖叶墙藓	0.28	0.84	0.64	0.65	0.75	0.56
长叶青毛藓	0.67	0.7	0.53	0.68	0.5	0.83
丛生短月藓	0.61	0.69	0.64	0.51	0.53	0.65
粗肋风尾藓	0.64	0.66	0.6	0.68	0.52	0.74
粗叶青毛藓	0.4	0.56	0.49	0.68	0.67	0.53
大苞对叶藓	0.49	0.71	0.49	0.54	0.62	0.49
大锦叶藓	0.4	0.76	0.54	0.62	0.63	0.72
大曲柄鲜	0.69	0	0.55	0.67	0.49	0.62
短萼叶苔	0.8	0.6	0.48	0.84	0.84	0.47
短肢高领藓	0.36	0.87	0.62	0.64	0.67	0.68
钝叶紫萼藓	0.43	0.55	0.69	0.56	0.63	0.61
复边藓	0.38	0.61	0.65	0.62	0.66	0.68
旱藓	0.52	0.7	0.47	0.57	0.57	0.47
黄边凤尾藓	0.24	0.62	0.65	0.66	0.7	0.6

续表

物种	中心纬度	南界	北界	中心经度	西界	东界
黄松箩藓	0.61	0.68	0.64	0.61	0.53	0.58
近高山真藓	0.63	0.8	0.58	0.61	0.51	0.5
金黄银藓	0	0	0	0.53	0	0
锦叶藓	0.42	0	0.72	0.79	0.65	0.63
绿色溜苏藓	0.8	0	0.69	0.67	0.47	0.62
拟木毛藓	0.66	0.66	0.56	0.55	0.51	0.6
平叶墙藓	0.53	0.7	0.58	0.67	0.6	0.59
弯叶墙藓	0.82	0.91	0.76	0.59	0.62	0.6
微疣凤尾藓	0.53	0	0.72	0.83	0.57	0.68
小叶管口苔	0.27	0.6	0.73	0.6	0.75	0
小叶苔	0.8	0.47	0.51	0.57	0.47	0.54
狭叶衰藓	0.47	0.5	0.58	0.6	0.6	0.58
芽苞银藓	0	0	0	0.62	0	0
圆叶异萼苔	0.48	0.77	0.64	0.67	0.58	0.61
中华短月藓	0	0	0.64	0.81	0	0.63
波叶圆叶苔	0.63	0.65	0.68	0.6	0.52	0.52

2）蕨类植物

一些蕨类植物观测分布变化与预测分布变化的一致性较高，南界变化一致性系数在 0.7 以上的物种包括西南旱蕨，北界变化一致性在 0.7 以上物种包括中华水龙骨，中心纬度变化一致性系数在 0.7 以上的物种包括中华鳞毛蕨。另外，东界变化一致性系数在 0.7 以上的物种包括玉龙蕨，西界变化一致性在 0.7 以上物种包括小五台瓦韦，中心经度变化一致性系数在 0.7 以上物种包括细弱凤尾蕨（表 8.36）。

表 8.36 蕨类植物观测与预测分布变化的一致性

物种	中心纬度	南界	北界	中心经度	西界	东界
叉裂铁角蕨	0.65	0.71	0.68	0.7	0.62	0.62
川西金毛裸蕨	0.61	0.87	0.62	0.55	0.65	0.6
粗根水蕨	0.62	0.48	0.77	0.77	0.54	0.71
大盖铁角蕨	0.63	0.69	0.51	0.7	0.62	0.66
大明凤尾蕨	0.71	0	0.7	0.76	0.8	0.75
单叶凤尾蕨	0.6	0.78	0.49	0.61	0.59	0.71
东方狗脊	0.8	0	0.73	0.73	0.68	0.64
多羽凤尾蕨	0.58	0.47	0.66	0.62	0.58	0.6
高大耳蕨	0.72	0.62	0.58	0.66	0.53	0.59
贵阳铁角蕨	0.69	0.93	0.59	0.66	0.49	0.7
华南毛蕨	0.67	0	0.63	0.66	0.73	0.7
鸡冠凤尾蕨	0.62	0.62	0.5	0.61	0.75	0.74
金毛裸蕨	0.66	0.54	0.66	0.51	0.57	0.62
阔叶凤尾蕨	0.67	0.5	0.66	0.64	0.47	0.68
栗柄凤尾蕨	0.72	0	0.85	0.61	0.49	0.7
陇南铁线蕨	0.78	0	0.47	0.63	0	0
毛儿刺耳蕨	0.59	0.66	0.66	0.74	0.73	0.76

续表

物种	中心纬度	南界	北界	中心经度	西界	东界
密鳞鳞毛蕨	0.64	0.5	0.64	0.69	0.77	0.49
宁陕耳蕨	0.59	0.66	0.68	0.63	0.49	0.53
瓶尔小草	0.58	0.66	0.56	0.61	0.79	0.65
鞘舌卷柏	0.74	0	0.87	0.73	0	0
秦岭耳蕨	0.57	0.73	0.47	0.51	0.54	0.6
三叉凤尾蕨	0.69	0	0.74	0.7	0.96	0.76
三翅铁角蕨	0.69	0	0.74	0.7	0.96	0.76
水蕨	0.68	0	0.84	0.55	0.47	0.73
贴生石韦	0.53	0	0.63	0.71	0.65	0.8
乌柄耳蕨	0.53	0.7	0.71	0.83	0.68	0.62
腺毛鲮毛蕨	0.66	0.85	0.6	0.59	0.51	0.63
线羽凤毛蕨	0.76	0.71	0.71	0.68	0.64	0.67
小卷柏	0.82	0	0.47	0.65	0.47	0
小五台瓦韦	0.82	0.87	0.69	0.65	0.87	0.64
西南旱蕨	0.67	0.73	0.61	0.68	0.62	0.66
细弱凤尾蕨	0.67	0.59	0.73	0.74	0.54	0.83
细羽凤尾蕨	0.81	0.74	0.61	0.61	0.53	0.65
异穗卷柏	0.61	0	0.52	0.62	0.59	0.77
玉龙蕨	0.6	0.71	0.68	0.61	0.64	0.71
指叶凤尾蕨	0.68	0.52	0.58	0.63	0.69	0.65
中华耳蕨	0.65	0.7	0.64	0.61	0.66	0.49
中华鳞毛蕨	0.75	0.75	0.66	0.54	0.69	0.62
中华水龙骨	0.65	0.88	0.72	0.68	0.57	0.72

3）裸子植物

一些植物观测分布变化与预测分布变化的一致性较高，南界变化一致性系数在 0.7 以上的物种包括白豆杉，北界变化一致性在 0.7 以上的物种包括长叶榧树，中心纬度变化一致性系数在 0.7 以上的物种包括短叶黄杉；东界变化一致性系数在 0.7 以上的物种包括长叶榧树，西界变化一致性在 0.7 以上的物种包括长叶榧树，中心纬度变化一致性系数在 0.7 以上的物种包括银杉等（表 8.37）。

表 8.37 裸子植物观测与预测分布变化的一致性

物种	中心纬度	南界	北界	中心经度	西界	东界
白豆杉	0.68	0.73	0.86	0.59	0.55	0.63
巴山榧	0.64	0.47	0.62	0.65	0.59	0.71
长叶榧树	0.77	0	0.87	0.62	0.84	0.87
短叶黄杉	0.71	0.65	0.6	0.78	0.53	0.71
方枝柏	0.72	0.7	0.57	0.76	0.49	0.56
高山三尖杉	0.69	0.47	0.55	0.58	0.78	0.54
南方铁杉	0.72	0.73	0.52	0.57	0.64	0.64
双穗麻黄	0.63	0.6	0.49	0.6	0	0.49
银杉	0.63	0	0.7	0.76	0.76	0.79
云南穗花杉	0.68	0.48	0.69	0.58	0.62	0.61

4）被子植物

一些植物观测分布变化与预测分布变化的一致性较高，南界变化一致性系数在 0.7 以上的物种包括藏杏，北界变化一致性在 0.7 以上的物种包括泽珍珠菜，中心纬度变化一致性系数在 0.7 以上的物种包括蚤草。另外，东界变化一致性系数在 0.7 以上的物种包括泽珍珠菜，西界变化一致性在 0.7 以上的物种包括掌叶大黄，中心纬度变化一致性系数在 0.7 以上的物种包括蚤草（表 8.38）。

表 8.38　被子植物观测与预测分布变化的一致性

物种	中心纬度	南界	北界	中心经度	西界	东界
白接骨	0.77	0.73	0.58	0.68	0.54	0.72
半边莲	0.64	0	0.73	0.62	0.76	0.74
扁担扛	0.62	0.73	0.55	0.61	0.64	0.69
刺棒南星	0.65	0.69	0.61	0.56	0.85	0.57
长托叶石生金菜	0.64	0.73	0.5	0.59	0.6	0.53
翅柄车前	0.85	0.87	0.55	0.74	0.55	0.67
臭茶藨子	0.57	0.61	0.67	0.74	0.57	1
垂头蒲公英	0.66	0	0.7	0.8	0.8	0.67
粗齿无名精	0.66	0.71	0.58	0.79	0.65	0.55
短果茴芹	0.81	0.6	0.87	0.85	0.48	0.87
短喙凤仙花	0.69	0.59	0.64	0.51	0.73	0.64
多花含笑	0.71	0.6	0.61	0.64	0.63	0.55
多枝拟兰	0.65	0.62	0.71	0.58	0.48	0.62
多枝唐松草	0.69	0.71	0.72	0.6	0.8	0.58
菲律宾谷精草	0.8	0	0.72	0.68	0.62	0.65
甘青鼠李	0.65	0.84	0.52	0.75	0.48	0.63
高原委陵菜	0.75	0.69	0.53	0.66	0.51	0.49
黑水大戟	0.53	0.7	0.81	0.67	0.68	0.66
黄花捻	0.74	0	0.61	0.61	0.67	0.7
湖北鼠尾草	0.7	0.81	0.74	0.67	0.72	0.71
灰白凤毛菊	0.65	0.66	0.49	0.72	0.66	0.48
灰黎	0.62	0.73	0.69	0.69	0.67	0.67
坚硬女蒌菜	0.84	0	0	0.78	0	0
胶州卫矛	0.53	0.73	0.57	0.73	0.56	0.71
蒗藜草	0.8	0.47	0.72	0.69	0.54	0.68
金疮小草	0.57	0	0.57	0.65	0.69	0.74
苦枥木	0.65	0	0.74	0.78	0.55	0.78
昆仑锦鸡儿	0.68	0	0.51	0.65	0	0.55
裸花水竹叶	0.75	0	0.51	0.65	0.6	0.72
毛叶刺楸	0.76	0.68	0.67	0.56	0.51	0.6
拟二叶飘拂草	0.82	0.73	0.5	0.63	0.49	0.68
羌塘雪兔子	0.56	0.74	0.71	0.58	0.58	0.64
蓉草	0.77	0	0.63	0.56	0.6	0.72

物种	中心纬度	南界	北界	中心经度	西界	东界
肉叶雪兔子	0.59	0.52	0.55	0.53	0.49	0.74
山西异瑞芥	0.75	0.72	0.53	0.75	0.69	0.52
陕西雨叶报春	0.66	0.84	0.51	0.49	0.75	0.61
水生栗	0.78	0.65	0.66	0.63	0.71	0.62
水田百	0.76	0.47	0.63	0.76	0.76	0.68
四川白珠	0.71	0.63	0.59	0.72	0.53	0.67
丝毛蓝刺头	0.81	0.62	0.52	0.72	0	0.53
弯翅盾果草	0.66	0.65	0.73	0.72	0.56	0.61
象鼻兰	0.68	0.82	0.74	0.67	0.59	0.71
香科科	0.78	0.77	0.59	0.78	0.5	0.55
小丽草	0.59	0	0.56	0.84	0.61	0.74
小娃娃皮	0.73	0.68	0.72	0.53	0.5	0.73
细叶芹	0.77	0.55	0.68	0.68	0.61	0.54
亚高山冷水花	0.63	0.59	0.76	0.69	0.53	0.57
翼茎凤毛菊	0.58	0.87	0.5	0.63	0.8	0.58
萌生鼠尾草	0.75	0.72	0.59	0.59	0.51	0.59
有槟水苦荬	0.7	0	0.6	0.62	0	0.87
玉龙谷精草	0.65	0	0.57	0.63	0	0.53
禺毛茛	0.62	0	0.61	0.61	0.58	0.72
藏岌岌草	0.59	0.64	0.67	0.57	0.6	0.62
藏杏	0.59	0.72	0.5	0.74	0.49	0.65
泽珍珠菜	0.59	0.6	0.73	0.62	0.54	0.73
掌叶大黄	0.61	0.63	0.72	0.82	0.72	0.72
蚤草	0.75	0.79	0.58	0.83	0.55	0.64
梓木草	0.69	0.65	0.6	0.63	0.77	0.71

2. 野生动物多样性

对鸟类、兽类、两栖类、爬行类动物来说，不同动物观测分布变化与预测变化的一致性分析中，差异巨大。

1）鸟类

鸟类观测与预测分布变化一致性分析中可以看出，几种鸟类分布变化都受到气候变化驱动，与气候变化驱动下存在一致性，其中班头大翠鸟、震旦雅雀北界变化一致性比较高，表明这两类鸟北界变化受到气候变化影响较大。

一些鸟类观测分布变化与预测分布变化的一致性较高，南界变化一致性系数在 0.7以上的物种包括叉尾太阳鸟，北界变化一致性在 0.7 以上的物种包括震旦鸦雀，中心纬度变化一致性系数在 0.7 以上的物种包括黑领惊鸟。另外，东界变化一致性系数在 0.7以上的物种包括黑领惊鸟，西界变化一致性在 0.7 以上的物种包括灰背燕尾，中心纬度变化一致性系数在 0.7 以上的物种包括黑领惊鸟（表 8.39）。

表 8.39 部分鸟类物种分布边界与范围变化与气候变化影响驱动的一致性

物种	中心纬度	南界	北界	中心经度	西界	东界
小雅鹛	0.56	0.64	0.86	0.70	0.66	0.55
褐翅雅鹛指名亚种	0.68	0.73	0.73	0.67	0.52	0.65
褐翅雅鹛云南亚种	0.63	0.65	0.57	0.74	0.57	0.62
班头大翠鸟	0.67	0.78	0.65	0.65	0.60	0.66
绿胸八色鸫	0.56	0.80	0.64	0.65	0.60	0.55
黑领惊鸟	0.71	0.49	0.61	0.72	0.54	0.76
灰背燕尾	0.67	0.59	0.68	0.61	0.87	0.65
黑头奇鹛	0.69	0.65	0.78	0.63	0.56	0.76
黑额凤鹛西南亚种	0.81	0.00	0.55	0.68	0.73	0.62
黑额凤鹛东南亚种	0.52	0.59	0.59	0.57	0.68	0.63
杂色山雀指名亚种	0.88	0.71	0.52	0.78	0.67	0.57
杂色山雀台湾亚种	0.55	0.67	0.65	0.65	0.57	0.51
黄腹山雀	0.76	0.60	0.56	0.70	0.72	0.60
震旦鸦雀指名亚种	0.70	0.57	0.71	0.67	0.56	0.63
震旦鸦雀黑龙江亚种	0.77	0.69	0.76	0.71	0.55	0.00
叉尾太阳鸟华南亚种	0.58	0.67	0.58	0.60	0.64	0.54
叉尾太阳鸟指名亚种	0.49	0.74	0.56	0.64	0.57	0.60
白腰文鸟华南亚种	0.67	0.62	0.66	0.64	0.57	0.68
白腰文鸟云南亚种	0.69	0.78	0.66	0.83	0.67	0.54

2）兽类

一些兽类观测分布变化与预测分布变化的一致性较高，南界变化一致性系数在 0.7 以上的物种包括双峰驼、驼鹿，北界变化一致性在 0.7 以上物种包括黄羊，中心纬度变化一致性系数在 0.7 以上的物种包括了岩羊。另外，东界变化一致性系数在 0.7 以上的物种包括了黄羊，西界变化一致性在 0.7 以上物种包括岩羊，中心纬度变化一致性系数在 0.7 以上的物种包括了驼鹿（表 8.40）。几种兽类动物分布变化的一致性检验分析表明，双峰驼分布变化与气候驱动一致性比较低，说明其分布变化受到气候变化影响较小，蒙古野驴分布东界变化与气候变化驱动一致性高，说明了东界变化受到气候变化影响明显，蒙古野驴中心位置变化受到的影响较大。

表 8.40 部分兽类物种分布边界与范围变化与气候变化影响驱动的一致性

物种	中心纬度	南界	北界	中心经度	西界	东界
蒙古野驴	0.69	0.56	0.47	0.58	0.53	0.00
双峰驼	0.67	0.75	0.00	0.72	0.63	0.00
原麝	0.67	0.57	0.00	0.64	0.62	0.00
驼鹿	0.62	0.80	0.51	0.73	0.63	0.63
黄羊	0.59	0.57	0.73	0.62	0.66	0.73
鹅喉羚	0.62	0.55	0.00	0.60	0.53	0.00
岩羊	0.73	0.47	0.69	0.70	0.77	0.56

3）两栖类

一些两栖动物观测分布变化与预测分布变化的一致性较高，南界变化一致性系数在 0.7 以上的物种包括了凹耳臭蛙、桓仁林蛙、经甫树蛙、黑点树蛙、崇安湍蛙，北界变化一致性在 0.7 以上物种包括侧条跳树蛙、长肢林蛙、大绿臭蛙、大绿蛙、大树蛙、小棘蛙、镇海林蛙、弹琴蛙；中心纬度变化一致性系数在 0.7 以上的物种包括了昭觉林蛙、小弧斑棘蛙、仙琴水蛙、南江臭蛙。另外，东界变化一致性系数在 0.7 以上的物种包括了南江臭蛙，西界变化一致性在 0.7 以上物种包括小棘蛙，中心经度变化一致性系数在 0.7 以上的物种包括了镇海林蛙、昭觉林蛙、宜章臭蛙（表 8.41）。

表 8.41　两栖类分布边界与范围变化与气候变化驱动预测一致性

物种	中心纬度	南界	北界	中心经度	西界	东界
凹耳臭蛙	0.76	0.74	0.64	0.64	0.57	0.77
白线树蛙	0.75	0	0.54	0.75	0.73	0.69
斑腿树蛙	0.61	0	0.52	0.61	0.59	0.7
侧条跳树蛙	0.77	0	0.73	0.73	0.58	0.8
长肢林蛙	0.6	0.47	0.81	0.66	0.8	0.61
崇安湍蛙	0.62	0.74	0.5	0.72	0.51	0.73
大绿臭蛙	0.8	0	0.81	0.64	0.76	0.7
大绿蛙	0.79	0	0.82	0.64	0.76	0.67
大树蛙	0.69	0	0.84	0.58	0.76	0.72
滇南臭蛙	0.56	0.63	0.56	0.72	0.59	0.62
峨眉树蛙	0.72	0.51	0.61	0.68	0.61	0.57
光雾臭蛙	0.77	0.59	0.69	0.8	0.56	0.75
黑点树蛙	0.8	0.73	0.6	0.64	0.48	0.61
合江臭蛙	0.56	0.68	0.58	0.62	0.51	0.58
合江棘蛙	0.74	0.8	0.59	0.68	0.72	0.56
桓仁林蛙	0.56	0.73	0.47	0.7	0.48	0.87
经甫树蛙	0.61	0.71	0.49	0.65	0.5	0.61
金线侧摺蛙	0.64	0	0.56	0.61	0.58	0.8
棘胸蛙	0.65	0	0.65	0.65	0.73	0.72
锯腿小树蛙	0.53	0	0.64	0.73	0.59	0.81
阔褶蛙	0.64	0	0.81	0.61	0.49	0.77
龙胜臭蛙	0.73	0	0.54	0.9	0.71	0.7
罗默小树蛙	0.53	0.63	0.56	0.64	0.63	0.54
绿臭蛙	0.76	0.65	0.72	0.53	0.59	0.68
南江臭蛙	0.71	0.6	0.65	0.7	0.76	0.77
弹琴蛙	0.76	0	0.72	0.62	0.76	0.73
仙琴水蛙	0.77	0.64	0.49	0.64	0.55	0.58
小弧斑棘蛙	0.73	0	0.5	0.91	0.66	0.68
小棘蛙	0.8	0	0.82	0.75	0.76	0.67
宜章臭蛙	0.54	0.47	0.54	0.57	0.76	0.78
昭觉林蛙	0.77	0	0.56	0.66	0.87	0.87
镇海林蛙	0.65	0	0.71	0.62	0.49	0.81

4）爬行类

一些爬行动物观测分布变化与预测分布变化的一致性较高，南界变化一致性系数在 0.7 以上的物种包括了玉斑锦蛇、百花锦蛇、黑背白环蛇、宁陕小头蛇，北界变化一致性在 0.7 以上物种包括灰腹绿锦蛇、黑背白环蛇、龙胜小头蛇，中心纬度变化一致性系数在 0.7 以上的物种包括了百花锦蛇、黑背白环蛇、平鳞钝头蛇。另外，东界变化一致性系数在 0.7 以上的物种包括了百花锦蛇、黑背白环蛇、平鳞钝头蛇，西界变化一致性在 0.7 以上物种包括龙胜小头蛇，中心纬度变化一致性系数在 0.7 以上的物种包括了灰腹绿锦蛇百花锦蛇、双全白环蛇、黑背白环蛇、宁陕小头蛇（表 8.42）。

表 8.42 爬行类分布边界与范围变化与气候变化驱动一致性

物种	中心纬度	南界	北界	中心经度	西界	东界
灰腹绿锦蛇	0.58	0.66	0.76	0.79	0.66	0.58
玉斑锦蛇	0.62	0.83	0.65	0.57	0.62	0.62
百花锦蛇	0.73	0.79	0.66	0.81	0.66	0.73
双全白环蛇	0.59	0.00	0.60	0.81	0.60	0.59
黑背白环蛇	0.72	0.82	0.75	0.76	0.64	0.72
龙胜小头蛇	0.58	0.56	0.74	0.67	0.75	0.58
宁陕小头蛇	0.64	0.72	0.61	0.74	0.61	0.64
饰纹小头蛇	0.58	0.58	0.63	0.63	0.61	0.58
平鳞钝头蛇	0.73	0.52	0.64	0.68	0.52	0.73

8.2.4 气候变化对动植物多样性影响的归因

野生动植物物种分布变化能否归因于气候变化，不同类群不同物种归因值不同。归因观测分布变化，不同类群变化的归因值不同，一些类群变化程度较高。

1. 野生植物多样性

苔藓植物、蕨类植物、裸子植物、被子植物中不同物种分布变化归因气候变化的程度不同。

1）苔藓植物

一些苔藓植物分布的南界、北界、东界、西界，分布中心纬度、经度变化归因值在 1 以上，这些植物分布变化可以归结为气候变化。包括粗肋风尾藓、钝叶紫萼藓、复边藓、黄边风尾藓、黄松箩藓、弯叶墙藓圆叶异萼苔、中华短月藓分布北界变化，丛生短月藓、中华短月藓、圆叶异萼苔、黄边风尾藓、黄松箩藓东界变化，小叶管口苔西界变化等都可以归因于气候变化（表 8.43）。

2）蕨类植物

分析蕨类植物分布的南界、北界、东界、西界，分布中心纬度、经度变化都与气候变化有一定关系，特别是一些植物南界、北界、东界、西界，分布中心纬度、经度变化归因值在 1 以上，这些植物分布变化可以归结为气候变化，如叉裂铁角蕨、大明风尾蕨、

表 8.43　苔藓植物分布变化归因气候变化值

物种	中心纬度	南界	北界	中心经度	西界	东界
菠萝藓	1.11	0.00	0.00	5.99	0.00	0.00
叉齿异萼苔	1.15	0.00	0.00	0.70	0.00	0.12
长尖叶墙藓	−1.08	−1.54	−1.07	−0.30	0.00	0.00
长叶青毛藓	−0.89	0.00	0.00	0.67	0.00	0.82
丛生短月藓	0.00	0.00	0.75	3.04	0.00	2.59
粗肋风尾藓	1.76	0.00	1.88	−0.67	−0.03	0.00
粗叶青毛藓	−0.01	0.00	0.00	3.29	0.00	0.00
大苞对叶藓	−0.85	0.00	0.00	0.00	0.00	0.00
大锦叶藓	−0.15	0.00	0.00	0.08	0.00	0.00
大曲柄鲜	−1.62	0.00	0.00	0.00	0.00	0.00
短萼叶苔	−2.03	0.00	0.00	−4.68	−1.32	0.00
短肢高领藓	1.93	0.00	0.62	0.22	0.00	0.00
钝叶紫萼藓	0.84	0.00	33.92	0.00	0.00	0.00
复边藓	11.05	0.00	1.46	0.54	0.18	0.00
旱藓	1.10	0.00	0.00	0.00	0.01	0.00
黄边风尾藓	1.81	0.00	16.44	0.31	0.00	8.23
黄松箩藓	7.54	0.00	6.97	15.40	0.00	7.10
近高山真藓	−0.19	0.00	0.00	−0.30	0.00	0.00
金黄银藓	−1.05	0.00	0.00	−0.10	0.00	0.00
锦叶藓	9.53	0.00	0.31	−9.59	0.00	−0.40
绿色溜苏藓	2.55	0.00	0.71	−9.97	0.00	0.00
拟木毛藓	−0.97	−0.24	0.00	0.00	0.00	0.00
平叶墙藓	0.09	−0.66	−0.81	2.84	0.00	−2.26
弯叶墙藓	−1.12	−3.98	13.17	0.00	−5.94	0.00
微疣风尾藓	19.45	0.00	−1.13	−4.25	0.00	0.00
小叶管口苔	1.26	−4.28	0.00	2.95	3.63	0.00
小叶苔	−1.53	0.00	0.00	−6.40	0.00	0.00
狭叶衰藓	0.00	0.00	0.00	0.00	0.00	0.00
芽苞银藓	0.00	0.00	0.00	0.00	0.00	0.00
圆叶异萼苔	2.87	0.00	3.48	4.06	0.00	7.72
中华短月藓	1.60	0.00	1.73	20.66	0.00	17.42
波叶圆叶苔	−0.26	0.00	0.00	−0.95	0.00	0.00

高大耳蕨、贵阳铁角蕨、华南毛蕨、阔叶凤尾蕨、毛儿刺耳蕨、密鳞鳞毛蕨、宁陕耳蕨、瓶尔小草、贴生石韦、腺毛鲮毛蕨、线羽凤毛蕨、小五台瓦韦北界变化可以归因为气候变化；南界变化的细弱凤尾蕨；西界变化的叉裂铁角蕨；东界变化的高大耳蕨、贵阳铁角蕨、多羽凤尾蕨、宁陕耳蕨、瓶尔小草、细羽凤尾蕨、中华鳞毛蕨、中华水龙骨可以归因为气候变化（表 8.44）。

表 8.44 蕨类植物分布变化归因气候变化值

物种	中心纬度	南界	北界	中心经度	西界	东界
叉裂铁角蕨	7.47	0.00	2.40	1.36	2.94	0.00
川西金毛裸蕨	1.12	0.00	0.00	0.15	0.00	0.00
粗根水蕨	−3.79	0.00	0.00	−2.28	0.02	−0.15
大盖铁角蕨	0.00	0.00	0.00	1.34	0.00	0.00
大明凤尾蕨	3.57	0.00	7.11	0.66	−0.12	0.00
单叶凤尾蕨	0.00	0.00	0.00	0.00	0.00	0.00
东方狗脊	6.63	0.00	0.19	1.84	−0.16	0.00
多羽凤尾蕨	0.50	−0.06	0.48	0.80	0.00	1.83
高大耳蕨	3.69	0.00	6.97	2.54	0.00	6.37
贵阳铁角蕨	1.77	−8.14	8.85	2.86	0.00	51.23
华南毛蕨	1.68	0.00	9.28	0.19	0.00	0.00
鸡冠凤尾蕨	−1.88	−0.39	0.00	−1.03	−1.18	0.00
金毛裸蕨	0.40	−0.48	−0.07	0.00	0.00	0.00
阔叶凤尾蕨	1.08	−1.72	7.51	−0.02	0.00	0.00
栗柄凤尾蕨	3.74	0.00	0.00	0.69	0.00	0.00
陇南铁线蕨	0.11	0.00	0.00	0.26	0.00	0.00
毛儿刺耳蕨	−0.87	0.00	1.72	1.41	0.00	0.55
密鳞鳞毛蕨	2.37	0.00	2.88	0.30	0.00	0.00
宁陕耳蕨	−0.37	−9.69	1.54	2.55	0.00	8.05
瓶尔小草	−2.33	−3.11	5.52	−0.54	−0.21	1.76
鞘舌卷柏	0.23	0.00	0.00	0.00	0.00	0.00
秦岭耳蕨	−0.53	0.00	0.00	−0.08	−0.34	0.00
三叉凤尾蕨	10.05	0.00	0.14	3.53	−0.29	0.00
三翅铁角蕨	10.05	0.00	0.14	3.53	−0.29	0.00
水蕨	−10.27	0.00	0.00	1.03	−0.03	0.00
贴生石韦	2.18	0.00	18.55	0.63	−0.14	0.07
乌柄耳蕨	−3.32	0.00	0.18	−1.91	−0.13	−7.67
腺毛鲮毛蕨	−1.22	−25.24	1.00	0.73	0.00	0.00
线羽凤毛蕨	1.39	0.00	5.96	1.97	−0.01	0.02
小卷柏	−0.46	0.00	0.00	−0.58	0.00	0.00
小五台瓦韦	−0.31	0.00	1.32	−0.93	0.00	0.00
西南旱蕨	−0.92	−6.11	0.00	−0.09	0.00	−1.05
细弱凤尾蕨	0.76	1.96	0.00	−1.50	0.00	−5.95
细羽凤尾蕨	−1.80	−2.91	0.00	0.43	−0.03	3.48
异穗卷柏	−0.92	0.00	0.00	0.09	0.00	0.00
玉龙蕨	−0.78	0.00	0.49	−0.09	0.00	−1.39
指叶凤尾蕨	0.10	0.00	−0.13	−1.14	0.00	−1.58
中华耳蕨	0.29	0.00	0.00	0.06	0.00	0.00
中华鳞毛蕨	4.38	0.00	0.14	0.14	−0.15	5.42
中华水龙骨	−3.82	−2.16	0.00	0.06	0.50	1.96

3）裸子植物

分析的裸子植物分布的南界、北界、东界、西界，分布中心纬度、经度变化与气候变化有一定关系，特别是一些裸子植物南界、北界、东界、西界，分布中心纬度、经度变化归因值在 1 以上，这些植物分布变化可以归结为气候变化，如北界变化的短叶黄杉、银杉、云南穗花杉，中心纬度变化的短叶黄杉、高山三尖杉、云南穗花杉，中心经度变化的白豆杉、长叶榧树、南方铁杉、银杉等都归因于气候变化（表 8.45）。

表 8.45　裸子植物分布变化归因气候变化值

物种	中心纬度	南界	北界	中心经度	西界	东界
白豆杉	−29.68	0.00	0.00	7.84	−0.34	0.00
巴山榧	−22.71	−3.60	0.00	0.00	0.00	0.00
长叶榧树	0.78	0.00	0.00	12.97	−3.61	0.00
短叶黄杉	3.78	0.00	14.87	−13.36	−1.01	0.00
方枝柏	0.00	0.00	0.00	−6.06	0.00	0.00
高山三尖杉	19.48	0.00	−0.18	0.00	0.00	0.00
南方铁杉	−22.75	0.00	0.00	3.15	−1.75	0.00
双穗麻黄	−8.00	0.00	0.00	0.00	0.00	0.00
银杉	0.44	0.00	21.73	11.11	−3.63	0.00
云南穗花杉	6.48	0.00	15.85	−25.39	0.00	0.00

4）被子植物

被子植物分布南界、北界、东界、西界，分布中心纬度、经度变化都与气候变化有关，特别是一些被子植物分布南界、北界、东界、西界，分布中心纬度、经度变化的归因值在 1 以上，这些植物分布变化可以归结为气候变化，如白接骨、多花含笑、多枝拟兰、多枝唐松草、菲律宾谷精草、禺毛茛、黄花捻、水生栗、毛叶刺楸、湖北鼠尾草、灰藜、蒺藜草、拟二叶飘拂草、弯翅盾果草、象鼻兰、香科科、小娃娃皮、玉龙谷精草、藏堃堃草、泽珍珠菜等北界改变归因于气候变化，西界变化的多花含笑、东界变化的翅柄车前、垂头蒲公英、多花含笑、多枝拟兰、丝毛蓝刺头、象鼻兰、翼茎风毛菊、玉龙谷精草、藏堃堃草、蚤草归因于气候变化（表 8.46）。

表 8.46　被子植物分布变化归因为气候变化值

植物名	中心纬度	南界	北界	中心经度	西界	东界
白接骨	−0.11	0.00	1.76	0.00	−0.06	0.00
半边莲	−0.08	0.00	0.00	0.01	0.00	0.00
扁担扛	0.64	0.00	0.00	0.18	0.00	0.00
刺棒南星	−0.05	0.08	−0.27	0.49	0.00	−7.85
长托叶石生金菜	−0.29	−0.47	0.00	−0.02	0.41	0.00
翅柄车前	−1.37	−1.04	0.00	2.46	0.00	5.43
臭茶䕷子	0.00	0.00	−0.14	0.31	0.00	−1.56
垂头蒲公英	0.29	0.00	0.77	0.14	0.00	1.02
粗齿无名精	−0.02	0.00	0.00	−0.03	0.00	0.00
短果茴芹	−0.18	0.00	0.00	−0.09	−0.42	0.00
短喙凤仙花	0.48	0.00	0.30	−0.03	0.00	0.26
多花含笑	0.64	−9.18	2.13	0.37	3.74	5.30

续表

植物名	中心纬度	南界	北界	中心经度	西界	东界
多枝拟兰	2.22	0.00	10.17	−0.13	0.00	3.03
多枝唐松草	1.23	0.00	1.82	−0.03	0.00	0.00
菲律宾谷精草	4.55	0.00	2.78	−1.40	0.00	−0.02
甘青鼠李	0.00	−0.14	0.00	0.00	−0.62	−0.14
高原委陵菜	−0.01	0.00	0.00	0.08	0.00	0.00
黑水大戟	−0.14	0.00	0.76	0.01	0.00	0.05
黄花捻	0.70	0.00	15.41	−0.24	0.00	0.00
湖北鼠尾草	0.73	0.00	3.77	0.00	0.64	0.00
灰白凤毛菊	−0.06	0.00	0.00	0.03	0.00	0.00
灰藜	0.90	0.00	31.44	0.04	−0.01	0.00
坚硬女蒌菜	−0.65	0.00	0.00	−0.63	0.00	0.00
胶州卫矛	0.32	0.00	0.21	−0.05	0.00	0.07
蒺藜草	2.93	0.00	4.30	−0.02	−0.07	−0.01
金疮小草	0.07	0.00	0.00	0.01	0.00	0.00
苦枥木	−0.66	0.00	0.00	0.07	−0.25	0.00
昆仑锦鸡儿	0.02	0.00	0.00	0.67	0.00	0.00
裸花水竹叶	0.27	0.00	−5.32	−0.03	−0.21	0.00
毛叶刺楸	1.56	0.00	8.49	0.01	0.00	0.00
拟二叶飘拂草	−0.21	0.00	4.22	0.48	−0.06	0.00
羌塘雪兔子	−0.86	0.00	0.41	−0.10	0.00	0.00
蓉草	2.61	0.00	0.00	−1.29	0.00	1.61
肉叶雪兔子	0.16	−0.11	−0.27	0.01	−0.22	−0.64
山西异瑞芥	0.00	0.00	0.07	−0.10	0.47	0.00
陕西雨叶报春	21.17	−16.05	−6.38	−0.83	0.00	0.98
水生栗	0.52	0.00	14.81	0.19	−0.05	0.00
水田百	2.33	0.00	0.91	−0.56	0.00	−0.05
四川白珠	−0.07	−0.17	−0.59	−0.67	0.00	−1.37
丝毛蓝刺头	−0.36	0.05	0.00	1.15	0.00	10.06
弯翅盾果草	0.84	0.00	6.56	−0.09	0.00	0.62
象鼻兰	0.83	0.00	7.25	0.29	0.00	0.00
香科科	0.87	0.00	8.96	1.11	0.00	11.90
小丽草	0.12	0.00	−1.14	−0.65	0.00	−0.93
小娃娃皮	0.48	0.00	2.01	0.07	0.00	0.00
细叶芹	−0.37	0.00	−2.19	0.00	0.00	−5.96
亚高山冷水花	−0.11	0.00	−1.59	0.03	0.00	0.00
翼茎凤毛菊	−0.98	0.00	0.00	1.05	0.00	11.33
萌生鼠尾草	−0.46	0.00	0.00	−0.24	0.00	0.00
有瘄水苦荬	0.23	0.00	0.00	0.26	0.00	0.00
玉龙谷精草	2.28	0.00	1.94	−0.96	0.00	10.77
禺毛茛	0.10	0.00	4.42	0.00	0.00	−0.01
藏岌岌草	−0.20	0.00	1.06	0.03	0.00	1.41
藏杏	0.00	0.00	0.00	0.02	0.00	−0.02
泽珍珠菜	0.02	−0.07	1.62	0.00	−0.09	0.00
掌叶大黄	0.04	0.00	0.36	−0.04	0.00	0.23
蚤草	−1.27	−1.78	0.00	0.64	0.00	4.53
梓木草	−0.25	0.00	0.00	−0.01	−0.19	0.00

2. 野生动物

鸟类、兽类、两栖类、爬行类动物中，不同物种南界、北界、东界、西界，分布中心变化归因于气候变化值的不同。

1）鸟类

一些鸟类南界、北界、东界、西界，分布中心纬度、经度变化归因值在 1 以上，北界变化的小雅鹛、褐翅雅鹛、绿胸八色鸫、黑领惊鸟、灰背燕尾、黑颏凤鹛、黄腹山雀、叉尾太阳鸟、白腰文鸟、东界变化的灰背燕尾、黑颏凤鹛、黄腹山雀、白腰文鸟；西界变化的黄腹山雀、震旦鸦雀，这些鸟类分布变化可以归结为气候变化（表 8.47）。四类鸟受到气候变化影响不同，其中班头大翠鸟受到的影响最大，其次是震旦雅雀，风头鹰、褐翅雅鹛受到的影响相对较小。在已经发表的 20 种留鸟的归因结果中，有一半以上北界扩展归于气候变化，一些中心分布点也归因于气候变化（Wu and Zhang，2015）。另外，在已经发表的候鸟归因分析结果中，也有多数的鸟类分布归因于气候变化。

表 8.47　鸟类分布变化归因气候变化值

物种	中心纬度	南界	北界	中心经度	西界	东界
小雅鹛	0.00	−0.09	23.42	0.00	0.00	0.06
褐翅雅鹛指名亚种	0.00	−3.91	6.22	0.00	0.44	0.02
褐翅雅鹛云南亚种	2.37	0.00	0.00	0.37	0.00	0.00
班头大翠鸟	14.04	−0.01	−1.76	4.71	0.00	0.08
绿胸八色鸫	9.29	0.00	8.84	0.00	0.00	0.00
黑领惊鸟	15.00	0.00	5.36	2.10	0.00	0.25
灰背燕尾	5.67	0.00	3.20	4.33	0.55	7.72
黑头奇鹛	−1.19	0.00	−2.47	0.84	0.00	−3.57
黑颏凤鹛西南亚种	13.28	0.00	6.31	2.13	0.00	32.68
黑颏凤鹛东南亚种	−0.37	−0.15	0.00	−0.48	−0.01	0.00
杂色山雀指名亚种	0.00	0.00	0.00	0.00	0.00	0.00
杂色山雀台湾亚种	0.00	0.00	0.00	0.00	0.00	0.00
黄腹山雀	−4.16	−1.10	16.22	2.05	1.29	11.97
震旦鸦雀指名亚种	4.47	0.00	−27.05	0.00	5.91	−0.26
震旦鸦雀黑龙江亚种	−2.71	3.79	0.00	−3.28	0.26	0.00
叉尾太阳鸟华南亚种	2.80	0.03	15.00	0.00	0.00	0.25
叉尾太阳鸟指名亚种	0.00	0.00	0.00	0.00	0.00	0.00
白腰文鸟华南亚种	−0.85	−0.92	2.67	−0.49	0.03	2.46
白腰文鸟云南亚种	−4.94	0.00	−0.25	−5.07	−0.05	0.00

2）兽类

一些兽类南界、北界、东界、西界，分布中心纬度、经度变化归因值在 1 以上，北界变化的岩羊，西界变化的蒙古野驴、鹅喉羚，分布中心经度变化的这些兽类分布变化蒙古野驴双峰驼原麝鹅喉羚可以归结为气候变化。已经发表的高原兽类分布变化显示，一些高原的兽类分布变化归因为气候变化，对 17 中蝙蝠分析结果中，一半以上分布变化归因于气候变化（Wu，2015）（表 8.48）。

表 8.48　兽类分布变化归因为气候变化的值

物种	中心纬度	南界	北界	中心经度	西界	东界
蒙古野驴	0.72	0.00	0.00	4.64	19.98	0.00
双峰驼	0.18	−12.35	0.00	3.36	0.00	0.00
原麝	−2.82	−23.02	0.00	22.73	−11.16	0.00
驼鹿	−15.79	−18.14	0.00	0.00	0.00	0.00
黄羊	−1.61	0.00	−1.71	−11.84	0.00	−9.55
鹅喉羚	0.00	0.00	0.00	33.90	11.15	0.00
岩羊	0.00	0.00	26.41	−29.19	0.00	0.00

六种动物分布受到气候变化影响的强度也不同，其中蒙古野驴受到的影响最大，双峰驼受到的影响最小，雪豹和白唇鹿受到的影响中等。

3）两栖类

一些两栖动物南界、北界、东界、西界，分布中心纬度、经度变化归因值在 1 以上，北界变化的黑点树蛙；东界变化的滇南臭蛙、仙琴水蛙、宜章臭蛙；中心纬度变化的白线树蛙、侧条跳树蛙、峨眉树蛙、黑点树蛙；中心经度变化的滇南臭蛙、峨眉树蛙，这些两栖类动物分布变化可以归结为气候变化（表 8.49）。

表 8.49　两栖类分布变化归因气候变化值

物种	中心纬度	南界	北界	中心经度	西界	东界
凹耳臭蛙	−1.04	0.00	0.00	0.00	−0.01	0.00
白线树蛙	2.22	0.00	0.00	−2.72	0.00	0.00
斑腿树蛙 X	0.00	0.00	0.00	0.00	0.00	0.00
侧条跳树蛙	1.08	0.00	0.00	−1.62	0.00	0.00
长肢林蛙	−7.80	0.00	0.00	0.00	−1.18	0.00
崇安湍蛙	−1.22	0.00	0.00	0.61	0.00	0.00
大绿臭蛙	2.70	0.00	0.00	0.08	0.00	0.00
大绿蛙	3.28	0.00	0.00	−0.24	0.00	0.00
大树蛙	0.00	0.00	0.00	0.00	0.00	0.00
滇南臭蛙	0.00	0.00	0.00	6.65	0.00	6.37
峨眉树蛙	20.29	0.00	0.00	10.42	0.00	−0.65
光雾臭蛙	−2.79	−7.10	0.00	−11.55	0.00	−4.31
黑点树蛙	5.28	0.00	1.03	3.34	0.00	8.53
合江臭蛙	−1.15	0.00	0.26	0.57	0.00	0.00
合江棘蛙	−1.71	−12.64	0.46	−0.23	0.00	0.26
桓仁林蛙	0.00	0.00	−0.12	2.83	0.00	0.00
经甫树蛙	−0.29	0.00	0.00	0.04	0.00	0.00
金线侧摺蛙	0.98	0.00	0.00	−0.23	0.00	0.08
棘胸蛙	0.00	0.00	0.00	0.51	0.00	0.00

续表

物种	中心纬度	南界	北界	中心经度	西界	东界
锯腿小树蛙	−0.07	0.00	0.00	−0.79	0.00	0.00
阔褶蛙	−0.89	0.00	0.00	0.80	−0.06	0.00
龙胜臭蛙	0.10	0.00	0.00	−2.92	0.00	−1.23
罗默小树蛙	−1.30	0.12	0.00	0.00	0.00	0.00
绿臭蛙	0.67	0.00	0.00	−0.03	0.00	0.00
南江臭蛙	2.88	0.00	0.00	0.04	0.00	0.00
弹琴蛙	0.75	0.00	0.00	0.44	0.00	0.00
仙琴水蛙	1.08	0.00	0.00	1.12	0.00	1.32
小弧斑棘蛙	0.29	0.00	0.00	−0.07	0.00	0.00
小棘蛙	2.03	0.00	0.00	−2.45	0.00	−0.08
宜章臭蛙	−5.45	0.00	0.00	−5.89	0.00	1.64
昭觉林蛙	−0.16	0.00	0.00	0.11	0.00	0.00
镇海林蛙	−0.52	0.00	0.00	0.00	−0.02	0.00

4）爬行类

一些爬行动物南界、北界、东界、西界，分布中心纬度、经度变化归因于气候变化的值在 1 以上，包括北界变化的玉斑锦蛇、双全白环蛇、龙胜小头蛇；中心经度变化的宁陕小头蛇；西界变化的玉斑锦蛇、百花锦蛇；东界变化的宁陕小头蛇、饰纹小头蛇的分布变化可以归结为气候变化。在发表的对 9 类蛇和蜥蜴分布变化识别分析中，一些蛇和蜥蜴分布北界变化，一些南界、中心分布位置改变归因为气候变化（Wu，2016c）（表 8.50）。

表 8.50　爬行类分布变化归因于气候变化的值

物种	中心纬度	南界	北界	中心经度	西界	东界
灰腹绿锦蛇	0.00	0.75	0.20	0.00	0.12	0.00
玉斑锦蛇	0.00	0.00	21.02	0.22	8.02	0.00
百花锦蛇	0.39	−1.68	−0.26	0.01	2.74	0.00
双全白环蛇	0.83	0.00	10.67	0.00	0.00	0.00
黑背白环蛇	−2.16	0.00	−0.51	0.60	−0.72	0.00
龙胜小头蛇	0.00	0.00	1.29	−0.05	0.00	0.68
宁陕小头蛇	0.00	0.00	0.00	14.33	0.00	21.09
饰纹小头蛇	0.64	0.00	0.00	−0.18	2.53	1.40
平鳞钝头蛇	0.32	0.00	0.00	0.01	0.00	0.00

8.2.5　近 50 年气候变化对野生动植物多样性影响的贡献

综合不同野生植物、动物分布变化归因值，可以确定不同动植物类群受到气候变化的数量，计算近 50 年气候变化对中国野生动植物多样性影响的贡献。

根据资料汇集与综合判断，初步确定受到气候变化影响的物种数量如表 8.51 所示。总体上鸟类分布变化受到的气候变化影响明显，对气候变化影响敏感种类多，其次是兽类，植物分布变化受到影响不确定性较大，需要进一步明确。

表 8.51 初步判定 1951~2010 年受气候变化影响分布发生改变或新发现物种数量

类群	分布变化物种数量	受到气候变化影响物种数量	受到影响占变化物种数量比例/%
鸟类	200~600	≤50	8~25
两栖类	≤40	≤10	≤25
爬行类	≤50	≤30	≤60
兽类	≤40	≤20	≤50
裸子植物	30~90	≤5	≤5
被子植物	200~600	≤25	≤5
蕨类植物	130~400	≤15	≤4
苔藓植物	180~500	≤13	≤3

8.2.6 讨论与小结

近 50 年来气候变化驱动下，野生动物（鸟类、两栖类、爬行类、兽类）和野生植物（蕨类植物、裸子植物、苔藓植物、被子植物）的分布都呈现了一定程度变化，但对不同物种来说变化的程度和变化方向不同。近 50 年来，野生动植物生物多样性变化部分归结为气候变化，主要是人类活动影响，不同类群物种多样性受到气候变化的影响不同，其中鸟类受到气候变化的影响较大，兽类中翼手目和食虫目中动物受到的影响其次。植物部分受到的影响相对低。

识别和归因气候变化对生物多样性影响需要分析不同因素对生物多样性影响。我国一些鸟类分布变化受到多种因素的影响（李雪艳等，2012；刘阳等，2013）。一般来说，土地利用变化和气候变化对生物多样性产生共同的影响（Oliver and Morecroft，2014；Selwood et al.，2015）。土地利用变化将对物种栖息地产生一定的影响，特别是将使栖息地破碎化。但气候变化与土地利用变化对物种分布影响不同。在我国，气候变化呈现从南到北有规律的变化特征，土地利用变化则没有随着纬度产生有规律的变化。另外，不同时期调查的频率和范围也将影响物种分布变化。但在归因识别气候变化影响方面，调查强度与气候变化也不同，需要排除调查活动的影响。

从气候变化驱动下不同物种丰富度变化看，野生动植物物种丰富度格局变化不大，但对不同类群物种而言，丰富度有一定的改变，如保护动物在东南部丰富度下降，保护植物丰富度也发生局地改变。

判断物种分布变化是否是受到气候变化影响，需要进行一致性检验，仅仅是关联分析只能够说明联系程度，但不能判定一致性，一致性判定就是判定两组或多组变量之间的关系。如果把一致性判定进一步与气候变化要素的变化联系起来，则一致性更加准确。这些影响没有考虑气候变化的程度，如果考虑气候变化的程度的话，则影响应该是气候变化程度与现在影响的积。

近 50 年来，中国鸟类、两栖类、爬行类、兽类，裸子植物、被子植物、苔藓和蕨类植物分布边界与范围发生了一定的改变，但这些物种分布改变仅部分是因为气候变化的影响，一部分物种分布与范围改变与人类活动和调查等有关，物种分布改变源自气候变化，不同物种分布边界与范围受到气候变化影响程度不同。

需要指出的是，物种分布变化不仅仅与自然因素有关，而且与物种的迁移能力与适应能力有关，动物迁移能力强，植物迁移能力弱，分布范围变化受到人类活动影响大。

8.3　未来气候变化对野生动植物多样性的影响与风险

未来 30 年，气候变化将对野生动植物多样性产生更大影响，包括目前分布范围的丧失，以及总适宜范围的变化，并且带来一定的风险，不同的动物与植物类群的变化不同。

8.3.1　未来气候变化对野生植物多样性的影响与风险

未来气候变化对被子植物、裸子植物、蕨类植物和苔藓植物分布范围影响不同，并且不同植物的风险也不同。

1. 影响

未来 30 年，气候变化对被子植物、裸子植物、蕨类植物、苔藓植物产生的影响不同，并且不同气候变化情景下的影响也不同。

1）被子植物

未来气候变化影响下，79 种被子植物丰富度变化较大，一些区域丰富度增加，一些区域下降。按目前适宜范围，不同气候变化情景下，目前分布范围丧失比例为 20%~40% 的植物数量最多（33~44 种），丧失比例小于 20% 和在 40%~60% 的植物数量其次（14~18种），丧失比例在 60%~80% 和 80% 以上物种数量较少（2~4 种），RCP8.5 情景下程度较大，在 RCP6.0、RCP4.5 和 RCP2.6 下差异不大（表 8.52）。总适宜范围是目前适宜范围比例 80% 以上的植物物种数量最多（77 种），总适宜范围为目前适宜范围比例 40%~60% 植物物种数量其次（2 种），总适宜范围为目前适宜范围比例小于 20% 的植物数量很少，不同情景下差异不大（表 8.53）。

2）裸子植物

气候变化影响下，109 种裸子植物丰富度变化较大，一些区域丰富度增加，一些区域下降。按目前适宜范围，在不同气候变化情景下，目前分布范围丧失比例小于 20% 和丧失 20%~40% 数量最多（33~49），在 40%~60% 下范围数量其次（11~23），丧失范围在60%~80% 和 80% 以上数量较少（2~8），并且在 RCP8.5 情景下程度较大，但在 RCP6.0、RCP4.5 和 RCP2.6 下差异不大（表 8.54）。在总适宜范围是目前适宜范围比例 80% 以上的植物物种数量最多（99~102 种），总适宜范围为目前适宜范围比例为 60%~80% 下植物物种数量其次（4~8 种），总适宜范围为目前适宜范围比例小于 20% 的植物数量很少（1~2种），并且在不同情景下差异不大（表 8.55）。

表 8.52 气候变化影响下被子植物目前分布范围丧失的物种数量

气候变化情景		$L<20\%$	$20\%\leqslant L<40\%$	$40\%\leqslant L<60\%$	$60\%\leqslant L<80\%$	$80\%\leqslant L$
2001~2025 年	RCP2.6	18.4	44.2	10.4	3.4	2.6
	RCP4.5	18.8	44.6	9.6	3.8	2.2
	RCP6.0	19.2	44	9.8	3.8	2.2
	RCP8.5	19.8	43.4	9.8	4	2
2026~2050 年	RCP2.6	18.4	44.2	10.4	3.4	2.6
	RCP4.5	18.8	44.6	9.6	3.8	2.2
	RCP6.0	19.2	44	9.8	3.8	2.2
	RCP8.5	19.8	43.4	9.8	4	2
2001~2050 年	RCP2.6	14.6	33.6	21.2	4.8	4.8
	RCP4.5	14.6	34.4	20.4	4.6	5
	RCP6.0	14.6	35.4	19.6	4.2	5.2
	RCP8.5	14.4	35	19.8	4.6	5.2

表 8.53 气候变化影响下被子植物总分布范围丧失的物种数量

气候变化情景		$L<20\%$	$20\%\leqslant L<40\%$	$40\%\leqslant L<60\%$	$60\%\leqslant L<80\%$	$80\%\leqslant L$
2001~2025 年	RCP2.6	0	0	0	1.2	77.8
	RCP4.5	0	0	0	1	78
	RCP6.0	0	0	0	1.4	77.6
	RCP8.5	0	0	0	1.6	77.4
2026~2050 年	RCP2.6	0	0	0	1.2	77.8
	RCP4.5	0	0	0	1	78
	RCP6.0	0	0	0	1.4	77.6
	RCP8.5	0	0	0	1.6	77.4
2001~2050 年	RCP2.6	0	0	0.2	3.6	75.2
	RCP4.5	0	0	0	3.6	75.4
	RCP6.0	0	0	0	3.4	75.6
	RCP8.5	0	0	0	4	75

注：RCP2.6，RCP4.5，RCP6.0，RCP8.5 分别表示了不同的气候变化情景，以下表同。

表 8.54 气候变化影响下裸子植物目前分布范围丧失的物种数量

气候变化情景		$L<20\%$	$20\%\leqslant L<40\%$	$40\%\leqslant L<60\%$	$60\%\leqslant L<80\%$	$80\%\leqslant L$
2001~2025 年	RCP2.6	46.2	39.6	12.8	8.4	2
	RCP4.5	48.2	38	12.2	8.8	1.8
	RCP6.0	48.6	38.8	11	8.8	1.8
	RCP8.5	48.6	38.4	11.4	8.8	1.8

续表

气候变化情景		$L<20\%$	$20\%\leq L<40\%$	$40\%\leq L<60\%$	$60\%\leq L<80\%$	$80\%\leq L$
2026~2050 年	RCP2.6	46.2	39.6	12.8	8.4	2
	RCP4.5	48.2	38	12.2	8.8	1.8
	RCP6.0	48.6	38.8	11	8.8	1.8
	RCP8.5	48.6	38.4	11.4	8.8	1.8
2001~2050 年	RCP2.6	34.2	36	23.2	8.6	7
	RCP4.5	33.6	36.8	23	7.8	7.8
	RCP6.0	33.6	37.6	22.6	7.8	7.4
	RCP8.5	33	38	22.6	7.6	7.8

表 8.55　气候变化影响下裸子植物总分布范围丧失的物种数量

气候变化情景		$L<20\%$	$20\%\leq L<40\%$	$40\%\leq L<60\%$	$60\%\leq L<80\%$	$80\%\leq L$
2001~2025 年	RCP2.6	1.2	0	0	4.6	103.2
	RCP4.5	0.4	0	0	4.8	103.8
	RCP6.0	0	0	0	4.6	104.4
	RCP8.5	0	0	0	4.4	104.6
2026~2050 年	RCP2.6	1.2	0	0	4.6	103.2
	RCP4.5	0.4	0	0	4.8	103.8
	RCP6.0	0	0	0	4.6	104.4
	RCP8.5	0	0	0	4.4	104.6
2001~2050 年	RCP2.6	0	0	1	8.4	99.6
	RCP4.5	0	0	0.6	8.2	100.2
	RCP6.0	0	0	0.2	8.4	100.4
	RCP8.5	0	0	0.4	8.4	100.2

3）蕨类植物

气候变化影响下，109 种蕨类植物丰富度变化较大，一些区域的丰富度增加，一些区域下降。在不同气候变化情景下，目前分布范围丧失比例小于 20%植物数量最多（55~61 种），丧失 20%~40%、40%~60%和 60%~80%范围植物数量其次（9~16 种），丧失范围 80%以上物种数量较少（3~11 种），并且在 RCP8.5 情景下程度较大，在 RCP6.0、RCP4.5 和 RCP2.6 下差异不大（表 8.56）。在总适宜范围是目前适宜范围比例 80%以上的蕨类植物物种数量最多（101~105 种），比例为 60%~80%下数量其次（2~7 种），比例小于 20%的植物数量很少，并且在不同情景下差异不大（表 8.57）。

表 8.56　气候变化影响下蕨类植物目前分布范围丧失的物种数量

气候变化情景		$L<20\%$	$20\%\leq L<40\%$	$40\%\leq L<60\%$	$60\%\leq L<80\%$	$80\%\leq L$
2001~2025 年	RCP2.6	61	15.2	14	15.8	3
	RCP4.5	60.8	15.4	15.6	13.8	3.4
	RCP6.0	60.8	15.6	16	13.4	3.2
	RCP8.5	61.2	15.4	15.8	13.2	3.4

续表

气候变化情景		$L<20\%$	$20\%\leqslant L<40\%$	$40\%\leqslant L<60\%$	$60\%\leqslant L<80\%$	$80\%\leqslant L$
2026~2050 年	RCP2.6	61	15.2	14	15.8	3
	RCP4.5	60.8	15.4	15.6	13.8	3.4
	RCP6.0	60.8	15.6	16	13.4	3.2
	RCP8.5	61.2	15.4	15.8	13.2	3.4
2001~2050 年	RCP2.6	55.6	14.2	9.4	18.6	11.2
	RCP4.5	56.4	13.6	9	19.8	10.2
	RCP6.0	56.4	14	9.4	19.6	9.6
	RCP8.5	56	14	10	19.2	9.8

表 8.57 气候变化影响下蕨类植物总分布范围丧失的物种数量

气候变化情景		$L<20\%$	$20\%\leqslant L<40\%$	$40\%\leqslant L<60\%$	$60\%\leqslant L<80\%$	$80\%\leqslant L$
2001~2025 年	RCP2.6	1.8	0	0.2	3.2	103.8
	RCP4.5	0.8	0	0	3	105.2
	RCP6.0	0.2	0	0	2.8	106
	RCP8.5	0.2	0	0	2.4	106.4
2026~2050 年	RCP2.6	1.8	0	0.2	3.2	103.8
	RCP4.5	0.8	0	0	3	105.2
	RCP6.0	0.2	0	0	2.8	106
	RCP8.5	0.2	0	0	2.4	106.4
2001~2050 年	RCP2.6	0.4	0	0	6.8	101.8
	RCP4.5	0.4	0	0	7.4	101.2
	RCP6.0	0.2	0	0	7	101.8
	RCP8.5	0	0	0	7	102

4）苔藓植物

气候变化影响下，115 种苔藓植物丰富度变化较大，一些区域的丰富度增加，一些区域下降。在不同气候变化情景下目前分布范围丧失比例小于 20% 和 20%~40% 的植物数量最多（19~37 种），在 40%~60% 下的植物数量其次（24~34 种），丧失范围在 60%~80% 和 80% 以上的物种数量较少（4~8 种），并且在 RCP8.5 情景下程度较大，但在 RCP6.0、RCP4.5 和 RCP2.6 下差异不大（表 8.58）。在总适宜范围是目前适宜范围比例 80% 以上的植物物种数量最多（97~108 种），比例为 60%~80% 其次（4~14 种），比例小于 20% 的植物数量很少（1~7 种），并且在不同情景下差异不大（表 8.59）。

表 8.58 气候变化影响下苔藓植物目前分布范围丧失的物种数量

气候变化情景		$L<20\%$	$20\%\leqslant L<40\%$	$40\%\leqslant L<60\%$	$60\%\leqslant L<80\%$	$80\%\leqslant L$
2001~2025 年	RCP2.6	37	36.8	26.4	9.4	5.4
	RCP4.5	37.6	37.2	25.2	9.8	5.2
	RCP6.0	37.6	37.8	24.8	10.2	4.6
	RCP8.5	37.6	37.8	25.4	9.6	4.6

续表

气候变化情景		$L<20\%$	$20\%\leqslant L<40\%$	$40\%\leqslant L<60\%$	$60\%\leqslant L<80\%$	$80\%\leqslant L$
2026~2050 年	RCP2.6	37	36.8	26.4	9.4	5.4
	RCP4.5	37.6	37.2	25.2	9.8	5.2
	RCP6.0	37.6	37.8	24.8	10.2	4.6
	RCP8.5	37.6	37.8	25.4	9.6	4.6
2001~2050 年	RCP2.6	34.6	19.8	34.4	18.2	8
	RCP4.5	34.4	19.8	34	18.4	8.4
	RCP6.0	34.4	20.6	33.8	18.4	7.8
	RCP8.5	34.4	19.6	34.2	19	7.8

表 8.59　气候变化影响下苔藓植物总分布范围丧失的物种数量

气候变化情景		$L<20\%$	$20\%\leqslant L<40\%$	$40\%\leqslant L<60\%$	$60\%\leqslant L<80\%$	$80\%\leqslant L$
2001~2025 年	RCP2.6	7.6	0	0	4.4	103
	RCP4.5	5.6	0	0	4.4	105
	RCP6.0	3.8	0	0	4	107.2
	RCP8.5	2.4	0	0	4	108.6
2026~2050 年	RCP2.6	7.6	0	0	4.4	103
	RCP4.5	5.6	0	0	4.4	105
	RCP6.0	3.8	0	0	4	107.2
	RCP8.5	2.4	0	0	4	108.6
2001~2050 年	RCP2.6	5.2	0	0.4	12	97.4
	RCP4.5	4.8	0	0	13	97.2
	RCP6.0	3.8	0	0	13	98.2
	RCP8.5	1.8	0	0	14	99.2

2. 风险

未来 30 年，气候变化对被子植物、裸子植物、蕨类植物、苔藓植物产生的风险不同，在气候变化情景下也不同。

1）被子植物

图 8.9 显示，79 种嵩草属植物中（名录见附件），到 2050 年，均匀分布方式下，不同气候变化情景下目前适宜范围丧失占基准气候情景下 20%、20%~40%、40%~60%、60%~80%、大于 80% 范围物种数量都随概率增加而减少，概率在 0.6 以上，目前适宜分布范围丧失 20%、20%~40%、40%~60%、60%~80%、大于 80% 范围物种数量分别是 10 种、6 种、1 种、1 种和 8 种，在 RCP8.5 情景下数量多，RCP6.5、RCP4.0 和 RCP2.6 下差异不大；三角分布、正态分布下，目前适宜范围丧失占基准气候情景下 20%、20%~40%、40%~60%、60%~80%、大于 80% 范围物种数量都随概率增加而减少，概率在 0.6 以上，目前适宜分布范围丧失 20%、20%~40%、40%~60%、60%~80%、大于 80% 范围下的物种数量分别在 11 种、12 种、4 种、2 种和 8 种，RCP8.5 情景下物种数量多，在 RCP6.5、RCP4.0

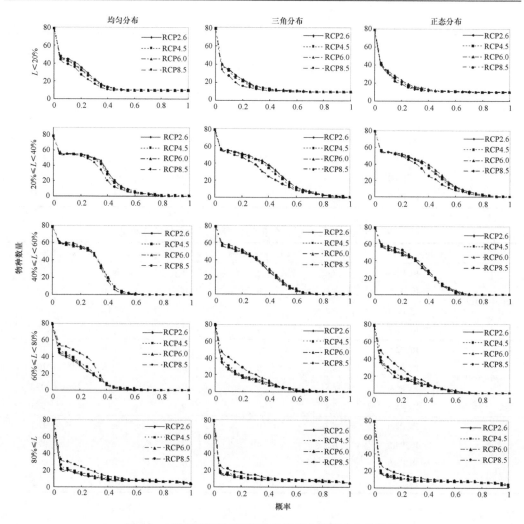

图 8.9　不同概率下被子植物目前分布范围丧失的数量

和 RCP2.6 下差异不大。均匀分布方式下，总适宜范围占基准气候情景下 20%、20%~40%、40%~60%、60%~80%、大于 80%范围物种数量都随着概率增加而减少，在概率在 0.6 以上，总适宜分布范围占基准情景的小于 20%、20%~40%、40%~60%、60%~80%、大于 80%范围物种数量分别是 13 种、6 种、1 种、1 种和 34 种，RCP8.5 情景下丧失范围的物种数量多，在 RCP6.5、RCP4.0 和 RCP2.6 情景下差异不大；在三角分布、正态分布方式下，总适宜范围占基准气候情景下 20%、20%~40%、40%~60%、60%~80%、大于 80%范围物种数量都随着概率增加而减少，概率在 0.6 以上，总适宜分布范围占基准情景的 20%、20%~40%、40%~60%、60%~80%、大于 80%范围物种数量分别在 13 种、6 种、1 种、1 种和 34 种，RCP8.5 情景下范围的物种数量多，RCP6.5、RCP4.0 和 RCP2.6 情景下差异不大（图 8.9）。

　　2）裸子植物

　　图 8.10 显示，109 种裸子植物，到 2050 年，均匀分布方式下，不同气候变化情景下目前适宜范围丧失占基准气候情景下比例为 20%、20%~40%、40%~60%、60%~80%、

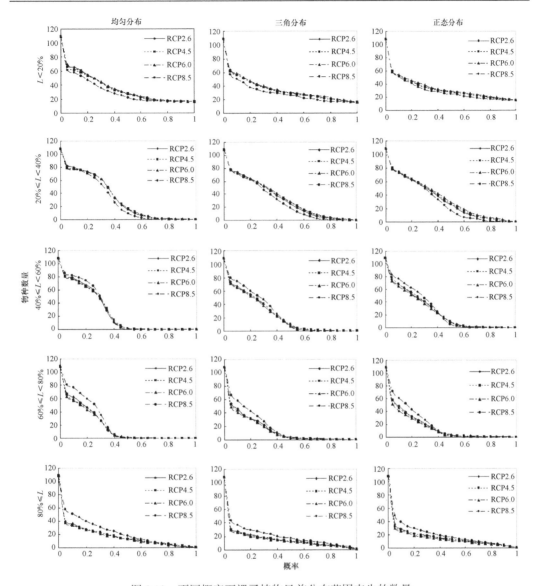

图 8.10　不同概率下裸子植物目前分布范围丧失的数量

大于 80%范围物种数量都随概率增加而减少，概率在 0.6 以上，目前适宜分布范围丧失 20%、20%~40%、40%~60%、60%~80%、大于 80%范围物种数量分别是 23 种、6 种、1 种、1 种和 10 种，RCP8.5 情景下丧失范围物种数量多，RCP6.5、RCP4.0 和 RCP2.6 下差异不大；在三角分布、正态分布方式下，目前适宜范围丧失占基准气候情景下 20%、20%~40%、40%~60%、60%~80%、大于 80%范围在不同情景下物种数量都随着概率增加而减少，概率在 0.6 以上，目前适宜范围丧失 20%、20%~40%、40%~60%、60%~80%、大于 80%范围物种数量分别在 23 种、16 种、3 种、2 种和 10 种，在 RCP8.5 情景下丧失范围的物种数量多，在 RCP6.5、RCP4.0 和 RCP2.6 下差异不大。

均匀分布方式下，在不同气候变化情景下，总适宜范围占基准气候情景下 20%、20%~40%、40%~60%、60%~80%、大于 80%范围物种数量都随着概率增加而减少，在概率在 0.6 以上，总适宜分布范围占基准情景的小于 20%、20%~40%、40%~60%、60%~80%、大于 80% 范围物种数量分别是 11 种、6 种、2 种、1 种和 34 种，并且在 RCP8.5 情景下丧失范围的物种数量多，在 RCP6.5、RCP4.0 和 RCP2.6 下差异不大；在三角分布、正态分布方式下，不同情景下总适宜范围占基准气候情景下 20%、20%~40%、40%~60%、60%~80%、大于 80% 范围物种数量都随着概率增加而减少，概率在 0.6 以上，总适宜分布范围占基准情景的 20%、20%~40%、40%~60%、60%~80%、大于 80% 范围物种数量分别在 11 种、6 种、2 种、1 种和 34 种，并且 RCP8.5 情景下范围的物种数量多，RCP6.5、RCP4.0 和 RCP2.6 情景下差异不大。

3）蕨类植物

图 8.11 显示，109 种蕨类植物，到 2050 年，均匀分布方式下，不同气候变化情景

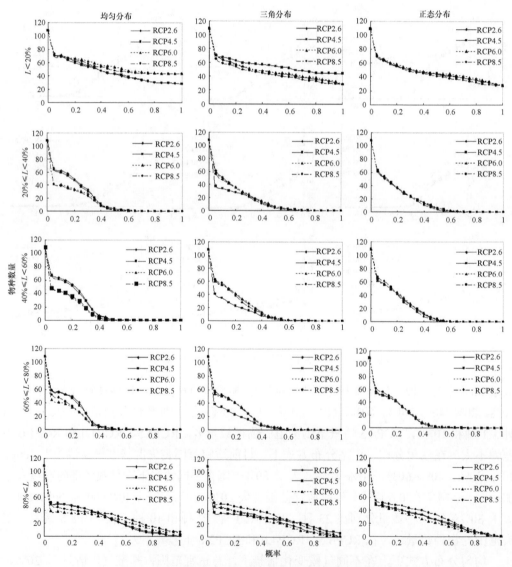

图 8.11　不同概率下蕨类植物目前分布范围丧失的数量

下目前适宜范围丧失占基准气候情景下 20%、20%~40%、40%~60%、60%~80%、大于 80%范围物种数量都随概率增加而减少,在概率在 0.6 以上,目前适宜分布范围丧失 20%、20%~40%、40%~60%、60%~80%、大于 80%范围物种数量分别是 38 种、1 种、1 种、1 种和 17 种,在 RCP8.5 情景下丧失范围物种数量多,在 RCP6.5、RCP4.0 和 RCP2.6 下差异不大;在三角分布、正态分布方式下,目前适宜范围丧失占基准气候情景下 20%、20%~40%、40%~60%、60%~80%、大于 80%范围在不同情景下物种数量都随着概率增加而减少,概率在 0.6 以上,目前适宜范围丧失 20%、20%~40%、40%~60%、60%~80%、大于 80%范围物种数量分别为 39 种、2 种、1 种、1 种和 18 种,在 RCP8.5 情景下丧失范围的物种数量多,在 RCP6.5、RCP4.0 和 RCP2.6 下差异不大。按照不同气候变化情景下总适宜范围占基准气候情景下计算,均匀分布方式下,在不同气候变化情景下总适宜范围占基准气候情景下 20%、20%~40%、40%~60%、60%~80%、大于 80%范围物种数量都随着概率增加而减少,在概率在 0.6 以上,总适宜分布范围占基准情景的小于 20%、20%~40%、40%~60%、60%~80%、大于 80%范围物种数量分别是 21 种、1 种、1 种、1 种和 39 种,并且在 RCP8.5 情景下丧失范围的物种数量多,在 RCP6.5 情景下、RCP4.0 和 RCP2.6 下差异不大;在三角分布、正态分布方式下,不同情景下总适宜范围占基准气候情景下 20%、20%~40%、40%~60%、60%~80%、大于 80%范围物种数量都随着概率增加而减少,概率在 0.6 以上,总适宜分布范围占基准情景的 20%、20%~40%、40%~60%、60%~80%、大于 80%范围物种数量分别为 24 种、1 种、1 种、1 种和 47 种,并且在 RCP8.5 情景下范围的物种数量多,RCP6.5、RCP4.0 和 RCP2.6 下差异不大。

4)苔藓植物

图 8.12 显示,115 种苔藓植物,到 2050 年,均匀分布方式下不同气候变化情景下目前适宜范围丧失占基准气候情景下的 20%、20%~40%、40%~60%、60%~80%、大于 80%范围的物种数量都随概率增加而减少,概率在 0.6 以上,目前适宜分布范围丧失 20%、20%~40%、40%~60%、60%~80%、大于 80%范围物种数量分别是 8 种、5 种、2 种、1 种和 14 种,在 RCP8.5 情景下丧失范围物种数量多,RCP6.5、RCP4.0 和 RCP2.6 下差异不大;在三角分布、正态分布方式下,目前适宜范围丧失占基准气候情景下 20%、20%~40%、40%~60%、60%~80%、大于 80%范围在不同情景下物种数量都随着概率增加而减少,概率在 0.6 以上,目前适宜范围丧失 20%、20%~40%、40%~60%、60%~80%、大于 80%范围物种数量分别为 14 种、8 种、6 种、7 种和 15 种,在 RCP8.5 情景下丧失范围的物种数量多,在 RCP6.5、RCP4.0 和 RCP2.6 下差异不大。按照不同气候变化情景下总适宜范围占基准气候情景下计算,均匀分布下,在不同气候变化情景下总适宜范围占基准气候情景下 20%、20%~40%、40%~60%、60%~80%、大于 80%范围物种数量都随着概率增加而减少,在概率在 0.6 以上,总适宜分布范围占基准情景的小于 20%、20%~40%、40%~60%、60%~80%、大于 80%范围物种数量分别是 2 种、1 种、1 种、1 种和 38 种,并且在 RCP8.5 情景下丧失范围的物种数量多,在 RCP6.5 情景下、RCP4.0 和 RCP2.6 下差异不大;在三角分布、正态分布方式下,不同情景下总适宜范围占基准气候情景下 20%、20%~40%、40%~60%、60%~80%、大于 80%范围物种数

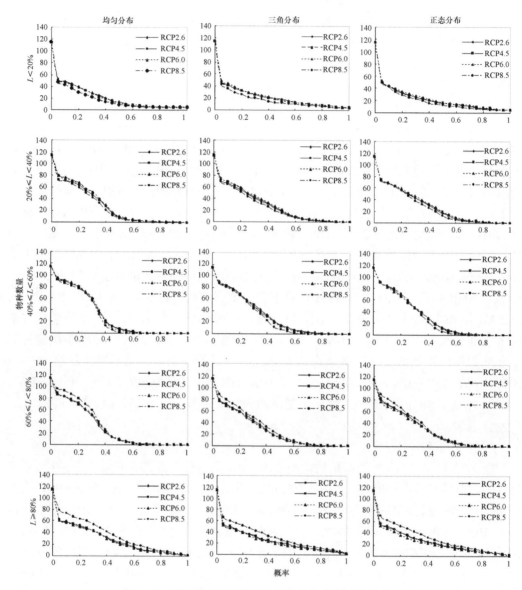

图 8.12 不同概率下苔藓植物目前分布范围丧失的数量

量都随着概率增加而减少，概率在 0.6 以上，总适宜分布范围占基准情景的 20%、20%~40%、40%~60%、60%~80%、大于 80% 范围物种数量分别在 3 种、2 种、4 种、1 种和 42 种，并且在 RCP8.5 情景下范围的物种数量多，RCP6.5、RCP4.0 和 RCP2.6 下差异不大。

8.3.2 未来气候变化对野生动物多样性的影响与风险

未来 30 年，气候变化对鸟类、兽类、两栖类和爬行类多样性的影响与风险不同，并且不同动物的丰富度改变不同。

1. 影响

未来 30 年，气候变化对鸟类、兽类、两栖类、爬行类多样性的影响不同，在不同气候情景下的影响也不同。

1）鸟类

未来 30 年，气候变化影响下，114 种鸟类丰富度变化较大，一些区域的丰富度增加，一些区域下降。按目前适宜范围，在不同气候变化情景下，目前分布范围丧失比例小于 20% 和丧失在 20%~40% 鸟类数量最多（44~59 种），在 40%~60% 的鸟类数量其次（10~12 种），丧失范围在 60%~80% 物种数量较少（1~6 种），80% 以上的没有，并且在 RCP8.5 情景下程度较大，在 RCP6.0、RCP4.5 和 RCP2.6 下差异不大（表 8.60）。总适宜范围是目前适宜范围比例 80% 以上的鸟类物种数量最多（107~112 种），总适宜范围为目前适宜范围的比例为 40%~60% 下鸟类物种数量其次（2~6 种），总适宜范围为目前适宜范围比例小于 20% 的鸟类数量很少，在不同情景下差异不大（表 8.61）。

表 8.60　气候变化影响下鸟类目前分布范围丧失的物种数量

气候情景		$L<20\%$	$20\%{\leqslant}L<40\%$	$40\%{\leqslant}L<60\%$	$60\%{\leqslant}L<80\%$	$80\%{\leqslant}L$
2001~2025 年	RCP2.6	56.6	45.4	11.4	0.6	0
	RCP4.5	58.8	44.2	10.4	0.6	0
	RCP6.0	59	44	10.4	0.6	0
	RCP8.5	58.8	44.2	10.4	0.6	0
2026~2050 年	RCP2.6	56.6	45.4	11.4	0.6	0
	RCP4.5	58.8	44.2	10.4	0.6	0
	RCP6.0	59	44	10.4	0.6	0
	RCP8.5	58.8	44.2	10.4	0.6	0
2001~2050 年	RCP2.6	39.2	57	11.8	6	0
	RCP4.5	39.2	56.8	12.4	5.6	0
	RCP6.0	39.8	57	11.8	5.4	0
	RCP8.5	39.6	57.2	11.8	5.4	0

表 8.61　气候变化影响下鸟类总分布范围丧失的物种数量

气候情景		$L<20\%$	$20\%{\leqslant}L<40\%$	$40\%{\leqslant}L<60\%$	$60\%{\leqslant}L<80\%$	$80\%{\leqslant}L$
2001~2025 年	RCP2.6	0	0	0	2.2	111.8
	RCP4.5	0	0	0	2.4	111.6
	RCP6.0	0	0	0	2.2	111.8
	RCP8.5	0	0	0	2	112
2026~2050 年	RCP2.6	0	0	0	2.2	111.8
	RCP4.5	0	0	0	2.4	111.6
	RCP6.0	0	0	0	2.2	111.8
	RCP8.5	0	0	0	2	112
2001~2050 年	RCP2.6	0	0	0.2	6.2	107.6
	RCP4.5	0	0	0	6.6	107.4
	RCP6.0	0	0	0	6	108
	RCP8.5	0	0	0	6	108

2）兽类

气候变化影响下，118 种兽类丰富度变化较大，一些区域丰富度增加，一些区域下降。目前分布范围丧失比例小于 20% 和丧失在 20%~40% 兽类数量最多（33~70 种），在 40%~60% 下范围的兽类数量其次（7~14 种），丧失范围在 60%~80% 物种数量较少（3~5 种），80% 以上的很少（1~4 种），并且在 RCP8.5 情景下程度较大，在 RCP6.0、RCP4.5 和 RCP2.6 下差异不大（表 8.62）。按照气候变化下兽类总适宜范围与目前适宜范围的比例计算，总适宜范围是目前适宜范围比例 80% 以上的兽类物种数量最多（108~113 种），总适宜范围为目前适宜范围的比例为 40%~60% 下兽类物种数量其次（3~8 种），总适宜范围为目前适宜范围比例小于 20% 的兽类数量很少，在不同情景下差异不大（表 8.63）。

表 8.62　气候变化影响下兽类目前分布范围丧失的物种数量

气候情景		$L<20\%$	$20\%\leqslant L<40\%$	$40\%\leqslant L<60\%$	$60\%\leqslant L<80\%$	$80\%\leqslant L$
2001~2025 年	RCP2.6	53.4	40	14.2	5	4.4
	RCP4.5	54.6	39.8	13.2	5.2	4.2
	RCP6.0	55.8	39.2	12.8	5	4.2
	RCP8.5	54.8	39.6	13.2	5.2	4.2
2026~2050 年	RCP2.6	69.2	34.4	7.4	4.6	1.4
	RCP4.5	69.8	34.2	7.4	3.8	1.8
	RCP6.0	70.2	34	7.4	3.8	1.6
	RCP8.5	70.2	33.8	7.4	4	1.6
2001~2050 年	RCP2.6	69.2	34.4	7.4	4.6	1.4
	RCP4.5	69.8	34.2	7.4	3.8	1.8
	RCP6.0	70.2	34	7.4	3.8	1.6
	RCP8.5	70.2	33.8	7.4	4	1.6

表 8.63　气候变化影响下兽类总分布范围丧失的物种数量

气候情景		$L<20\%$	$20\%\leqslant L<40\%$	$40\%\leqslant L<60\%$	$60\%\leqslant L<80\%$	$80\%\leqslant L$
2001~2025 年	RCP2.6	0.4	0	0.2	7.8	108.6
	RCP4.5	0.4	0	0	8.2	108.4
	RCP6.0	0.2	0	0	8	108.8
	RCP8.5	0	0	0	8.2	108.8
2025~2050 年	RCP2.6	0.6	0	0	3	113.4
	RCP4.5	0.4	0	0	3	113.6
	RCP6.0	0.2	0	0	3	113.8
	RCP8.5	0.2	0	0	3	113.8
2001~2050 年	RCP2.6	0.6	0	0	3	113.4
	RCP4.5	0.4	0	0	3	113.6
	RCP6.0	0.2	0	0	3	113.8
	RCP8.5	0.2	0	0	3	113.8

3）两栖类

气候变化影响下，91 种两栖类丰富度变化较大，一些区域的丰富度增加，一些区域下降。目前分布范围丧失比例小于 20% 和丧失在 20%~40%、40%~60% 下范围的两栖类数量（7~14 种）比例的两栖类数量最多（18~29 种），丧失范围在 60%~80% 物种数量较少（9~19 种），80% 以上的很少（2~6 种），并且在 RCP8.5 情景下程度较大，在 RCP6.0、RCP4.5 和 RCP2.6 下差异不大（表 8.64）。总适宜范围是目前适宜范围比例 80% 以上的两栖类物种数量最多（73~83 种），总适宜范围为目前适宜范围的比例为 40%~60% 下两栖类物种数量其次（8~17 种），总适宜范围为目前适宜范围比例小于 20% 的两栖类数量很少，在不同情景下差异不大（表 8.65）。

表 8.64　气候变化影响下两栖类目前分布范围丧失的物种数量

气候情景		$L<20\%$	$20\%\leqslant L<40\%$	$40\%\leqslant L<60\%$	$60\%\leqslant L<80\%$	$80\%\leqslant L$
2001~2025 年	RCP2.6	22.6	18.8	25	18.4	6.2
	RCP4.5	22.6	18	26.4	19	5
	RCP6.0	22.6	18.6	26.8	18.6	4.4
	RCP8.5	22.2	18	27.6	18.8	4.4
2026~2050 年	RCP2.6	28.2	26.2	24	10.6	2
	RCP4.5	28.6	26.4	24.2	9.4	2.4
	RCP6.0	28.8	27	24.2	9	2
	RCP8.5	28.2	27.6	24	9.2	2
2001~2050 年	RCP2.6	28.2	26.2	24	10.6	2
	RCP4.5	28.6	26.4	24.2	9.4	2.4
	RCP6.0	28.8	27	24.2	9	2
	RCP8.5	28.2	27.6	24	9.2	2

表 8.65　气候变化影响下两栖类总分布范围丧失的物种数量

气候变化情景		$L<20\%$	$20\%\leqslant L<40\%$	$40\%\leqslant L<60\%$	$60\%\leqslant L<80\%$	$80\%\leqslant L$
2001~2025 年	RCP2.6	0	0	0.4	16.8	73.8
	RCP4.5	0	0	0.4	16.6	74
	RCP6.0	0	0	0.2	15.6	75.2
	RCP8.5	0	0	0.4	16	74.6
2026~2050 年	RCP2.6	0	0	0.2	8.6	82.2
	RCP4.5	0	0	0	8	83
	RCP6.0	0	0	0	8	83
	RCP8.5	0	0	0	8	83
2001~2050 年	RCP2.6	0	0	0.2	8.6	82.2
	RCP4.5	0	0	0	8	83
	RCP6.0	0	0	0	8	83
	RCP8.5	0	0	0	8	83

4）爬行类

气候变化影响下，115 种爬行类丰富度变化较大，一些区域的丰富度增加，一些区域下降。目前分布范围丧失比例小于 20% 的爬行类数量最多（58~77 种），丧失 20%~40% 范围数量其次（25~33 种），在 40%~60% 下范围的数量其次（8~14 种），丧失范围在 60%~80% 物种数量较少（3~5 种），80% 以上的很少（1~3 种），并且 RCP6.0、RCP4.5 和 RCP2.6 下差异不大（表 8.66）。按照气候变化下植物总适宜范围与目前适宜范围的比例计算，总适宜范围是目前适宜范围比例 80% 以上的植物物种数量最多（108~111 种），总适宜范围为目前适宜范围的比例为 40%~60% 下植物物种数量其次（1~6 种），总适宜范围为目前适宜范围比例小于 20% 的植物数量很少（2~5 种），在不同情景下差异不大（表 8.67）。

表 8.66　气候变化影响下爬行类目前分布范围丧失的物种数量

气候情景		$L<20\%$	$20\%\leqslant L<40\%$	$40\%\leqslant L<60\%$	$60\%\leqslant L<80\%$	$80\%\leqslant L$
2001~2025 年	RCP2.6	59.4	33	13.4	5.8	3.4
	RCP4.5	58.8	33.8	13.8	5	3.6
	RCP6.0	59.2	33.4	13.8	5	3.6
	RCP8.5	58.6	33.6	14	5.2	3.6
2026~2050 年	RCP2.6	73.8	27	9	3.6	1.6
	RCP4.5	74.8	26.2	8.6	3.8	1.6
	RCP6.0	76.2	25	8.8	3.4	1.6
	RCP8.5	76.2	25.4	8.6	3.2	1.6
2001~2050 年	RCP2.6	73.8	27	9	3.6	1.6
	RCP4.5	74.8	26.2	8.6	3.8	1.6
	RCP6.0	76.2	25	8.8	3.4	1.6
	RCP8.5	76.2	25.4	8.6	3.2	1.6

表 8.67　气候变化影响下爬行类总分布范围丧失的物种数量

气候情景		$L<20\%$	$20\%\leqslant L<40\%$	$40\%\leqslant L<60\%$	$60\%\leqslant L<80\%$	$80\%\leqslant L$
2001~2025 年	RCP2.6	3.8	0	0.2	6	105
	RCP4.5	3.8	0	0	5.4	105.8
	RCP6.0	2.4	0	0	5.2	107.4
	RCP8.5	0.6	0	0	5.4	109
2026~2050 年	RCP2.6	5.2	0	0	2	107.8
	RCP4.5	3.8	0	0	1.8	109.4
	RCP6.0	2.4	0	0	1.6	111
	RCP8.5	2	0	0	1.6	111.4
2001~2050 年	RCP2.6	5.2	0	0	2	107.8
	RCP4.5	3.8	0	0	1.8	109.4
	RCP6.0	2.4	0	0	1.6	111
	RCP8.5	2	0	0	1.6	111.4

2. 风险

未来气候变化对鸟类、兽类、两栖类、爬行类的风险不同，并且在不同气候情景下影响也不同。

1）鸟类

114 种鸟类，到 2050 年，均匀分布方式下不同气候变化情景下目前适宜范围丧失占基准气候情景下 20%、20%~40%、40%~60%、60%~80%、大于 80%范围物种数量都随概率增加而减少，在概率在 0.6 以上，目前适宜分布范围丧失 20%、20%~40%、40%~60%、60%~80%、大于 80%范围物种数量分别是 17 种、13 种、1 种、1 种和 5 种，在 RCP8.5 情景下丧失范围物种数量多，在 RCP6.5、RCP4.0 和 RCP2.6 下差异不大；在三角分布、正态分布方式下，目前适宜范围丧失占基准气候情景下 20%、20%~40%、40%~60%、60%~80%、大于 80%范围在不同情景下物种数量都随着概率增加而减少，概率在 0.6 以上，目前适宜范围丧失 20%、20%~40%、40%~60%、60%~80%、大于 80%范围物种数量分别为 14 种、18 种、7 种、2 种和 6 种，在 RCP8.5 情景下丧失范围的物种数量多，在 RCP6.5、RCP4.0 和 RCP2.6 情景下差异不大（图 8.13）。

均匀分布方式下，在不同气候变化情景下总适宜范围占基准气候情景下 20%、20%~40%、40%~60%、60%~80%、大于 80%范围物种数量都随着概率增加而减少，在概率在 0.6 以上，总适宜分布范围占基准情景的小于 20%、20%~40%、40%~60%、60%~80%、大于 80%范围物种数量分别是 8 种、15 种、6 种、1 种和 25 种，并且在 RCP8.5 情景下丧失范围的物种数量多，在 RCP6.5 情景下，RCP4.0 和 RCP2.6 下差异不大；在三角分布、正态分布方式下，不同情景下总适宜范围占基准气候情景下 20%、20%~40%、40%~60%、60%~80%、大于 80%范围物种数量都随着概率增加而减少，概率在 0.6 以上，总适宜分布范围占基准情景的 20%、20%~40%、40%~60%、60%~80%、大于 80%范围物种数量分别为 7 种、25 种、9 种、3 种和 29 种，并且在 RCP8.5 情景下范围的物种数量多，RCP6.5、RCP4.0 和 RCP2.6 情景下差异不大。

2）兽类

118 种兽类，到 2050 年，均匀分布方式下不同气候变化情景下目前适宜范围丧失占基准气候情景下 20%、20%~40%、40%~60%、60%~80%、大于 80%范围物种数量都随概率增加而减少，在概率在 0.6 以上，目前适宜分布范围丧失 20%、20%~40%、40%~60%、60%~80%、大于 80%范围物种数量分别是 19 种、6 种、1 种、1 种和 9 种，在 RCP8.5 情景下丧失范围物种数量多，在 RCP6.5、RCP4.0 和 RCP2.6 下差异不大；在三角分布、正态分布方式下，目前适宜范围丧失占基准气候情景下 20%、20%~40%、40%~60%、60%~80%、大于 80%范围在不同情景下物种数量都随着概率增加而减少，概率在 0.6 以上，目前适宜范围丧失 20%、20%~40%、40%~60%、60%~80%、大于 80%范围物种数量分别在 25 种、14 种、5 种、1 种和 9 种，在 RCP8.5 情景下丧失范围的物种数量多，在 RCP6.5、RCP4.0 和 RCP2.6 情景下差异不大。

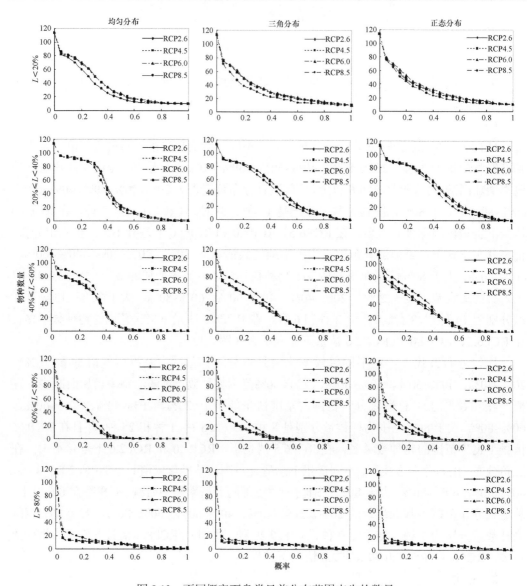

图 8.13　不同概率下鸟类目前分布范围丧失的数量

　　均匀分布方式下，在不同气候变化情景下总适宜范围占基准气候情景下 20%、20%~40%、40%~60%、60%~80%、大于 80% 范围物种数量都随着概率增加而减少，在概率在 0.6 以上，总适宜分布范围占基准情景的小于 20%、20%~40%、40%~60%、60%~80%、大于 80% 范围物种数量分别是 5 种、13 种、1 种、1 种和 23 种，RCP8.5 情景下丧失范围的物种数量多，在 RCP6.5 情景下、RCP4.0 和 RCP2.6 下差异不大；在三角分布、正态分布方式下，不同情景下总适宜范围占基准气候情景下 20%、20%~40%、40%~60%、60%~80%、大于 80% 范围物种数量都随着概率增加而减少，概率在 0.6 以上，总适宜分布范围占基准情景 20%、20%~40%、40%~60%、60%~80%、大于 80% 范围物种数量分别为 8 种、28 种、4 种、2 种和 27 种，并且在 RCP8.5 情景下数量多，RCP6.5、RCP4.0 和 RCP2.6 情景下差异不大（图 8.14）。

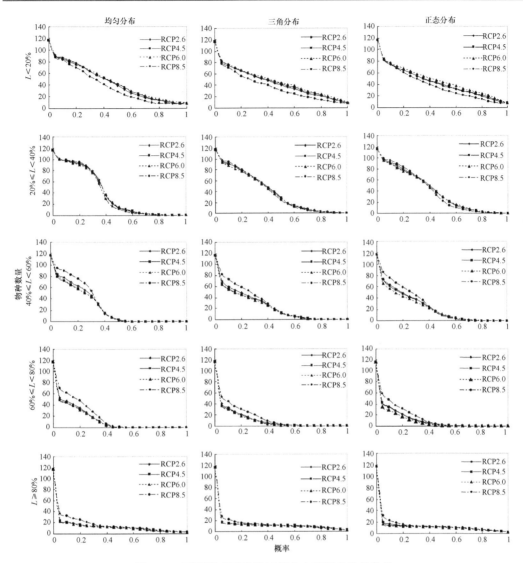

图 8.14　不同概率下兽类目前分布范围丧失的数量

3）两栖类

91 种两栖类，到 2050 年，均匀分布方式下不同气候变化情景下目前适宜范围丧失占基准气候情景下 20%、20%~40%、40%~60%、60%~80%、大于 80%范围物种数量都随概率增加而减少，在概率在 0.6 以上，目前适宜分布范围丧失 20%、20%~40%、40%~60%、60%~80%、大于 80%范围物种数量分别是 6 种、4 种、1 种、1 种和 16 种，在 RCP8.5 情景下丧失范围物种数量多，在 RCP6.5、RCP4.0 和 RCP2.6 下差异不大；在三角分布、正态分布方式下，目前适宜范围丧失占基准气候情景下 20%、20%~40%、40%~60%、60%~80%、大于 80%范围在不同情景下物种数量都随着概率增加而减少，概率在 0.6 以上，目前适宜范围丧失 20%、20%~40%、40%~60%、60%~80%、大于 80%范围物种数量分别为 9 种、7 种、1 种、2 种和 16 种，在 RCP8.5 情景下丧失范围的物种数量多，在 RCP6.5、RCP4.0 和 RCP2.6 情景下差异不大。

均匀分布方式下，不同气候变化情景下总适宜范围占基准气候情景下 20%、20%~40%、40%~60%、60%~80%、大于 80%范围物种数量都随着概率增加而减少，在概率在 0.6 以上，总适宜分布范围占基准情景的小于 20%、20%~40%、40%~60%、60%~80%、大于 80%范围物种数量分别是 1 种、2 种、2 种、1 种和 25 种，并且在 RCP8.5 情景下丧失范围的物种数量多，在 RCP6.5 情景下、RCP4.0 和 RCP2.6 下差异不大；在三角分布、正态分布方式下，不同情景下总适宜范围占基准气候情景下 20%、20%~40%、40%~60%、60%~80%、大于 80%范围物种数量都随着概率增加而减少，概率在 0.6 以上，总适宜分布范围占基准情景的 20%、20%~40%、40%~60%、60%~80%、大于 80%范围物种数量分别为 1 种、4 种、5 种、3 种和 28 种，并且在 RCP8.5 情景下范围的物种数量多，RCP6.5、RCP4.0 和 RCP2.6 情景下差异不大（图 8.15）。

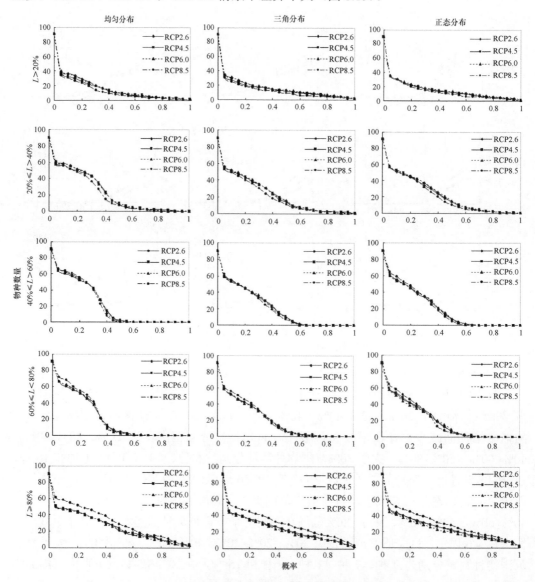

图 8.15 不同概率下两栖类目前分布范围丧失的数量

4）爬行类

115 种爬行类，到 2050 年，均匀分布方式下不同气候变化情景下目前适宜范围丧失占基准气候情景下 20%、20%~40%、40%~60%、60%~80%、大于 80%范围物种数量都随概率增加而减少，在概率在 0.6 以上，目前适宜分布范围丧失 20%、20%~40%、40%~60%、60%~80%、大于 80%范围物种数量分别是 28 种、6 种、1 种、1 种和 13 种，在 RCP8.5 情景下丧失范围物种数量多，在 RCP6.5、RCP4.0 和 RCP2.6 下差异不大；在三角分布、正态分布方式下，目前适宜范围丧失占基准气候情景下 20%、20%~40%、40%~60%、60%~80%、大于 80%范围在不同情景下物种数量都随着概率增加而减少，概率在 0.6 以上，目前适宜范围丧失 20%、20%~40%、40%~60%、60%~80%、大于 80%范围物种数量分别为 37 种、10 种、2 种、1 种和 14 种，在 RCP8.5 情景下丧失范围的物种数量多，在 RCP6.5、RCP4.0 和 RCP2.6 下差异不大。

按照不同气候变化情景下总适宜范围占基准气候情景下计算，均匀分布方式下，在不同气候变化情景下总适宜范围占基准气候情景下 20%、20%~40%、40%~60%、60%~80%、大于 80%范围物种数量都随着概率增加而减少，在概率在 0.6 以上，总适宜分布范围占基准情景的小于 20%、20%~40%、40%~60%、60%~80%、大于 80%范围物种数量分别是 1 种、5 种、1 种、1 种和 33 种，并且在 RCP8.5 情景下丧失范围的物种数量多，在 RCP6.5 情景下、RCP4.0 和 RCP2.6 下差异不大；在三角分布、正态分布方式下，不同情景下总适宜范围占基准气候情景下 20%、20%~40%、40%~60%、60%~80%、大于 80%范围物种数量都随着概率增加而减少，概率在 0.6 以上，总适宜分布范围占基准情景的 20%、20%~40%、40%~60%、60%~80%、大于 80%范围物种数量分别为 1 种、6 种、5 种、1 种和 35 种，并且在 RCP8.5 情景下范围的物种数量多，RCP6.5、RCP4.0 和 RCP2.6 情景下差异不大（图 8.16）。

8.3.3　讨论与小结

未来气候变化对生物多样性影响较大（Bellard et al.，2012）。未来气候变化对四类植物的影响差异较大，这与不同类植物的适宜范围大小有关系（吴建国等，2010）。未来气候变化对四类植物风险差异也较大。这也主要与不同植物适宜范围大小以及适宜气候空间分布有关。不同气候情景下影响与风险差异不同，这主要与情景下气候变化的幅度有关。另外，三角分布、均匀分布与正态分布下的风险存在一定的差异。

未来气候变化对四类动物的影响差异较大，这与不同动物的适宜范围大小有关系。气候变化对四类动物风险差异也较大。这主要与不同动物适宜范围大小有关。不同情景下差异不同，这主要与情景下气候变化的幅度有关。另外，三角分布、均匀分布与正态分布下的风险存在一定的差异。

未来气候变化影响下，物种迁移过程和进化过程可能对物种分布范围变化十分关键。在本书中还缺少这些过程的分析。但在本书中分析了物种目前适宜范围的变化、总适宜分布范围变化，实际上间接考虑了物种迁移过程。物种总适宜分布范围包括了目前适宜分布范围和新适宜分布范围，目前适宜范围改变不涉及物种迁移过程，而主要与物种进化或者塑性关系密切，新适宜分布范围却与物种迁移过程关系密切。在本书中植物

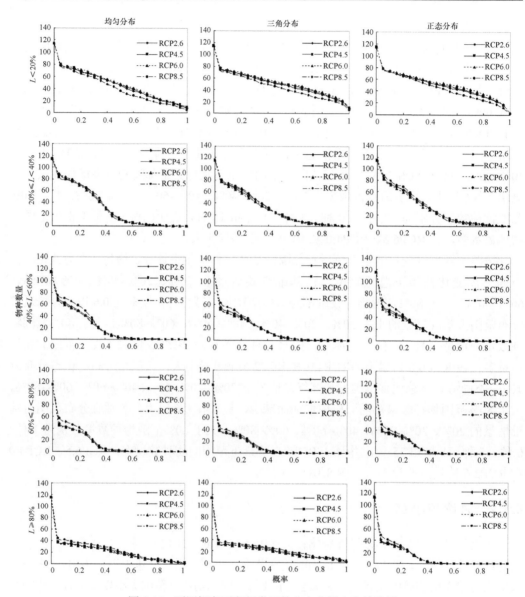

图 8.16　不同概率下爬行类目前分布范围丧失的数量

与动物具有不同的迁移方式和迁移能力，植物迁移比较慢，而动物迁移比较快。这也将使它们面临的风险不同。

气候变化对生物多样性将产生不同的影响，这些影响将造成自然保护区保护功能的有效性（Baker et al.，2015）。在本书中，气候变化将造成一些野生动植物失去其分布范围，这将意味着这些物种将面临极大的灭绝风险。

8.4　结　　论

（1）近 50 年来，中国鸟类、两栖类、爬行类、兽类，裸子植物、被子植物、苔藓和蕨类植物数量有一定的变化，一些鸟类、两栖类、爬行类、兽类，裸子植物、被子植物、苔藓和蕨类植物分布边界与范围发生了一定的改变，同时。一些区域的物种丰富度也发生了改变。

（2）近 50 年来，中国野生动植物多样性变化部分归结为气候变化，部分归因于人类活动、调查的影响，不同类群物种多样性受到气候变化影响不同，其中鸟类受到气候变化的影响较大，兽类中翼手目和食虫目中动物受到的影响其次。气候变化对鸟类、兽类、爬行类、两栖类物种多样性变化的影响贡献，对植物多样性影响贡献。

（3）到 2050 年，未来气候变化影响下，中国鸟类、两栖类、爬行类、兽类，裸子植物、被子植物、苔藓和蕨类植物分布边界与范围发生了一定的改变。气候变化影响下大部分物种目前范围将散失 20%，一些物种目前适宜范围将散失 80% 以上，大部分物种总适宜范围将占目前分布范围 80% 以上。

（4）到 2050 年，未来气候变化影响下，中国野生的鸟类、两栖类、爬行类、兽类，裸子植物、被子植物、苔藓和蕨类植物都存在一定风险。在概率 0.6 以上，丧失目前范围的物种范围在 80% 的物种数量不多，少量物种总适宜分布范围小于 20%。

参 考 文 献

包新康, 杨增武, 赵伟, 等. 2014. 甘肃安西国家级自然保护区脊椎动物 20 年间的变化. 生物多样性, 22(4): 539~545.

蔡音亭, 唐仕敏, 袁晓, 等. 2011. 上海市鸟类记录及变化. 复旦学报(自然科学版), 50(3): 334~343.

曹发君, 吴发均, 陈桂芳, 等. 1990. 23 年前后南充市郊鸟类资源的变化. 资源开发与保护, (4): 262.

曹强. 2015. 陕西秦岭雀形目鸟类区系变迁. 西安: 陕西师范大学博士学位论文.

费宜玲. 2011 江苏省鸟类物种多样性及地理分布格局研究. 南京: 南京林业大学博士学位论文.

冯宁, 徐振武, 郑松峰, 等. 2007. 秦岭鸟类资源种类和分布变化研究. 西北林学院学报, 22(5): 101~103.

高玮. 2006. 中国东北地区鸟类及其生态学研究. 北京: 科学出版社.

高学斌, 赵洪峰, 罗时有, 等. 2008. 西安地区鸟类区系 30 年的变化. 动物学杂志, 43(6): 32~42.

胡淑琴, 赵尔宓. 1987. 中国动物图谱-两栖爬行类. 北京: 科学出版社.

李雪艳, 梁璐, 宫鹏, 等. 2012. 中国观鸟数据揭示鸟类分布变化. 科学通报, 57(31): 2956~2963.

刘阳, 危骞, 董路, 等. 2013. 近年来中国鸟类野外新纪录的解析. 动物学杂志, 48(5): 750~758.

马瑞俊, 蒋志刚. 2006. 青海湖流域环境退化对野生陆生脊椎动物的影响. 生态学报, 26(09): 3066~3073.

钱国桢, 王培潮, 祝龙彪, 等. 1983. 二十年来天目山鸟类群落结构变化趋势的初步分析. 生态学报, 3(03): 262~268.

舒晓莲, 陆舟, 廖晓雯, 等. 2013. 广西北部湾沿海地区鸟类居留型变化分析. 广西科学, 20(3): 226~229, 233.

孙寒梅, 高玮, 宫亮, 等. 2008. 吉林省左家自然保护区鸟类组成及其多样性研究. 东北师大学报(自然科学版), 40(1): 100~110.

汪青雄, 肖红, 杨超, 等. 2014 近 40 年陕西榆林地区鸟类组成和区系变化. 四川动物, 33(4): 620~626.

王紫江, 赵雪冰, 罗康. 2015. 昆明地区鸟类 50 年的变化. 四川动物, 34(04): 599~613.

乌日古木拉, 赵格日乐图. 2014. 哈素海鸟类近 12 年的动态变化研究. 内蒙古师范大学学报(自然科学汉文版), 43(03): 39~346.

吴建国, 吕佳佳, 周巧富. 2010. 气候变化对 6 种荒漠植物分布范围的潜在影响. 植物学报, 45(6): 723~738.

吴建国. 2011a. 气候变化对 6 种植物分布的影响. 广西植物, 31(5): 595~607.

吴建国. 2011b. 气候变化对 7 种保护植物分布范围的潜在影响. 武汉植物研究, 28(4): 437~452.

吴建国. 2011c. 气候变化对 7 种植物分布的影响. 植物分类与资源学报, 33(3): 335~349.

吴建国. 2011d. 未来气候变化对 7 种荒漠植物分布的影响. 干旱区地理, 34(1): 71~85.

夏武平. 1964. 中国动物图谱——兽类. 北京: 科学出版社.

姚建初. 1991. 陕西太白山地区鸟类三十年变化情况的调查. 动物学杂志, 26(5): 19~23.

张荣祖. 1997. 中国哺乳动物分布. 北京: 中国林业出版社.

张旭强, 史荣耀, 郎彩勤. 2003. 山西历山自然保护区鸟类资源的变迁及保护. 四川动物, 22(04): 244~250.

赵尔密. 1998. 中国濒危动物红皮书——两栖爬行类. 北京: 科学出版社.

赵洪峰, 罗磊, 侯玉宝, 等. 2012. 陕西秦岭东段南坡繁殖鸟类群落组成的 30 年变化. 动物学杂志, 47(6): 14~24.

赵金明. 2007 桂林市鸟类群落结构及变迁. 桂林: 广西师范大学博士学位论文.

中国科学院植物研究所. 1987. 中国珍稀濒危植物. 北京: 上海教育出版社.

Baker D J, Hartley A J, Burgess N D, et al. 2015. Assessing climate change impacts for vertebrate fauna across the West African protected area network using regionally appropriate climate projections. Diversity and Distributions, 21: 991~1003.

Bellard C, Bertelsmeier C, Leadley P, et al 2012. Impacts of climate change on the future of biodiversity. Ecology Letters, 15: 365~377.

Chen S, Huang Q, Fan Z, et al. 2012. The updates of zhe jiang bird check list. Chinese Birds, 3(2): 118~136.

Oliver T H, Morecroft M D. 2014. Interactions between climate change and land use change on biodiversity: Attribution problems, risks, and opportunities. WIREs Clim Change, 5: 317~335.

Selwood K E, McGeoch M A, Mac Nally R. 2015. The effects of climate change and land-use change on demographic rates and population viability. Biological Reviews, 90: 837~853.

Wu J G, Shi Y J. 2016. Detecting and attributing the effects of climate change on migratory birds distributions over the last 50 years. ecological infomatics, 31: 147~155.

Wu J G, Zhang G B. 2015. Can changes in the distributions of resident birds in China over the past 50 years be attributed to climate change. Ecology and Evolution, 5(11): 2215~2233.

Wu J G. 2015. Detecting and attributing the effect of climate change on the changes in the distribution of Qinghai-Tibet plateau large mammal species over the past 50 years. Mammal Research, 60(4): 353~364.

Wu J G. 2016a. Detecting and attributing the effects of climate change on bat distributions over the last 50 years. Climatic Change, 134(4): 681~696.

Wu J G. 2016b. Can changes in the distribution of lizard species over the past 50 years be attributed to climate change. Theoretical and Applicted Climation, 125(3): 785~798.

Wu J G. 2016c. Detecting and attributing the effects of climate change on the distributions of snake species over the past 50 years. Environmental Management, 57(1): 207~219.

第 9 章 气候变化对种质资源多样性
影响与风险

识别与归因气候变化对种质资源多样性的影响，分析未来气候变化影响与风险，对保护和利用种质资源具有非常重要的意义。本章就过去 50 年种质资源多样性的演变、近 50 年来气候变化对种质资源多样性影响的归因与识别，以及未来气候变化对种质资源多样性的影响与风险进行分析。

9.1 近 50 年来种质资源多样性的演变

种质资源多样性的演变指不同时段栽培植物和家养动物的数量的变化。中国已有几千年的历史，培育大量的栽培植物和驯化了大量的家养动物资源。在过去几十年由于气候变化和人类活动的加强，这些资源多样性已经发生了不同的演变。

9.1.1 栽培植物

中国栽培植物约有 900 多种，如果考虑品种则种类更多。中国史前或土生栽培植物有 237 种，如果加上培育、引种，则种类更多。一些报道中国有 350 种作物，《中国作物遗传资源》报道有 600 多种。随着中国农业迅速发展，作物创新和国外引种及科研的深入，中国的作物数量和物种在逐渐增加，作物野生近缘植物亦更加明了。按八大类作物统计，中国现有 840 种作物，栽培物种 1251 个，野生近缘物种 3308 个，隶属 176 科、619 属。中国栽培的主要作物有 600 多种（林木未计算在内），其中粮食作物 30 多种，经济作物约 70 种，果树作物约 140 种，蔬菜作物 110 多种，饲用植物（牧草）约 50 种，观赏植物（花卉）130 余种，绿肥作物约 20 种，药用作物 50 余种，主要造林树种约 210 种（董玉琛和郑殿生，2006；费砚良等，2008；刘旭等，2008；王述民等，2011；郑殿升等，2011）。

50 多年来，中国栽培作物中适宜种植发生变化，品种也发生了改变，一些野生近缘种分布发生改变，其中林木、药用植物、观赏植物种类变化最大。我国种植的作物长期以粮食作物为主。20 世纪 80 年代以后，实行农业结构调整，经济作物和园艺作物种植面积和产量才有所增加。我国最重要的粮食作物曾是水稻、小麦、玉米、谷子、高粱和甘薯。现在谷子和高粱的生产已明显减少。高粱在 50 年代以前是我国东北地区的主要粮食作物，也是华北地区的重要粮食作物之一，但现今面积已大大缩减。谷子（粟），虽然在其他国家种植很少，但在我国一直是北方的重要粮食作物之一。玉米兼作饲料作物，近年来发展很快，已成为我国粮饲兼用的重要作物，其总产量在我国已超过小麦而居第二位。我国历来重视豆类作物生产。自古以来，大豆就是我国粮油兼用的重要作物。我国豆类作物之多为任何国家所不及，豌豆、蚕豆、绿豆、小豆种植历史悠久，分布很广；菜豆、豇豆、小扁豆、饭豆种植历史也在千年以上；木豆、刀豆等引入我国后都有一定种植面积。荞麦在我国分布很广，由于生育期短，多作为备荒、填闲作物。薯类作物中，甘薯多年来在我国部分农村充当粮食；马铃薯始终主要作蔬菜；木薯近年来在海南和两广发展较快（董玉琛和郑殿生，2006；费砚良等，2008；刘旭等，2008；王述民等，2011；郑殿升等，2011）。

我国重要的纤维作物仍然是棉花。各类麻类作物中，苎麻历来是衣着和布匹原料；黄麻、红麻、青麻、大麻是绳索和袋类原料。我国最重要的糖料作物仍然是南方的甘蔗和北方的甜菜，甜菊自20世纪80年代引入我国后至今仍有少量种植。茶和桑是我国古老作物，前者是饮料，后者是家蚕饲料。作为饮料的咖啡是海南省的重要作物（董玉琛和郑殿生，2006）。

我国最重要的蔬菜作物，白菜、萝卜和芥菜种类极多，遍及全国各地。近数十年来番茄、茄子、辣椒、甘蓝、花椰菜等也成为头等重要的蔬菜。我国蔬菜中瓜类很多，如黄瓜、冬瓜、南瓜、丝瓜、苦瓜、西葫芦等。葱、姜、蒜、韭是我国人民离不开的菜类。水生蔬菜，如莲藕、茭白、荸荠、慈姑、菱等更是独具特色。近10余年来引进多种新型蔬菜，城市的餐桌正在发生变化（朱德蔚等，2008）。

我国最重要的果树作物，在北方梨、桃、杏的种类极多；山楂、枣、猕猴桃在我国分布很广，野生种多；苹果、草莓、葡萄、柿、李、石榴也是常见水果。在南方柑橘类十分丰富，有柑、橘、橙、柚、金橘、柠檬及其他多种；香蕉种类多，生产量大；荔枝、龙眼、枇杷、梅、杨梅为我国原产；椰子、菠萝、木瓜、芒果等在我国海南、台湾等地普遍种植。干果中核桃、板栗、榛、巴旦杏也是受欢迎的果品（贾静贤等，2006）。

在作物中，种类变化最大的是林木、药用作物和观赏作物。林木方面，我国有乔木、灌木、竹、藤等树种约9300多种，用材林、生态林、经济林、固沙林等主要造林树种约210种，最多的是杨、松、柏、杉、槐、柳、榆，以及枫、桦、栎、桉、桐、白蜡、银杏等。中国的药用植物过去种植较少，以采摘野生为主，现主要来自栽培。现药用作物约有250种，甚至广西药用植物园已引种栽培药用植物近3000种，分属菊科、豆科等80余科，其中既有大量的草本植物，又有众多的木本植物、藤本植物和蕨类植物等，而且种植方式和利用部位各不相同。观赏作物包括人工栽培的花卉、园林植物和绿化植物，其中部分观赏植物也是林木的一部分。据统计，中国原产的观赏作物有150多科、554属、1595种。牡丹、月季、杜鹃、百合、梅、兰、菊、桂种类繁多，荷花、茶花、茉莉、水仙品种名贵（费砚良等，2008；《农区生物多样性编目》编委会，2008）。

收集相关文献比较，一些典型栽培植物资源的北界、南界、东界、西界，分布中心纬度和经度都已经发生改变，但改变程度不同（表9.1）。北界改变的包括菠萝、大豆、芒果等，南界变化的包括菠萝、枇杷等，西界改变的包括裸粒二棱大麦、裸粒六棱大麦、普通稻、药用稻，疣粒稻；东界改变的包括大豆、裸粒二棱大麦、裸粒六棱大麦等。

表 9.1　近 50 年来观测和预测栽培植物分布变化

植物	观测						预测					
	中心纬度	南界	北界	中心经度	西界	东界	中心纬度	南界	北界	中心经度	西界	东界
菠萝	−0.76	−4.18	1.72	−3.75	−4.79	0.77	1.56	0.00	0.37	−3.34	0.08	−0.10
大豆	1.05	3.37	1.12	0.11	18.85	−5.20	1.28	0.10	0.43	−0.36	0.06	0.72
柑橘	−0.05	0.00	−1.05	−0.28	−3.52	0.00	0.67	0.05	1.84	0.33	0.18	0.41
荔枝	−0.01	0.00	0.50	0.10	0.00	0.00	1.55	0.00	0.43	−3.57	0.05	−0.10
裸粒二棱大麦	0.07	−0.45	0.00	1.52	0.00	4.62	−0.11	−0.05	3.03	0.47	3.45	3.43
裸粒六棱大麦	−0.12	−0.45	0.00	−0.87	0.00	−2.60	−0.29	0.07	0.07	−0.60	−1.93	3.57
芒果	1.27	−0.97	7.57	−2.56	−2.22	3.71	0.96	0.00	2.57	−1.79	0.18	0.00
枇杷	−0.89	−4.29	0.24	−2.01	−11.83	0.00	0.81	0.10	3.04	0.48	0.15	1.00
普通稻	−0.35	0.00	0.00	0.87	6.88	0.00	1.21	0.00	−0.15	−2.42	0.07	0.42
香蕉	0.43	−4.12	6.72	−1.34	−9.37	0.43	1.00	0.00	2.77	−1.90	0.21	−0.07
药用稻	0.71	4.95	−0.97	1.23	12.12	−1.87	3.92	0.00	3.35	−2.86	0.85	2.55
有稃二棱大麦	0.46	0.00	5.01	0.23	0.00	1.00	−0.25	0.10	0.98	−0.49	−2.76	3.68
有稃六棱大麦	1.02	−3.79	4.81	1.71	0.00	1.34	−0.23	0.00	0.36	−0.15	0.05	2.75
疣粒稻	−1.49	0.40	0.37	7.93	11.24	11.48	1.57	0.00	0.11	−2.93	0.15	0.28

9.1.2　家养动物

中国家养动物品种资源丰富。在 20 世纪 50 年知道的种类不到 100 种，20 世纪 80 年代初全国家养动物资源普查结果表明，中国家养动物种达 21 个，品种（包括类群）达 617 个，其中土著品种占 70% 以上，以土著品种为素材培育的新品种达 3 6 个。80 年代调查表明，我国传统上的家养动物（畜禽）品种、品种群及其类群共计 596 个，列入中国各畜种品种志的品种 280 个，包括地方品种 194 个，培育品种 44 个，引入品种 42 个（指引入的品种已在我国经长期适应驯化并在改良中起一定作用的）。近年来有关专著和报道，我国家养动物现有品种和类群 1943 个，其中马 66 个，驴 22 个，牛 73 个，水牛 20 个，牦牛 5 个，绵羊 79 个，山羊 48 个，猪 113 个，鸡 109 个，鸭 35 个，鹅 21 个，火鸡 3 个，兔 14 个，犬 9 个，骆驼 7 个，家鸽 4 个，鹌鹑 4 个，珍珠鸡 2 个，雉鸡 3 个，鸵鹕 5 个，梅花鹿 7 个，马鹿 5 个，麝 6 个，林麝 1 个，水貂 5 个，紫貂 1 个，蜂 16 个，家蚕 1270 个（马月辉等，2002）。据 1989 年统计，全国有家养动物品种、品种群及类群（包括地方品种、培育品种及引入品种，不包括近年引入的祖代、父母代、商品代家禽）共计 650 余个，其中马 66 个、驴 20 个、黄牛（含奶牛、瘤牛、大额牛）73 个、水牛（含类群）20 个、牦牛 5 个、骆驼 4 个、绵羊 79 个、山羊（含奶山羊及品种群 48 个、猪 113 个、鸡 109 个、鸭 35 个、鹅 21 个、火鸡 3 个、鹿 10 个、蜂 6 个，还有驯养中的麝、黑熊、紫貂、水貂及雉鸡等。国家确认的被联合国粮农组织公布的有 204 个，其中马 15 个、驴 10 个、黄牛 28 个、水牛 1 个、牦牛 5 个、绵羊 25 个、山羊 20 个、猪 48 个、鸡 27 个、鸭 12 个、鹅 13 个。地方品种通过引种杂交，育成了一批新品种，如三河马、关中马、丽江马、伊犁马、中国黑白花奶牛、三河牛、草原红牛、中国美利奴羊、新疆细毛羊、内蒙古细毛羊、关中奶山羊、新金猪、三江白猪、上海白猪、新淮猪、赣州白猪、锦州白鸡、北京白鸡等（国家畜禽遗传资源委员会，2011a，b，c）。

从 20 世纪 50 年代开始引入良种马、牛、羊、猪及家禽品种改良土著家养动物品种，导致少数品种灭绝和临界消失。80 年代，我国已有 10 个地方畜禽良种消失，分别为塘脚牛（上海）、阳坝牛、高台牛（甘肃）、枣北大尾羊（湖北）、项城猪（河南）、深县猪（河北）、太平鸡、临洮鸡、武威斗鸡（甘肃）、九斤黄（江苏）；8 个面临灭绝，分别为河西猪、八眉猪（甘肃）、通城猪、鄂北黑猪（湖北）、五指山猪（海南）、静宁鸡（甘肃）、北京油鸡（北京）、北京中蜂；20 个数量正在大幅减少，分别为百岔铁蹄马、鄂伦春马、三江牛、早胜牛、安西黄牛、涠洲黄牛、舟山牛、兰州大尾羊、塔什库尔干羊、巴马香猪、潘郎猪、圩猪、六白猪、里岔黑猪、雅阳猪、北港猪、碧湖猪及阿坝蜜蜂、宽甸中蜂、陕北中蜂，近几年又有一些品种大幅减少，它们是关中驴、河南挽马、铁岭挽马、晋江马、草原红牛、复州牛、冀南黄牛、大额牛、民猪、荣昌猪、湖羊、大尾寒羊、同羊、湖区藏羊、阿拉善驼、天津风头鸡、溆蒲鹅（马月辉等，2002；国家畜禽遗传资源委员会，2011a、b、c；国家畜禽遗传资源委员会，2012）。已灭绝的品种：荡脚牛（上海）、阴坎牛、高台牛（甘肃）、枣壮大尾羊（湖北）、项城猪（河南）、深县猪（河北）、太平鸡、临洮鸡（北京）、武威斗鸡（甘肃）、九斤黄（江苏）。濒危灭绝的品种：河西猪、八眉猪（甘肃）、通城猪、鄂北黑猪（湖北）、五指山猪（海南）、静宁鸡（甘肃）、北京油鸡（北京）、北京中蜂。数量减少的品种：百岔铁蹄马、鄂伦春马、三江牛、早胜牛、安西黄牛、涠洲黄牛、舟山牛、兰州大尾羊、塔什库尔干羊、巴马香猪、潘郎猪、圩猪、六白猪、岔路黑猪、雅阳猪、北港猪、碧湖猪及阿坎蜜蜂、宽甸中蜂、陕北中蜂。骆驼种群数量下降（国家畜禽遗传资源委员会，2011a，b，c）。

根据全国第二次畜禽遗传资源调查，15 个地方畜禽品种尚未发现，55 个处于濒危状态，22 个品种濒临灭绝。濒危和濒临灭绝品种约占地方畜禽品种总数的 14%。近 30 年来，我国特种畜禽品种资源发生了较大变化，新审定品种 10 个、新鉴定遗传资源 6 个、引入品种 30 多个。第二次畜禽遗传资源调查中未发现：其中 20 种，福建：福州黑猪、平潭黑猪；江苏：横泾猪、虹桥猪、潘狼猪、雅阳猪、北港猪、龙游乌猪、甘肃：河西猪；山东：沂蒙黑猪、里岔黑猪、烟台黑猪；辽宁：新金猪、辽宁黑猪；黑吉辽：东北花猪；山西：太原花猪；黑龙江：黑花猪；浙江：温州白猪；河南：泛农花猪；江西：赣州白猪；20 世纪 80 年代后我国地方猪种数量急剧减少：太湖猪、民猪、大花白猪、八眉猪、金华猪；濒危或消亡：深县猪、横泾猪；90 年代濒危兔类：云南花兔、四川白兔；90 年代灭绝兔类：喜马拉雅兔；濒危蜜蜂：长白山中峰、海南中峰、西藏中锋；珲春黑蜂、意蜂。21 世纪初几乎灭绝：新疆黑蜂（国家畜禽遗传资源委员会，2011 a、b、c；国家畜禽遗传资源委员会，2012）。

一些典型家养动物分布变化分析如下表。根据已经发表的水牛和牦牛分布变化结果，水牛和牦牛分布的南北、东西和中心分布点已经发生改变，北界扩展的青海牦牛，东界变化的如青海牦牛。这些结果反映部分牦牛分布已经向北，部分向西移动（Wu，2016）（表 9.2）。

表 9.2　近 50 年来观测和预测中国牦牛分布的变化

牦牛品种	观测						预测					
	中心纬度	南界	北界	中心经度	西界	东界	中心纬度	南界	北界	中心经度	西界	东界
BZ	0	0	0	0	0	0	0.53	−0.44	0.95	2.98	−2.92	2.69
GN	0	0	0	0.44	0	1.02	0.13	0	2.43	−1.53	1.03	1.87
MW	0	0	0	0	0	0	0.36	0.03	1.22	−0.46	1.9	1.1
JL	−0.07	0	0	0.06	0	0	1.18	0.35	−1.05	−0.54	−0.55	0.13
ML	0	0	0	0	0	0	0.99	0.7	2.68	0.25	1.87	1.9
NY	0	0	0	0	0	0	0.73	0.84	−4.18	−3.52	−5.94	−9.06
PL	0	0	0	0	0	0	4.1	1.9	1.9	8.89	−1.18	−1.18
QH	0.38	0	0.66	1.05	0	2.08	−0.52	0.08	0.17	−1.54	1.89	2
SB	0	0	0	0	0	0	−3.12	−1.27	−1.27	−10.32	0.68	0.68
TZ	0	0	0	0	0	0	0.68	0.18	0.63	−0.75	−0.6	0.17
XZ	0	0	0	0	0	0	−0.6	0	0.22	0.02	6.65	1.45
ZD	0	0	0	0	0	0	0.53	0.22	−0.41	−1.91	0.92	−0.36

注：BZ（巴州牦牛）；GN（甘南牦牛）；MW（麦洼牦牛）；JL（九龙牦牛）；ML（木里牦牛）；NY（粘亚牦牛）；PL（帕里牦牛）；QH（青海高原牦牛）；SB（斯布牦牛）；TZ（天祝白牦牛）；XZ（西藏高山牦牛）；ZD（中甸牦牛）。

　　已经发表的论文中，对中国 29 个水牛品种的分布范围变化进行了分析，结果表明一些水牛分布北界已经改变（Wu，2015）。

9.1.3　种质资源多样性演变总体趋势

　　近 50 年来，中国种质资源变化体现在许多植物资源被新的资源替代，一些资源适宜范围在改变，一些果树资源、经济林木资源、作物资源，中药材资源，以及家养动物数量都呈现一定的变化。特别是 10 多种栽培植物资源、10 多种动物资源分布已经改变，一些动物资源物种分布范围消失。

9.1.4　讨论与小结

　　近 50 年来，种质资源多样性发生一些变化，表现在一些物种分布改变资源数量的变化，以及区域丰富度的变化。

　　动物种质资源物种分布变化复杂，一些家养动物，如牛、马、猪品种在一些地区消失，一些家养动物品种完全消失（刘栋和赵永聚，2015；李建江等，2013；马月辉等，2002；国家畜禽遗传资源委员会，2011a，b，c；国家畜禽遗传资源委员会，2012）。栽培植物种质资源变化也比较复杂，一些植物分布变化比较复杂，如野生稻、野生大麦、野生大豆都呈现一定的变化趋势，部分分布范围缩小（李福山，1993；高立志等，1996；钱韦等，2001）。

　　近 50 年来，已经报道许多的资源的数量发生改变，如马、牛、羊、鸡等品种数量变化较大。一些典型栽培植物分布南界、北界、西界、东界，以及分布中心发生改变。

　　本书通过比较不同时期记载，识别了不同种质资源的变化，这些变化反映在分布范围和栽培范围方面。由于栽培植物的资源种类多，数据量大，需要在以后的分析中进行更加细致的识别。

9.2 近 50 年来气候变化对种质资源多样性的
影响识别与归因

气候变化对生物多样性影响的识别与归因主要是对过去生物多样性发生变化的原因进行分析，判别是否是因为气候变化造成的。近 50 年来，中国种质资源多样性发生一定变化，这些变化部分归因为人类活动，部分归因为气候变化。

9.2.1 种质资源多样性演变与气候要素和人类活动的关系

种质资源变化变化与气候变化和人类活动都有密切关系，并且不同的物种分布变化与环境要素与人类活动关系不同。

1. 栽培植物

栽培植物与人类活动关系密切，特别是与土地利用活动和农业生产活动关系密切。植物中野生大豆与温度变化关系呈现正相关关系，50 年来分布北界发生变化，这些变化与我国年均气温变化一致。与极端温度变化关系复杂，与降水变化关系也比较复杂。另外，野生稻分布范围变化与气候变化关系也比较复杂。大部分栽培植物分布南北界变化与热量因素关系密切，一些与水分变化关系密切，个别与 PER 密切相关（表 9.3）。

表 9.3 栽培植物分布边界与气候要素关联性

物种	南界									北界								
	T_1	T_2	T_3	T_4	T_5	T_6	T_7	T_8	T_9	T_1	T_2	T_3	T_4	T_5	T_6	T_7	T_8	T_9
F_1	0.42	0.39	0.46	0.45	0.37	0.47	0.41	0.47	0.81	0.75	0.75	0.75	0.73	0.83	0.76	0.82	0.76	0.38
F_2	0.8	0.74	0.84	0.8	0.79	0.85	0.69	0.85	0.51	0.38	0.41	0.37	0.38	0.41	0.37	0.54	0.37	0.67
F_3	0.42	0.39	0.46	0.45	0.37	0.47	0.41	0.47	0.81	0.64	0.57	0.7	0.66	0.56	0.72	0.61	0.72	0.61
F_4	0.64	0.57	0.7	0.66	0.56	0.72	0.61	0.72	0.61	0.64	0.57	0.7	0.66	0.56	0.72	0.61	0.72	0.61
F_5	0.64	0.57	0.7	0.66	0.56	0.72	0.61	0.72	0.61	0.75	0.75	0.75	0.73	0.83	0.76	0.82	0.76	0.38
F_6	0.64	0.57	0.7	0.66	0.56	0.72	0.61	0.72	0.61	0.42	0.39	0.46	0.45	0.37	0.47	0.41	0.47	0.81
F_7	0.42	0.39	0.46	0.45	0.37	0.47	0.41	0.47	0.81	0.75	0.75	0.75	0.73	0.83	0.76	0.82	0.76	0.38
F_8	0.42	0.39	0.46	0.45	0.37	0.47	0.41	0.47	0.81	0.64	0.57	0.7	0.66	0.56	0.72	0.61	0.72	0.61
F_9	0.75	0.75	0.75	0.73	0.83	0.76	0.82	0.76	0.38	0.64	0.57	0.7	0.66	0.56	0.72	0.61	0.72	0.61
F_{10}	0.42	0.39	0.46	0.45	0.37	0.47	0.41	0.47	0.81	0.75	0.75	0.75	0.73	0.83	0.76	0.82	0.76	0.38
F_{11}	0.75	0.75	0.75	0.73	0.83	0.76	0.82	0.76	0.38	0.42	0.39	0.46	0.45	0.37	0.47	0.41	0.47	0.81
F_{12}	0.64	0.57	0.7	0.66	0.56	0.72	0.61	0.72	0.61	0.75	0.75	0.75	0.73	0.83	0.76	0.82	0.76	0.38
F_{13}	0.64	0.57	0.7	0.66	0.56	0.72	0.61	0.72	0.61	0.75	0.75	0.75	0.73	0.83	0.76	0.82	0.76	0.38
F_{14}	0.75	0.75	0.75	0.73	0.83	0.76	0.82	0.76	0.38	0.75	0.75	0.75	0.73	0.83	0.76	0.82	0.76	0.38

注：F_1~F_{14}分别代表了菠萝、大豆、柑橘、荔枝、裸粒二棱大麦、裸粒六棱大麦、芒果、枇杷、普通稻、香蕉、药用稻、有稃二棱大麦、有稃六棱大麦、疣粒稻。T_1-T_9分别代表了分别表示年平均气温、1月平均气温、7月平均气温、最热月最高温度、最冷月最低温度、大于0℃积温、年降水量、BT 和 PER。表 9.4 和表 9.5 相同。

大部分栽培植物分布东西界变化与热量因素关系密切，一些与水分变化关系密切，个别与 PER 密切相关（表 9.4）。

表 9.4　栽培植物分布边界变化与气候要素关联性

物种	西界									东界								
---	T_1	T_2	T_3	T_4	T_5	T_6	T_7	T_8	T_9	T_1	T_2	T_3	T_4	T_5	T_6	T_7	T_8	T_9
F_1	0.42	0.39	0.46	0.45	0.37	0.47	0.41	0.47	0.81	0.75	0.75	0.75	0.73	0.83	0.76	0.82	0.76	0.38
F_2	0.8	0.74	0.84	0.8	0.79	0.85	0.69	0.85	0.51	0.8	0.74	0.84	0.8	0.79	0.85	0.69	0.85	0.51
F_3	0.64	0.57	0.7	0.66	0.56	0.72	0.61	0.72	0.61	0.42	0.39	0.46	0.45	0.37	0.47	0.41	0.47	0.81
F_4	0.64	0.57	0.7	0.66	0.56	0.72	0.61	0.72	0.61	0.75	0.75	0.75	0.73	0.83	0.76	0.82	0.76	0.38
F_5	0.42	0.39	0.46	0.45	0.37	0.47	0.41	0.47	0.81	0.64	0.57	0.7	0.66	0.56	0.72	0.61	0.72	0.61
F_6	0.42	0.39	0.46	0.45	0.37	0.47	0.41	0.47	0.81	0.64	0.57	0.7	0.66	0.56	0.72	0.61	0.72	0.61
F_7	0.42	0.39	0.46	0.45	0.37	0.47	0.41	0.47	0.81	0.75	0.75	0.75	0.73	0.83	0.76	0.82	0.76	0.38
F_8	0.42	0.39	0.46	0.45	0.37	0.47	0.41	0.47	0.81	0.75	0.75	0.75	0.73	0.83	0.76	0.82	0.76	0.38
F_9	0.64	0.57	0.7	0.66	0.56	0.72	0.61	0.72	0.61	0.64	0.57	0.7	0.66	0.56	0.72	0.61	0.72	0.61
F_{10}	0.42	0.39	0.46	0.45	0.37	0.47	0.41	0.47	0.81	0.75	0.75	0.75	0.73	0.83	0.76	0.82	0.76	0.38
F_{11}	0.75	0.75	0.75	0.73	0.83	0.76	0.82	0.76	0.38	0.42	0.39	0.46	0.45	0.37	0.47	0.41	0.47	0.81
F_{12}	0.64	0.57	0.7	0.66	0.56	0.72	0.61	0.72	0.61	0.75	0.75	0.75	0.73	0.83	0.76	0.82	0.76	0.38
F_{13}	0.42	0.39	0.46	0.45	0.37	0.47	0.41	0.47	0.81	0.75	0.75	0.75	0.73	0.83	0.76	0.82	0.76	0.38
F_{14}	0.75	0.75	0.75	0.73	0.83	0.76	0.82	0.76	0.38	0.75	0.75	0.75	0.73	0.83	0.76	0.82	0.76	0.38

大部分栽培植物分布中心变化与热量因素关系密切，一些与水分变化关系密切，个别与 PER 密切相关（表 9.5）。

栽培植物南北界改变与热量因素关系密切，东西界变化与热量因素关系密切，中心纬度与经度改变与热量因素关系密切。一些与水分变化关系密切，一些与蒸发关系密切。

表 9.5　栽培植物分布中心变化与气候要素关联性

物种	中心纬度									中心经度								
---	T_1	T_2	T_3	T_4	T_5	T_6	T_7	T_8	T_9	T_1	T_2	T_3	T_4	T_5	T_6	T_7	T_8	T_9
F_1	0.42	0.39	0.46	0.45	0.37	0.47	0.41	0.47	0.81	0.42	0.39	0.46	0.45	0.37	0.47	0.41	0.47	0.81
F_2	0.8	0.74	0.84	0.8	0.79	0.85	0.69	0.85	0.51	0.8	0.74	0.84	0.8	0.79	0.85	0.69	0.85	0.51
F_3	0.42	0.39	0.46	0.45	0.37	0.47	0.41	0.47	0.81	0.42	0.39	0.46	0.45	0.37	0.47	0.41	0.47	0.81
F_4	0.42	0.39	0.46	0.45	0.37	0.47	0.41	0.47	0.81	0.75	0.75	0.75	0.73	0.83	0.76	0.82	0.76	0.38
F_5	0.75	0.75	0.75	0.73	0.83	0.76	0.82	0.76	0.38	0.75	0.75	0.75	0.73	0.83	0.76	0.82	0.76	0.38
F_6	0.42	0.39	0.46	0.45	0.37	0.47	0.41	0.47	0.81	0.42	0.39	0.46	0.45	0.37	0.47	0.41	0.47	0.81
F_7	0.75	0.75	0.75	0.73	0.83	0.76	0.82	0.76	0.38	0.42	0.39	0.46	0.45	0.37	0.47	0.41	0.47	0.81
F_8	0.42	0.39	0.46	0.45	0.37	0.47	0.41	0.47	0.81	0.42	0.39	0.46	0.45	0.37	0.47	0.41	0.47	0.81
F_9	0.42	0.39	0.46	0.45	0.37	0.47	0.41	0.47	0.81	0.75	0.75	0.75	0.73	0.83	0.76	0.82	0.76	0.38
F_{10}	0.75	0.75	0.75	0.73	0.83	0.76	0.82	0.76	0.38	0.42	0.39	0.46	0.45	0.37	0.47	0.41	0.47	0.81
F_{11}	0.75	0.75	0.75	0.73	0.83	0.76	0.82	0.76	0.38	0.75	0.75	0.75	0.73	0.83	0.76	0.82	0.76	0.38
F_{12}	0.75	0.75	0.75	0.73	0.83	0.76	0.82	0.76	0.38	0.75	0.75	0.75	0.73	0.83	0.76	0.82	0.76	0.38
F_{13}	0.75	0.75	0.75	0.73	0.83	0.76	0.82	0.76	0.38	0.75	0.75	0.75	0.73	0.83	0.76	0.82	0.76	0.38
F_{14}	0.42	0.39	0.46	0.45	0.37	0.47	0.41	0.47	0.81	0.75	0.75	0.75	0.73	0.83	0.76	0.82	0.76	0.38

2. 家养动物

家养动物分布变化与气候要素关联系数不同，表 9.6 中显示，与年均温关系较低，与降水量和蒸发系数关系密切。以水牛和牦牛分布变化为例，可以看出大部分家养动物分布变化与水热要素关系不密切。

表 9.6 牦牛分布南界与北界变化与气候因素的关联性

物种	南界									北界								
	T_1	T_2	T_3	T_4	T_5	T_6	T_7	T_8	T_9	T_1	T_2	T_3	T_4	T_5	T_6	T_7	T_8	T_9
BZ	0.64	0.57	0.7	0.66	0.56	0.72	0.61	0.72	0.61	0.64	0.57	0.7	0.66	0.56	0.72	0.61	0.72	0.61
GN	0.64	0.57	0.7	0.66	0.56	0.72	0.61	0.72	0.61	0.64	0.57	0.7	0.66	0.56	0.72	0.61	0.72	0.61
MW	0.64	0.57	0.7	0.66	0.56	0.72	0.61	0.72	0.61	0.64	0.57	0.7	0.66	0.56	0.72	0.61	0.72	0.61
JL	0.64	0.57	0.7	0.66	0.56	0.72	0.61	0.72	0.61	0.64	0.57	0.7	0.66	0.56	0.72	0.61	0.72	0.61
ML	0.64	0.57	0.7	0.66	0.56	0.72	0.61	0.72	0.61	0.64	0.57	0.7	0.66	0.56	0.72	0.61	0.72	0.61
NY	0.64	0.57	0.7	0.66	0.56	0.72	0.61	0.72	0.61	0.64	0.57	0.7	0.66	0.56	0.72	0.61	0.72	0.61
PL	0.64	0.57	0.7	0.66	0.56	0.72	0.61	0.72	0.61	0.64	0.57	0.7	0.66	0.56	0.72	0.61	0.72	0.61
QH	0.77	0.7	0.83	0.79	0.66	0.86	0.56	0.85	0.59	0.64	0.57	0.7	0.66	0.56	0.72	0.61	0.72	0.61
SB	0.64	0.57	0.7	0.66	0.56	0.72	0.61	0.72	0.61	0.64	0.57	0.7	0.66	0.56	0.72	0.61	0.72	0.61
TZ	0.64	0.57	0.7	0.66	0.56	0.72	0.61	0.72	0.61	0.64	0.57	0.7	0.66	0.56	0.72	0.61	0.72	0.61
XZ	0.64	0.57	0.7	0.66	0.56	0.72	0.61	0.72	0.61	0.64	0.57	0.7	0.66	0.56	0.72	0.61	0.72	0.61
ZD	0.64	0.57	0.7	0.66	0.56	0.72	0.61	0.72	0.61	0.64	0.57	0.7	0.66	0.56	0.72	0.61	0.72	0.61

注：BZ（巴州牦牛）；GN（甘南牦牛）；MW（麦洼牦牛）；JL（九龙牦牛）；ML（木里牦牛）；NY（粘亚牦牛）；PL（帕里牦牛）；QH（青海高原牦牛）；SB（斯布牦牛）；TZ（天筑白牦牛）；XZ（西藏高山牦牛）；ZD（中甸牦牛）。

家养动物南北界改变与热量因素关系密切，东西界变化与热量因素关系密切，中心纬度与经度改变与热量因素关系密切。另外，一些家养动物分布变化与水分变化关系密切，一些与蒸发关系密切（表 9.6~表 9.8）。

表 9.7 牦牛分布西界与东界变化与气候因素的关联性

物种	西界									东界								
	T_1	T_2	T_3	T_4	T_5	T_6	T_7	T_8	T_9	T_1	T_2	T_3	T_4	T_5	T_6	T_7	T_8	T_9
BZ	0.64	0.57	0.7	0.66	0.56	0.72	0.61	0.72	0.61	0.64	0.57	0.7	0.66	0.56	0.72	0.61	0.72	0.61
GN	0.64	0.57	0.7	0.66	0.56	0.72	0.61	0.72	0.61	0.8	0.74	0.84	0.8	0.79	0.85	0.69	0.85	0.51
MW	0.64	0.57	0.7	0.66	0.56	0.72	0.61	0.72	0.61	0.64	0.57	0.7	0.66	0.56	0.72	0.61	0.72	0.61
JL	0.58	0.56	0.61	0.59	0.6	0.6	0.49	0.6	0.7	0.64	0.57	0.7	0.66	0.56	0.72	0.61	0.72	0.61
ML	0.64	0.57	0.7	0.66	0.56	0.72	0.61	0.72	0.61	0.64	0.57	0.7	0.66	0.56	0.72	0.61	0.72	0.61
NY	0.64	0.57	0.7	0.66	0.56	0.72	0.61	0.72	0.61	0.64	0.57	0.7	0.66	0.56	0.72	0.61	0.72	0.61
PL	0.64	0.57	0.7	0.66	0.56	0.72	0.61	0.72	0.61	0.64	0.57	0.7	0.66	0.56	0.72	0.61	0.72	0.61
QH	0.64	0.57	0.7	0.66	0.56	0.72	0.61	0.72	0.61	0.76	0.77	0.76	0.74	0.77	0.78	0.62	0.78	0.47
SB	0.64	0.57	0.7	0.66	0.56	0.72	0.61	0.72	0.61	0.64	0.57	0.7	0.66	0.56	0.72	0.61	0.72	0.61
TZ	0.64	0.57	0.7	0.66	0.56	0.72	0.61	0.72	0.61	0.64	0.57	0.7	0.66	0.56	0.72	0.61	0.72	0.61
XZ	0.64	0.57	0.7	0.66	0.56	0.72	0.61	0.72	0.61	0.64	0.57	0.7	0.66	0.56	0.72	0.61	0.72	0.61
ZD	0.64	0.57	0.7	0.66	0.56	0.72	0.61	0.72	0.61	0.64	0.57	0.7	0.66	0.56	0.72	0.61	0.72	0.61

注：BZ（巴州牦牛）；GN（甘南牦牛）；MW（麦洼牦牛）；JL（九龙牦牛）；ML（木里牦牛）；NY（粘亚牦牛）；PL（帕里牦牛）；QH（青海高原牦牛）；SB（斯布牦牛）；TZ（天筑白牦牛）；XZ（西藏高山牦牛）；ZD（中甸牦牛）。

表 9.8 牦牛分布中心变化与气候因素的关联性

物种	中心经度									中心纬度								
	T_1	T_2	T_3	T_4	T_5	T_6	T_7	T_8	T_9	T_1	T_2	T_3	T_4	T_5	T_6	T_7	T_8	T_9
BZ	0.64	0.57	0.7	0.66	0.56	0.72	0.61	0.72	0.61	0.64	0.57	0.7	0.66	0.56	0.72	0.61	0.72	0.61
GN	0.8	0.74	0.84	0.8	0.79	0.85	0.69	0.85	0.51	0.64	0.57	0.7	0.66	0.56	0.72	0.61	0.72	0.61
MW	0.64	0.57	0.7	0.66	0.56	0.72	0.61	0.72	0.61	0.64	0.57	0.7	0.66	0.56	0.72	0.61	0.72	0.61
JL	0.69	0.69	0.71	0.69	0.57	0.68	0.46	0.69	0.67	0.5	0.48	0.53	0.51	0.56	0.52	0.52	0.52	0.74
ML	0.64	0.57	0.7	0.66	0.56	0.72	0.61	0.72	0.61	0.64	0.57	0.7	0.66	0.56	0.72	0.61	0.72	0.61
NY	0.64	0.57	0.7	0.66	0.56	0.72	0.61	0.72	0.61	0.64	0.57	0.7	0.66	0.56	0.72	0.61	0.72	0.61
PL	0.64	0.57	0.7	0.66	0.56	0.72	0.61	0.72	0.61	0.64	0.57	0.7	0.66	0.56	0.72	0.61	0.72	0.61
QH	0.74	0.73	0.74	0.73	0.71	0.77	0.67	0.77	0.46	0.75	0.7	0.79	0.79	0.66	0.78	0.56	0.78	0.64
SB	0.64	0.57	0.7	0.66	0.56	0.72	0.61	0.72	0.61	0.64	0.57	0.7	0.66	0.56	0.72	0.61	0.72	0.61
TZ	0.64	0.57	0.7	0.66	0.56	0.72	0.61	0.72	0.61	0.64	0.57	0.7	0.66	0.56	0.72	0.61	0.72	0.61
XZ	0.64	0.57	0.7	0.66	0.56	0.72	0.61	0.72	0.61	0.64	0.57	0.7	0.66	0.56	0.72	0.61	0.72	0.61
ZD	0.64	0.57	0.7	0.66	0.56	0.72	0.61	0.72	0.61	0.64	0.57	0.7	0.66	0.56	0.72	0.61	0.72	0.61

注：BZ（巴州牦牛）；GN（甘南牦牛）；MW（麦洼牦牛）；JL（九龙牦牛）；ML（木里牦牛）；NY（粘亚牦牛）；PL（帕里牦牛）；QH（青海高原牦牛）；SB（斯布牦牛）；TZ（天筑白牦牛）；XZ（西藏高山牦牛）；ZD（中甸牦牛）。

9.2.2 近 50 年来气候变化驱动对种质资源多样性的影响

1. 栽培植物

气候变化驱动下，一些栽培植物分布南界、北界、西界、东界、分布中心纬度、分布中心经度改变（表 9.1）。对多种植物种质资源植物而言，变化较大的是普通稻、药用稻、疣粒稻、有稃二棱、裸粒二棱、有稃瓶形、裸粒瓶形、有稃六棱、裸粒六棱、大豆，茶树大叶种、中小叶种、白梨类、西洋梨类、秋子梨类、砂梨类。部分物种模拟超过其实际分布，主要是因为实际分布并不能完全反映其最大分布范围。

近 50 年气候变化驱动下，栽培植物丰富度在一些区域将增加，在一些区域将下降。明显变化表现在东北地区的丰富度增加，南部，包括西南部分区域的丰富度下降，在 2010 年变化比较明显（图 9.1）。

2. 家养动物

近 50 年气候变化驱动下，一些家养动物分布南界、北界、西界、东界和分布中心都发生了改变，并且家养动物的丰富度呈现一定的变化趋势。

1）家畜

气候变化驱动下，中国猪品种的丰富度在东北区域呈现增加趋势，在南部、西南区域呈现下降趋势。另外，中国羊品种的丰富度在东北区域呈现增加趋势，在南部、西南区域呈现下降趋势（图 9.2、图 9.3）。

2）家禽

气候变化驱动下，中国家禽品种的丰富度改变，东南部变化度大（图 9.4）。

气候变化驱动下，一些家养动物适宜分布将发生改变，包括一些牦牛分布北界、南

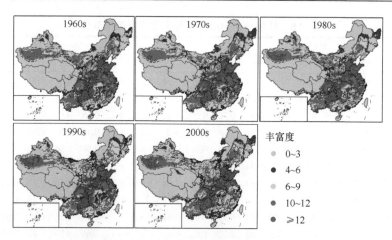

图9.1　气候变化驱动下栽培植物丰富度变化

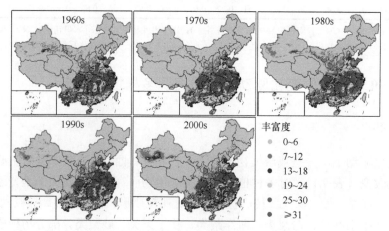

图9.2　气候变化驱动下猪品种丰富度变化

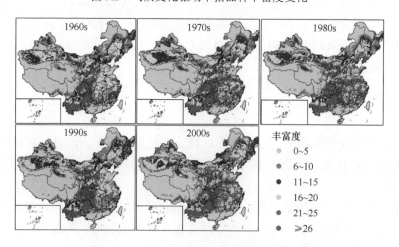

图9.3　气候变化驱动下羊品种丰富度变化

界、东界和西界都将发生改变（表9.2）。根据发表论文，气候变化驱动下，一些水牛分布北界、南界、东界和西界都将发生改变（Wu, 2015）。气候变化驱动下，变化较大的是仙居鸡、白耳黄鸡、寿光鸡、萧山鸡、固始鸡、峨眉黑鸡、静原鸡、建昌鸭、河曲马、柴达木马、阿拉善双峰驼、青海骆驼、秦川牛、九龙牦牛。

从气候变化驱动下不同类群的物种丰富度变化看，总体上物种丰富度格局变化不大，但对不同类群物种而言，丰富度有一定的改变，如家养动物在东南部的丰富度下降，栽培植物丰富度也发生局地改变（图9.4）。

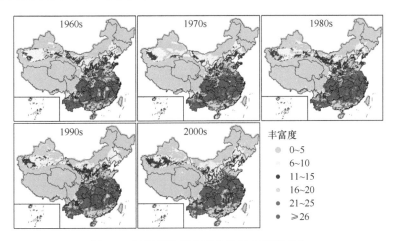

图 9.4　气候变化驱动下鸡品种丰富度变化

9.2.3　观测分布变化与气候变化驱动影响变化的一致性

种质资源在过去 50 年的变化中，一些种质资源物种分布变化与气候变化驱动比较一致，一些变化并不一致。

1. 栽培植物

气候变化下，果树分布变化比较一致，茶叶也变化比较一致。另外，一些作物变化也不一致。一些植物观测分布变化与预测分布变化的一致性较高，南界变化一致性系数在 0.7 以上的物种包括了大豆，北界变化一致性在 0.7 以上物种包括菠萝、大豆，中心纬度变化一致性系数在 0.7 以上的物种包括了大豆。另外，东界变化一致性系数在 0.7 以上的物种包括了大豆，西界变化一致性在 0.7 以上物种包括大豆，中心经度变化一致性系数在 0.7 以上的物种包括了普通稻（表9.9）。

2. 家养动物

一些动物观测分布变化与预测分布变化的一致性较高，南界变化一致性系数在 0.7 以上的物种没有，北界变化一致性在 0.7 以上物种包括青藏高原牦牛，中心纬度变化一致性系数在 0.7 以上的物种包括了九龙牦牛。另外，东界变化一致性系数在 0.7 以上的物种包括了青藏高原牦牛，西界变化一致性在 0.7 以上物种没有，中心纬度变化一致性系数在 0.7 以上的物种包括了甘南牦牛。已经发表的论文中，一些水牛分布南界、北界、西界、东界变化的一致性系数也在 0.7 以上（Wu，2015）（表 9.10）。

表 9.9 栽培植物分布观测与预测变化一致性

植物品种	中心纬度	南界	北界	中心经度	西界	东界
菠萝	0.58	0.73	0.73	0.66	0.59	0.66
大豆	0.76	0.73	0.74	0.65	0.7	0.75
柑橘	0.72	0.78	0.61	0.62	0.86	0.75
荔枝	0.59	0	0.73	0.78	0.59	0.78
裸粒二棱大麦	0.66	0.56	0.6	0.61	0.55	0.68
裸粒六棱大麦	0.66	0.7	0.59	0.61	0.6	0.79
芒果	0.77	0.73	0.65	0.68	0.74	0.68
枇杷	0.61	0.6	0.7	0.58	0.77	0.67
普通稻	0.5	0	0.6	0.76	0.79	0.65
香蕉	0.76	0.73	0.65	0.71	0.73	0.64
药用稻	0.64	0.63	0.79	0.71	0.62	0.61
有稃二棱大麦	0.75	0.62	0.64	0.74	0.49	0.64
有稃六棱大麦	0.64	0.67	0.6	0.69	0.61	0.7
疣粒稻	0.48	0.6	0.64	0.67	0.69	0.65

表 9.10 家养动物分布观测与预测变化一致性

牦牛品种	中心纬度	南界	北界	中心经度	西界	东界
巴州牦牛	0.64	0.64	0.51	0.63	0.59	0.61
甘南牦牛	0.69	0.58	0.53	0.71	0.53	0.67
麦哇牦牛	0.52	0.58	0.58	0.62	0.52	0.49
九龙牦牛	0.76	0.63	0.62	0.63	0.54	0.61
木里牦牛	0.52	0.59	0.52	0.62	0.69	0.58
粘牙牦牛	0.67	0.64	0.58	0.62	0.52	0.54
帕里牦牛	0.61	0.61	0.61	0.62	0.57	0.56
青海高原牦牛	0.68	0.65	0.76	0.65	0.52	0.74
斯布牦牛	0.68	0.68	0.68	0.66	0.50	0.50
天竹白牦牛	0.69	0.66	0.68	0.73	0.64	0.66
西藏高山牦牛	0.57	0.48	0.58	0.69	0.55	0.55
中甸牦牛	0.53	0.61	0.61	0.52	0.52	0.51

9.2.4 气候变化对种质资源多样性影响的归因

1. 栽培植物

根据 50 年植物资源分布变化，气候变化驱动与一致性关系，把一些栽培植物分布变化归因为气候变化，另外一些则不能归因为气候变化。

一些栽培植物南界、北界、东界、西界，分步中心纬度、经度变化归因值在 1 以上，这些植物分布变化可以归结为气候变化。北界变化的芒果、枇杷、香蕉、有稃二棱大麦、有稃六棱大麦等归因为气候变化，东界变化的裸粒二棱大麦、有稃二棱大麦、有稃六棱大麦、疣粒稻等也归因为气候变化（表 9.11）。

表 9.11　栽培植物观测分布变化归因为气候变化值

植物种类	中心纬度	南界	北界	中心经度	西界	东界
菠萝	−9.30	0.00	0.88	11.00	−0.11	−0.10
大豆	12.36	37.17	0.91	−0.01	0.18	−4.45
柑橘	−0.35	0.00	−3.70	−0.13	−0.50	0.00
荔枝	−0.24	0.00	0.44	0.00	0.00	0.00
裸粒二棱大麦	−0.13	0.85	0.00	0.60	0.00	14.82
裸粒六棱大麦	0.49	−3.61	0.00	0.55	0.00	−14.06
芒果	8.52	0.00	28.78	4.35	−0.27	0.00
枇杷	−5.52	−42.12	1.17	−1.22	−1.15	0.00
普通稻	−2.84	0.00	0.00	−4.66	0.14	0.00
香蕉	2.93	0.00	27.60	2.60	−1.38	−0.04
药用稻	17.63	0.00	−8.20	−7.49	5.45	−5.58
有稃二棱大麦	−1.79	0.00	6.83	−0.19	0.00	3.24
有稃六棱大麦	−3.23	−29.09	1.96	−1.03	0.00	3.55
疣粒稻	−15.10	0.00	0.03	−50.08	0.70	2.87

2. 家养动物

近 50 年来，一些种质资源动物分布南界、北界、西界、东界、中心纬度和经度变化归因为气候变化。根据归因值，受到影响的为北界分布变化，南界变化，分布中心点变化，如表 9.12 所示。部分牦牛分布变化归因为气候变化。另外，部分水牛分布变化也归因为气候变化。

表 9.12　归因牦牛分布变化归因为气候变化的值

牦牛品种	中心纬度	南界	北界	中心经度	西界	东界
巴州牦牛	0.00	0.00	0.00	0.00	0.00	0.00
甘南牦牛	0.00	0.00	0.00	−3.37	0.00	4.82
麦哇牦牛	0.00	0.00	0.00	0.00	0.00	0.00
九龙牦牛	−1.11	0.00	0.00	−0.06	0.00	0.00
木里牦牛	0.00	0.00	0.00	0.00	0.00	0.00
粘牙牦牛	0.00	0.00	0.00	0.00	0.00	0.00
帕里牦牛	0.00	0.00	0.00	0.00	0.00	0.00
青海高原牦牛	−5.73	0.00	0.00	−4.94	0.00	10.71
斯布牦牛	0.00	0.00	0.00	0.00	0.00	0.00
天竹白牦牛	0.00	0.00	0.00	0.00	0.00	0.00
西藏高山牦牛	0.00	0.00	0.00	0.00	0.00	0.00
中甸牦牛	0.00	0.00	0.00	0.00	0.00	0.00

一些家养动物南界、北界、东界、西界，分步中心纬度、经度变化归因值在 1 以上，

这些动物分布变化可以归因为气候变化。甘南牦牛、青藏高原牦牛东界变化归因为气候变化，这些结果已经发表（Wu，2016）。

已经发表的文章中，个别的水牛分布南界、北界、东界、西界，分步中心纬度、经度变化变化也归因为气候变化（Wu，2015）。

9.2.5　气候变化对种质资源多样性影响与贡献

近 50 年来，在气候变化影响下，分布变化已经发生改变的家养动物不少于 50 种，栽培植物不少于 20 多种。分布已经发生改变归因为气候变化的家养动物不少于 5 种，归因为气候变化的栽培植物不少于 4 种（表 9.13）。

表 9.13　1951~2010 年受气候变化影响分布改变的种质资源物种数量

类群	分布变化	归因气候变化数量	气候变化影响所占比例
家养动物	不少于 50 种	不少于 4 种	不少于 8%
栽培植物	不少于 26 种	不少于 5 种	不少于 20%

9.2.6　讨论与小结

气候变化对种质资源多样性的影响比较复杂。在近 50 年来，气候变化和人类活动共同对栽培植物多样性产生一定的影响，同时对家养动物产生了一定的影响。家养动物变化比较复杂，与人类活动关系密切（中国科学院内蒙宁夏综合考察队，1976）。这些种质资源分布改变仅部分是因为气候变化的影响，一部分物种分布与范围改变与人类活动和调查等有关。特别是受到人为栽培活动和饲养活动，以及社会经济需要的影响更大。

一些研究分析认为，一些果树分布发生改变，一些经济林木分布也发生改变归因为气候变化（许彦平等，2015）。本书中识别了一些果树品种分布变化与气候变化有一定的关系，但与人类栽培技术和社会经济发展也有一定的联系。

本书归因了一些种质资源变化为气候变化，这些归因过程综合分析了种质资源分布变化、气候变化驱动影响，以及观测与预测分布变化的一致性。

9.3　未来气候变化对种质资源多样性影响与风险

未来气候变化对种质资源多样性将产生不同影响，并且带来不同的风险。分析这些影响和风险对这些物种科学利用具有重要意义。

9.3.1　未来气候变化对栽培植物种质资源影响与风险

未来气候变化将对中国栽培植物种质资源的多样性产生一定的影响，并且产生一定的风险。

1. 影响

26 栽培植物丰富度变化较大，一些区域丰富度增加，一些区域下降。按目前适宜范围，在不同气候变化情景下，目前分布范围丧失比例小于 20%和丧失在 20%~40%植物数量最多（6~11 种），在 40%~60%下范围的植物数量其次（2~4 种），丧失范围在 60%~80%和 80%以上的物种数量较少（1~2 种），并且在 RCP8.5 情景下程度较大，但在 RCP6.0、RCP4.5 和 RCP2.6 情景下差异不大（表 9.14）。

按照气候变化下植物总适宜范围与目前适宜范围比例计算，在总适宜范围是目前适宜范围比例 80%以上的植物物种数量最多（21~22 种），总适宜范围为目前适宜范围的比例为 60%~80%下植物物种数量其次（1~2 种），总适宜范围为目前适宜范围比例小于20%的植物数量很少（1~2 种），并且在不同情景下差异不大（表 9.15）。

表 9.14　气候变化影响下栽培植物目前分布范围变化

气候情景		$L<20\%$	$20\%\leqslant L<40\%$	$40\%\leqslant L<60\%$	$60\%\leqslant L<80\%$	$80\%\leqslant L$
2001~2025 年	RCP2.6	6.4	11.8	4.4	1.4	0
	RCP4.5	6.4	11.6	4.6	1.4	0
	RCP6.0	6.6	12	4	1.4	0
	RCP8.5	6.6	12	4	1.4	0
2026~2050 年	RCP2.6	10.2	10.8	2.4	0.6	0
	RCP4.5	10.2	11	2.2	0.6	0
	RCP6.0	10.4	10.8	2.2	0.6	0
	RCP8.5	10.6	10.6	2.2	0.6	0
2001~2050 年	RCP2.6	10.2	10.8	2.4	0.6	0
	RCP4.5	10.2	11	2.2	0.6	0
	RCP6.0	10.4	10.8	2.2	0.6	0
	RCP8.5	10.6	10.6	2.2	0.6	0

表 9.15　气候变化影响下栽培植物总分布范围变化

气候情景		$L<20\%$	$20\%\leqslant L<40\%$	$40\%\leqslant L<60\%$	$60\%\leqslant L<80\%$	$80\%\leqslant L$
2001~2025 年	RCP2.6	0	0	0.2	2.6	21.2
	RCP4.5	0	0	0.2	2.6	21.2
	RCP6.0	0	0	0	2.8	21.2
	RCP8.5	0	0	0	2.8	21.2
2026~2050 年	RCP2.6	0	0	0	1.8	22.2
	RCP4.5	0	0	0	1.4	22.6
	RCP6.0	0	0	0	1.6	22.4
	RCP8.5	0	0	0	1.6	22.4
2001~2050 年	RCP2.6	0	0	0	1.8	22.2
	RCP4.5	0	0	0	1.4	22.6
	RCP6.0	0	0	0	1.6	22.4
	RCP8.5	0	0	0	1.6	22.4

2. 风险

26 种栽培植物中，到 2050 年，按照目前适宜范围分析，到 2050 年，均匀分布方式下不同气候变化情景下目前适宜范围丧失占基准气候情景下 20%、20%~40%、40%~60%、60%~80%、大于 80%范围物种数量都随概率增加而减少，概率在 0.6 以上，目前适宜分布范围丧失 20%、20%~40%、40%~60%、60%~80%、大于 80%范围物种数量分别是 10 种、6 种、1 种、1 种和 8 种，在 RCP8.5 情景下丧失范围物种数量多，RCP6.5、RCP4.0 和 RCP2.6 下差异不大；在三角分布、正态分布下，目前适宜范围丧失占基准气候情景下 20%、20%~40%、40%~60%、60%~80%、大于 80%范围在不同情景下物种数量都随概率增加而减少，概率在 0.6 以上，目前适宜范围丧失 20%、20%~40%、40%~60%、60%~80%、大于 80%范围下的物种数量分别在 11 种、12 种、4 种、2 种和 8 种，并且 RCP8.5 情景下丧失范围的物种数量多，在 RCP6.5、RCP4.0 和 RCP2.6 下差异不大。按照不同气候变化情景下总适宜范围占基准气候情景下计算，均匀分布方式下，在不同气候变化情景下总适宜范围占基准气候情景下 20%、20%~40%、40%~60%、60%~80%、大于 80%范围物种数量都随着概率增加而减少，在概率在 0.6 以上，总适宜分布范围占基准情景的小于 20%、20%~40%、40%~60%、60%~80%、大于 80%范围物种数量分别是 13 种、6 种、1 种、1 种和 34 种，并且在 RCP8.5 情景下丧失范围的物种数量多，在 RCP6.5 情景下、RCP4.0 和 RCP2.6 下差异不大；在三角分布、正态分布方式下，不同情景下总适宜范围占基准气候情景下 20%、20%~40%、40%~60%、60%~80%、大于 80%范围物种数量都随着概率增加而减少，概率在 0.6 以上，总适宜分布范围占基准情景的 20%、20%~40%、40%~60%、60%~80%、大于 80%范围物种数量分别在 13 种、6 种、1 种、1 种和 34 种，并且在 RCP8.5 情景下范围的物种数量多，RCP6.5、RCP4.0 和 RCP2.6 情景下差异不大（图 9.5）。

9.3.2 未来气候变化对家养动物种质资源影响与风险

未来气候变化将对中国家养猪、羊、鸡等动物多样性产生一定的影响，并且产生一定的风险。

1. 影响

未来气候变化对中国的猪、羊、鸡家养动物分布将产生一定的影响，并且不同的家养动物不同。

1）家畜

按目前适宜范围，在不同气候变化情景下，105 个猪品种，目前分布范围丧失比例小于 20%和丧失在 20%~40%的猪数量最多（6~11 种），在 40%~60%范围的猪品种数量其次（2~4 种），丧失范围在 60%~80%和 80%以上的猪品种数量较少（1~2 种），并且在 RCP8.5 情景下程度较大，但在 RCP6.0、RCP4.5 和 RCP2.6 情景下差异不大（表 9.16）。

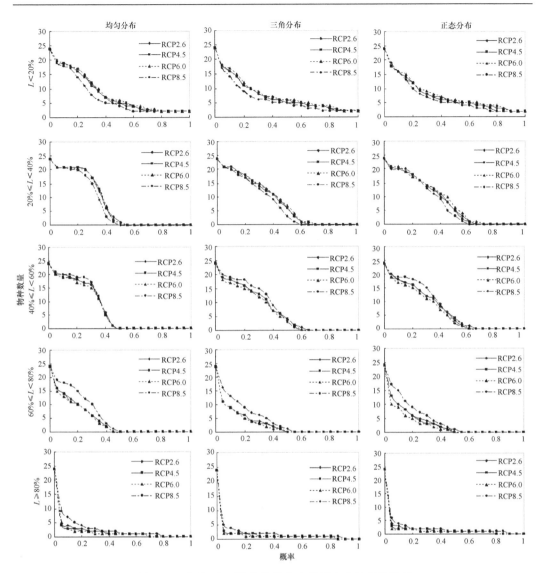

图 9.5　不同概率下栽培植物分布范围变化的品种数量

表 9.16　气候变化影响下猪目前适宜分布范围变化

气候情景		$L<20\%$	$20\%\leqslant L<40\%$	$40\%\leqslant L<60\%$	$60\%\leqslant L<80\%$	$80\%\leqslant L$
2001~2025 年	RCP2.6	14	17	33	32	9
	RCP4.5	14	17	32	33	9
	RCP6.0	14	18	34	31	8
	RCP8.5	14	18	34	31	8
2026~2050 年	RCP2.6	14	17	33	32	9
	RCP4.5	14	17	32	33	9
	RCP6.0	14	18	34	31	8
	RCP8.5	14	18	34	31	8
2001~2050 年	RCP2.6	14	13	23	41	14
	RCP4.5	14	13	23	41	14
	RCP6.0	14	14	22	41	14
	RCP8.5	14	13	23	41	14

按照气候变化下猪总适宜范围与目前适宜范围比例计算，在总适宜范围是目前适宜范围比例 80%以上的猪品种数量最多（21~22 种），总适宜范围为目前适宜范围的比例为 60%~80%下猪品种数量其次（1~2 种），总适宜范围为目前适宜范围比例小于 20%的猪品种数量很少（1~2 种），并且在不同情景下差异不大（表 9.17）。

表 9.17　气候变化影响下猪总适宜范围变化

气候情景		$L<20\%$	$20\%\leq L<40\%$	$40\%\leq L<60\%$	$60\%\leq L<80\%$	$80\%\leq L$
2001~2025 年	RCP2.6	0	0	0	13	92
	RCP4.5	0	0	0	15	90
	RCP6.0	0	0	0	14	91
	RCP8.5	0	0	0	14	91
2026~2050 年	RCP2.6	0	0	0	13	92
	RCP4.5	0	0	0	15	90
	RCP6.0	0	0	0	14	91
	RCP8.5	0	0	0	14	91
2001~2050 年	RCP2.6	0	0	0	19	86
	RCP4.5	0	0	0	21	84
	RCP6.0	0	0	0	21	84
	RCP8.5	0	0	0	21	84

按目前适宜范围，在不同气候变化情景下，100 个羊品种，目前分布范围丧失比例小于 20%和丧失在 20%~40%的羊品种数量最多（6~11 种），在 40%~60%范围的羊品种数量其次（2~4 种），丧失范围在 60%~80%及 80%以上的羊品种数量较少（1~2 种），并且在 RCP8.5 情景下程度较大，但在 RCP6.0、RCP4.5 和 RCP2.6 下差异不大（表 9.18）。按照气候变化下羊总适宜范围与目前适宜范围比例计算，在总适宜范围是目前适宜范围比例 80%以上的羊品种数量最多（21~22 种），总适宜范围为目前适宜范围的比例为 60%~80%羊品种数量其次（1~2 种），总适宜范围为目前适宜范围比例小于 20%的羊品种数量很少（1~2 种），并且在不同情景下差异不大（表 9.19）。

表 9.18　气候变化影响下羊目前适宜范围变化

气候情景		$L<20\%$	$20\%\leq L<40\%$	$40\%\leq L<60\%$	$60\%\leq L<80\%$	$80\%\leq L$
2001~2025 年	RCP2.6	11	23	37	27	2
	RCP4.5	10	23	38	28	1
	RCP6.0	10	23	38	28	1
	RCP8.5	10	23	39	27	1
2026~2050 年	RCP2.6	11	23	37	27	2
	RCP4.5	10	23	38	28	1
	RCP6.0	10	23	38	28	1
	RCP8.5	10	23	39	27	1
2001~2050 年	RCP2.6	10	20	24	41	5
	RCP4.5	9	19	24	40	8
	RCP6.0	9	19	27	37	8
	RCP8.5	9	18	27	38	8

表 9.19 气候变化影响下羊总适宜范围变化

气候情景		$L<20\%$	$20\%{\leqslant}L<40\%$	$40\%{\leqslant}L<60\%$	$60\%{\leqslant}L<80\%$	$80\%{\leqslant}L$
2001~2025 年	RCP2.6	0	0	0	18	82
	RCP4.5	0	0	0	18	82
	RCP6.0	0	0	0	18	82
	RCP8.5	0	0	0	18	82
2026~2050 年	RCP2.6	0	0	0	18	82
	RCP4.5	0	0	0	18	82
	RCP6.0	0	0	0	18	82
	RCP8.5	0	0	0	18	82
2001~2050 年	RCP2.6	0	0	0	20	80
	RCP4.5	0	0	0	20	80
	RCP6.0	0	0	0	20	80
	RCP8.5	0	0	0	20	80

2）家禽

鸡品种丰富度变化较大，110 个鸡品种，按目前适宜范围，在不同气候变化情景下，目前分布范围丧失比例小于 20% 和丧失在 20%~40% 的鸡品种数量最多（6~11 种），在 40%~60% 范围的鸡品种数量其次（2~4 种），丧失范围在 60%~80% 和 80% 以上的品种数量较少（1~2 种），并且在 RCP8.5 情景下程度较大，但在 RCP6.0、RCP4.5 和 RCP2.6 下差异不大（表 9.20）。

按照气候变化下鸡总适宜范围与目前适宜范围比例计算，在总适宜范围是目前适宜范围比例 80% 以上的鸡品种数量最多（21~22 种），总适宜范围为目前适宜范围的比例为 60%~80% 鸡品种数量其次（1~2 种），总适宜范围为目前适宜范围比例小于 20% 的鸡品种数量很少（1~2 种），并且在不同情景下差异不大（表 9.21）。

表 9.20 气候变化影响下鸡目前适宜范围变化

气候情景		$L<20\%$	$20\%{\leqslant}L<40\%$	$40\%{\leqslant}L<60\%$	$60\%{\leqslant}L<80\%$	$80\%{\leqslant}L$
2001~2025 年	RCP2.6	19	22	32	30	7
	RCP4.5	19	23	31	27	10
	RCP6.0	19	23	31	29	8
	RCP8.5	19	24	30	30	7
2026~2050 年	RCP2.6	19	22	32	30	7
	RCP4.5	19	23	31	27	10
	RCP6.0	19	23	31	29	8
	RCP8.5	19	24	30	30	7
2001~2050 年	RCP2.6	18	20	30	24	18
	RCP4.5	18	19	29	25	19
	RCP6.0	18	19	30	26	17
	RCP8.5	18	19	29	26	18

表 9.21 气候变化影响下鸡总适宜范围变化

气候情景		$L<20\%$	$20\%\leqslant L<40\%$	$40\%\leqslant L<60\%$	$60\%\leqslant L<80\%$	$80\%\leqslant L$
2001~2025 年	RCP2.6	0	0	0	9	101
	RCP4.5	0	0	0	11	99
	RCP6.0	0	0	0	10	100
	RCP8.5	0	0	0	10	100
2026~2050 年	RCP2.6	0	0	0	9	101
	RCP4.5	0	0	0	11	99
	RCP6.0	0	0	0	10	100
	RCP8.5	0	0	0	10	100
2001~2050 年	RCP2.6	0	0	0	19	91
	RCP4.5	0	0	0	19	91
	RCP6.0	0	0	0	18	92
	RCP8.5	0	0	0	19	91

2. 风险

1）家畜

到 2050 年，105 个猪品种，均匀分布方式下不同气候变化情景下目前适宜范围丧失占基准气候情景下 20%、20%~40%、40%~60%、60%~80%、大于 80%范围品种数量都随概率增加而减少，概率在 0.6 以上，目前适宜分布范围丧失 20%、20%~40%、40%~60%、60%~80%、大于 80%范围品种数量分别是 10 种、6 种、1 种、1 种和 8 种，在 RCP8.5 情景下丧失范围品种数量多，RCP6.5、RCP4.0 和 RCP2.6 下差异不大；在三角分布、正态分布下，目前适宜范围丧失占基准气候情景下 20%、20%~40%、40%~60%、60%~80%、大于 80%范围在不同情景下品种数量都随概率增加而减少，概率在 0.6 以上，目前适宜范围丧失 20%、20%~40%、40%~60%、60%~80%、大于 80%范围下的品种数量分别在 11 种、12 种、4 种、2 种和 8 种，并且 RCP8.5 情景下丧失范围的品种数量多，在 RCP6.5、RCP4.0 和 RCP2.6 下差异不大。

均匀分布方式下，在不同气候变化情景下总适宜范围占基准气候情景下 20%、20%~40%、40%~60%、60%~80%、大于 80%范围品种数量都随着概率增加而减少，在概率在 0.6 以上，总适宜分布范围占基准情景的小于 20%、20%~40%、40%~60%、60%~80%、大于 80%范围品种数量分别是 13 种、6 种、1 种、1 种和 34 种，并且在 RCP8.5 情景下丧失范围的品种数量多，在 RCP6.5 情景下、RCP4.0 和 RCP2.6 下差异不大；在三角分布、正态分布方式下，不同情景下总适宜范围占基准气候情景下 20%、20%~40%、40%~60%、60%~80%、大于 80%范围品种数量都随着概率增加而减少，概率在 0.6 以上，总适宜分布范围占基准情景的 20%、20%~40%、40%~60%、60%~80%、大于 80%范围品种数量分别在 13 种、6 种、1 种、1 种和 34 种，并且在 RCP8.5 情景下范围的品种数量多，RCP6.5、RCP4.0 和 RCP2.6 下差异不大（图 9.6）。

到 2050 年，100 个羊品种，均匀分布方式下不同气候变化情景下目前适宜范围丧失占基准气候情景下 20%、20%~40%、40%~60%、60%~80%、大于 80%范围品种数量都随

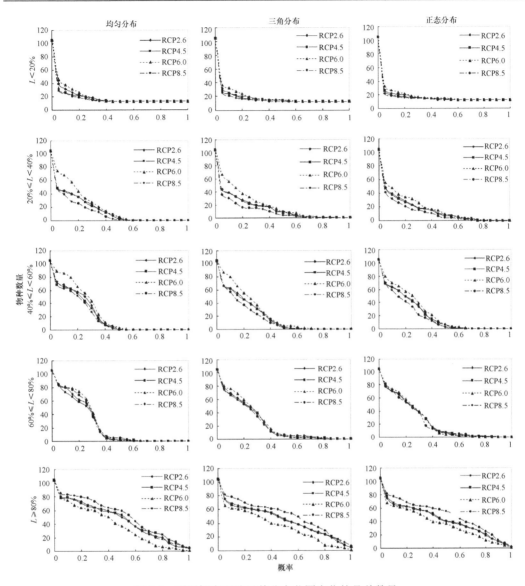

图9.6 不同概率下猪目前分布范围变化的品种数量

概率增加而减少，概率在 0.6 以上，目前适宜分布范围丧失 20%、20%~40%、40%~60%、60%~80%、大于 80%范围物种数量分别是 10 种、6 种、1 种、1 种和 8 种，RCP8.5 情景下物种数量多，RCP6.5、RCP4.0 和 RCP2.6 下差异不大；三角分布、正态分布下，目前适宜范围丧失占基准气候情景下 20%、20%~40%、40%~60%、60%~80%、大于 80%范围在不同情景下数量都随概率增加而减少，概率在 0.6 以上，目前适宜范围丧失 20%、20%~40%、40%~60%、60%~80%、大于 80%范围下的品种数量分别在 11 种、12 种、4 种、2 种和 8 种，并且 RCP8.5 情景下丧失范围的品种数量多，在 RCP6.5、RCP4.0 和 RCP2.6 下差异不大（图 9.7）。

均匀分布方式下，不同气候变化情景下总适宜范围占基准气候情景下 20%、20%~40%、40%~60%、60%~80%、大于 80%范围品种数量都随着概率增加而减少，在

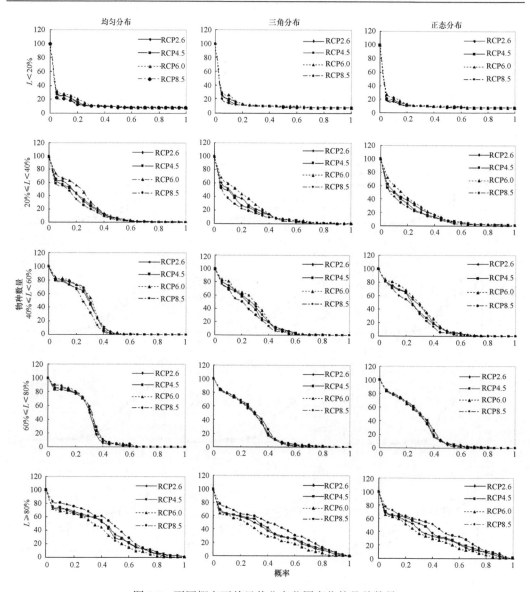

图 9.7　不同概率下羊目前分布范围变化的品种数量

概率在 0.6 以上，总适宜分布范围占基准情景的小于 20%、20%～40%、40%～60%、60%～80%、大于 80% 范围品种数量分别是 13 种、6 种、1 种、1 种和 34 种，并且在 RCP8.5 情景下丧失范围的品种数量多，在 RCP6.5 情景下、RCP4.0 和 RCP2.6 下差异不大；在三角分布、正态分布方式下，不同情景下总适宜范围占基准气候情景下 20%、20%～40%、40%～60%、60%～80%、大于 80% 范围品种数量都随着概率增加而减少，概率在 0.6 以上，总适宜分布范围占基准情景的 20%、20%～40%、40%～60%、60%～80%、大于 80% 范围品种数量分别在 13 种、6 种、1 种、1 种和 34 种，并且在 RCP8.5 情景下范围的品种数量多，RCP6.5、RCP4.0 和 RCP2.6 下差异不大。

2）家禽

到 2050 年，110 个鸡品种，均匀分布方式下不同气候变化情景下目前适宜范围丧失占基准气候情景下 20%、20%~40%、40%~60%、60%~80%、大于 80%范围品种数量都随概率增加而减少,概率在 0.6 以上,目前适宜分布范围丧失 20%、20%~40%、40%~60%、60%~80%、大于 80%范围品种数量分别是 10 种、6 种、1 种、1 种和 8 种,在 RCP8.5 情景下丧失范围物种数量多,RCP6.5、RCP4.0 和 RCP2.6 下差异不大;在三角分布、正态分布下,目前适宜范围丧失占基准气候情景下 20%、20%~40%、40%~60%、60%~80%、大于 80%范围在不同情景下品种数量都随概率增加而减少,概率在 0.6 以上,目前适宜范围丧失 20%、20%~40%、40%~60%、60%~80%、大于 80%范围下的品种数量分别在 11 种、12 种、4 种、2 种和 8 种,并且 RCP8.5 情景下丧失范围的品种数量多,在 RCP6.5、RCP4.0 和 RCP2.6 下差异不大(图 9.8)。

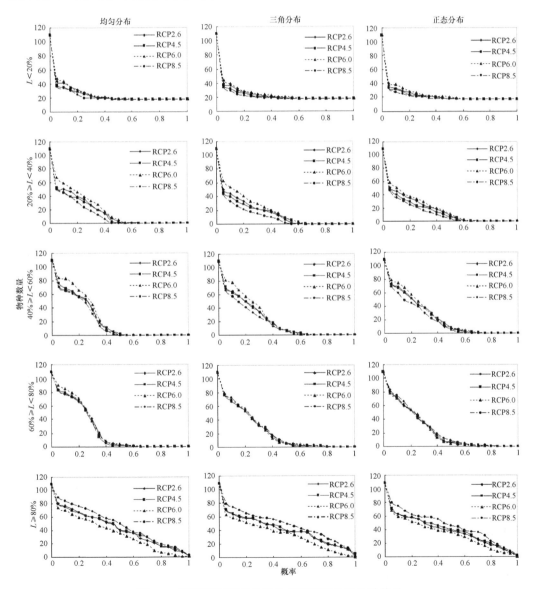

图 9.8　不同概率下鸡目前分布范围变化的品种数量

均匀分布方式下，在不同气候变化情景下总适宜范围占基准气候情景下 20%、20%~40%、40%~60%、60%~80%、大于 80%范围品种数量都随着概率增加而减少，在概率在 0.6 以上，总适宜分布范围占基准情景的小于 20%、20%~40%、40%~60%、60%~80%、大于 80%范围品种数量分别是 13 种、6 种、1 种、1 种和 34 种，并且在 RCP8.5 情景下丧失范围的品种数量多，在 RCP6.5 情景下、RCP4.0 和 RCP2.6 下差异不大；在三角分布、正态分布方式下，不同情景下总适宜范围占基准气候情景下 20%、20%~40%、40%~60%、60%~80%、大于 80%范围品种数量都随着概率增加而减少，概率在 0.6 以上，总适宜分布范围占基准情景的 20%、20%~40%、40%~60%、60%~80%、大于 80%范围品种数量分别在 13 种、6 种、1 种、1 种和 34 种，并且在 RCP8.5 情景下范围的品种数量多，RCP6.5、RCP4.0 和 RCP2.6 下差异不大。

9.3.3 讨论与小结

未来气候变化对栽培植物的影响差异较大，这与不同栽培植物的适宜范围大小有关系。气候变化对栽培植物风险差异也较大。这主要与不同栽培植物适宜范围大小有关。不同情景下差异不同，这主要与情景下气候变化的幅度有关。另外，三角分布、均匀分布与正态分布下的风险存在一定的差异。

未来气候变化对家养动物资源多样性带来的风险不同（Mader et al.，2009）。对家养动物，这些变化将产生极端的风险，气候变化将产生不同的影响（Christensen et al.，2004）。

气候变化影响下，种质资源物种的保护受到人类很大影响，特别是可以通过人类育种活动改变物种适应性（Thornton et al.，2009；Zhang et al.，2013）。

目前分析的气候变化对种质资源影响与风险内容还有限，对许多的种质资源还没有开展分析，特别是对栽培植物资源分析还不够，对家养动物资源分析也还不充分。

9.4 结　　论

（1）近 50 年来种质资源已经产生了极大变化：栽培植物和家养动物分布边界与范围发生了一定的改变，一些栽培植物北界、南界、东西界已经发生改变，部分已经灭绝；一些家养动物分布北界、南界、东西界已经发生改变，部分已经灭绝。

（2）近 50 年来气候变化对种质资源产生了一定影响：气候变化影响下家养动物丰富度变化，对家禽、家畜（牛、猪、羊）品种丰富度变化程度不同。10 多栽培植物分布变化归因为气候变化；一些家养动物分布变化归因为气候变化。物种分布改变源自气候变化而言，不同物种分布边界与范围受到气候变化影响程度不同。

（3）未来气候变化对种质资源也将产生一定的影响：未来气候变化影响下，家养动物和栽培植物分布边界与范围发生了一定的改变。气候变化影响下大部分品种目前范围将散失 20%，一些品种目前适宜范围将散失 80%以上，并且大部分品种总适宜范围将占目前分布范围 80%以上。

（4）未来气候变化影响下家养动物和栽培植物品种多样性都存在一定风险。在概率

0.6 以上，丧失目前范围在 80%的品种数量少数，总适宜分布范围小于 20%的品种数量也是少数。

参 考 文 献

《农区生物多样性编目》编委会. 2008. 农区生物多样性编目. 北京: 中国环境科学出版社.

董玉琛, 郑殿生. 2006. 中国作物及其野生近缘植物——粮食作物卷. 北京: 中国农业出版社.

费砚良, 刘青林, 葛红. 2008. 中国作物及其野生近缘植物——花卉卷. 北京: 中国农业出版社.

高立志, 张寿洲, 周毅, 等. 1996. 中国野生稻的现状调查. 生物多样性, 4(3): 160~166.

国家畜禽遗传资源委员会. 2011a. 中国畜禽遗传资源志——蜜蜂志. 北京: 中国农业出版.

国家畜禽遗传资源委员会. 2011b. 中国畜禽遗传资源志——羊志. 北京: 中国农业出版.

国家畜禽遗传资源委员会. 2011c. 中国畜禽遗传资源志——猪志. 北京: 中国农业出版.

国家畜禽遗传资源委员会. 2012d. 中国畜禽遗传资源志——特种畜禽志. 北京: 中国农业出版.

贾静贤, 贾定贤, 任庆棉. 2006. 中国作物及其野生近缘植物——果树卷. 北京: 中国农业出版社.

李福山. 1993. 中国野生大豆资源的地理分布及生态分化研究. 中国农业科学, 26(2): 47~55.

李建江, 李明霞, 王英杰. 2013. 我国畜禽遗传资源面临问题及保护策略. 西北民族大学学报(自然科学版), 34(92): 25~29.

刘栋, 赵永聚. 2015. 我国家禽遗传资源保护与利用现状. 黑龙江畜牧兽医, 2: 59~61.

刘寿东, 王赛, 郭泓麟. 2015. 内蒙古牧区家畜死亡率与气象灾害关系研究. 内蒙古气象, 3: 13~17.

刘旭, 郑殿升, 董玉琛, 等. 2008. 中国农作物及其野生近缘植物多样性研究进展. 植物遗传资源学报, 9(4): 411~416.

马月辉, 陈幼春, 冯维祺, 等. 2002. 中国家养动物种质资源及其保护. 中国农业科技导报, 4(3): 37~42.

马云, 王启钊, 李芬, 等. 2008. 信阳水牛种质资源调查与评价. 新乡学院学报(自然科学版), 25(4): 52~55.

钱韦, 谢中稳, 葛颂, 等. 2001. 中国疣粒野生稻的分布、濒危现状和保护前景. 植物学报, 43(12): 1279~1287.

王述民, 李立会, 黎裕, 等. 2011a. 中国粮食和农业植物遗传资源状况报告(Ⅱ). 植物遗传资源学报, 12(2): 167~177.

王述民, 李立会, 黎裕, 等. 2011b. 中国粮食和农业植物遗传资源状况报告(Ⅰ). 植物遗传资源学报, 12(1): 1~12.

许彦平, 姚晓红, 刘晓强, 等 2015. 近 30 a 甘肃天水气候资源变化对杏产量影响评估. 干旱区地理, 38(4): 684~691.

郑殿升, 杨庆文, 刘旭. 2011. 中国作物种质资源多样性. 植物遗传资源学报, 12(4): 497~500, 506.

中国科学院内蒙宁夏综合考察队. 1976. 气候与农牧业的关系. 北京: 科学出版社.

朱德蔚, 王德槟, 李锡香. 2008. 中国作物及其野生近缘植物——蔬菜作物卷. 北京: 中国农业出版社.

Christensen L, Coughenour M B, Ellis J E, et al. 2004. Vulnerability of the Asian typical steppe to grazing and climate change. Climatic Change, 63: 351~368.

Mader T L, Frank K L, Harrington J A Jr, et al. 2009. Potential climate change effects on warm-season livestock production in the Great Plains. Clim Change, 97: 529~541.

Thornton P K, van de Steeg J, Notenbaert A, et al. 2009. The impacts of climate change on livestock and livestock systems in developing countries: A review of what we know and what we need to know. Agricultural Systems, 101: 113~127.

Wu J G. 2015. The distributions of Chinese yak breeds in response to climate change over the past 50 years. Animal science journal, 87(7): 947~958.

Wu J G. 2015. The response of the distributions of Asian buffalo breeds in China to climate change over the past 50 years. livestock sciences, 180: 65~87.

Zhang Y W, Hagerman A D, McCarl B A. 2013. Influence of climate factors on spatial distribution of Texas cattle breeds. Climatic Change, 118(2): 183~195.

第 10 章　气候变化对有害生物的影响与风险

有害生物指在一定条件下，对人类的生活、生产甚至生存产生危害的生物。研究气候变化对有害生物的影响与风险，揭示气候暖变化对其危害影响的主要特征，对于有效指导有害生物预防、减轻损失、保护自然生态环境具有重要意义。

10.1　近 50 年来有害生物多样性的演变

有害生物通常可分为害虫、病原真菌、病原微生物、病原原核生物（细菌、支原体、螺旋体）、植物病毒（病毒和类病毒）、杂草、病原线虫、软体动物和其他有害动物等若干类（许志刚，2003）。概况来讲，本书研究的有害生物包括病虫害、入侵生物、媒介生物（鼠害、蚊虫等）三大类。

10.1.1　有害生物多样性的演变特征

1. 病虫害

本书选取的虫害研究对象的依据是国家第一、二批外来入侵物种名单、全国农业植物检疫性害虫名单和森林植物检疫性害虫名单、文献报道中有详细分布历史动态数据的，且从 20 世纪 60~70 年代就在国内有发生危害报道的物种；统计数据来源于文献、统计公报、网络报道、各地植物志等；最终选取研究的虫害 20 种，美国白蛾、苹果蠹蛾、松材线虫、蔗扁蛾、湿地松粉蚧、非洲大蜗牛、福寿螺、牛蛙、稻水象甲、克氏原螯虾、松突圆蚧、四纹豆象、葡萄根瘤蚜、苹果绵蚜、扶桑绵粉蚧、南美斑潜蝇、灰豆象、强大小蠹、螺旋粉虱、褐纹甘蔗象。根据所获得的 1960~2010 年各个害虫物种丰富度分布数据，按照 20 年为一个时间区段（即 20 世纪 60~80 年代，80 年代至 2000~2010 年，2000~2014 年），在地理信息系统软件 ArcGIS 下，以 1∶100 万中国地图为底图将害虫不同时间区段分布用地图的方式显示，结果发现我国东南沿海地区是虫害数量增长最为迅速的区域，其次是中部地区。60~80 年代害虫主要分布在广东、江苏等沿海省区；80 年代至 2000 年害虫丰富度逐渐增加，在西南地区的云南、广西省也成为害虫丰富度较高的省份；2000 年之后害虫分布较高丰富度的省份逐渐向西部地区扩散（图 10.1）。

2. 入侵物种

截至 2010 年，我国查明了 488 种外来入侵物种，呈现出传入数量增多、传入频率加快、蔓延范围扩大、危害加剧、损失加重等趋势。外来入侵物种已对我国生物多样性

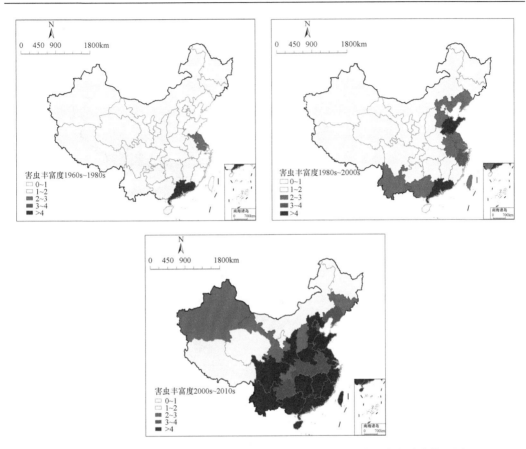

图 10.1　20 世纪 60 年代至 21 世纪头 10 年我国害虫丰富度在各省分布格局图

和生态环境造成严重的危害。

在我国 488 种外来入侵物种中，外来入侵植物有 265 种，占外来入侵物种种数的 54.30%；动物 171 种，占 35.04%；菌物 26 种，占 5.33%；病毒 12 种，占 2.46%；原核生物 11 种，占 2.25%；原生生物 3 种，占 0.62%（图 10.2）。外来入侵物种种数在我国的分布大致分三个台阶，由沿海向内陆逐步减少。最多的是沿海省份及云南；中部地区及一些相邻的东部和西部省份次之，大多数西部省份外来入侵生物种数较少（图 10.3）。

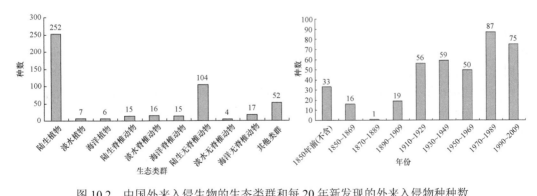

图 10.2　中国外来入侵生物的生态类群和每 20 年新发现的外来入侵物种种数

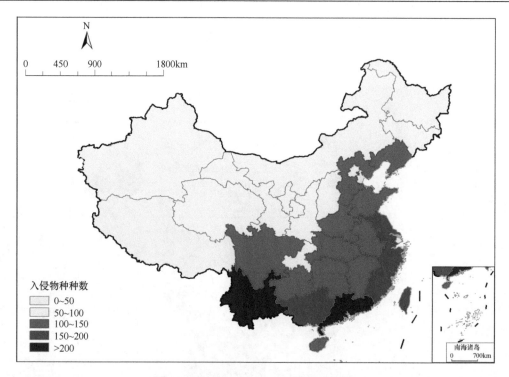

图 10.3　各省外来入侵物种种数分布图

通过对 396 种有明确入侵时间记载的外来入侵物种数量丰富度的分析发现：1850 年前，仅出现 33 种外来入侵物种；自 1850 年起，新出现的外来入侵物种种数总体呈逐步上升的趋势；1950 年后的 60 年间，新出现 212 种外来入侵物种，占外来入侵物种种数的 53.53%，其中尤其在 20 世纪 70~80 年代是入侵物种侵入我国的高暴发时期，新出现 87 种外来入侵物种（图 10.2）。

入侵植物研究对象的依据是国家第一、二批外来入侵物种名单、全国农业植物检疫性害虫名单和森林植物检疫性害虫名单、文献报道中有详细分布历史动态数据的、且从 20 世纪 60 年代就在国内有发生危害报道的物种；统计数据来源于文献、统计公报、网络报道、各地植物志等。27 种典型入侵植物：喜旱莲子草、紫茎泽兰、凤眼莲、土荆芥、反枝苋、刺苋、皱果苋、北美独行菜、藿香蓟、钻形紫菀、小蓬草、一年蓬、牛膝菊、北美商陆、飞机草、加拿大一枝黄花、豚草、银胶菊、薇甘菊、毒麦、互花米草、假高粱、马缨丹、三裂叶豚草、大藻、蒺藜草、落葵薯。根据获得的 1960~2010 年时间段内各个入侵植物物种分布数据，按照 20 年为一个时间区段（即 1960~1980 年，1980~2000 年，2000~2014 年），在地理信息系统软件 ArcGIS 下，以 1∶100 万中国地图为底图将入侵植物不同时间区段分布用地图的方式显示，研究发现我国长江以南地区是入侵植物数量增长最为迅速的区域，1960~1980 年入侵植物数量分布较多的省份集中在云南、江苏、浙江等沿海省份，80 年代后逐渐往我国中部地区扩散，在最近 20 年时间里入侵植物在华中华北地区如河南、河北、山东省的数量也较 60 年代增加了一倍以上（图 10.4）。

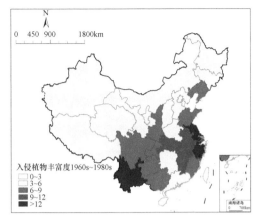
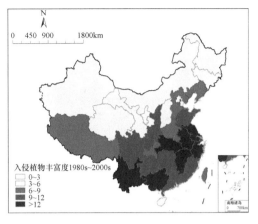

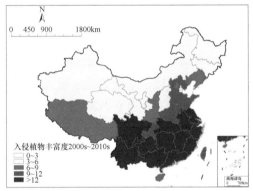

图 10.4 我国 20 世纪 60 年代至 2014 年入侵植物丰富度分布格局图

3. 鼠害

我国从 20 世纪 60 年代初均有不同程度的鼠害,受灾面积逐年上升,危害逐年加重,其中尤以农业鼠害危害最为严重。本书统计了 34 种典型农业鼠害物种,以行政区(包括省、自治区、直辖市和特别行政区)作为空间单元,研究农业鼠害在我国各省分布的物种数、物种密度(物种密度=各省有害生物物种数/各省面积)。34 种典型农业害鼠在我国各个省级行政区均有分布,且存在较大的空间分布差异。从不同行政区划农业害鼠鼠种数量看,农业害鼠种数量分布总体呈现由东北地区向东南沿海、西北内陆减少的趋势(图 10.5)。内蒙古的农业害鼠种数最多,达到 25 种,其他种数较多的省份依次为河北和陕西(23 种)、甘肃(21 种)、山西(19 种)、吉林和辽宁(18 种),宁夏和四川(各 17 种)。我国农业害鼠种数较多的省份集中分布在东北、华北和西北地区。农业有害鼠种密度在各个省份间的差异也较大。我国农业有害鼠种密度较大的地区是华北地区和东部沿海地区。北京、天津和上海三个直辖市由于面积小,鼠种密度均超过了 5 种/万 km^2。密度较高的省份还有宁夏、海南和台湾;此外辽宁、河北、山西、陕西、江苏、福建,也为鼠种数量较高的省份。值得注意的是内蒙古尽管鼠类种数最多,但因面积较大,因此其鼠种密度较低,仅为 0.22 种/万 km^2,仅仅高于西藏和新疆(图 10.5)。

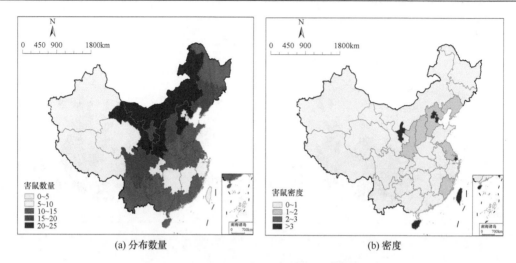

(a) 分布数量　　　　　　　　　(b) 密度

图 10.5　害鼠在我国的分布数量和密度格局图

从农业害鼠地区出现频率上看，大家鼠、褐家鼠、小家鼠等鼠种的适应能力强，栖息地广，在全国各地均有分布，因此以上三种鼠种出现频率达到 100%。而社鼠仅新疆、黑龙江尚无分布、黑线姬鼠也仅新疆、青海和西藏无分布，两类鼠出现频率也高达 94%和 91%。其他分布较广，出现频率较高的鼠种有大足鼠（50%）、红腹松鼠（47%）、花鼠（44%）、巢鼠和达乌尔黄鼠（41%）等，而草原旱獭和黄兔尾鼠的栖息地选择性较强，在我国分布区域十分单一，草原旱獭仅分布在我国内蒙古中部和北部草原上，而黄兔尾鼠分布于我国新疆北部的荒漠化草原和沙砾质戈壁，因此这两类鼠种出现频率最低，仅为 3%。

根据农业害鼠的生物学分类，34 种典型农业害鼠隶属于 3 个目：啮齿目、兔形目和食虫目。其中仅有达乌尔鼠兔属于兔形目，臭鼩和麝鼩属于兔形目，其余 31 种均属于啮齿目。从科属上看，34 类典型农业害鼠隶属于 6 个科，种数最多的科为仓鼠科（14种），其次为鼠科（10 种），松鼠科（5 种），其余的如鼩鼱科、豪猪科、跳鼠科、鼹鼠科和鼠兔科均只有 1 种。

农业害鼠的生活特性存在差异，有的鼠种适应能力强，另一些环境敏感性强，具有独特的生存环境。有的鼠种喜欢温暖潮湿的环境，另一些则喜欢寒冷干燥的环境。因此形成了各自不同的地域分布特征。除了全国性分布的鼠种，主要分布在南方地区的鼠种有 8 种，以板齿鼠、臭鼩、豪猪、黄胸鼠为代表，主要分布在北方地区的有 20 种，以北方田鼠、巢鼠、花鼠、布氏田鼠为代表。根据农业害鼠对于不同温度条件的适应性，寒带鼠种 2 种，温带鼠种 15 种，热带亚热带鼠种 6 种，根据农业害鼠对于湿度条件的适应性，喜湿的鼠种有 15 种，喜旱的鼠种有 10 种。

10.1.2　有害生物多样性的演变与气候和人类活动因素的关系

1. 病虫害

气象因素是农、林业生产最重要的环境因子和自然资源，决定着农作物和森林的生态类型和物种分布，也是影响农、林业病虫害的重要因子，对农、林业病虫害的分布发生及发展有着显著的影响。

温度和降水因素是影响农、林业病虫害的最主要因子。农作物病虫害的发生、发展和流行要求一定的温度范围。就农作物害虫而言，在适宜温度范围内，有利于虫害的发生流行，否则不利于虫害的发生。雨湿条件往往是农作物病害流行的主导因子，如各种作物的霜霉菌、疫霉菌、锈菌和半知菌、细菌引起的多种作物病害。降水或适温高湿有利于大多病菌的繁殖和扩散，雨水又是细菌侵染和传播的主要条件之一。研究表明，当温度为 22~27℃，相对湿度在 92%~98%时有利于稻曲病孢子萌发，从而加速稻曲病的流行。雨量大、持续时间长，可使红麻炭疽病、白术星斑病、黄瓜黑星病等病害流行速率加快，病情加重。

非气象因素也会对农、林业病虫害发生、分布造成一定的影响，主要包括耕种因素、防治因素、社会经济发展因素等，下面以水稻为例进行说明。近年来，中国主要稻区水稻耕作制度发生了剧烈变化，双季稻面积缩小，单季稻面积扩大，单双季稻混栽及多种栽培方式共存，以及免耕栽培技术的推广等，这些措施对改善宏观生态环境是有利的，但从微观上给害虫提供了大量的适生环境，害虫的食料和栖息场所增多，为稻害虫尤其是水稻螟虫提供了新的取食、活动、栖息和越冬场所，有利于害虫栖息，产卵和繁殖，导致螟虫数量回升以至暴发。如近年来单季稻区北移，面积扩大，对二化螟发生有利，这在东北十分明显。近年来，由于氮肥的过量使用，纹枯病的发生形势一直比较严重。为控制螟虫为害，农民不合理的增加防治次数和剂量，使部分稻区螟虫产生抗药性，防治效果下降。不合理的使用化学农药，不仅使标靶害虫稻螟频繁暴发，而且引起潜在害虫（如稻纵卷叶螟）急骤上升。从季节性有害生物种群动态来看，水稻生长前期防治螟虫时因不适当地施用某些杀虫剂（如三唑磷）会同时杀伤蜘蛛、寄生蜂等有益天敌，从而刺激稻飞虱的繁殖能力而引起稻飞虱更趋猖獗。随着经济发展水平的提高，我国水稻品种使用发生了变化，如中国 20 世纪 70 年代以来，主推的杂交稻品种粗杆大穗、叶茂、色浓、分蘖多、组织疏松、髓腔空隙大、维管束间距大、硅索含量低、淀粉含量高、可溶性糖多，且多为籼稻，最适于二化螟的钻蛀取食和生长发育；常规稻品质优良，营养丰富，偏晚熟，全季生育期延长，十分有利于稻螟幼虫的生长发育成熟化蛹。新品种谷草比高，支持保护组织相对较小，补偿能力弱，受害后产量损失大。在抗稻瘟病方面，当前种植的水稻品种普遍抗性（稻瘟病）较差，种子带茵率较高，如四川 2005 年全省种植的 200 多个品种，已明确感病的就有 108 个。

2. 入侵物种

温度是限制植物和许多动物生存、生长和繁殖的重要因素。由于全球气候变暖，高山森林线和树线在海拔高度上不断往上延伸（Kullman，1998）。在一些目前外来种还不能生存的地区，全球变暖能为外来种的引入提供新的机会（伍米拉，2012）。由于低纬度地区升温较少而高纬度地区升温显著，这些改变在高海拔和高纬度地区尤其明显。在温带地区，从更温暖地区引人的观赏植物棕榈原本需要在温室越冬，现在可以在室外全年存活（Wahhe et al.，2009）。

水是植物生长的另外一个重要的限制因素。波动资源假说认为，降水量的增加是通过增加水的可利用度而有利于生物入侵的（Davis et al.，2000）。许多入侵植物能发育出深主根，使它们能够得到那些浅根物种不能得到的水分。相对于土著种而言，如果入侵生物对水具有高度需求的话，那么它们很可能从可利用水资源的增加中获利（吴刚等，2011）。降水量是影响红火蚁生存的重要因素，干旱条件能降低红火蚁在许多地区生存的可能性，年降水量少于 510 mm 的地区为不适合红火蚁生存的地区（胡树泉等，2008）。另外，近年来的异常气候如持续干旱等有利于红脂大小蠹种群密度的增加但却引起松树抵抗力下的降低（姚剑等，2008）。

CO_2 是最主要的温室气体，大气 CO_2 的持续增长会增加水体表面溶解的 CO_2 浓度，降低碳酸盐离子浓度（Occhipinti-Ambrogi，2007），从而降低海洋 pH，对许多海洋生物的生存造成影响，给外来生物入侵带来机会（伍米拉，2012）。大气 CO_2 浓度的升高还会改变 C3 和 C4 植物的竞争态势。CO_2 浓度上升对 C3 植物光合作用，以及初级生产力的促进作用比对 C4 植物更显著，从而提高了群落中 C3 植物的竞争力。此外，CO_2 浓度增加还能提高 C3 植物光合作用效率对高温的耐受性，降低 C4 植物和 CAM 植物的相应耐受性。因此 CO_2 浓度增加会使生态系统 C3 和 C4 植物间的平衡关系被打破，以 C4 植物为优势种的群落也许会更容易被 C3 植物入侵。

除了气候变化因素外，日益增长的全球贸易和国际间旅游、交通等活动被认定为是引起生物入侵的重要原因。入侵生物多通过进境苗木或木质包装、旅客携带的水果与蔬菜、进口食品装载工具等携带疫情的主要媒介在不同地区间进行传播。例如，在国内，松材线虫病跳跃式扩散和杨树天牛远距离传播的直接原因就是带疫木材及其制品的调运所致；我国公布的 21 种林业检疫性有害生物名单中，美国白蛾、松突圆蚧、椰心叶甲、蔗扁蛾、红棕象甲、刺桐姬小蜂、枣实蝇、猕猴桃细菌性溃疡病菌等 8 种均是在经贸活动中无意间引入的。Lin 等（2007）运用主成分因子分析方法研究了中国大陆地区及全球范围内经济等因素对入侵种分布及扩散的影响，研究结果表明，在过去的 30 年里经济的发展在国家及省市尺度上均加速了生物入侵在中国的发生。生物因素、经济因素、气候因素的共同作用决定了外来入侵物种的发生和扩散。

3. 鼠害

害鼠的分布及鼠害发生与气候因素和人类活动关系密切。温度、降水、湿度等气候要素能够直接影响害鼠的发育、繁殖、分布、迁移和适应；而人类活动可以增加害鼠达到新生境的机会，并为其创建能够定居的受干扰生境，同时人类的农业生产活动还为害鼠提供了食物的来源。

气候的影响：气温的变化是影响害鼠生存发展分布的最主要因子。年气候变暖，土壤温度大于 0℃的出现日期延长，有效活动积温增加，森林植物的物候提前、枯黄期推迟，鼠的活跃期增加、越冬期缩短、存活率上升、种群繁殖加快、繁育期延长、总量扩大，鼠害发生面积和范围扩大，危害程度加重。冬季气候变暖可以使鼠越冬安全、死亡率下降、存活率提高，至翌年春季，存活下来的雌鼠，都能参加繁殖，使得翌年鼠繁殖率提高、种群数量增加。马生玉等（2009）以河湟谷地作为研究区域的研究分析结果证实了这一点，对该地区气候资料和同时期森林病虫鼠害的分析表明，20 世纪 90 年代后期至 21 世纪初的十几年来，河湟谷地冬季、春季、秋季及年平均气温呈偏高的趋势，且该气候变暖趋势是高原鼠害加重和扩大的最直接原因之一。

人口膨胀带来的影响：鼠害多分布在人口稠密的地区，人口的变化及活动对害鼠种群的演替有一定影响。由于人口膨胀，耕作区向山地扩张，也导致了在山地的社鼠和针毛鼠等野鼠更多地进入农田，形成危害。在湖泊和江河口的围垦区，由于人的定居和各种农事活动，害鼠种类和密度也在不断增加。人们为获得暂时的利益，对生态平衡的破坏，也给害鼠的发展提供了机会，如人类活动加速了洞庭湖泥沙的淤积，使东方田鼠最适栖息地洲滩面积猛增，导致其种群膨胀，发展成为湖区农田重大害鼠（张美文等，2003）。同时，人口、垃圾的增加，环境的脏乱差，也为害鼠的发展提供了有利条件。

农业生产格局改变带来的影响：农业生产格局的改变引发害鼠的数量和种群的变化。我国 20 世纪 80 年代因农村体制改革，粮食丰产及种植多样化，分粮到户存放而缺少仓储设备并疏于防治，给鼠类提供了良好的营养条件，引发了全国性的鼠害暴发；90 年代养殖业的发展使得先前因住房结构改善而趋于衰落的褐家鼠和黄胸鼠种群又重新兴起。同时作物品种的替换也可改变害鼠的数量变化，如无酚棉区比有酚棉区害鼠的密度高，"优质米"品种受褐家鼠与黑线姬鼠的危害重于其他品种（张美文等，2003）。

10.1.3　讨论与小结

根据前面的分析，受经济贸易全球化、全球气候变化、生态环境恶化趋势的影响，我国有害生物物种丰富度和多样性上总体上呈现增多趋势，气候变化和人类活动是影响我国有害生物多样性演变的主要因素。

1. 气候变化和人为因素造成病虫害的发生区域范围扩大、强度频率增加

在一定的气候条件下，随着地理条件的不同，植物的分布和病虫害的分布、发生、流行及种群变动等在"物竞天择，适者生存"的原则下形成明显且相对稳定的分布区和分布带，并形成相应的生境、生物区系，这其中也包括昆虫区系和病原的原生地和适生区。由于温度的变化和有效积温的增加，昆虫区系分布正在向高纬度、高海拔迁移，近年来出现向北、向西的扩展趋势；热带、亚热带地区常见多发的危害如白蚁，危害范围也在由南向北扩大；在 20 世纪 60 年代很少发生病虫害的云贵高原近年来病虫害频发，云南迪应地区海拔 3800~4000 m 高山上冷杉林内的高山小毛虫常猖獗成灾。

受气温升高、持续干旱和极端灾害性天气的影响，有害生物原种群繁殖、生长及危害发生规律出现一定程度的变化，使病虫害的暴发周期相应缩短。有资料显示，历史上松毛虫 10 年左右暴发一次，但近 20 年来，该周期已经缩短到 5 年左右；过去天幕毛虫的发生周期一般为 14 年、15 年，目前该周期也出现缩短趋势。出现该现象的可能原因主要有 3 个方面：一是久旱不雨和长期涝灾会造成林木树势衰弱，抗逆性降低，易于遭受有害生物侵袭；二是暖冬有利于病虫害越冬、滋生和蔓延，致使病虫害发生期提前，世代数相应增加，群落数量增大，危害程度加重；三是极端灾害性天气可能导致有害生物的天敌

种群数量在短时期内急剧下降，森林和农业生态系统失衡，致使害虫迅速增殖暴发成灾。

2. 人为因素加剧入侵生物扩散传播危害

随着国家间、地区间物流渠道的增多和物流通量的增大，以及人员流动的日益频繁，有害生物入侵的风险不断增加，已入侵的有害生物扩散传播的可能性也将大幅上升，危害面积扩大，外来有害生物对农、林业发展的威胁和损害加剧。

随着经济全球化的快速推进，旅游业和运输业的迅猛发展，国家间、地区间的人员及物流交往日益频繁，使有害生物的传播、扩散概率大幅增加，而目前入侵有害生物检测和除害处理技术还不能达到完全控制有害生物传播的水平，外来入侵有害生物入侵的风险日益增大。在口岸，国家检验检疫部门截获各类有害生物的批次正在逐年增加。这些外来有害生物如未能被检疫部门截获，一旦在入侵后成功定殖，由于缺少天敌的自然控制，极易在其适生区内迅速增殖、传播，继而暴发成灾，对我国农林业发展造成长期的严重威胁和破坏。

10.2　近 50 年来气候变化对有害生物影响归因与评估

近 50 年来，气候变化影响到有害生物分布，部分危害加剧。本节将对这些影响进行归因评估。

10.2.1　近 50 年来气候变化驱动影响

1. 病虫害

近年来我国林业、农业有害生物危害发生的频次增多，传播趋势加剧，危害损失居高不下，并呈逐年上升的态势（张建新等，2010）。森林虫害发生面积一直呈增加趋势，20 世纪 60 年代全国每年森林虫害发生面积约为 100 万 hm^2；近年来，全国年均森林虫害发生面积都在 800 万 hm^2 以上（图 10.6）。

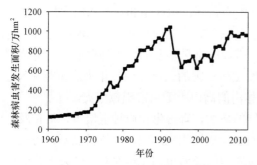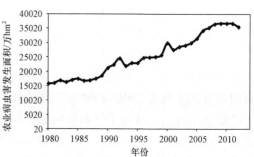

图 10.6　我国森林病虫害、农业病虫害发生面积动态变化趋势图

农业害虫也一直是农业生产上的重要生物灾害，是制约高产优质农业发展的重要因素之一（霍治国和王石立，2009）。我国常见农作物虫害有 1600 多种，常年可造成严重危害的重大虫害在 100 种以上，重大流行性虫害有 20 余种（张蕾等，2012），其中我国三大作

物主要虫害有稻飞虱、稻纵卷叶螟、玉米螟、褐飞虱、棉铃虫和蚜虫等，每年发生面积超过 4.67 亿 hm²，每种作物经常同时遭受 3~4 种病虫危害，每年因虫害损失粮食 1500 亿 kg、棉花 1.9 亿 kg，潜在经济损失达 5000 亿元以上（刘文栋等，2010；郑大玮等，2013）。1961~2012 年，全国农作物病虫害发生面积由 1961 年的 5811.10 万 hm² 次增加到 2012 年的 355687 万 hm² 次（图 10.6），增加 6 倍；病害发生面积由 1528.73 万 hm² 次增至 12390.89 万 hm² 次，增加 8.1 倍；虫害发生面积由 4282.37 万 hm² 次增至 24636.29 万 hm² 次，增加 5.8 倍。

2. 入侵物种

气候变化下入侵生物在我国的入侵动态格局普遍呈现了扩散的趋势。本书搜集整理了我国几种典型有害生物物种的地理分布演变过程研究动态（图 10.7）。

松材线虫是松树上的一种毁灭性的病害的病原生物，在日本和中国已经造成了巨大的经济损失。1982 年在南京中山陵首次发现，以后相继在江苏、安徽、广东和浙江等地成灾（Robinet et al.，2009），几乎毁灭了在香港广泛分布的马尾松林。由于扩展迅速，现已对黄山、张家界等风景名胜区的天然针叶林构成了巨大威胁。根据本书调查研究发现，目前松材线虫已扩散分布至我国东南、西南部 17 个省份（图 10.7）。

美国白蛾属鳞翅目，灯蛾科，是一种危险性的食叶害虫（苏茂文和张钟宁，2008）。由于这种害虫具有传播速度快、繁殖能力强、取食量大、危害寄主植物多等特点，因此常常暴发成灾，造成巨大的经济损失。我国于 1979 年首次在辽宁省丹东发现，1981 年由渔民自辽宁省捎带木材传入了山东省荣成县，并在山东省相继蔓延开来，1985 年由包装材料带入了西安市，在陕西省武功县发现并形成危害，1995 年在天津市发现，1999 年以来，唐山市及周边地区都有此虫危害。此后，美国白蛾开始在我国北方地区传播蔓延。目前，辽宁、山东、河南、陕西、吉林、河北、天津、北京均有分布（图 10.7），极大地威胁着农林业生产的安全。

紫茎泽兰是农田、荒坡、山地、草场上一种有毒的、侵占性很强的恶性杂草，一旦侵入农田、草地后，与农作物、牧草争水、争肥、争阳光、争空间，严重影响农作物、牧草的生长。大约 20 世纪 50 年代紫茎泽兰由中缅边境传入云南南部，随河谷、公路、铁路自南向北传播，至目前为止，云南 90% 面积的土地都有紫茎泽兰的分布。西南地区的云南、贵州、四川、广西、西藏等地都有分布，大约以每年 10~30 km 的速度向北和向东扩散，已经扩散至长江流域的湖北宜昌市（图 10.7）。

凤眼莲是一种原产于南美洲亚马孙河流域属于雨久花科凤眼蓝属的一种水生浮水植物，它繁殖迅速，在合适的条件下两个星期就可以繁殖一倍。20 世纪 50 年代凤眼莲作为饲料、观赏植物和污水防治植物引进中国，其后在南方作为动物饲料被广泛种植。从 80 年代开始，随着中国内地工业的迅速发展，内河水体的营养化加剧，凤眼莲借助其高效的无性繁殖与环境适应机制，开始在内河流域内广泛扩散，堵塞河道，阻碍内水交通。此外，大量浮游在水域中的凤眼莲会阻挡阳光透射入水下，并且腐烂后会大量消耗水中的溶解氧，从而造成其他水生动植物的大量死亡，对社区居民的生产、生活、健康造成威胁。根据本书调查研究发现，目前凤眼莲现广布于我国长江、黄河流域及华南各省（图 10.7）。

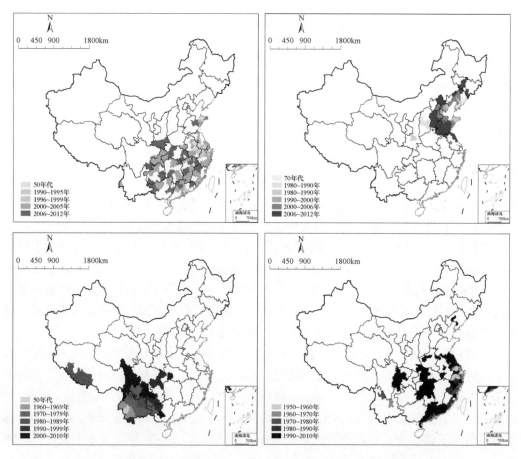

图 10.7　松材线虫、美国白蛾、紫茎泽兰、凤眼莲的危害分布演变动态图

3. 鼠害

　　我国是一个农业鼠害十分严重的发展中国家，我国常见的害鼠有约 20 多种，水稻、小麦、玉米、豆类、甘蔗及瓜果和蔬菜均不同程度受到危害。20 世纪 80 年代以后，我国农田鼠害发生面积呈上升趋势（图 10.8），特别是 20 世纪 80 年代中期农田鼠害严重发生，如 1984 年农田鼠害发生面积达 2400 万 hm^2，占全国总耕地面积的 24.4%，占全国粮食耕种面积的 21.04%，鼠害涉及全国 29 个省（市、区），其中严重的省 18 个。1987年全国发生农田鼠害面积达 3933.29 万 hm^2，农田和室内损失粮食 1500 万 t，等于当年我国进口粮食的总和，相当于 6200 万人口一年的口粮。经过几年的大面积防治行动，至 80 年代后期鼠害有所缓解。但进入 90 年代以后，由于各地放松了对鼠害的防治，加之受异常气候的影响，鼠害再次回升，1993~1995 年，全国鼠害发生面积 2200 万~2500万 hm^2，防治鼠害后每年仍造成田间粮食损失 500 万~700 万 t，棉花 50 多万担，甘蔗20 多万吨，此外，蔬菜、果树等经济作物的损失也相当严重。到 90 年代后期随着防治力度的加强鼠害回落；2000 年鼠害又再次大面积爆发，2005 年之后，各省加强了防治鼠害发生面积逐渐下降。目前全国 31 个省（市、区）（不包括台港澳）的农区均有鼠害发生，其中较严重的黑龙江、吉林、云南、贵州等省（区）曾出现局部大发生。

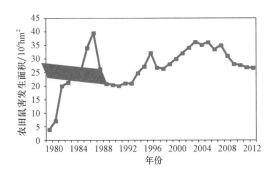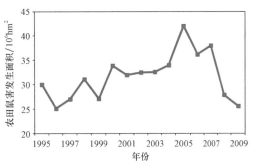

图 10.8　我国农田、草原鼠害发生面积动态变化图

　　根据全国畜牧兽医总站 1995~2009 年的统计数据，全国每年因鼠害造成的草原受灾面积 2500 万~4300 万 hm² （图 10.8），牧草损失年均近 200 亿 kg。草原鼠害的发生使得植被恢复变得异常艰难。加之近年来全球性气候变暖、干旱加剧、虫害、毒害草、雪灾、火灾等自然因素的作用，导致草原鼠害频繁暴发。目前，我国草原鼠害分布范围遍及青海、内蒙古、西藏、甘肃、新疆、四川、宁夏、河北、黑龙江、吉林、辽宁、山西、陕西等 13 个省（区），尤以长江、黄河、澜沧江源头的三江源地区严重。

10.2.2　观测变化与气候驱动变化的一致性

　　总体上看，单纯考虑气候因素驱动得到的潜在适生区范围能够较好表征出该物种实际的分布状况，但从具体的分布范围和面积看适生区范围还是显著大于观测的物种分布范围的。一方面表明除了气象要素以外，社会经济要素、人为活动干扰等因素对于物种的分布也具有一定的影响；另一方面也说明尽管目前尚未发现，但这些潜在适生区域存在着相对较高的入侵风险，未来在合适的时机有害生物极有可能将入侵到这些地区。对于不同的有害生物而言，各影响因素的影响程度往往是不同的，甚至不同的分布区域内各要素的影响程度也会发生变化。何种因素起主导作用需要结合具体情况予以分析。从物种来看，植物单纯气候驱动获得的适生区与实际观测事实的吻合度最好，这表明植物空间分布与气候要素的关联性较强，容易受到气候变化的影响。害虫作为一类动物，自身具有迁移能力，除受气候要素影响外，寄主植物、天敌等都可能影响到实际空间分布格局。银胶菊、飞机草等入侵植物，观测的分布范围变化与气候驱动条件下的变化一致性较强，说明对于这些物种分布而言，气候因素是起着主导作用的，该类物种的气候敏感性往往较强，更易受到气候变化的影响。全球气候变化的大背景下，在未来该类物种所受的影响和冲击将会更为显著。目前不适生和适生程度较低的地区很有可能随着气候的变化而转为适生，从有害生物管控和防治的角度来说是需要重点关注，及早发现和消除其入侵带来的各种不利影响。

10.2.3　近 50 年来气候变化影响的归因

1. 病虫害

　　通过对我国森林病虫害的发生面积与温度、降水、日照、风速气象因子的距平变化趋势来看，森林病虫害的危害发生面积与气象条件的关系十分密切，尤其是受温度、降水、日照条件的影响甚大（图 10.9）。从平均气温的变化来看近 50 年来全国平均气温呈明显的上升趋势，平均以 0.27℃/10a 的速度增长，并达到了显著性水平（$P<0.01$）。从 20 世纪 90 年代后期开始平均气温距平由负转正（图 10.9），温度增暖明显。全国森林病虫害发生面积距平由负转正基本上是从 80 年代开始，早于平均气温距平。全国平均最高平均气温、最低平均气温的变化趋势与均温的相似，均呈明显的上升趋势，距平由负转正晚于全国森林病虫害发生面积距平由负转正的时期（图 10.9）。

从近 50 年全国的年降水量变化情况来看（图 10.9），年降水量整体上呈现微弱的上升趋势，年变化速率为 0.14 mm/10a，但年际间降水波动较大。降水影响害虫的迁飞能力、体重变化、虫口数量、存活率及发生程度，有利时起到加速促进作用，不利时则产生抑制作用（叶彩玲等，2005）。由于近 50 年降水量年际波动较大，年降水量整体上维持在平均水平，从总体上看，全国森林病虫害发生面积与年降水量距平的关系不明显。

从年日照时数年代变化情况可以看出（图 10.9），近 50 年日照时数呈现微弱增加趋

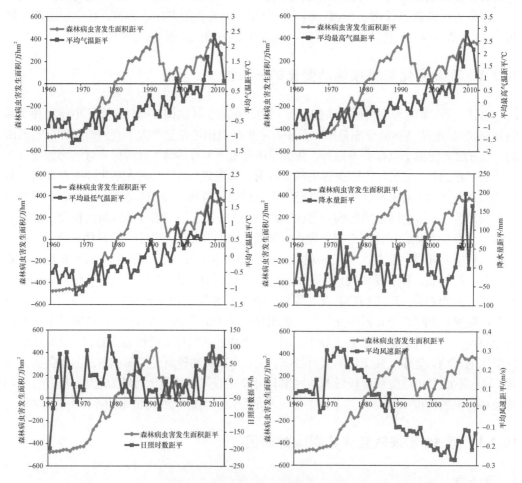

图 10.9　森林病虫害发生面积和均温、平均最高气温、平均最低气温、
降水量、日照时数、风速的距平时间序列

势，平均以 3.65h/10a 的速度增加。年日照时数距平大约从 20 世纪 60 年代中期由负转正，早于病虫害发生面积距平由负转正的时期。年日照时数的微弱增加对病虫害的发生有利。从平均风速的变化趋势来看，近 50 年平均风速呈现显著减少的趋势，平均以每十年 0.9 m/s 的速度减少。平均风速距平大约从 80 年代中期由正转负，与此同时森林病虫害发生面积距平由负转正，说明平均风速的减少对病虫害的发生有利。

2. 鼠害

害鼠的区域分布及鼠害发生与气候因素关系密切。温度、降水、湿度等气候要素能够直接影响害鼠的发育、繁殖、分布、迁移和适应。目前研究害鼠的空间分布与及其影响因素的研究工作开展较少，仅集中在个别分布较广或危害性较严重的鼠种，如周立志等（2001）对沙鼠亚科物种空间分布格局及其与环境因素的关系进行了研究，发现影响沙鼠亚科空间分布的决定因素是以土壤、植被、地貌和高度差为主的要素所构成的基本景观因子，其次是体现年总辐射量、年均降水量和沙漠化程度的干旱和沙漠化程度因子；张美文等（2003）通过对长江流域黄胸鼠生物学特性研究指出黄胸鼠种群的北扩现象很可能与全球变暖的趋势有关。李波等（2007）亦提出褐家鼠可能通过铁路运输扩张分布到西藏、新疆等地区。此外房继明和孙儒泳（1994）对布氏田鼠为代表的农业害鼠的空间分布规律及可能影响要素展开了研究。

本书根据过去 30 年常见农田鼠害的发生面积与气温、降水、日照等气象要素的相关回归关系来确定影响鼠害的主要气候因素（图 10.10）。通过相关统计分析发现极端最低气温、极端最高气温与鼠害发生面积显著相关（$P<0.05$），风速与鼠害发生面积极显著相关（$P<0.01$）。

10.2.4　近 50 年来气候变化影响与贡献

1. 病虫害

本书以 1960~2012 年我国病虫害危害发生面积来做量化指标，研究其与气象、非气象因子的关系。选取了 11 个气象、非气象因子（表 10.1），从这 11 个环境因子和人类活动因子取若干个线性组合，能尽可能多地保留原始变量中的信息。进行主成分分析时，主成分的个数可以通过累积贡献率来确定，通常以累积贡献率>0.85 为标准；并计算得到主成分的特征值（eigenvalues）和累积解释方差以及主成分载荷矩阵（component matrix），根据主成分载荷矩阵，以及各主成分对应的特征值计算得到各主成分系数，最后根据主成分综合模型计算出综合主成分分值；得到如下分析结果：构成 F_1 当中属人均 GDP、运输线路长度系数最大，对 F_1 的变化起主导作用，因此可将第一主成分 F_1 解释为经济发展水平因子。构成 F_2 当中属极端最低气温、平均相对湿度系数最大，对 F_2 的变化起主导作用，因此可将第二主成分 F_2 解释为温度因子。构成 F_3 当中属日照时数、降水量系数最大，对 F_3 的变化起主导作用，因此可将第三主成分 F_3 解释为光湿度因子。运用多元回归分析方法在已获得的主成分因子中筛选出重要的变量，纳入多元线性回归方程。

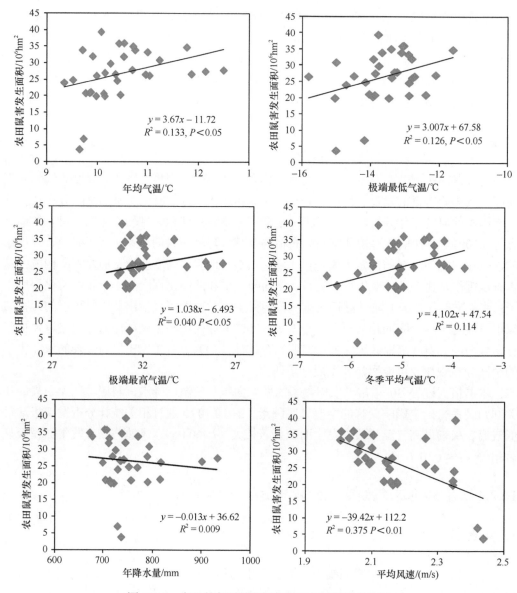

图 10.10　农田鼠害面积和气象因素之间的相关关系

　　多元线性回归的应变量是我国病虫害发生面积，经向前逐步回归筛选后有 1 个变量进入了回归方程，是 F_1（表 10.2），回归方程为 $y=603.66+97.112F_1$，即人均 GDP、运输线路长度系数等经济发展水平因子解释了病虫害发生面积全部变异的 67%，所以经济发展水平因子是最主要的造成病虫害发生面积扩大的主要因素；而温度、光湿度气象因子仅能解释 33%的全部变异，是影响近 50 年病虫害发生面积扩大的次要因素。

2. 鼠害

　　以 1980~2012 年我国鼠害危害发生面积来做量化指标，研究其与气象、非气象因子

表 10.1　气象因子和非气象因子变量

变量	单位	缩写	数据转换方法
平均气温	℃	AT	
极端最低气温	℃	ELT	
极端最高气温	℃	EHT	Ln（）
冬季平均气温	℃	WT	
降水量	mm	AP	
平均风速	m/s	WS	
平均相对湿度	%	RH	
日照时数	h	SH	
人口	个	TP	
人均 GDP（current LCU）	元	PGDP	Ln（）
运输线路长度	万 km	TL	Ln（）

表 10.2　1960~2012 年我国病虫害发生面积和气候、人类活动因子的逐步回归分析结果

参数	回归系数 B	标准误	标准化系数 Beta	t 检验值	显著性 P	决定系数 R^2
常数	603.66	24.006		25.147	<0.01 (0.0001)	
F1	97.112	9.411	0.822	10.319	<0.01	0.67

的关系。选取了 16 个气象、非气象因子（表 10.3），进行主成分分析（方法同上节）。从主成分的线性表示来看，草原面积（GA）、农用地面积（ALA）、土地面积（LA）、森林面积（FA）、农作物播种面积（TSAC）构成 F_1 当中系数最大，对 F_1 的变化起主导作用，因此可将第一主成分 F_1 解释为草原面积、农用地面积、土地面积、森林面积，即农业活动相关因子。构成 F_2 当中属年平均降水量（ATP）、年平均气温（MT）七月平均气温（MT7）系数最大，对 F_2 的变化起主导作用，因此可将 F_2 解释为气象因子，即 F_2 是反映气候的因子。构成 F_3 当中属土地面积（LA）、人均地区生产总值（PGDP）最大，对 F_3 的变化起主导作用，因此可将 F_3 解释为反映社会经济的因子。运用多元回归分析方法在已获得的主成分因子中筛选出重要的变量，纳入多元线性回归方程。

多元线性回归的应变量是我国鼠害发生面积，经向前逐步回归筛选后有 1 个变量进入了回归方程，是 F_2（表 10.4），回归方程为 $y=13.226+0.708F_2$，即温度、降水等气象因子解释了鼠害发生面积全部变异的 59%，所以气候因子是最主要的造成鼠害发生面积扩大的主要因素；而农业活动、社会经济相关因子仅能解释 41%的全部变异，是影响近 30 年鼠害发生面积扩大的次要因素。

10.2.5　讨论与小结

生态系统是经过长期进化形成的，系统中的物种经过上百年、上千年的竞争、排斥、适应和互利互助，才形成了现在相互依赖又互相制约的密切关系。从整个生物圈的角度看，全球变化对生物生理生态过程等的影响，使得生物的适宜气候带范围发生改变，这

表 10.3　气象因子和非气象因子变量

气候因素		非气候因素	
变量	变量符号缩写	变量	变量符号缩写
总人口	TP	年平均气温	MT
土地面积	LA	1 月平均气温	MT1
农作物播种面积	TSAC	7 月平均气温	MT7
森林面积	FA	年平均降水量	ATP
草原面积	GA	平均相对湿度	RH
人口密度	PD	日照时数	HR
人均地区生产总值	PGDP		
森林覆盖率	PFC		
运输线路长度	TTL		
各地区货运量	FV		

表 10.4　1980~2012 年我国鼠害发生面积和气候、非气候因子的逐步回归分析结果

参数	回归系数 B	标准误	标准化系数 Beta	t 检验值	显著性 P	决定系数 R^2
常数	13.226	0.889		14.883	<0.01（0.0001）	
F_2	0.708	0.397	0.315	1.785	0.006	0.59

必然会改变物种与资源的分布区域，结果促进了某些外来昆虫的入侵。一般而言，全球气候变化主要通过以下 3 个方面影响入侵物种定殖和传播：①气候的变化将对某些物种进行重新选择。对某些昆虫而言，气候可能变得更加适宜，而对其他的昆虫则可能变成不适宜的气候条件，对于一些目前受到保护的地区，不稳定的环境条件将增加某些入侵昆虫进入这些地区的可能性；②气候和周围的环境可能改变寄主植物的地理分布，从而使入侵昆虫与不具备抗性的寄主植物发生接触，增加入侵昆虫定殖和传播的机会；③进化的淘汰过程和对新环境的适应性改变将导致入侵物种的出现（万方浩等，2011）。

当某一种有害生物定殖下来后，人类活动因素便是导致其传播扩散的另一重要原因，如外来物种首次发现或引入的地点影响着接下来的扩散和分布模式。在对 166 种入侵物种（除植物外，也包括动物和微生物）首次引入（无意引入）地点的分析表明，74.6%的首次引入地点出现在沿海地区，尤其是有较快经济发展和较多国际旅游的省份。这说明至少对无意引入的外来物种，它们在中国的引入和扩散模式应该是从沿海到内陆，从经济较发达的省份到经济次发达的省份。通过比较不同气候、非气候因子对入侵生物分布的影响发现，其与人口数量、经济发展、公路密度等指标呈正相关关系，其原因可能是：经济发展导致干扰增强及国际交往（反映外来种引入次数）增多，而干扰生境和引入次数增多可显著促进入侵；南方气候良好的省份既有利于本地植物的多样性，也有利于外来植物的多样性。

10.3　未来气候变化对有害生物的影响与风险

10.3.1　未来气候变化对有害生物的影响

1. 病虫害

未来在全球气候变化大背景下,气候变暖将对我国有害生物产生重要的潜在影响。

1) 地理分布范围扩大

一个种的分布范围极大地受地理障碍和气候的影响,气候变暖使得在分布区边缘的昆虫有可能向区外扩展,这点可以从昆虫化石所获得的古气候学中得到说明。例如,从化石中确定的 21 种鞘翅目昆虫种类,在 120000 年以前的温暖期在英国是有分布的,但现在有 6 种已经消失,而在欧洲南部,所有这些种类却都能找到(张润杰和何新凤,1997)。

由于害虫紧密依赖于可供利用的寄主作物,因此,当寄主作物种植区域因气候变化而改变时,害虫的分布就受影响。假如温度的变化允许作物逐渐向两极方向的某些地区种植,那么作物和害虫就可能扩展到这些新的地区,但两者迁入的时间可能有先后。需要指出的是,理论上气候变暖会使作物的种植北界将向北移动,但实际情况常落后于理论分析,并且除了温度、食物等关键因子外,还有许多其他因子也影响害虫的分布。因此,气候变暖后害虫的实际分布区域可能低于理论值,且有地域差异。

2) 越冬界线北移

冬季对许多害虫来说是极其重要的季节,这是由于冬季的极端低温使死亡率显著增加,到春季时种群的密度就下降。生活在高纬度地区的害虫,越冬存活率和春季开始活动的时间在农业生产上是十分重要的,因此冬季气候变暖对昆虫所带来的影响不容忽视。IPCC 的气候模拟模型的预测表明,将来冬季的温度变化是最大的,这将使许多害虫的越冬存活率提高,并使某些种的越冬界线北移。

3) 替代寄主和"绿色桥梁"引进的机会增大

利用气候变化的有利条件,某些新作物品种被引进到一个新的地区,它对原有的作物会带来严重影响,这是因为这些作物为害虫提供了替代性的寄主和"绿色桥梁"(临时寄主或越冬场所,成为寄主间的桥梁)。作为气候变化的影响,杂草也可作为害虫和病害的绿色桥梁,杂草本身密度和生活周期的改变也将影响病虫害的发生。

4) 害虫迁移入侵风险增高

许多昆虫是迁飞性的,那些因气候变化而日益成为害虫适生的地区,就成为这些昆虫选择迁飞的目的地。有研究表明,将来气候逐渐变暖,欧洲大陆昆虫将大量迁飞,使英国有可能出现大范围的害虫暴发(伍米拉,2012)。如果外迁性昆虫的繁殖地区逐渐向英国扩展,前面所说的暴发频率将更频繁。对某些害虫种来说,单独一年的有利天气并不一定引起暴发,但是如果在某一地区,温度是昆虫发育与存活的主要限制因子的话,气候变暖就大大促进其他条件向有利于害虫的方向发展。

2. 入侵生物

气候变化能直接影响入侵植物在某一特定区域的生存能力,同时改变它们与土著种的竞争关系。对于生态系统而言,全球气候变化将使一些生态系统对外来生物的抵御能力变弱,从而使外来种更有可能成为入侵种。对于入侵种和土著种的相互关系而言,全球气候变化可能改变了外来种和土著种的竞争态势。首先,由于土著种与其所处的环境长期适应。全球气候变化创造的新环境常常减少了其对土著种的适宜度,而入侵种一般能较快适应新环境。其次,许多入侵种在资源可利用度高的环境中最易成功,一些全球气候变化类型直接增加了植物资源的可利用度。因此,未来全球气候变化可能导致外来生物大规模入侵与快速扩散,土著种被排除,生物多样性减少,原有生态系统被改变,甚至导致严重的社会经济与生态环境问题。

10.3.2 未来气候变化对有害生物的风险

根据经典风险评估模型进一步修正后,本书确定的有害生物灾害风险模型为

$$R = V \times P$$

式中,R 为有害生物灾害风险;V 为承险体脆弱性;P 为发生的可能性。

$$V = D \times E$$

式中,D 为致灾因子的破坏力;E 为在生物致灾因子中的暴露性。

本书以农业病虫害为例,建立了气候变化对我国农业病虫害风险评估模型(图10.11):

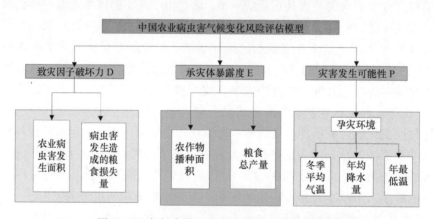

图 10.11　气候变化对有害生物的风险评估模型

致灾因子破坏力包括农业病虫害发生面积和病虫害造成的粮食损失量两个指标,分别根据各省统计年鉴 1987~2013 年统计数据计算求得（图 10.12）。暴露度包括农作物播种面积和粮食总产量两个指标,分别根据统计年鉴用 1987~2013 年统计数据计算求得（图 10.13）。孕灾环境（气候数据）根据全国 827 个气象站点 1987~2013 年实测数据统计计算求得（图 10.14）。然后对每一个指标因子设定等级分别赋值,再采用距标准

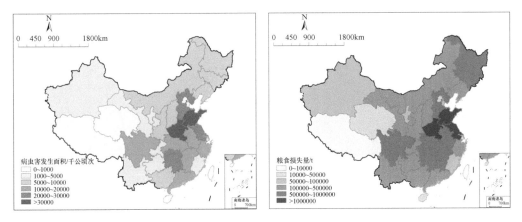

图 10.12　我国农业病虫害风险评估致灾因子破坏力指标
（病虫害发生面积、粮食损失量）的分布图

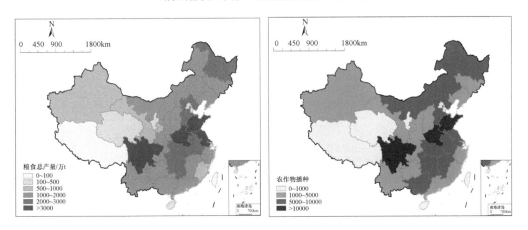

图 10.13　我国农业病虫害风险评估暴露度指标
（农作物播种面积、粮食总产量）的分布图

差倍数赋值的方法进行总风险赋值计算，标准差赋值标准见表 10.5，根据赋值结果将有害生物风险分为 5 个等级：低、较低、中、较高、高。研究发现，我国病虫害发生风险较高的区域集中在东部沿海地区，山东、河南、湖南、江苏、湖北、江西、安徽、广东、广西、黑龙江、吉林等省份是病虫害高风险发生地区，而西部内陆各省则发生风险较低（图 10.15）。

　　未来气候变化下有害生物的风险我们用 2015~2030 年数据来进行预测，对于致灾因子（D）、暴露度数据（E）根据 1987~2013 年数据拟合相关计算得到；灾害发生可能性（P）的数据我们采用 IPCC 的 RCP4.5、RCP8.5 气候情景模式下降水、冬季均温、年最低温的情景模拟数据，最终计算得到 2030 年 RCP4.5、RCP8.5 气候情景模式下有害生物风险（图 10.16）。

　　研究发现，RCP4.5 情景模式下到 2030 年我国病虫害发生区域较目前有减少，较高等级以上发生风险主要集中在江西、河南、河北、湖南、安徽等省。RCP8.5 情景模式下到 2030 年我国病虫害发生高风险区域在湖南、江西、广西等省。

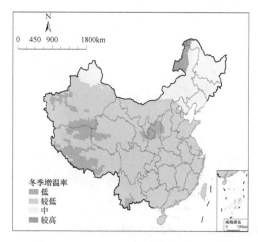

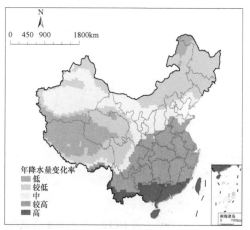

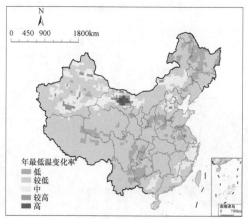

图 10.14　我国农业病虫害风险评估孕灾环境气候指标
（冬季增温率、年降水量变化率、年最低温变化率）的分布图

表 10.5　标准差赋值标准

距标准差倍数	分值	风险等级
>1.5	1.0	高
0.5~1.5	0.75	较高
0.5~−0.5	0.5	中
−1.5~−0.5	0.25	较低
<−1.5	0.1	低

10.3.3　讨论

　　温室气体排放情景,是对未来气候变化预估的基础。IPCC 第五次报告提出的 RCP8.5
是最高的温室气体排放情景,这个情景假定人口最多、技术革新率不高、能源改善缓慢,
所以收入增长慢。在此情景下病虫害高发生风险地区集中在中东部地区。RCP4.5 这个
情景是 2100 年辐射强迫稳定在 4.5 W/m² 。用全球变化评估模式模拟,这个模式考虑了
与全球经济框架相适应的、长期存在的全球温室气体和生存期短的物质的排放,以及

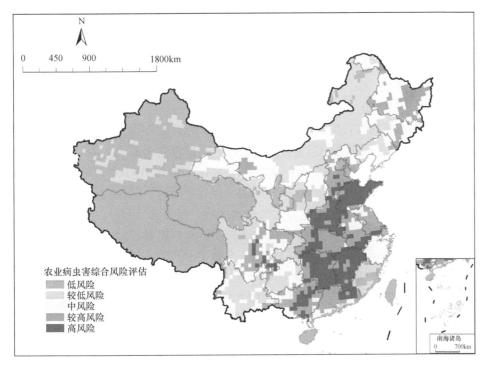

图 10.15　气候变化下我国农业病虫害综合风险评估

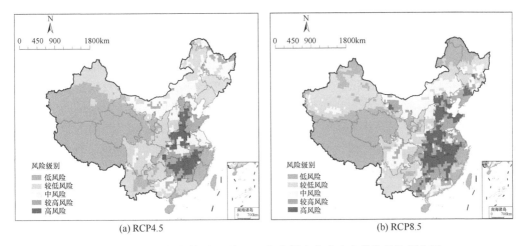

图 10.16　不同气候情景下到 2030 年我国农业病虫害发生风险评估图

土地利用/陆面变化，相对于 RCP8.5 情景，在此情景下到 2030 年我国病虫害发生区域较目前有减少，较高等级以上发生风险主要集中在江西、河南、河北、湖南、安徽等省。

10.4　结　　论

（1）过去 50 年我国病虫害发生危害面积不断扩大，数量呈现增长趋势，危害发生的频次增多，传播趋势加剧。我国东南沿海地区是病虫害数量增长最为迅速的区域，其次是中部地区。20 世纪 60~80 年代病害虫主要分布在广东、江苏等东部沿海省区；80

年代至 2000 年害虫丰富度逐渐增加，在西南地区的云南、广西也成为害虫丰富度较高的省份；2000 年之后害虫分布较高丰富度的省份逐渐向西部地区扩散。入侵生物在过去 50 年里在我国发生面积呈现不断扩大，入侵物种数量不断增长趋势，危害发生的频次逐年增多。1950 年后的 60 年间，新出现 212 种外来入侵物种，占外来入侵物种种数的 53.53%，其中尤其在 70~80 年代是入侵物种侵入我国的高爆发时期，新出现 87 种外来入侵物种。外来入侵物种首次发现的省份集中在沿海地区及云南和新疆等边疆地区。我国从 60 年代初均有不同程度的鼠害，其中尤以农业鼠害危害最为严重，特别是 80 年代中期农田鼠害严重发生，鼠害涉及全国 29 个省（区、市），其中严重的区（省）18 个；经过几年的大面积防治行动，至 80 年代后期鼠害有所缓解。但进入 90 年代以后，由于各地放松了对鼠害的防治，加之受异常气候的影响，鼠害再次回升，到 90 年代后期随着防治力度的加强鼠害回落；2000 年鼠害又再次大面积爆发，2005 年之后，各省加强了防治鼠害发生面积逐渐下降。目前全国 31 个省（市、区）（不包括台港澳）的农区均有鼠害发生，其中较严重的黑龙江、吉林、云南、贵州等省（区）曾出现局部大发生。根据统计的 34 种典型农业鼠害物种在我国各省分布的物种数、物种密度发现农业害鼠种数量分布总体呈现由东北地区向东南沿海、西北内陆减少的趋势，农业害鼠种密度较大的地区是华北地区和东部沿海地区。

（2）气温的升高、降水的增多、平均风速的减少与病虫害发生相关度较高。除了气象因素，非气象因素也会对农、林业病虫害发生、分布造成一定的影响，主要包括耕种因素、防治因素、社会经济发展因素等。人均 GDP、运输线路长度系数等经济发展水平因子解释了病虫害发生面积全部变异的 67%，所以经济发展水平因子是最主要的造成病虫害发生面积扩大的主要因素；而温度、光湿度气象因子仅能解释 33%的全部变异，是影响近 50 年病虫害发生面积扩大的次要因素。温度、降水、湿度等气候要素能够直接影响害鼠的发育、繁殖、分布和迁移，通过分析发现极端最低气温、极端最高气温、风速与鼠害发生面积呈显著相关关系。而人类活动可以增加害鼠达到新生境的机会，并为其创建能够定居的受干扰生境，同时人类的农业生产活动还为害鼠提供了食物的来源。温度、降水等气象因子解释了鼠害发生面积全部变异的 59%，所以气候因子是最主要的造成鼠害发生面积扩大的主要因素；而农业活动、社会经济相关因子仅能解释 41%的全部变异，是影响近 30 年鼠害发生面积扩大的次要因素。

（3）未来在全球气候变化大背景下，气候变暖将对我国有害生物产生重要的潜在影响。未来气候变化可能引起害虫的地理分布范围扩大、越冬界线北移、替代寄主和"绿色桥梁"引进的机会增大、害虫迁移入侵风险增高。随着未来全球气温上升、降水模式改变、极端气候事件频率和量级的变化都有可能改变入侵生物的分布和流行。

参 考 文 献

房继明, 孙儒泳. 1994. 布氏田鼠数量和空间分布的年际动态及周期性初步分析. 动物学杂志, (6): 35~37.

胡树泉, 徐学荣, 周卫川, 等. 2008. 红火蚁在中国的潜在地理分布预测模型. 福建农林大学学报(自然科学版), 37(2): 205~209.

霍治国, 王石立. 2009. 农业与生物气象灾害. 北京: 气象出版社.

蒋青. 1995. 有害生物危险性评价的定量分析方法研究. 植物检疫, 9(4): 208~211.

李波, 王勇, 张美文. 2007. 谨防褐家鼠随青藏铁路入侵西藏. 见: 第 23 届中国植保信息交流会论文集. 宁波: 全国农业技术推广服务中心, 143~148.

李鸣, 秦吉强. 1998. 有害生物危险性综合评价方法的研究. 植物检疫, 12(3): 52~55.

刘文栋, 葛意活, 何燕. 2010. 气候变化对水稻病虫害发生发展趋势的影响. 中国农学通报, 26(24): 243~246.

马生玉, 时兴合, 杨英莲. 2009. 河湟谷地气候变化对高原鼠害的影响. 青海科技, 16(1): 35~39.

生态环境学报, 18(2): 693~703.

苏茂文, 张钟宁. 2008. 外来有害生物美国白蛾入侵、危害和治理. 生物学通报, 43(12): 1~2.

万方浩, 谢丙炎, 杨国庆. 2011. 入侵生物学. 北京: 科学出版社.

王丽, 霍治国, 张蕾, 等. 2012. 气候变化对中国农作物病害发生的影响. 生态学杂志, 31(7): 1673~1684.

王闫利, 王茹琳, 姜摇淦, 等. 2012. 森林害虫发生发展与气象因素关系的研究进展. 四川林业科技, 33(4): 20~24.

吴刚, 戈峰, 万方浩, 等. 2011. 入侵昆虫对全球气候变化的响应. 应用昆虫学报, 48(5): 1170~1176.

吴建国, 吕佳佳, 艾丽. 2009. 气候变化对生物多样性的影响: 脆弱性和适应. 生态环境学报, 18(2): 693~703

吴绍洪, 潘韬, 贺山峰. 2012. 气候变化风险研究的初步探讨. 气候变化研究进展, 7(5): 363~368.

伍米拉. 2012. 全球气候变化与生物入侵. 生物学通报, 47(1): 4~6.

许志刚. 2003. 植物免疫学. 北京: 中国农业出版社.

姚剑, 张龙娃, 余晓峰. 2008. 入侵害虫红脂大小蠹的研究进展. 安徽农业大学学报, 35(3): 416~420.

叶彩玲, 霍治国, 丁胜利, 等. 2005. 农作物病虫害气象环境成因研究进展. 自然灾害学报, 14(1): 90~97.

张建新, 钱锦霞, 任慧龙, 等. 2010. 气象因素对林业有害生物发生发展的影响研究综述. 中国农业气象, 31(3): 458~461.

张蕾, 霍治国, 王丽, 等. 2012. 气候变化对中国农作物虫害发生的影响. 生态学杂志, 31(6): 1499~1507.

张美文, 郭聪, 王勇, 等. 2003. 鼠害对长江中下游可持续农业发展的影响及防治对策. 中国农业科学, 36(2): 223~227.

张润杰, 何新凤. 1997. 气候变化对农业害虫的潜在影响. 生态学杂志, 16(6): 36~40.

郑大玮, 李茂松, 霍治国. 2013. 农业灾害与减灾对策. 北京: 中国农业大学出版社.

周立志, 马勇, 李迪强. 2001. 沙鼠亚科物种空间分布格局及其与环境因素的关系. 动物学报, 47(6): 616~624.

Chakraborty S, Tiedemann A V, Teng P S. 2000. Climate change: potential impact on plant diseases. Environmental Pollution, 108: 317~326.

Davis M A, Grime J P, Thompson K. 2000. Fluctuating resources in plant communities: a general theory of invisibility. Journal of Ecology, 88(3): 528~534.

Ehrenfeld J G. 2010. Ecosystem consequences of biological invasions. Annual Reviews of Ecology, Evolution, and Systematics, 41: 59~80.

Grabherr G. 2003. Alpine vegetation dynamics and climate change-a synthesis of long-term studies and observations. In: Nagy L, Grabherr G, Körner C, et al. Alpine Biodiversity in Europe. Berline: Springer-Verlag, 399~409.

Gregory P J, Johnson S N, Newton A C, et al. 2009. Integrating pests and pathogens into the climate change/food security debate. Journal of Experimental Botany, 60: 2827~2838.

IPCC. 2014. Climate Change 2014 Synthesis Report Fifth Assessment Report. Cambridge: Cambridge

University Press.

Kullman L. 1998. Tree-limits and montane forests in the Swedish Scandes: Sensitive biomonitors of climate change and variability. Ambio, 27: 312~321.

Lin W, Zhou G F, Cheng X Y, et al. 2007. Fast economic development accelerates biological invasions in China. PLoS ONE, 2: E1208.

Occhipinti-Ambrogi A. 2007. Global change and marine communities: alien species and climate change. Marine pollution bulletin, 55(7-9): 342~352.

Robinet C, Roques A, Pan H Y, et al. 2009. Role of human-mediated dispersal in the spread of the pinewood nematode in China. PLoS ONE, 4(2): 1~10.

Tester M, Langridge P. 2010. Breeding technologies to increase crop production in a changing world. Science, 327: 818~822.

Wahher G R, Roques A, Hulme P E. 2009. Alien species in a warmer world: risks and opportunities. Trends in Ecology & Evolution, 24(12): 686~693.

第 11 章　气候变化对生物多样性影响
与风险分析综合结论及适应对策

本章系统总结气候变化对生物多样性影响与风险分析的综合结论，提出若干对策建议，并指出了本研究的不足，以及未来研究建议。

11.1　气候变化对生物多样性影响与风险分析综合结论

11.1.1　生物多样性与气候要素的关系

苔藓植物适应的年均气温范围在–4~26℃，1 月适应温度在–19~20℃，7 月适应温度在 17~30℃，极端最高温度范围在 30~41℃，极端最低气温范围在–47~6℃；大于 0℃积温 2000~9000℃。年降水量在 55~1700 mm；年均生物学温度 6~24℃；PER 在 0.1~23。蕨类植物适应的年均气温范围在 1~21℃，1 月适应温度在–23~21℃，7 月适应温度在 14~30℃，极端最高温度范围在 27~40℃，极端最低气温范围在–41~6℃；大于 0℃积温 2400~7000℃。年降水量在 700~2100 mm；年均生物学温度 6~25℃；PER 为 0.1~1.2。裸子植物适应的年均气温范围在 1~26℃，1 月适应温度在–18~21℃，7 月适应温度在 12~29℃，极端最高温度在 27~40℃，极端最低气温范围在–20~6℃；大于 0℃积温 2200~9300℃。年降水量在 400~2500 mm；年均生物学温度 6~23℃；PER 在 0.5~1.9。被子植物适应的年均气温范围在 0~18℃，1 月适应温度在–13~10℃，7 月适应温度在 11~28℃，极端最高温度范围在 25~37℃，极端最低气温范围在–44~2℃；大于 0℃积温 1100~7000℃。年降水量在 15~1800 mm；年生物学温度 4~18℃；PER 在 0.1~55。四类植物丰富度受到高低温因素影响大。

鸟类适应的年均气温范围在–1~26℃，1 月适应温度在–22~20℃，7 月适应温度 9~28℃，极端最高温度范围 30~41℃，极端最低气温范围在–41~6℃；大于 0℃积温 1500~9100℃。年降水量在 24~2300 mm；年均生物学温度 4~25℃；PER 为 0.1~16。兽类适应的年均气温范围在–5~24℃，1 月适应温度在–30~19℃，7 月适应温度在 10~29℃，极端最高温度范围在 26~41℃，极端最低气温范围在–50~3℃；大于 0℃积温 1200~8000℃。年降水量在 15~2500 mm；年均生物学温度 3~25℃；PER 在 0.2~56。两栖类适应的年均气温范围在 6~23℃，1 月适应温度在 1~17℃，7 月适应温度在 19~29℃，极端最高温度范围在 33~41℃，极端最低气温范围在–30~6℃；大于 0℃积温 3000~7000℃。年降水量在 500~1500 mm；年均生物学温度 9~20℃；PER 在 0.5~1.6。爬行类植物适应的年均气温范围在 5~24℃，1 月适应温度在–16~19℃，7 月适应温度在 11~29℃，极端最高温度范围在 25~41℃，极端最低气温范围在–34~4℃；大于 0℃积温 2000~8300℃。年降水量在 31~2400 mm；年均生物学温度 5~25℃；PER 在 0.2~21。四类动物丰富度与与高温和低温要素相关性高。

栽培植物适应的年均气温范围在–1~23℃，1 月适应温度在–23~16℃，7 月适应温度在 13~29℃，极端最高温度范围在 25~42℃，极端最低气温范围在–37~6℃；大于 0℃积温 1600~8000℃。年降水量在 36~2400 mm；年均生物学温度 5.2~22℃；PER 在 0.2~5。栽培植物适应温度范围广，降水量高。

猪适应植物适应的年均气温范围在–2~21℃，1 月适应温度在–13~17℃，7 月适应温度在 10~27℃，极端最高温度范围在 25~40℃，极端最低气温范围在–31~2℃；大于 0℃积温 1300~8000℃。年降水量在 300~1800 mm；年均生物学温度 5~21℃；PER 在 0.3~1.9。羊植物适应的年均气温范围在 0~22℃，1 月适应温度在–14~15℃，7 月适应温度在 14~28℃，极端最高温度范围在 31~39℃，极端最低气温范围在–30~0℃；大于 0℃积温 2000~7200℃。年降水量在 51~1600 mm；年均生物学温度 5~19℃；PER 在 0.5~2.0。不同鸡品种植物适应的年均气温范围在–2~23℃，1 月适应温度在–14~17℃，7 月适应温度在 11~26℃，极端最高温度范围在 26~42℃，极端最低气温范围在–38~2℃；大于 0℃积温 1300~8000℃。年降水量在 15~1600 mm；年均生物学温度 4~20℃；PER 在 0.7~22。说明家养动物受到高低温因素影响大。

90 种农林害虫适宜分布区的年均气温是 6.73~20.76℃,年均最高气温是 13.16~25.43℃,年均最低气温范围是 1.19~17.51℃,年极端最高气温范围是 33.46~39.79℃,年极端最低气温范围是–29.92~0.41℃,年均降水量是 384.8~1961mm,相对湿度是 56.65%~80.29%,日照时数是 1298~2686h。90 种农林害虫丰富度与年均气温、年均最高气温、年均最低气温、年极端最低气温、年均相对湿度、年降水量、年日照时数呈现负相关性,与年极端最高气温呈现正相关性,但相关系数都很低;丰富度与年均气温、年均最高气温、年均最低气温、年极端最高气温、年均相对湿度、年降水量、年日照时数之间具有极显著的统计学关系。

11.1.2　近 50 年来生物多样性的演变

近 50 年来,中国生物多样性已经发生一定变化。在 20 世纪 50 年代鸟类记录有 1250 种，2012 年有 1354，亚种数量达到 2345 种，1990~2012 年新增加 100 多种，19 个不同动物地理区域鸟类物种多样性变化程度不同，候鸟变化大。两栖类物种数量 50 年代记录约 100 多种，2010 年达到 380 多种，近年发现较多，34 个省（市、区）的两栖类物种多样性发生改变。爬行类动物物种数量从 50 年代记录 200 多种，到 2010 年达到 460 多种，近几年发现一些分布在相邻国家种类。兽类动物物种数量从 50 年代记录 300 多种，到 2012 年记录达到 600 多种。

近 50 年来,分布范围改变的鸟类物种有 400~600 种，多数向北部迁移，一些向西部迁移，个别向多个方向迁移；两栖类物种 80~100 多种，一些种类向西部扩展，一些种类向东北或东部扩展；爬行类动物中分布范围改变的约 100 多种，一些主要向北部改变，一些向西部改变,如黑头剑蛇、白草蜥等分布变化较大；兽类分布范围改变的 120~200

种，1990 年以前分布记录改变的就有 100 多种，其中翼手目蝙蝠类动物分布变化较大，啮齿类动物分布变化其次，如过去分布于热带亚热带的菲菊头蝠，目前在地处温带的北京和山东省也被发现。

中国野生植物种类变化复杂。裸子植物物种数量在 20 世纪 50 年代记录 100 多种，2010 年近 250 种，也有统计为 221 种。被子植物种类较多，80 年代统计被子植物有 24357 种，目前统计认为是 28993 种，也有统计认为是 26085~27073 种，中国植物志中统计为 28335 种。中国蕨类植物种类较多，2012 年 2600 多种，个别蕨类植物灭绝；苔藓植物物种 2011 年约有 2400 多种。1951~2010 年，裸子植物中发生变化的有 10 多种，被子植物中发生变化的约有 1000 多种，一些植物分布从热带向暖温带迁移，或向高海拔迁移；蕨类植物中发生变化的有 20 多种，个别物种分布缩小，一些植物分布扩大；苔藓植物中分布改变的 300~500 多种，部分向高纬度迁移。

中国家养动物种类在 20 世纪 50 年代知道的不到 100 种，80 年代初全国家养动物资源普查结果表明，家养动物物种达 21 个，品种（包括类群）达 617 个；从 20 世纪 50 年代开始引入良种马、牛、羊、猪及家禽品种改良土著家养动物品种，导致少数品种灭绝和临界消失。据 1989 年统计，全国有家养动物品种、品种群及类群（包括地方品种、培育品种及引入品种，不包括近年引入的家禽）共计 650 余个。80 年代调查表明，传统上家养动物（畜禽）品种、品种群及其类群共计 596 个，列入中国各畜种品种志的品种 280 个，近年来家养动物现有品种和类群 1943 个。80 年代，10 个地方畜禽良种消失，8 个面临灭绝，20 个数量正在大幅减少，近几年又有一些品种减少。第二次畜禽遗传资源调查，15 个地方畜禽品种尚未发现，55 个处于濒危状态，22 个品种濒临灭绝。对多种家养动物而言，气候变化驱动下变化较大的是仙居鸡、白耳黄鸡、寿光鸡、青海骆驼、秦川牛、九龙牦牛等。家养动物中，敏感物种如秦川牛、安西牛、河曲马、柴达木马、关中驴、滩羊、中卫山羊、河西猪、八眉猪、海东鸡、静宁鸡、寿光鸡、汉中麻鸭，以及水牛、牦牛、骆驼等。

中国栽培植物种类多，一些报道有 350 种作物。《中国作物遗传资源》报道有 600 多种。随农业迅速发展，作物创新和国外引种及科研的深入，作物数量和物种逐渐增加。按八大类作物统计，中国现有 840 种作物，栽培物种 1251 个，野生近缘物种 3308 个，隶属 176 科、619 属。20 世纪 80 年代以后，实行农业结构调整，经济作物和园艺作物种植面积和产量变化。在作物中，种类变化最大的是林木、药用作物和观赏作物。林木方面，中国有乔木、灌木、竹、藤等树种约 9300 多种。中国的药用植物过去种植较少，以采摘野生为主，现主要来自栽培。1951~2010 年，栽培作物中适宜种植发生变化，品种也发生了改变，一些野生近缘种分布发生改变，其中林木、药用植物、观赏植物种类变化最大。气候变化驱动下变化较大的是普通稻、药用稻、疣粒稻、大豆，茶树大叶种、中小叶种、白梨类等。栽培植物中，敏感的如白梨、西洋梨、秋子梨、砂梨、大叶种茶、小叶种茶、野生大豆、有稃二棱大麦、裸粒二棱大麦、裸粒六棱大麦、有稃六棱大麦、普通稻、疣粒稻、药用稻，其他一些药材、经济林木和果树等。

中国有害生物包括入侵生物、杂草、害虫、害鼠等，种类多，变化大。相比 20 世纪 80 年代，林业有害生物数量增加，范围改变，新种类增加。80 年代后，农田鼠害发生面积呈上升趋势。1951~2010 年，有害生物分布变化很大，仅入侵生物从几十种到目前已经几百多种，并且一些物种分布范围不断扩大。同时，杂草、本地害虫、害鼠分布也呈现增加趋势。近 50 年来气候变化引起病虫害发生面积不断扩大，数量呈现增长趋势，危害发生的频次增多，传播趋势加剧。

11.1.3 近 50 年气候变化对生物多样性的影响

中国生物多样性与气候变化关系复杂，影响物种分布的气候要素差异巨大，丰富度与气候关系具有非线性关系。近 50 年来，生物多样性演变受到气候变化和人类活动共同影响，其中气候变化影响程度不同。不同物种分布范围与边界改变与气候变化和人类活动关系比较复杂。鸟类分布变化与年均气温、年降水量、最高气温、最低气温，极端最高气温，极端最低气温关系密切，一些鸟分布范围变化与降水变化关系密切，人类活动对鸟类分布区域变化影响不同，包括与人口、自然保护区面积、森林面积、草地面积、城市与建设用地，交通与工矿用地，与调查强度也有一定关系。兽类分布边界变化与气候变化要素与人类活动关系比较密切。爬行类分布边界和范围与气候要素关联性不同，一些蛇类变化较大。一些蜥蜴类分布范围与气候要素关联性较高。

近 50 年气候变化驱动下，鸟类、两栖类、爬行类、兽类分布，家养动物和栽培植物适宜分布、有害生物分布都发生改变，但不同物种变化程度和方向不同。对鸟类而言，变化较大的是凤头鹰、震旦雅雀、红脚苦恶鸟、褐翅雅鹛、褐尔鹰、斑头大翠鸟、灰斑鸠、小雅鹛等；对两栖类而言，气候变化驱动下，分布变化较大的包括新疆北鲵、绿臭蛙、淡肩角蟾、短肢角蟾等分布变化较大；对爬行类动物，气候变化驱动下，变化较大的是黑头剑蛇、玉斑锦蛇、王锦蛇等；对兽类而言，气候变化驱动下分布变化较大的是猪尾鼠、皮氏菊头蝠、东方蝙蝠、灰伏翼、南蝠等。1300 多种（2300 多亚种）种鸟类中，对气候变化表现出不同的敏感性，并且同一种不同亚种的敏感性也不同。比较敏感留鸟如凤头赢、褐耳鹰、红脚苦恶鸟、白腰文鸟等，敏感候鸟如黑翅鸢，白胸苦恶鸟、红翅凤头鹃、白头鹤等。600 多种兽类动物中，敏感性也不同，敏感蝙蝠种类如菲菊头蝠、小菊头蝠、贵州菊头蝠、皮氏菊头蝠无尾蹄蝠、南蝠、扁颅蝠、褐扁颅蝠、大耳蝠、褐长耳蝠、绯鼠耳蝠、大足鼠耳蝠、长尾鼠耳蝠。敏感大型兽类如蒙古野驴、双峰驼、原麝、驼鹿、黄羊、鹅喉羚、岩羊，敏感其他一些小型兽类如啮齿类。460 多种爬行类动物，一些物种敏感，敏感蜥蜴如新疆漠虎、米仓山龙蜥、丽纹龙蜥、北草蜥、黄纹石龙子、中国石龙子、南滑晰、斑蜓蜥、海南棱蜥、云南半叶址虎。敏感蛇类如美姑脊蛇、黑带腹链蛇、丽纹腹链蛇、棕黑腹链蛇、钝尾两头蛇、黄脊游蛇、黄链蛇、赤峰锦蛇、双斑锦蛇、王锦蛇、灰腹绿锦蛇、玉斑锦蛇、百花锦蛇、双全白环蛇、黑背白环蛇、龙胜小头蛇、宁陕小头蛇、饰纹小头蛇、平鳞钝头蛇、崇安斜鳞蛇、花尾斜陵蛇、颈槽蛇、黑头剑蛇、丽纹蛇、福建丽纹蛇、白头蝰、中介蝮、山烙铁头蛇、及其他一些爬行类。370 多种两栖类动物中，敏感性不同，敏感蛙类如凹耳臭蛙、侧条跳树蛙、崇安湍蛙、光雾臭蛙等，以及一些蟾蜍类等。受气候变化影响的物种，鸟类分布变化受气候变化影响明显，如北界变化的小雅鹛、褐翅雅鹛、绿胸八色鸫、黑领惊鸟、灰背燕尾、黑颈凤鹛、黄腹山雀、叉尾太阳鸟、白腰文鸟，东界变化的灰背燕尾、黑颏凤鹛、黄腹山雀、白腰文鸟，西界变化的黄腹山雀、震旦鸦雀等可以归结为气候变化；兽类中如北界变化的岩羊、西界变化的蒙古野驴、鹅喉羚、分布中心经度变化蒙古野驴、双峰驼、原麝、鹅喉羚等可以归结为气候变化，17 种蝙蝠中，一半以上分布变化归因为气候变化；两栖类中北界变化的黑点树蛙、东界变化的滇南臭蛙、仙琴水蛙、宜章臭蛙，中心纬度变化的白线树蛙、侧条跳树蛙、峨眉树蛙、黑点树蛙，中心经度变化的滇南臭蛙、峨眉树蛙等归结为气候变化；爬行类中北界变化的玉斑锦蛇、双全白环蛇、龙胜小头蛇，中心经度变化的宁陕小头蛇，西界变化的玉斑锦蛇、百花锦蛇，东界变化的宁陕小头蛇、饰纹小头蛇等归结为气候变化，一些蛇和蜥蜴变化归因为气候变化，一些南界、中心分布点改变也归因为气候变化。

　　对植物而言，气候变化驱动下分布变化较大的是四福花、山茴香长穗花、梭梭等。32000 多种被子植物、240 多种裸子植物、2600 多种苔藓、2200 多种蕨类植物，对气候变化的敏感性不同。敏感植物如半日花、胡杨、四合木、梭梭、盐桦、水生黍、蓉草、黑水大戟、荫生鼠尾草、水田白、金疮小草、香科科、假俭草、玉龙山谷精草、菲律宾谷精草、双穗麻黄、水蕨、粗梗水蕨、边缘鳞盖蕨、中华耳蕨、耳叶苔等。苔藓植物中粗肋凤尾藓、钝叶紫萼藓、复边藓、黄边凤尾藓、黄松箩藓、弯叶墙藓圆、叶异萼苔、中华短月藓分布北界变化，丛生短月藓、中华短月藓、圆叶异萼苔、黄边凤尾藓、黄松箩藓东界变化，小叶管口苔西界变化等都可以归因为气候变化；蕨类植物中叉裂铁角蕨、大明凤尾蕨、高大耳蕨、贵阳铁角蕨、华南毛蕨、阔叶凤尾蕨、毛儿刺耳蕨、密鳞鳞毛蕨、宁陕耳蕨、瓶尔小草、贴生石韦、腺毛鲮毛蕨、线羽凤毛蕨、小五台瓦韦北界变化，南界变化的细弱凤尾蕨，西界变化的叉裂铁角蕨，东界变化的高大耳蕨、贵阳铁角蕨、多羽凤尾蕨、宁陕耳蕨、瓶尔小草、细羽凤尾蕨、中华鳞毛蕨、中华水龙骨等可以归因为气候变化；裸子植物中北界变化的短叶黄杉、银杉、云南穗花杉，中心纬度变化的短叶黄杉、高山三尖杉、云南穗花杉，中心经度变化的白豆杉、长叶榧树、南方铁杉、银杉等都归因为气候变化；被子植物中白接骨、多花含笑、多枝拟兰、多枝唐松草、菲律宾谷精草、禺毛茛、黄花捻、水生栗、毛叶刺楸、湖北鼠尾草、灰黎、蒺藜草、拟二叶飘拂草、弯翅盾果草、象鼻兰、香科科、小娃娃皮、玉龙谷精草、藏岌岌草、泽珍珠菜等北界改变归因为气候变化，西界变化的多花含笑，东界变化的翅柄车前、垂头蒲公英、多花含笑、多枝拟兰、丝毛蓝刺头、象鼻兰、翼茎风毛菊、玉龙谷精草、藏岌岌草、蚤草归因为气候变化。种质资源物种分布变化受到气候变化影响的种类少，北界变化的芒果、枇杷、香蕉、有稃二棱大麦、有稃六棱大麦等、东界变化的裸粒二棱大麦、有稃二棱大麦、有稃六棱大麦、疣粒稻等也归因为气候变化。家养动物中甘南牦牛、青藏高原牦牛东界变化、个别的水牛分布南界、北界、东界、西界，分步中心纬度、经度变化变化也归因为气候变化。有害生物分布变化受到的影响较大，对气候变化影响敏感种类多，并且危害发生改变。

　　气温的升高、平均风速的减少对病虫害的发生有利。近 50 年来，入侵物种发生面积扩大，入侵物种数量呈现增长趋势，危害发生的频次增多。温度升高、降水量增加有利于入侵物种的扩散。过去 30 年，鼠害发生面积不断扩大，其中尤以农业鼠害和草原鼠害为重。极端最低气温、极端最高气温、风速与鼠害发生面积显著相关。

确定受气候变化影响的物种，鸟类分布变化受气候变化影响明显，对气候变化影响敏感种类多，兽类其次，两栖类和爬行类相对较少；植物种分布变化受到影响而敏感变化的物种少，个别植物分布改变；种质资源物种分布变化受到气候变化影响的种类少，个别物种分布范围改变。有害生物分布变化受到的影响较大，对气候变化影响敏感种类多，并且危害发生改变（表 11.1）。

表 11.1　中国生物多样性变化及气候变化影响

	变化数量（C1）	比例/%（C2）	气候变化相关数量（D）	比例（D2）/%	贡献（GX）/%
鸟类	450~600	17	100~200	22.00	4
两栖类	80~100	21.62	不少于 20	25.00	5
爬行类	80~100	17.09	不少于 20	25.00	4
兽类	100~200	15.50	不少于 30	30.00	4
裸子植物	15~20	6.10	不少于 2~5	12.00	0.7
被子植物	1000~1800	3	不少于 50~100	5.00	0.15
蕨类植物	100~500	4	不少于 5~10	5.00	0.2
苔藓植物	100~400	4	不少于 5~10	5.00	0.2
家养动物	大于 20	1.67	不少于 2	10.00	0.17
栽培植物	大于 50	5.56	不少于 5	10.00	0.56

注：表中设总物种数为 A，分布变化物种数量为 C_1，分布变化物种数占总物种数量为比例 C_2：$C_2 = \dfrac{C_1}{A} \times 100$，分布受到气候变化影响物种数量为 D，分布受到气候变化影响的物种数占分布已经变化的物种数量比例 D_2：$D_2 = \dfrac{D}{C1} \times 100$，则气候变化影响贡献计算 GX：$GX = C_2 \times D_2$。

气候变化驱动下不同类群物种丰富度变化不同，保护动物在东南部丰富度下降，在东北部分区域增加，保护植物丰富度发生局地改变，种质资源物种丰富度与有害生物丰富度变化复杂。

不同物种丰富度变化受到多种因素共同作用，不同人类活动因素和气候变化因素对物种丰富度变化都有影响，其中温度及相关要素影响大，降水量及相关因素次之；在人类活动因素中，未利用土地系数最低，耕地面积、草地面积、水域面积系数、人口、保护面积、林地、草地、工矿用地影响较大。人口、降水量、温度、交通这些因子对鼠害数量起到了最主要影响。农用地面积、入境旅游者人数、各地区货运量等人类活动因子对草害数量分布起到了最主要影响。种质资源物种分布范围的变化受到人为栽培活动和饲养活动，社会经济需要的影响更大。物种分布变化与物种的迁移能力与适应能力有关，植物迁移能力弱，分布范围变化受人类活动影响更大。

以分布变化的物种数与总物种数比例乘以受到气候变化影响的物种的数量与分布变化物种的数量的积的百分数计算来粗略保守估计。近 50 年来，气候变化对鸟类、兽类、爬行类、两栖类物种多样性变化的影响贡献为 1%~10%，对植物多样性和种质资源影响贡献约在 1%以下。

多元线性回归分析，人均 GDP、运输线路长度系数等经济发展水平因子解释了病虫害发生面积全部变异的 67%，温度、光湿度气象因子以误差仅能解释 33%全部变异，是影响病虫害发生面积扩大的次要因素。

11.1.4　未来 30 年气候变化对生物多样性的影响

未来气候变化影响下，到 2050 年，目前范围丧失 60%~80%和 80%以上，总适宜范围占基准情景适宜范围比例小于 20%物种数量不多（表 11.2）。

表 11.2　未来气候变化影响下物种分布范围丧失

	评估数量/种	目前范围丧失 60%~80%和 80%以上	总适宜范围占基准情景适宜范围比例小于 20%
被子植物	79	较少（2~4 种）	很少（1~2 种）
裸子植物	109	60%~80%和 80%以上数量较少（2~8）	数量很少（1~2 种）
蕨类植物	109	80%以上物种数量较少（3~11 种）	很少（1~2 种）
苔藓植物	115	60%~80%和 80%以上的较少（4~8 种）	很少（1~7 种）
鸟类	114	丧失范围在 60%~80%物种数量较少（1~6 种），80%以上的没	总适宜范围为目前适宜范围比例小于 20%的鸟类数量很少
兽类	118	80%以上的很少（1~4 种）	总适宜范围为目前适宜范围比例小于 20%的兽类数量很少
两栖类	91	80%以上的很少（2~6 种）	总适宜范围为目前适宜范围比例小于 20%的两栖类数量很少
爬行类	115	80%以上的很少（1~3 种）	总适宜范围为目前适宜范围比例小于 20%的植物数量很少（2~5 种）
栽培植物	26	丧失范围在 60%~80%和 80%以上的物种数量较少（1~2）	总适宜范围为目前适宜范围比例小于 20%的植物数量很少（1~2 种）
家养动物	100+105+110	丧失范围在 60%~80%和 80%以上的物种数量较少（1~2）	总适宜范围为目前适宜范围比例小于 20%的物种数量很少（3~6 种）
总数	1176		

注：5 个模式平均、4 个情景综合。

未来气候变化影响下，79 被子植物丰富度变化较大，一些区域丰富度增加，一些区域下降。目前分布范围丧失在 20%~40%的植物数量最多（33~44 种），丧失比例小于 20%和在 40%~60%下范围的植物数量其次（14~18 种），丧失范围在 60%~80%和 80%以上的物种数量较少（2~4 种），RCP8.5 情景下程度较大，RCP6.0、RCP4.5 和 RCP2.6 下差异不大；总适宜范围是目前适宜范围比例 80%以上植物物种数量最多（77 种），比例为 40%~60%下数量其次（2 种），比例小于 20%数量很少，不同情景下差异不大。109 种裸子植物丰富度变化较大，一些区域丰富度增加，一些区域下降。目前分布范围丧失比例小于 20%和丧失在 20%~40%数量最多（33~49），在 40%~60%下数量其次（11~23），丧失范围在 60%~80%和 80%以上数量较少（2~8），RCP8.5 情景下程度较大，RCP6.0、

RCP4.5 和 RCP2.6 下差异不大；总适宜范围是目前适宜范围比例 80%以上的植物物种数量最多（99~102 种），比例为 60%~80%下数量其次（4~8 种），比例小于 20%数量很少（1~2 种），不同情景下差异不大。109 种蕨类植物丰富度变化较大，一些区域的丰富度增加，一些区域下降。目前分布范围丧失比例小于 20%植物数量最多（55~61 种），丧失 20%~40%数量、40%~60%和 60%~80%和下范围数量其次（9~16 种），丧失范围 80%以上数量较少（3~11 种），RCP8.5 情景下程度较大，RCP6.0、RCP4.5 和 RCP2.6 下差异不大；总适宜范围是目前适宜范围比例 80%以上物种数量最多（101~105 种），比例为 60%~80%下物种数量其次（2~7 种），比例小于 20%数量很少，不同情景下差异不大。气候变化影响下，115 种苔藓植物丰富度变化较大，一些区域丰富度增加，一些区域下降。目前分布范围丧失比例小于 20%和在 20%~40%比例的植物数量最多（19~37 种），在 40%~60%下范围其次（24~34 种），丧失范围在 60%~80%和 80%以上较少（4~8 种），RCP8.5 情景下程度较大，RCP6.0、RCP4.5 和 RCP2.6 下差异不大；在总适宜范围是目前适宜范围比例 80%以上的植物物种数量最多（97~108 种），比例为 60%~80%下其次（4~14 种），比例小于 20%很少（1~7 种），不同情景下差异不大。

气候变化影响下，114 种鸟类丰富度变化较大，一些区域丰富度增加，一些区域下降。目前分布范围丧失比例小于 20%和丧失 20%~40%最多（44~59 种），在 40%~60%下其次（10~12 种），60%~80%物种数量较少（1~6 种），80%以上没有，RCP8.5 情景下程度较大，RCP6.0、RCP4.5 和 RCP2.6 下差异不大；总适宜范围是目前适宜范围比例 80%以上数量最多（107~112 种），比例为 40%~60%下其次（2~6 种），比例小于 20%很少，不同情景下差异不大。118 种兽类丰富度变化较大，一些区域丰富度增加，一些区域下降。目前分布范围丧失比例小于 20%和丧失在 20%~40%数量最多（33~70 种），40%~60%下其次（7~14 种），在 60%~80%较少（3~5 种），80%以上很少（1~4 种），RCP8.5 情景下程度较大，在 RCP6.0、RCP4.5 和 RCP2.6 下差异不大；总适宜范围是目前适宜范围比例 80%以上数量最多（108~113 种），比例为 40%~60%下其次（3~8 种），比例小于 20%很少，不同情景下差异不大。91 种两栖类丰富度变化较大，一些区域的丰富度增加，一些区域下降。目前分布范围丧失比例小于 20%和丧失在 20%~40%、40%~60%下数量（7~14 种）比例最多（18~29 种），丧失范围在 60%~80%物种数量较少（9~19 种），80%以上的很少（2~6 种），RCP8.5 情景下程度较大，在 RCP6.0、RCP4.5 和 RCP2.6 下差异不大；总适宜范围是目前适宜范围比例 80%以上数量最多（73~83 种），比例为 40%~60%下其次（8~17 种），小于 20%数量很少，在不同情景下差异不大。115 种爬行类丰富度变化较大，一些区域的丰富度增加，一些区域下降。目前分布范围丧失比例小于 20%的爬行类数量最多（58~77 种），丧失 20%~40%其次（25~33 种），在 40%~60%下其次（8~14 种），丧失范围在 60%~80%较少（3~5 种），80%以上很少（1~3 种），并且 RCP6.0、RCP4.5 和 RCP2.6 下差异不大；总适宜范围是目前适宜范围比例 80%以上数量最多（108~111 种），比例为 40%~60%下其次（1~6 种），比例小于 20%数量很少（2~5 种），在不同情景下差异不大。

26 栽培植物丰富度变化较大，一些区域丰富度增加，一些区域下降。按目前适宜范围，在不同气候变化情景下，目前分布范围丧失比例小于 20%和丧失在 20%~40%植物数量最多（6~11 种），在 40%~60% 下其次（2~4 种），丧失范围在 60%~80% 和 80% 以上的物种数量较少（1~2 种），并且在 RCP8.5 情景下程度较大，但在 RCP6.0、RCP4.5 和 RCP2.6 下差异不大；在总适宜范围是目前适宜范围比例 80% 以上物种数量最多（21~22 种），比例为 60%~80% 下植物物种数量其次（1~2 种），总适宜范围为目前适宜范围比例小于 20% 的植物数量很少（1~2 种），并且在不同情景下差异不大。

不同气候变化情景下，105 猪目前分布范围丧失比例小于 20% 和丧失在 20%~40% 数量最多（6~11 种），在 40%~60% 下其次（2~4 种），在 60%~80% 和 80% 以上较少（1~2 种），RCP8.5 情景下程度较大，RCP6.0、RCP4.5 和 RCP2.6 下差异不大。总适宜范围是目前适宜范围比例 80% 以上数量最多（21~22 种），比例为 60%~80% 下其次（1~2 种），比例小于 20% 很少（1~2 种），不同情景下差异不大。100 种羊品种，目前分布范围丧失比例小于 20% 和丧失在 20%~40% 数量最多（6~11 种），在 40%~60% 其次（2~4 种），60%~80% 和 80% 以上较少（1~2 种），RCP8.5 情景下程度较大，RCP6.0、RCP4.5 和 RCP2.6 下差异不大；在总适宜范围是目前适宜范围比例 80% 以上数量最多（21~22 种），比例为 60%~80% 下其次（1~2 种），比例小于 20% 很少（1~2 种），不同情景下差异不大。110 种鸡品种丰富度变化较大，目前分布范围丧失比例小于 20% 和丧失在 20%~40% 最多（6~11 种），在 40%~60% 下范围其次（2~4 种），在 60%~80% 和 80% 以上较少（1~2 种），在 RCP8.5 情景下程度较大，RCP6.0、RCP4.5 和 RCP2.6 下差异不大；总适宜范围为目前适宜范围的比例为 60%~80% 下数量其次（1~2 种），小于 20% 的数量很少（1~2 种），不同情景下差异不大。

总体上，未来气候变化对生物多样性将产生极大影响，包括了保护动物植物分布、家养动物与栽培植物分布、有害生物分布都将改变。

11.1.5　未来 30 年气候变化对生物多样性的风险

到 2050 年，4 类野生植物在不同气候变化情景下目前适宜范围丧失占基准气候情景下 20%、20%~40%、40%~60%、60%~80%、大于 80% 的范围物种数量都随概率增加而减少，在 RCP8.5 情景下丧失范围物种数量多；到 2050 年，不同气候变化情景下总适宜范围占基准气候情景下 20%、20%~40%、40%~60%、60%~80%、大于 80% 范围物种数量都随着概率增加而减少，RCP8.5 情景下丧失范围的物种数量多，RCP6.5、RCP4.0 和 RCP2.6 情景下差异不大。79 种被子植物中，概率在 0.6 以上，目前适宜分布范围丧失大于 80% 范围物种数量为 8 种，总适宜分布范围占基准情景的小于 20% 范围的物种有 13 种。109 种裸子植物，概率在 0.6 以上，目前适宜分布范围丧失大于 80% 范围物种数量有 10 种，总适宜分布范围占基准情景的小于 20% 有 11 种。109 种蕨类植物，在概率在 0.6 以上，目前适宜分布范围丧失大于 80% 范围物种数量有 17 种，总适宜分布范围占基准情景的小于 20% 有 21 种。115 种苔藓植物，概率在 0.6 以上，目前适宜分布范围丧失大于 80% 范围物种数量有 14 种，总适宜分布范围占基准情景的小于 20% 范围物种数量是 2 种。总体上，气候变化影响下，到 2050 年，面临较高灭绝风险的约野生植物占到评估植物数的 9%~34%。

到 2050 年，4 类野生动物在不同气候变化情景目前适宜范围丧失占基准气候情景下

20%、20%~40%、40%~60%、60%~80%、大于 80%范围物种数量都随概率增加而减少，RCP8.5 情景下丧失范围物种数量多，RCP6.5、RCP4.0 和 RCP2.6 下差异不大；总适宜范围占基准气候情景下 20%、20%~40%、40%~60%、60%~80%、大于 80%范围物种数量都随着概率增加而减少，RCP8.5 情景下丧失范围的物种数量多，在 RCP6.5、RCP4.0 和 RCP2.6 情景下差异不大。114 种鸟类，概率在 0.6 以上，目前适宜分布范围丧失大于 80%范围物种数量 5 种，总适宜分布范围占基准情景的小于 20%是 8 种。118 种兽类，在概率在 0.6 以上，目前适宜分布范围丧失大于 80%范围物种数量是 9 种，总适宜分布范围占基准情景的小于 20%范围物种数量是 5 种。91 种两栖类，在概率在 0.6 以上，目前适宜分布范围丧失大于 80%范围物种数量是 16 种，总适宜分布范围占基准情景的小于 20%范围物种数量是 1 种。115 种爬行类，在概率在 0.6 以上，目前适宜分布范围丧失大于 80%范围物种数量是 28 种，总适宜分布范围占基准情景的小于 20%范围物种数量是 1 种。总体上，气候变化影响下，到 2050 年，面临较高灭绝风险的动物野生植物约占到评估动物种数的 1%~17%。

到 2050 年，栽培植物在不同气候变化情景目前适宜范围丧失占基准气候情景下 20%、20%~40%、40%~60%、60%~80%、大于 80%范围物种数量都随概率增加而减少，在 RCP8.5 情景下丧失范围物种数量多，RCP6.5、RCP4.0 和 RCP2.6 下差异不大；总适宜范围占基准气候情景下 20%、20%~40%、40%~60%、60%~80%、大于 80%范围物种数量都随概率增加而减少，RCP8.5 情景下丧失范围的物种数量多，在 RCP6.5、RCP4.0 和 RCP2.6 情景下差异不大。26 种栽培植物中，概率在 0.6 以上，目前适宜分布范围丧失大于 80%范围物种数量 8 种，总适宜分布范围占基准情景的小于 20%是 13 种。总体上，气候变化影响下，到 2050 年，面临较高灭绝风险的栽培植物占到评估动物种数的 30%~50%。

到 2050 年，对家养动物在不同气候变化情景目前适宜范围丧失占基准气候情景下 20%、20%~40%、40%~60%、60%~80%、大于 80%范围物种数量都随概率增加而减少，在 RCP8.5 情景下丧失范围物种数量多，RCP6.5、RCP4.0 和 RCP2.6 情景下差异不大；总适宜范围占基准气候情景下 20%、20%~40%、40%~60%、60%~80%、大于 80%范围物种数量都随着概率增加而减少，RCP8.5 情景下丧失范围的物种数量多，在 RCP6.5、RCP4.0 和 RCP2.6 情景下差异不大。105 种猪品种，概率在 0.6 以上，目前适宜分布范围丧失大于 80%范围物种数量是 8 种，总适宜分布范围占基准情景的小于 20%范围物种数量是 13 种。100 种羊品种，概率在 0.6 以上，目前适宜分布范围丧失大于 80%范围物种数量是 8 种，总适宜分布范围占基准情景的小于 20%范围物种数量是 13 种。110 种鸡品种，概率在 0.6 以上，目前适宜分布范围丧失大于 80%范围物种数量是 8 种，总适宜分布范围占基准情景的小于 20%范围物种数量是 13 种。总体上，到 2050 年气候变化影响下面临较高灭绝风险的家养动物品种约占评估动物种数的 8%~13%。

RCP4.5 情景模式下到 2030 年我国病虫害发生区域较目前有减少，较高等级以上发生风险主要集中在江西、河南、河北、湖南、安徽等省。RCP8.5 情景模式下到 2030 年我国病虫害发生高风险区域在湖南、江西、广西等省。

总体上，未来气候变化对我国生物多样性将产生极大影响，包括保护动物植物分布改变、家养动物与栽培植物分布改变、有害生物分布改变（表 11.3）。到 2050 年，在概率为 0.6 以上，目前范围丧失 80% 以上或总适宜范围占基准情景适宜范围比例小于 20% 高度濒危的物种数量占评估物种数量的 10%~15%。

表 11.3　未来气候变化影响下高度濒危灭绝风险的物种数量

	评估数量	概率 0.6，目前范围丧失大于 80% 以上	概率 0.6，总适宜范围为目前适宜范围比例小于 20%	所占比例/%
被子植物	79	8	13	10~17
裸子植物	109	10	11	9~10
蕨类植物	109	17	21	15~19
苔藓植物	115	14	38	12~34
鸟类	114	5	8	5~7
兽类	118	9	8	7
两栖类	91	16	1	1~17
爬行类	115	13	1	1~12
栽培植物	26	8	13	30~50
家养动物	100+105+110	26	39	8~13
总数	1176	126	153	10~15

11.2　生物多样性保护适应气候变化的对策

生物多样性保护应对的策略包括了政策与技术等各个方面（吴建国等，2011；《第二次气候变化国家评估报告》编写委员会，2011；科学技术部社会发展科技司和中国 21 世纪议程管理中心，2011；许吟隆等，2013；Arndt and Tarp，2015）。根据气候变化对中国生物多样性影响与风险，采取以下的适应气候变化对策。

11.2.1　完善生物多样性保护适应气候变化的相关政策和制度

完善适应气候变化相关政策和制度，将生物多样性适应气候变化内容纳入国民经济和社会发展规划和部门规划。建立适应气候变化的生物多样性保护和生物资源管理机制及适应气候变化生物多样性保护与可持续利用政策与法律体系，建立健全生物多样性适应气候变化的管理协调机制（Barbour and Kueppers，2012）。

第一，提高生物多样性适应气候变化在国家应对气候变化中的地位。由于气候变化和一些不合理的开发活动等，导致生物多样性受到威胁、有害生物和灾害风险增加，威胁健康与社会经济可持续发展（Ahammad et al.，2014）。在未来，随着气候变化，极端天气气候事件发生频率和强度将增加，对生物多样性将产生不利影响，如果不采取有效适应对策而加强保护，一些物种将濒临灭绝、有害生物危害将加剧，这将严重影响社会经济可持续发展和国家生态安全（Archie，2014）。因此，生物多样性适应气候变化是一件迫切而紧迫的工作，需要在气候变化领域受到更多关注和足够重视（Bartels et al.，2013；Carlsen et al.，2013；Cross et al.，2012），这将是维护国家生态安全。

　　第二，健全完善生物多样性适应气候变化组织机构与协调工作机制：①健全生物多样性适应气候变化的组织机构，强化适应气候变化统一管理，加强各部门适应气候变化能力建设，如环保、林业、科技、民政、国土、气象、农业等部门，进行部门间适应气候变化协调分工，各部门按照权责明确、分工协作原则，明确适应气候变化的责任，统筹生物多样性全局和局部、远期和近期适应工作的政策措施。同时，在省、市、县也按照对应的部门完善协调的工作机制，进行工作分工，为生物多样性适应气候变化工作开展奠定组织保障；②加强生物多样性适应气候变化协调的工作机制，推动建立"气候善治"适应治理结构，增强在适应气候变化过程协调能力，最大限度地统筹协调在适应气候变化工作出现的利益冲突。同时，加强适应气候变化中政府部门组织协调企业、集体与个体参与适应气候变化工作。另外，通过政策和规划统筹管理、分配和引导社会公共资源的开发方式和利用途径，与公共部门、私人部门和民间一起分担开发资源的费用和风险，建立民间和政府组织、公共部门和私人部门之间伙伴关系，让公众在气候、环境和资源管理中获得知情权、参与权和监督权。③加强生物多样性适应气候变化跨行政区域的综合协调机制，促进在不同地区适应气候变化活动的区域协调；加强部门和区域适应活动的衔接。④建立生物多样性适应气候变化跨学科、跨专业协作平台，包括建立多学科（如气候学、灾害、自然保护、农业、林业、畜牧业等）协作平台和专家咨询机构与多学科学术分委员会，进行适应气候变化综合评估决策、专业培训。同时，在各个省、区和县一级加强社会中介组织功能建设，健全相关支撑和服务机构，规范适应气候变化中介服务市场秩序；发挥行业协会和专业服务机构在适应气候变化工作中的作用。⑤加强适应气候变化专业化队伍建设：包括完善适应气候变化人才培养激励机制，强化人才培养。⑥建立适应气候变化社会参与国际合作平台：包括建立广泛参加工作平台，动员与组织对适应气候变化的参与，并且加强与国际履约工作结合，如气候变化公约、荒漠化公约、湿地公约、生物多样性公约等履约工作密切相关，建立生物多样性适应气候变化的国际合作平台，协调管理生物多样性适应气候变化的国际合作事宜，增加生物多样性适应气候变化的国际合作水平（Bardsley，2015）。

　　第三，完善生物多样性适应气候变化的制度：①健全生物多样性适应气候变化综合制度，在目前有关的法律、制度基础下，完善与适应气候变化相关法律法规，制订适应气候变化生物多样性的中长期专项规划，完善适应政策顶层设计；制定生物多样性适应气候变化公共服务和管理制度，为适应气候变化工作提供法律制度基础。同时，完善制定应对气候变化的部门规章和地方法规，包括完善环保、林业、农业等相关领域法律法规，发挥相关法律法规对推动适应气候变化工作保障作用。②建立适应气候变化的生态功能损害评估与奖惩制度，在目前的相关法律制度基础上，建立生物多样性源头保护制度，损害赔偿、责任追究的制度措施，环境治理和生态修复制度，即对生物多样性的生态功能进行严格的保护、破坏活动将受到惩罚的制度。在适应气候变化综合制度制定中，建立评价人类活动对生态功能破坏的完整制度，包括严格的奖惩制度与办法，以有效限制不合理人类活动。③加强信息共享和业务协同制度，包括建立生物多样性不同专业部门信息共享的机制，加强部门信息交流。同时，建立不同部门进行适应气候变化技术协同制度，特别极端气候事件破坏下进行适应活动的协调的制度。④完善适应气候变化基础设施与能力建设制度，包括完善生物多样性适应能力建设制度，保证生物多样性进行的基础设施建设。⑤完善与加强适应气候变化宣传与专业教育制度，包括建立适应气候变化的宣传与专业培训制度，进行适应气候变化方面的宣传、教育和培训，将应对气候变化教育纳入国民教育体系，提高适应气候变化意识和工作能力；将适应气候变化职业培训纳入国家职业培训体系，开展适应气候变化职业培训，包括加大基层技术人员的培养和培训和农牧民职业培训和教育。⑥完善适应气候变化的专业应急管理制度，即建立生物多样性适应气候变化的气象灾害及次生和衍生灾害应急处置能力建设制度，包括建立生物多样性适应气候变化评估和监测机制，及气象灾害与次生和衍生灾害应急处置能力建设制度，应急救援财政制度。

第四，健全生物多样性适应气候变化的财政政策：①在国家经费中设立生物多样性适应气候变化公共财政资金，支持应对气候变化试点示范、技术研发和推广应用、能力建设和宣传教育，以有效保障生物多样性适应气候变化的国家行动、极端事件适应应急、适应气候变化能力建设等。通过财政投资和补贴，加大生物多样性适应气候变化的基本建设，建立健全应对自然灾害的预警系统，提高对自然灾害的监测能力等。同时，建立生物多样性适应气候变化活动的预算拨款、补贴及融资支持，税收、收费及税收优惠措施，建立多元化资金投入机制，确保适应气候变化任务和重点工程建设的资金保障。②完善适应气候变化地方财政投入责任政策，加大地方政策支持力度，建立地方财政支出负担减轻、税收优惠政策。强化地方财税、金融、价格、土地、产业等政策协调配合，进行分领域、分阶段相应支持政策。加大地方财政支持应对气候变化工作力度。综合运用免税、减税和税收抵扣等多种税收优惠政策，促进适应技术研发应用。研究对适应气候变化产品（企业）的增值税（所得税）优惠政策。实行鼓励先进适应气候变化技术设备进口的税收优惠政策。落实促进适应气候变化发展的税收优惠政策。在资源税、环境税、消费税、进出口税等税制改革中，积极考虑适应气候变化需要。研究符合我国国情的适应气候变化税制度。③建立与完善适应气候变化相关的金融市场，充分发挥企业资金、民间资本、外资等多种资金渠道的作用。完善国际合作资金的使用与管理政策。④建立生物多样性适应气候变化保险制度，包括鼓励保险业参与生物多样性适应气候变化的活动，对生态功能损失进行社会保险，对产业损失进行保险。⑤建立生态保护适应气候变化补偿政策，包括在现在生态补偿制度基础上，进行生态系统服务功能价值评估，建立合理适应气候变化生态补偿机制，解决生态环境保护与发展经济矛盾，把生态补偿机制、国家生态保护补助奖励机制和生态效益补偿有机结合，建立生物多样性适应气候变化生态补偿制度。

第五，制定生物多样性适应气候变化的产业发展与开发活动管理政策：①根据气候变化影响，建立有利于生物多样性适应气候变化的产业发展的政策措施，调整农业、林业、畜牧业、旅游业、采矿等开发活动，鼓励有利于生物多样性保护的产业发展，包括设计农牧转换、农耕区域草场承包、林权制度，分类经营政策适应气候变化有效性，并且针对气候变化对第二、三产业产生的重要影响，调整产业结构，进行升级改造，促进资源节约和环境保护型产业发展；调整旅游设施建设与项目设计，加强气候变化背景下建筑物防护和古迹保护；促进经济增长方式向适应气候变化增长模式转变，有效降低经济发展对自然环境的依赖和污染物排放，实现经济的绿色发展提供契机。发展生态畜牧业，通过转变传统的畜牧业生产经营方式，做好生态畜牧业，发展畜产品加工业。严格保护风景名胜区内自然环境，禁止在风景名胜区从事与风景名胜资源无关的活动，根据资源状况和环境容量对旅游规模进行有效控制。②根据生物多样性保护与贫困的关系，建立适应气候变化的扶贫政策，通过适应气候变化拓宽群众收入渠道，发展后续产业，增加农牧民收入，减少他们对自然环境依赖，进而减少对生物多样性的不利影响。建立生态移民安置政策措施，进行移民安置工作，包括因地制宜发展特色产业，以保护和修复生态环境为首要任务，引导超载人口逐步有序转移。加大气候变化脆弱地区生态工程建设与扶贫力度，加强国家扶贫政策和应对气候变化政策协调，推动贫困地区加快脱贫致富的同时增强应对气候变化能力。③建立民族地区适应气候变化的政策，尊重民族习惯与适应气候变化结合，发展民族特色的适应气候变化机制，增加技术培训与产业发展扶持。根据生物多样性的生态服务功能、社会经济发展，进行分区域适应产业发展政策。进行分区域、综合示范、引导政策，促进生态保护与民生改善、促进社会和谐稳定。④统筹协调适应与减缓相关政策，适应气候变化需要与增加碳汇，减缓政策结合，发展生物质能源与增加生态系统增汇；在条件适宜地区，积极推广沼气、风能、太阳能、地热能等清洁能源，努力解决农村特别是山区、高原、草原地区农村能源需求，但要依据法律和相关规划实施强制性保护，严禁不符合生物多样性保护的开发活动。

11.2.2　加强生物多样性适应气候变化的科技支撑

加快生物多样性适应气候变化的技术推广应用与示范：有针对性地遴选适应技术，编制适应技术清单，建立适应技术体系；同时加强多途径适应技术推广应用，加强适应技术措施实验示范。

开展物种就地保护，增强物种在原分布区适应气候变化能力，扩大种群数量，加强物种迁地保护和遗传保护技术，增加自然适应能力。加强人工种群野化与野生种群恢复，加强生物遗传资源库建设。人为引种、撒种，建立动物迁移通道。加强对气候变化敏感的典型濒危植物的扩繁与近自然保护技术及回归等种群复壮关键技术；建立濒危动物气候庇护所识别技术以及适应气候变化的廊道构建技术。珍稀濒危物种遗传保护技术，增强濒临灭绝物种的适应能力。

改善、恢复和扩大物种种群和栖息地，加强对濒危物种及其赖以生存的生态环境的保护。严格保护脆弱栖息地，恢复重建严重退化栖息地，将破碎化栖息地连通。在干旱区进行水源保护和人工补水，控制水土流失、沙化、盐碱化。保护岛屿、湿地、海洋和海岸带栖息地，增加自然适应能力。进一步加强林地、林木、野生动植物资源保护管理，结合天然林保护、退耕还林还草、野生动植物自然保护区和湿地保护工程，推进森林可持续经营和管理，开展水土保持生态建设。继续扩大封山育林面积，科学开展低产低效林改造。加强生态脆弱区域、森林生态系统功能的恢复与重建。

针对气候变化将对有害生物产生极大的影响，建立有害生物控制对策，包括建立监测预警体系，开发灾害控制技术，采取灾害治理和灾后恢复技术对策；建立防御有害生物入侵的监测与控制体系，编制有害生物入侵突发事件的应急预案。建立病源和疫源微生物监测预警体系，提高应急处置能力，保障人畜健康。适应气候变化的森林病虫害和生物入侵防治技术；加强森林病虫鼠害监测预警工作和国家级中心测报点建设和管理。加强检疫执法，积极与海关部门密切合作，严防外来有害生物入侵。针对气候变化带来的森林有害生物及其天敌活动与发生规律的改变，适当调整适宜防治期与天敌培育释放期。适应气候变化的森林火险预防预警技术。针对森林火灾危险区域划分，研究不同区域内相应的林火管理技术；优化集成林分结构调整与生物防治相结合的综合生态防控技术等。全面提升森林火灾综合防控水平，最大限度地减少森林火灾发生次数，控制火灾影响范围。随着气候暖干化，对传统非防火季节的森林火灾风险要重新进行评估，适当调整防火期与火险标准；加强森林防火预警系统、基础设施与林火阻隔系统建设；配备现代化先进灭火器械；有计划烧除清理林下可燃物。随着气候变暖，对防火隔离带的适宜树种选择也需要适当调整。

　　根据不同保护区功能、自然条件和管理方式，科学规划和设计自然保护区，增加保护区适应气候变化能力。根据气候变化对保护功能和各个特征潜在影响，选择有代表性范围与区域，合理划分核心区、缓冲区和外围区。根据气候变化影响程度，调整自然保护区管理目标与措施。对保护区周边进行监测管理，建立保护区灾害防御体系。建立非保护区保护地适应气候变化技术对策等。发展适应气候变化的自然保护区建设和生物多样性保护技术，适应气候变化的野生动物类型自然保护区功能区划技术，自然保护区巡护监测技术，珍稀濒危物种的就地保护技术、近自然保护技术、异地保护技术和繁育技术等，扩大珍稀濒危物种的种群数量，提高自然适应能力；在现有自然保护区基础上，进一步针对分布在不同气候带的面积较小且分布区域狭窄的森林生态系统类型，以及没有自然保护区保护或保护比例较少的森林生态系统类型，建立典型自然保护区，尽快将极度濒危、单一种群的陆生野生物种及栖息地纳入自然保护区，优先保护种群数量相对较少、分布范围狭窄、栖息地分割严重的陆生野生动物。按照统一规划、统一管理和按行政区域分块的办法，对属于一个生物地理单元、生态系统类型相同或相近的自然保护区进行系统整合，构建完整的保护网络，保证生态系统功能的完整性，提高自然保护区的保护效率。改善保护区网络结构、物种迁移通道与周边环境以保护更大范围的生物多样性。建立保护区网络间物种迁徙走廊，适时调整自然保护区核心区划并扩大其范围，发展自然保护区适应性管理对策，在其周围创造和恢复缓冲区及栖息地镶嵌体，开展非保护区范围内的生物多样性保护。

　　针对气候变化对生物多样性的不利影响，如引起生态系统的功能退化、生态脆弱性增加，尤其是生态过渡带、农牧交错区、高山生态系统、高纬度森林、高寒牧区、江河源区，及人工林和人工草地生态系统等脆弱性较高，加上滥伐森林，滥占耕地，大量排放污染物等，生态环境将十分脆弱。需要采取适应气候变化的退化生态系统恢复适应性管理技术；加强天然林资源保护、开展生态保护重点工程建设，建立重要生态功能区，促进自然生态恢复等。科学培育健康优质森林、强化荒漠和沙化土地治理。根据未来气候变化情景，调整林业生态工程的布局和树种结构，特别是加强气候变化脆弱地区工程建设，提高森林生态系统适应能力，充分发挥森林生态工程的综合效益。

　　实施气候变化条件下的森林可持续经营，以增加现有森林年生长量和提高森林资源生态功能为目标，全面开展森林抚育经营，最大限度提升森林整体质量，使不同林分的目标效益最大化。强化森林健康理念，提高森林生态系统在气候变化条件下的抗逆性和稳定性，建立健全符合中国林业发展特点的森林可持续经营指标体系。尊重自然规律和经济规律，根据未来气候变化情景，从增强人工林生态系统的适应性和稳定性角度，科学规划和确定全国造林区域，合理选择和配置造林树种和林种，优化林分结构，注意选择优良乡土树种和耐火树种，积极营造多树种混交林和针阔混交林，构建适应性和抗逆性强的人工林生态系统。同时，在造林过程中，要把营造林技术措施和森林防火有机结合起来，减少森林火灾隐患。加强对现有人工林的经营管理，对现存人工纯林进行适度改造，尽可能避免长期在同一立地上多代营造针叶纯林，提高人工林生态系统的整体功能，保护生物多样性。进一步扩大生物措施治理水土流失的范围，减少水蚀、风蚀导致的土壤有机碳损失。

　　基于草畜平衡的小区域划区轮牧技术，人工草地建植技术；退化草地恢复与草地改良技术；抗逆、高产、优质牧草新品种培育技术。草地畜牧业适应技术应主要发展基于景观与区域间大尺度划区轮牧、休牧、舍饲组合技术，筛选适应性强的抗逆、高产、优质的乡土牧草品种，开发基于区域水资源配置及气候波动的高效人工草地建植技术与草地灌溉技术、建立系统性的综合适应技术体系和适应措施，建立完善的技术推广体系。

　　加强湿地和荒漠植被的保护和治理：建立和完善湿地保护，大力推进生态清洁小流域建设，重点加强对海滨湿地、沼泽湿地、泥炭地等湿地类型的保护，遏制湿地面积萎缩和功能退化的趋势，形成湿地自然保护区网络和较为完善的湿地保护与管理体系。

　　加强对重点生态功能区湿地、荒漠等生态系统的保护，人工促进退化生态系统的功能恢复。重点将还没有建立国家自然保护区的荒漠植被类型，特别是一些面积较小、分布区域狭窄的荒漠植被类型，纳入自然保护区。保护西部地区独特的植被资源，改善西部地区脆弱的生态环境，提高其适应气候变化的能力。

　　加强气候变化监测预测研究，强化适应技术推广和重点工程示范，积极开展典型物种的保护与恢复技术，生物多样性保育与资源利用技术。加强应对气候变化学科建设，提倡自然科学与社会科学的学科交叉与结合，逐步建立适应气候变化学科体系。强化气候变化对生物多样性影响的预警监测，建立完善生物多样性保护应对气候变化监测体系，提高国家生物多样性保护适应气候变化的整体能力。建立完备的生物多样性适应气候变化监测体系，及时监测气候变化对物种丰度与分布、生境范围与状况、生态系统结构与功能等的影响。强化生态系统对气候变化响应的定位观测；通过开展生物多样性、火灾和病虫害等定位观测技术研究，逐步完善观测网络和监测体系。

11.2.3　分气候带和区域采取不同适应气候变化措施

　　由于生态分布与温度分布直接相关，每个温度带由于其热量条件的不同，在以气候变暖为主要特征的气候变化条件下其适应所面临的问题、采取的适应对策也不尽相同。

1. 不同气候带采取不同的措施

青藏高原是我国中东部的水源地和重要生态屏障，也是对气候变化最敏感的地区。针对气候变暖造成的冰川融化、草地退化问题，采取的适应技术有：对冰川、冰湖、积雪和冻土的监测技术，山区水库设计技术，人工增雨增雪技术，三江源生态保护区和其他自然保护区生态保护与修复。针对气候变暖给开发河谷农业带来的机遇，采取的适应有：生育期长的高光效品种选育技术，转光薄膜塑料蔬菜大棚技术等。针对高原草地生态总体改善，局部退化的现状，采取夏秋季节性放牧和冬春舍饲技术，人工草地建植和饲料基地建设技术，饲草储存技术植被恢复技术等。

东北大部、内蒙古大部及北疆属于中温带，是主要牧区以及农牧交错带脆弱生态区。加强增雨、销雹能力和极端天气事件的应急响应能力建设，加强洪涝干旱和低温灾害等防御能力，根据作物病虫草害发生规律，开展了测报和防治工作。针对区域中部暖干化严重趋势，实施了水资源增源节流综合技术。包括工程支持技术：加强农田水利工程建设，节水、保水、用水、集水协调一致，保证田间灌排工程、小型灌区、非灌区抗旱水源工程完好，在黄土高原和华北山区全面普及了集雨补灌；加强旱涝趋势预警预报，提高应急反应能力；采取了有计划地开垦使用湿地荒地，适当退耕还湿、还林还草，维护良好的生态环境，保护生物多样性，使稳定良好的生态环境与气候变化相互影响、相互作用；加大植树造林，增加土壤植被的覆盖率；营建三北防护林，构建绿色万里长城。综合技术的实施，起到了一定的缓解作用。

暖温带包括黄河中下游大部分地区（即鲁全部、陕、晋、冀、豫、甘大部，苏北、淮北和南疆）。是我国冬小表、夏玉米、谷子、棉花及温带水果（苹果、梨、葡萄等）的主产区。黄河中下游与黄土高原气候明显暖干化，干旱缺水日益严重；甘肃西部和新疆气候呈暖湿化趋势，融雪性洪水频繁发生。设施农业技术，作物复种指数和作物品种布局调整技术；小麦玉米套种或小麦与青饲玉米两茬平播种植技术；小麦、玉米"双晚"栽培技术；农业气象灾害防灾减灾技术，病虫害监测诊断预报预警，应变抗逆栽培技术和灾后补救技术，救灾作物种子储备技术等。

亚热带地区包括秦岭、淮河以南，雷州半岛以北，横断山脉以东的广大地区（除台湾南部）。雨量充沛，土壤肥力较高，是我国主要的农林产区。但区域内地形复杂、气候多变，降水分布不均，华南地区强降水频率较高，西南地区干旱严重，长江中下游流域易发生伏旱、旱涝急转，是气象、海洋、环境灾害的高风险地区。人口稠密、城市化进程迅猛、自然生态环境脆弱也是我国亚热带区域重要特征之一。受全球及区域尺度气候变化影响，该区域特别是城市群响应气候变化的脆弱性越来越凸显，采取适应技术减缓气候变化迫在眉睫。针对海平面上升破坏沿海地区生态环境，对海岸基础设施、城市发展、农业生产等各方面带来巨大挑战，采取海洋生态环境保护技术，巩固海岸带堤防工程建设及海堤以及城市基础设施设计标准修订技术，灾害风险评估、预警技术。针对旱涝急转，加强流域内基础设施规划与水资源管理技术，采取生态环境保护技术保护湿地生态多样性，增强河流湖泊的连通性。东南沿海是台风多发地带，台风及其引起的风暴潮、强降水、滑坡、泥石流等对该区基础设计、生态环境、经济发展等带来不利影响。适应技术包括沿海地区海堤工程构建技术、生态工程构建技术，山区调整土地利用类型减缓次生灾害的发生。针对台风影响范围大、移动较快的特点，加强受灾区域间的合作、信息共享，加强台风预报、预警。

热带包括广东省雷州半岛和湛江市、台湾省南部、云南省西双版纳地区、海南岛及南海诸岛，属热带和南亚热带季风气候。针对海平面上升和热带气旋强度增大，加强台风和风暴潮的监测和预警，提高海堤和海港的防护标准，合理规划布局沿海城市与工程建设，加强沿海防风林和农田防护林建设。综合治理沿海盐渍化土地，适度北扩栽植红树林，保护沿海湿地和珊瑚礁。针对气候变化引起热浪胁迫加重、极端气象事件频发威胁生命安全和媒传疾病扩展等问题，加强台风、洪涝、风暴潮、热浪、雷电等灾害的监测预警和应急响应能力。

2. 不同区域采取不同措施

东北地区：①推进节水型社会建设，加强水污染治理，加大水资源工程投资力度。通过行政、工程、科技、经济和法律等手段，促进形成良好的用水习惯，使水资源在经济社会建设中发挥更大的作用；②按照不同作物的生长规律采取农业适应对策。气候变暖使种植边界北扩、生长季延长，但气候变暖也导致病虫害面积扩大，危害加重；③生态环境保护与科技基础建设并重。改变传统放牧方式和耕作方式，遏制西部沙化，保护黑土，禁止开垦天然湿地，加强对现有人工林的经营管理。加强气候暖干化和人类活动共同影响下冻土退化、土地荒漠化、湿地萎缩等生态环境问题的监测、预测和预警科技体系建设，以及气候变化对生成环境的可能影响的研究。同时建立健全海洋灾害应急体系，完善应急机制，全面提高沿海地区防御海洋灾害能力。

华北地区：针对气候变化下华北地区日益严重的缺水问题，未来应加强水资源综合管理。建立现代化的水资源管理体系，强化水资源的统一管理和保护，逐步建立适应气候变化和可持续发展的水行政管理体制，制定和完善相关法规和政策体系。提高水资源利用效率，防治土壤次生盐碱化，改善生态环境。加大对病险水利工程的除险加固的整治修复力度；完善水库、沟渠等排灌系统的灌溉配套，提高排涝抗旱能力等。

华东区域：加强防灾减灾区域联合监测预警应急能力建设。发挥华东区域经济一体化发展的区位优势，根据突发公共事件总体应急预案，制订区域内联合的气象灾害防御应急预案，强化气象灾害多部门跨省市的应急联动机制，提高突发气象灾害的预警和应急响应能力。增强区域内暴雨、台风、风暴潮、局地强对流等灾害性、关键性、转折性重大天气气候事件的联合预报预测和预警能力。改革传统的城市发展模式，在城市发展规划中应当考虑气候变化的影响，合理布局城市，适当控制中心城市发展规模，改进能源结构和经济产业布局，保留必要的生态保护区，逐步扩大城市绿地面积，加速城乡园林化步伐，改善城市建筑布局，充分利用海陆风，发展城市建筑绿顶工程，缓解城市热岛效应。加强海岸带资源的综合利用和保护，促进海岸带可持续发展。通过海岸立法和健全组织机构管理，加强海堤等防护工程的建设。对海域各种开发进行统筹兼顾，综合平衡，通过区域、时序上的安排，以及消除不利影响措施，做到合理开发海岸带，保护海岸带的可持续发展。

华中地区：近几十年来的气候变化对华中地区农业、水资源、生态系统、重大工程、人体健康和能源等各方面产生了较大的影响。为应对气候变化，华中地区应提高农业、水资源等不同领域和行业的适应性，继续大力推进低碳经济，促进区域经济社会的可持续发展。加强湿地与气候变化关系的研究，提高湿地生态系统的恢复能力。开展湿地生态脆弱性、湿地碳循环、极端气候事件对湿地生态系统的影响研究，实施退耕还湖和区域湿地恢复治理工程。保持合理的森林面积，优化人工林结构。在生态敏感区实施退耕还林，优选树种，保护天然次生林和原始林，对生物多样性敏感区建立森林分布变迁缓冲区及物种迁移通道。设计合理的森林经营方案，研究适应气候变化的间伐和轮伐经营对策以保持合理的林分密度。加强重大工程基础设施建设，增强工程本身及其运行应对各种气候极端事件的能力。充分考虑气候变化和极端天气气候事件对三峡工程、南水北调工程及其运行造成的可能影响，制定跨区域、跨部门的具有较强针对性和可操作性的水文风险应急预案体系，加强基础设施建设，提高工程适应气候变化的能力。

华南地区：在气候变化背景下，受海平面上升以及风暴潮、台风、暴雨等灾害的影响，珠三角城市群濒海的广州等城市将成为受洪水威胁和低地被淹没的高风险区。海平面上升和地面沉降相叠加，使相对海平面上升加快，导致潮位升高，海水沿江河上溯距离增加，或入侵陆地地下淡水层的范围扩大。同时随着海平面上升和台风、风暴潮等海洋灾害加剧，沿海城市海岸侵蚀加剧，使海滩、码头、护岸堤坝、防护林受到破坏和威胁。华南区域濒临南海，受海陆交互作用的影响，极端气候事件频发。区域内经济发展迅速，海岸线漫长，人口密集，战略设施多，极易受到气候变化的各种影响。目前，华南沿海抵御和适应气候变化的能力十分薄弱，应对气候变化的形势严峻，任务艰巨。强化水资源管理，保障用水安全。首先，实行取用水总量控制管理，制订主要江河流域水资源分配方案，实行流域水资源统一调度；其次，加强开源节流技术的研发和应用，重点研究海水淡化、微咸水和淡水混合利用、工业用水循环利用、雨洪资源化和人工增雨技术，保障流域内居民生产生活用水安全。加强海岸带气候变化影响的监测预警和风险评估，提高海防工程标准，加强海岸防洪设施建设。建立省、地、县海平面变化监测体系，加强对各地海洋水文、湿滩湿地、海岸侵蚀等的长期观测，建立海洋灾害预报预警系统，完善海平面上升影响评价指标体系和评价模型，建设海平面上升影响评价系统，把适应气候变化和海平面上升的影响问题纳入地区和部门发展规划。提高海堤设计标准，尤其是三角洲等防护能力较弱的地区，建设近岸水下挡水坝、防冲丁坝、潜坝等工程，固滩保堤，防止海潮冲蚀海岸，在沿海城市地面沉降地区建立高标准防洪、防潮墙和堤岸，完善城市排污系统，提高排水口高程。加强灾害预警和应急体系建设，提高珠三角城市群适应气候变化能力。加强城市环境遥感监测系统、灾害预报与防灾减灾体系、突发性灾害预警和应急体系建设。加强沿海城市及河口堤防工程的建设，提高防潮标准。将气候变化对城市的影响、适应对策及灾害管理作为重要内容，列入沿海城市区域的各种社会经济发展规划中，提高城市应对气候变化影响的能力，尽量避免和减少当前和未来气候变化对城市群的威胁与影响。同时重视研究沿海地区特定城市大气－生态－环境－

社会—经济对气候变化的响应及相互作用机制，并在气候变化对沿海地区城市群的影响路径、影响机制、脆弱性以及适应性等方面进行深入而系统的研究。

西南区域：西南区域涵盖青藏高原和云贵高原，同时受到东亚季风和南亚季风的影响，对全球大气环流变化敏感。大型水利设施多，山地灾害频繁，极易受到气候变化的各种影响。积极倡导当地民族和社区参与的适应气候变化规划，建立全民参与、科学技术和政府行政措施三结合的全方位气候变化的适应体系。通过生态系统管理和社区教育提高当地居民应对气候变化对疾病的影响。改善生态环境，保护生物多样性。建立高原和山地生态系统监测网络，开展珍稀濒危物种的就地保护和迁地保护，建立濒危物种繁育基地，开发物种遗传保护技术。修复关键生态区域、重建物种栖息地及生境。加强小流域治理和江河管理。建立自然保护区网络和气候变化情景下的物种迁移走廊，扩大非保护区型的保护地范围。建立生物多样性保护灾害（病虫害和森林火灾等）防御体系，减少其他不利影响。

西北地区：从可持续发展的观点采取战略对策，通过灾害风险管理、技术和基础设施调整、基于生态系统的方法等方式，促进西北地区对气候变化的适应能力。统筹规划，趋利避害，科学规划和分步实施人工增雨工程、地表和地下水资源控制工程（水库等）和跨流域调水工程建设，最大限度地管好、用好区域内空中、地表和地下水资源。加强暴雨和洪水监测预警工程建设，重视黄土高原地区的水土保持工作，提高水资源利用率，缓解突出的干旱问题，降低洪旱灾害的损失。加强生态环境建设，促进生态系统可持续发展。建立生态环境监测系统，做好生态环境现状调查以及生态功能区划工作，落实退耕还林、退牧还草战略，加大对草原生态建设的倾斜支持力度。加强生态环境综合治理、天然林保护和"三北"防护林建设，注重沙化治理、水土保持、土壤盐渍化治理等生态环境建设工程。大力开展人工影响天气作业，为生态保护和恢复发挥积极作用。加强对高新技术节水、植被恢复和建设、中低产田改造和重大工程行为中的生态防护和治理等技术保障体系的研究和开发。

11.2.4 多种途径实施适应对策

（1）多途径实施适应气候变化政策实施途径，包括政府先行示范引导，政府部门指导和鼓励，市场激励相结合等实施的途径。对一些适应气候变化政策措施通过政府部门组织的示范和引导落实途径，如生物多样性产业发展政策、适应技术推广应用、灾害防御等。各级政府积极引导适应气候变化的政策措施，政府部门通过适应政策规划进行实施适应气候变化政策，以及通过各级政府的落实适应政策措施的考核，主要是针对适应气候变化制度、机制建设的相关政策，培训教育、宣传教育。通过生物多样性的自发适应活动，主要生物多样性基层适应技术的应用，培训适应气候变化的技术。通过进行市场调节方式进行适应气候变化的综合途径，主要通过一些产业发展，如旅游业、畜牧业等发展。通过政府与基层适应政策应用结合，进行适应气候变化的综合途径，包括适应政策的实施等。

（2）加强适应政策目标与适应资源的匹配度，配套必要的人力、财力和物力，促进适应政策的落实，包括政策措施规划，政策措施实施的监督考核和管理机制；对适应气候变化确定的目标、指标和任务要分解落实到具体的地区、部门，纳入到各地区、各部门经济社会发展综合评价和绩效考核体系，保证规划实施的系统性、连续性和针对性。建立有效的指标体系和科学、合理的评价考核机制。按照责任落实、措施落实、工作落实的总体要求，对各省（区、市）气候变化试点示范进展情况实行年度考核。综合评价考核结果要向社会公开，接受舆论监督。建立科学合理的评估机制，完善规划实施评估指标体系，制定监测评估办法，做好规划实施评估，根据评估结果调整工作力度，促进规划任务和目标顺利实现，并视情况对规划进行调整修订。

（3）加强能力建设，重点对贫困地区、生态功能退化严重地区、少数民族欠发达地区进行重点基础设施、人居环境、产业发展、技术培训等方面能力建设。加大财税支持力度，重点对生态脆弱区的生态恢复、关键技术推广、重点区域的适应补偿进行资金倾斜。强化技术支撑，加大适应技术应用推广，加强基层人员的技术培训；监测评估广泛应用。积极引进国际经验与相关资金，进行生物多样性适应气候变化合作示范。落实组织实施，加强落实与监测、评估。

11.3　本书进步与不足之处

11.3.1　进步之处

在技术方面，本书建立了气候变化对生物多样性影响与风险评估的综合技术，发展了物种与气候关系分析技术，以及气候变化对生物多样性影响评估与风险评估技术，特别是气候变化归因检测技术，在气候变化风险评估技术方面有一定的创新。

在气候变化对生物多样性影响与风险评估方面，与已有研究比较，本书识别了气候变化对生物多样性综合影响，给出了生物多样性变化的一些宏观趋势，识别了气候变化与人类活动对生物多样性的总体影响。另外，本书从保护的野生生物、人类已经直接利用的生物和有害的生物三个方面，分析了气候变化对生物多样性造成的影响，国际上对保护野生生物分析比较多，并且分析涉及了种群、群落，以及进化的相关内容，而对人类直接利用的种质资源物种分析不够。本书也分析了气候变化影响下有害生物变化的宏观趋势，以及危害的状况。

11.3.2　不足之处

气候变化对生物多样性影响与风险评估技术复杂，目前这些技术需要进一步进行验证。在气候变化对生物多样性影响与风险评估方面，与全球结果相比，尽管地球上生物种类非常多，并且气候变化已经有百年的时间，但能够响应这些变化的种类还比较少。同样，本研究也表明在过去 50 年的气候变化影响下，能够检测并归因到气候变化影响的物种数量还不是非常多。这反映了生物多样性响应气候变化的复杂性，以及其他因素影响交织的过程。同时，也与生物多样性响应气候变化的滞后效应有关。

中国生物多样性非常丰富，不但包括目前分析的这些类群外，还包括鱼类，低等的动植物，目前对这些分析还不够。另外，对海洋的生物多样性也缺少分析。

本书中对气候变化影响下物种迁移过程没有考虑，另外，没有考虑物种自然适应过程，以及物种进化过程。

11.4 未来研究建议

11.4.1 技术方面

发展气候变化对生物多样性影响的观测实验技术，包括进行观测与监测气候变化对生物多样性影响，考虑尺度与过程。

发展气候变化对生物多样性影响的检测与归因技术，包括系统发展检测归因过去气候变化对生物多样性影响的技术，能够检测物种物候、分布、种间关系、灭绝等，利用各种观测资料，识别气候变化对生物多样性的影响。

发展气候变化对生物多样性风险评估技术，包括考虑不同尺度不同过程进一步预测气候变化下物种灭绝、进化和迁移过程研究。

11.4.2 应用方面

（1）开展更加系统的气候变化对物种的影响与识别，包括对昆虫、对无脊椎动物，微生物、藻类，地衣，以及高等生物，鱼类，有害生物部分检测与归因。

（2）开展气候变化对物种的种群数量影响研究，包括开展气候变化下种群数量的变化过程研究。

（3）开展气候变化对物种迁移的影响，包括进行不同生物迁移过程的分析，气候变化下生物迁移过程分析。

（4）进行气候变化对生物关系的系统评估，特别是对气候变化，对鱼类、昆虫、低等动物、植物等影响进行系统评估。

（5）分析气候变化对物种进化过程的研究，包括分析气候变化下生物进化过程和生物适应气候变化过程。

（6）开展气候变化下物种进化过程研究，分析气候变化对有害生物变化与危害影响。

（7）分析物种濒危和灭绝风险，包括分析气候变化对生物灭绝过程，气候变化与土地利用过程共同影响，进行气候变化下极端气候事件的影响评估，分析各种灾害对生物多样性影响。气候变化影响荒漠化、水土流失、火灾等对生物多样性影响。另外，分析气候变化对生物多样性保护和管理的影响，包括气候变化对自然保护区影响，以及气候变化影响下的自然保护区设计规划影响等。

参 考 文 献

《第二次气候变化国家评估报告》编写委员会. 2011. 第二次气候变化国家评估报告. 北京: 科学出版社.
科学技术部社会发展科技司, 中国 21 世纪议程管理中心. 2011. 适应气候变化国家战略研究. 北京: 科学出版社.

许吟隆, 吴绍洪, 吴建国, 等. 2013. 气候变化对中国生态和人体健康的影响与适应. 北京: 科学出版社.

吴建国, 吕佳佳, 周巧富. 2011. 我国珍稀濒危物种适应气候变化的对策. 中国人口、资源与环境, 21(3): s1, 566~570.

吴建国, 周巧富, 李艳. 2011. 中国生物多样性适应气候变化的对策. 中国人口. 资源与环境. 21(3): s1, 435~454.

Ahammad R, Hossain M K, Husnain P. 2014. Governance of forest conservation and co-benefits for Bangladesh under changing climate. Journal of Forestry Research , 25(1): 29~36.

Archie K M. 2014. Mountain communities and climate change adaptation: barriers to planning and hurdles to implementation in the Southern Rocky Mountain Region of North America. Mitig Adapt Strateg Glob Change, 19: 569~587.

Arndt C, Tarp F. 2015. Climate change impacts and adaptations: lessons learned from the greater Zambeze River Valley and beyond. Climatic Change, 130: 1~8.

Barbour E, Kueppers L M. 2012. Conservation and management of ecological systems in a changing California. Climatic Change, 111: 135~163.

Bardsley D K. 2015. Limits to adaptation or a second modernity. Responses to climate change risk in the context of failing socio-ecosystems. Environ Dev Sustain, 17: 41~55.

Bartels We-L, Furman C A, Diehl D C, et al. 2013. Warming up to climate change: a participatory approach to engaging with agricultural stakeholders in the Southeast US. Reg Environ Change, 13(Suppl 1): S45~S55.

Carlsen H, Dreborg K H, Wikman-Svahn P. 2013. Tailor-made scenario planning for local adaptation to climate change. Mitig Adapt Strateg Glob Change, 18: 1239~1255.

Cross M S, Zavaleta E, Bachelet D, et al. 2012. The Adaptation for conservation targets (ACT) framework: a tool for incorporating climate change into natural resource management. Environmental Management, 50: 341~351.

附　　录

附表 1　被子植物名录

物种代号	种、变种及亚种名	拉丁学名	物种代号	种、变种及亚种名	拉丁学名
1	细弱嵩草	*Kobresia angusta*	34	黑麦嵩草	*Kobresia loliacea*
2	普兰嵩草	*Kobresia burangensis*	35	长芒嵩草	*Kobresia longearistita*
3	线叶嵩草	*Kobresia capillifolia*	36	大花嵩草	*Kobresia macrantha*
4	薹穗嵩草	*Kobresia caricina*	37	祁连嵩草	*Kobresia macroprophylla*
5	川滇嵩草	*Kobresia cercostachys*	38	玛曲嵩草	*Kobresia maquensis*
6	尾穗嵩草	*Kobresia cerostachya var. cerostachya*	39	门源嵩草	*Kobresia menyuanica*
7	发秆嵩草（变种）	*Kobresia cercostachys var. capillacea*	40	岷山嵩草	*Kobresia minshanica*
8	发秆嵩草	*Kobresia vaginosa*	41	嵩草	*Kobresia myosuroides*
9	杂穗嵩草	*Kobresia clarkeana*	42	尼泊尔嵩草	*Kobresia nepalensis*
10	截形嵩草	*Kobresia cuneata*	43	波斯嵩草	*Kobresia persica*
11	吉隆嵩草	*Kobresia curticeps var. gyirongensis*	44	松林嵩草	*Kobresia pinetorum*
12	弯叶嵩草	*Kobresia curvata*	45	不丹嵩草	*Kobresia prainii*
13	大青山嵩草	*Kobresia daqingshanica*	46	高原嵩草	*Kobresia pusilla*
14	藏西嵩草	*Kobresia deasyi*	47	新都嵩草	*Kobresia pygmaea var. filiculmis*
15	线形嵩草	*Kobresia duthiei*	48	高山嵩草	*Kobresia pygmaea*
16	三脉嵩草	*Kobresia trinervis*	49	高山嵩草（原变种）	*Kobresia pygmaea var. pygmaea*
17	镰叶嵩草	*Kobresia falcata*	50	粗壮嵩草	*Kobresia robusta*
18	蕨状嵩草	*Kobresia filicina*	51	喜马拉雅嵩草	*Kobresia royleana*
19	蕨状嵩草（原变种）	*Kobresia filicina var.filicina*	52	喜马拉雅嵩草（原亚种）	*Kobresia royleana subsp. royleana*
20	近蕨嵩草	*Kobresia filicina var. subfilicinoides*	53	赤箭嵩草	*Kobresia schoenoides*
21	丝叶嵩草	*Kobresia filifolia*	54	四川嵩草	*Kobresia setchwanensis*
22	囊状嵩草	*Kobresia fragilis*	55	坚挺嵩草	*Kobresia seticulmis*
23	粉绿嵩草	*Kobresia glaucifolia*	56	夏河嵩草	*Kobresia squamaeformis*
24	禾叶嵩草	*Kobresia graminifolia*	57	细果嵩草	*Kobresia stenocarpa*
25	贺兰山嵩草	*Kobresia helanshanica*	58	匍茎嵩草	*Kobresia stolonifera*
26	矮生嵩草	*Kobresia humilis*	59	西藏嵩草	*Kobresia tibetica*
27	膨囊嵩草	*Kobresia inflata*	60	西藏嵩草（原亚种）	*Kobresia tibetica subsp. tibetica*
28	甘肃嵩草	*Kobresia kansuensis*	61	硬叶嵩草	*Kobresia tibetica subsp. littledale*
29	宁远嵩草	*Kobresia kuekenthaliana*	62	玉龙嵩草	*Kobresia tunicata*
30	湖滨嵩草	*Kobresia lacustris*	63	短轴嵩草	*Kobresia vidua*
31	疏穗嵩草	*Kobresia laxa*	64	根茎嵩草	*Kobresia williamsii*
32	鳞被嵩草	*Kobresia lepidochlamys*	65	亚东嵩草	*Kobresia yadongensis*
33	藏北嵩草	*Kobresia littledalei*	66	纤细嵩草	*Kobresia yangii*

续表

物种代号	种、变种及亚种名	拉丁学名	物种代号	种、变种及亚种名	拉丁学名
67	玉树嵩草	*Kobresia yushuensis*	74	鹤庆嵩草	*Kobresia bonatiana*
68	塔城嵩草	*Kobresia smirnovii*	75	北方嵩草	*Kobresia bellardii*
69	二蕊嵩草	*Kobresia myosuroides subsp. bistaminata*	76	小嵩草	*Kobresia parva*
70	钩状嵩草	*Kobresia uncinoides*	77	南木林嵩草	*Kobresia prainii var. elliptica*
71	密穗嵩草	*Kobresia handel-mazzetti*	78	阔鳞嵩草	*Kobresia woodii*
72	云南嵩草	*Kobresia yuennanensis*	79	假钩状嵩草	*Kobresia pseuduncinoides*
73	倮倮嵩草	*Kobresia lolonum*			

附表2　裸子植物名录

物种代号	种、变种及亚种名	拉丁学名	物种代号	种、变种及亚种名	拉丁学名
1	银杉	*Cathaya argyrophylla*	31	大别山五针松	*Pinus dabeshanensis*
2	白豆杉	*Pseudotaxus chienii*	32	华南五针松	*Pinus kwangtungensis*
3	水松	*Glyptostrobus pensilis*	33	雅加松	*Pinus massoniana var. hainanensis*
4	水杉	*Metasequoia glyptostroboides*	34	喜马拉雅山长叶松	*Pinus roxburghii*
5	海南粗榧	*Cephalotaxus hainanensis*	35	西伯利亚红松	*Pinus sibirica*
6	篦子三尖杉	*Cephalotaxus oliveri*	36	长白松	*Pinus sylvestris var. sylvestriformis*
7	翠柏	*Calocedrus macrolepis*	37	兴凯湖松	*Pinus takahasii*
8	红桧	*Chamaecyparis formosensis*	38	毛枝五针松	*Pinus wangii*
9	岷江柏木	*Cupressus chengiana*	39	金钱松	*Pseudolarix amabilis*
10	巨柏	*Cupressus torulosa var. gigantea*	40	短叶黄杉	*Pseudotsuga brevifolia*
11	福建柏	*Fokienia hodginsii*	41	澜沧黄杉	*Pseudotsuga forrestii*
12	朝鲜崖柏	*Thuja koraiensis*	42	华东黄杉	*Pseudotsuga gaussenii*
13	叉叶苏铁	*Cycas bifida*	43	南方铁杉	*Tsuga chinensis var. tchekiangensis*
14	攀枝花苏铁	*Cycas panzhihuaensis*	44	丽江铁杉	*Tsuga chinensis var. orrestii*
15	篦齿苏铁	*Cycas pectinata*	45	长苞铁杉	*Tsuga longibracteata*
16	台湾苏铁	*Cycas taiwaniana*	46	陆均松	*Dacrydium pectinatum*
17	梵净山冷杉	*Abies fanjingshanensis*	47	海南罗汉松	*Podocarpus annamiensis*
18	长苞冷杉	*Abies georgei*	48	长叶竹柏	*Nageia fleuryi*
19	西伯利亚冷杉	*Abies sibirica*	49	鸡毛松	*Dacrycarpus imbricatus var. patulus*
20	元宝山冷杉	*Abies yuanbaoshanensis*	50	穗花杉	*Amentotaxus argotaenia*
21	资源冷杉	*Abies beshanzuensis var. ziyuanensis*	51	云南穗花杉	*Amentotaxus yunnanensis*
22	银杉	*Cathaya argyrophylla*	52	长叶榧	*Torreya jackii*
23	黄枝油杉	*Keteleeria davidiana var. calcarea*	53	西藏白皮松	*Pinus gerardiana*
24	油杉	*Keteleeria fortunei*	54	西藏长叶松	*Pinus roxburghii*
25	海南油杉	*Keteleeria hainanensis*	55	西藏红杉	*Larix griffithii*
26	旱地油杉	*Keteleeria xerophila*	56	怒江红杉	*Larix speciosa*
27	四川红杉	*Larix mastersiana*	57	新疆落叶松	*Larix sibirica*
28	白皮云杉	*Picea asperata var. aurantiaca*	58	西藏云杉	*Picea spinulosa*
29	西伯利亚云杉	*Picea obovata*	59	雪岭云杉	*Picea schrenkiana*
30	长叶云杉	*Picea smithiana*	60	察隅冷杉	*Abies chayuensis*

续表

物种代号	种、变种及亚种名	拉丁学名	物种代号	种、变种及亚种名	拉丁学名
61	中甸冷杉	*Abies ferreana*	86	臭冷杉	*Abies nephrolepis*
62	西藏冷杉	*Abies spectabilis*	87	杉松	*Abies holophylla*
63	丽江铁杉	*Tsuga chinensis var. forrestii*	88	云南松	*Pinus yunnanensis*
64	矩鲮油杉	*Keteleeria fortunei var. oblonga*	89	云南苏铁	*Cycas siamensis*
65	乔松	*Pinus wallichiana*	90	四川苏铁	*Cycas szechuanensis*
66	海南买麻藤	*Gnetum hainanense*	91	滇藏方枝柏	*Juniperus indica*
67	垂子买麻藤	*Gnetum pendulum*	92	思茅松	*Pinus kesiya var. langbianensis*
68	罗俘买麻藤	*Gnetum luofuense*	93	南亚松	*Pinus latteri*
69	细柄买麻藤	*Gnetum gracilipes*	94	苍山冷杉	*Abies delavayi*
70	闭苞买麻藤	*Gnetum cleistostachynm*	95	怒江冷杉	*Abies nukiangensis*
71	藏麻黄	*Ephedra saxatilis*	96	西藏柏木	*Cupressus torulosa*
72	山岭麻黄	*Ephedra gerardiana*	97	雌雄麻黄	*Ephedra fedtschenkoae*
73	细子麻黄	*Ephedra regeliana*	98	东北红豆杉	*Taxus cuspidata*
74	新疆方枝柏	*Juniperus pseudosabina*	99	赤松	*Pinus densiflora*
75	昆仑方枝柏	*Juniperus centrasiatica*	100	巴山榧	*Torreya fargesii*
76	偃松	*Pinus pumila*	101	巴山松	*Pinus tabuliformis var. henryi*
77	西伯利亚刺柏	*Juniperus sibirica*	102	赤松	*Pinus densiflora*
78	兴安圆柏	*Juniperus sabina var. davurica*	103	单子麻黄	*Ephedra monosperma*
79	昆明柏	*Juniperus gaussenii*	104	垂枝柏	*Juniperus recurva*
80	肉托竹柏	*Nageia wallichiana*	105	木贼麻黄	*Ephedra equisetina*
81	长叶竹柏	*Nageia fleuryi*	106	丽江麻黄	*Ephedra likiangensis*
82	青海云杉	*Picea crassifolia*	107	小叶买麻藤	*Gnetum parvifolium*
83	矩鲮油杉	*Keteleeria fortunei var. oblonga*	108	买麻藤	*Gnetum montanum*
84	柔毛油杉	*Keteleeria pubescens*	109	高山松	*Pinus densata*
85	云南榧	*Torreya yunnanensis*	110	黄花落叶松	*Larix olgensis*

附表3　蕨类植物名录

物种代号	种、变种及亚种名	拉丁学名	物种代号	种、变种及亚种名	拉丁学名
1	荷叶铁线蕨	*Adiantum reniforme L. var. sinense*	14	峨眉鱼鳞蕨	*Acrophorus emeiensis*
2	原始观音座莲	*Archangiopteris henryi*	15	川滇假复叶耳蕨	*Acrorumohra dissecta*
3	对开蕨	*Phyllitis japonica*	16	微弯假复叶耳蕨	*Acrorumohra ailaoshanensis*
4	光叶蕨	*Cystoathyrium chinense*	17	尖叶卤蕨	*Acrostichum speciosum*
5	桫椤	*Alsophila spinulosa*	18	台湾亮毛蕨	*Acystopteris tenuisecta*
6	笔筒树	*Sphaeropteris lepifera*	19	无芒铁线蕨（变种）	*Adiantum bonatianum Brause var. subaristatum*
7	玉龙蕨	*Sorolepidium glaciale*	20	大果鱼鳞蕨	*Acrophorus macrocarpus*
8	宽叶水韭	*Isoetes japonnica*	21	峨边鱼鳞蕨	*Acrophorus exstipellatus*
9	中华水韭	*Isoetes sinensis*	22	黔蕨	*Phanerophlebiopsis tsiangiana*
10	狭叶瓶儿小草	*Ophioglossum thermale*	23	尖叶卤蕨	*Acrostichum speciosum*
11	鹿角蕨	*Platycerium wallichii*	24	冯氏铁线蕨	*Adiantum fengianum*
12	扇蕨	*Neocheiropteris palmatopedata*	25	粗梗水蕨	*Ceratopteris pterioides*
13	中国蕨	*Sinopteris grevillenoides*	26	七指蕨	*Helminthostachys zeylanica*

物种代号	种、变种及亚种名	拉丁学名	物种代号	种、变种及亚种名	拉丁学名
27	叉裂铁角蕨	*Asplenium ensiforme*	70	假芒萁	*Sticherus laevigatus*
28	大盖铁角蕨	*Asplenium capillipes*	71	二型叉蕨	*Tectaria variolosa*
29	东方狗脊	*Woodwardia orientalis*	72	黑顶卷柏	*Selaginella picta*
30	多羽凤尾蕨	*Pteris decrescens*	73	小笠原卷柏	*Selaginella boninensis*
31	高大耳蕨	*Polystichum altum*	74	台湾曲轴蕨	*Paesia taiwanensis*
32	贵阳铁角蕨	*Asplenium interjectum*	75	三色凤尾蕨	*Pteris aspericaulis*
33	天星蕨	*Christensenia assamica*	76	单叶凤尾蕨	*Pteris subsimplex*
34	单叶贯众	*Cyrtomium hemionitis*	77	莎草蕨	*Schizaea digitata*
35	低头贯众	*Cyrtomium nervosum*	78	小叶中国蕨	*Sinopteris albofusca*
36	单叶凤尾蕨	*Pteris pseudopellucida*	79	光叶腾蕨	*Stenochlaena palustris*
37	三叉凤尾蕨	*Pteris tripartita*	80	海南光叶藤蕨	*Stenochlaena hainanensis*
38	雨蕨	*Gymnogrammitis dareiformis*	81	南平毛蕨	*Cyclosorus nanpingensis*
39	埃及苹	*Marsilea aegyptiaca*	82	高山珠蕨	*Cryptogramma runoniana*
40	带状瓶儿小草	*Ophioglossum pendulum*	83	戟叶黑心蕨	*Doryopteris ludens*
41	长羽凤尾蕨	*Pteris olivacea*	84	疏羽碎米蕨	*Cheilosoria belangeri*
42	白沙凤尾蕨	*Pteris baksaensis*	85	毛叶粉背蕨	*Aleuritopteris squamosa*
43	棱脉蕨	*Schellolepis persicifolia*	86	金粉背蕨	*Aleuritopteris hrysophylla*
44	柳叶蕨	*Crytogonellum fraxinellum*	87	假桫椤	*Brainea insignis*
45	陕甘介蕨	*Dryoathyrium confusum*	88	狭带瓦韦	*Lepisorus stenistus*
46	嵩县岩蕨	*Woodsia pilosa*	89	峨眉柳叶蕨	*Cyrtogonellum emeiensis*
47	甘肃短肠蕨	*Allantodia kansuensis*	90	小柳叶蕨	*Cyrtogonellum minimum*
48	甘肃骨牌蕨	*Lepidogrammitis kansuensis*	91	镰叶柳叶蕨	
49	康县蛾眉蕨	*Lunathyrium kanghsienense*	92	拉觉石杉	*Huperzia lajouensis*
50	甘南岩蕨	*Woodsia macrospora*	93	西藏卷柏	*Selaginella tibetitica*
51	无粉雪白粉背蕨	*Aleuritopteris niphobola concolor*	94	西藏瓶蕨	*Vandenboschiaschmidtiana*
52	冷蕨	*Cystopteris fragilis*	95	西藏凤尾蕨	*Pteris tibetica*
53	短柄毛蕨	*Cyclosorus brevipes*	96	矮粉背蕨	*Aleuritopteris pygmaea*
54	珠叶凤尾蕨	*Pteris cryptogrammoides*	97	西藏金粉蕨	*Onychium tibeticum*
55	南靖复叶耳蕨	*Arachniodes nanjingensis*	98	西藏旱蕨	*Pellaea straminea*
56	秦宁毛蕨	*Cyclosorus tarningensis*	99	西藏铁线蕨	*Adiantum tibeticum*
57	光叶毛蕨	*Cyclosorus glabellus*	100	细叶铁线蕨	*Adiantum venustum*
58	南平毛蕨	*Cyclosorus nanpingensis*	101	波密耳蕨	*Polystichum bomiense*
59	石生毛蕨	*Cyclosorus rupicola*	102	西藏耳蕨	*Polystichum tibeticum*
60	福建贯众	*Cyrtomium conforme*	103	西藏瓦韦	*Lepisorus tibeticus*
61	江西复叶耳蕨	*Acrorumohra jiangxiensis*	104	西藏复叶耳蕨	*Arachniodes tibetana*
62	庐山复叶耳蕨	*Acrorumohra lushanensis*	105	锡金书带蕨	*Vittaria sikkimensis*
63	瘦叶踢盖蕨	*Athyrium deltoidofrons Makino var.*	106	西宁冷蕨	*Cystopteris kansuana*
64	锐尖毛蕨	*Cyclosorus acutissimus*	107	贵州冷蕨	*Cystopteris guizhouensis*
65	狭缩毛蕨	*Cyclosorus contractus*	108	西藏毛鳞蕨	*Tricholepidium tibeticum*
66	大芒萁	*Dicranopteris ampla*	109	西藏卵果蕨	*Phegopteris tibetica*
67	杭州鳞毛蕨	*Dryopteris hangchowensis*	110	西藏红腺蕨	*Diacalpe aspidioides Bl. var. hookeriana*
68	三叉凤尾蕨	*Pteris tripartita*	111	西藏钩毛蕨	*Cyclogramma tibetica*
69	海南凤尾蕨	*Pteris cadieri var.hainanensis*			

附表 4 苔藓植物名录

物种代号	种、变种及亚种名	拉丁学名	物种代号	种、变种及亚种名	拉丁学名
1	斜叶芦荟藓	*Aloina obliquifolia*	41	高山挺叶苔	*Anastrophyllum joergensenii*
2	拟牛毛藓	*Ditrichopsis gymnostoma*	42	全缘光萼苔	*Porella javanica*
3	阿里粗枝藓	*Gollania arisanensis*	43	卷波光萼苔	
4	中华小毛藓	*Microdus sinensis*	44	截叶光萼苔	*Porella truncata*
5	四川石毛藓	*Oreoweisia setschwanica*	45	耳叶光萼苔	*Porella frullanioides*
6	水藓	*Fontinalis antipyretica*	46	尾尖光萼苔	*Porella handelii*
7	南亚圆网藓	*Cyclodictyon blumeanum*	47	褶叶光萼苔	*Porella plicata*
8	兜叶黄藓	*Distichophyllum meizhii*	48	平叶光萼苔	
9	中华厚边藓厚边藓	*Sciaromiopsis sinensis*	49	齿尖光萼苔	*Porella denticulata*
10	陕西灰藓	*Hypnum shensianum*	50	南亚短角苔	*Notothylas levieri*
11	无毛卷叶苔	*Nowellia aciliata*	51	闭蒴拟牛毛藓	*Ditrichopsis clausa*
12	东亚虫叶苔	*Zoopsis liukiuensis*	52	云南立灯藓	*Orthomnion yunnanense*
13	黄羽苔	*Xenochila integrifolia*	53	单齿珠藓	*Bartramia leptodenta*
14	大紫叶苔	*Pleurozia gigantea*	54	毛叶珠藓	*Bartramia subpellucida*
15	中华细指苔	*Kurzia sinensis*	55	大滇蕨藓	*Pseudopterobryum laticuspis*
16	秦岭囊绒苔	*Trichocoleopsis tsinlingensis*	56	扭尖瓢叶藓	*Symphysodontella tortifolia*
17	新绒苔	*Neotrichocolea bissetii*	57	玉山裂叶苔	*Lophozia morrisoncola*
18	大叶苔	*Scaphophyllum speciosum*	58	异瓣裂叶苔	*Lophozia diversiloba*
19	光苔	*Cyathodium cavernarum*	59	峨眉羽苔	*Plagiochila emeiensis*
20	耳坠苔	*Ascidiota blepharophylla*	60	小枝羽苔	*Plagiochila parviramifera*
21	藻苔	*Takakia lepidozioides*	61	四川羽苔	*Plagiochila sichuanensis*
22	角叶藻苔	*Takakia ceratophylla*	62	对羽苔	*Plagiochilion oppositus*
23	圆叶裸蒴苔	*Haplomitrium mnioides*	63	小裂叶苔	*Lophozia collaris*
24	隐肋剪叶苔	*Herbertus longifissus*（长肋剪叶苔）	64	玉山裂叶苔	*Lophozia morrisoncola*
25	长角剪叶苔	*Herbertus dicranus*	65	刺叶裂叶苔	*Lophozia setosa*
26	剪叶苔	*Herbertus aduncus*	66	高山裂叶苔	*Lophozia sudetica*
27	密叶剪叶苔		67	异瓣裂叶苔	*Lophozia diversiloba*
28	爪哇剪叶苔	*Herbertus javanicus*	68	长齿裂叶苔	*Lophozia longidens*
29	长尖剪叶苔		69	细纹挺叶苔	*Anastrophyllum striolatum*
30	狭叶剪叶苔	*Herbertus angustissima*	70	石生挺叶苔	*Anastrophyllum saxicola*
31	东亚拟复叉苔	*Pseudolepicolea andoi*	71	密叶挺叶苔	*Anastrophyllum michauxii*
32	睫毛苔	*Blepharostoma trichophyllum*	72	高山挺叶苔	*Anastrophyllum joergensenii*
33	东亚直蒴苔	*Isotachis japonica*	73	毛口挺叶苔	*Anastrophyllum piligerum*
34	须苔	*Mastigophora woodsii*	74	附基缺萼苔	*Gymnomitrion laceratum*
35	台湾绒苔	*Trichocolea merrillana*	75	大合叶苔	*Scapania paludosa*
36	绒苔	*Trichocolea tomentella*	76	长尖合叶苔	*Scapania glaucocephala*
37	掌叶细指苔	*Kurzia abietinella*	77	拟褐色合叶苔	*Scapania ferrugineaoides*
38	宽叶指叶苔		78	秦岭合叶苔	*Scapania hians*
39	鳞片指叶苔	*Lepidozia subintegra*	79	格氏合叶苔	*Scapania griffithii*
40	挺叶苔	*Anastrophyllum donianum*	80	高氏合叶苔	*Scapania gaochienia*

物种代号	种、变种及亚种名	拉丁学名	物种代号	种、变种及亚种名	拉丁学名
81	复瘤合叶苔	*Scapania harae*	99	峨眉羽苔	*Plagiochila emeiensis*
82	柯氏合叶苔	*Scapania koponenii*	100	小枝羽苔	*Plagiochila parviramifera*
83	片毛合叶苔	*Scapania macroparaphyllia*	101	四川羽苔	*Plagiochila sichuanensis*
84	灰绿合叶苔	*Scapania glaucoviridis*	102	秦岭囊绒苔	*Trichocoleopsis tsinlingensis*
85	东亚合叶苔	*Scapania orientalis*	103	玉山黑藓	*Andreaea morrisonensis*
86	毛茎合叶苔	*Scapania paraphyllia*	104	王氏黑藓	*Andreaea wangiana*
87	四川薄萼苔	*Leptoscyphus sichuanensis*	105	丽江黑藓	*Andreaea likiangensis*
88	全缘异萼苔	*Heteroscyphus saccogynoids*	106	中华并列藓	*Pringleella sinensis*
89	瘤茎羽苔	*Plagiochila caulimammillosa*	107	中华高地藓	*Astomiopsis sinensis*
90	明层羽苔	*Plagiochila hyalodermica*	108	短齿牛毛藓	*Ditrichum brevidens*
91	拟刺羽苔	*Plagiochila paraphyllosa*	109	中华立毛藓	*Tristichium sinensis*
92	昆明羽苔	*Plagiochila kunmingensis*	110	云南小毛藓	*Microdus yuennanensis*
93	朱氏羽苔	*Plagiochila zhuensis*	111	福建小曲尾藓	*Dicranella fukenensis*
94	秦岭羽苔	*Plagiochila biondiana*	112	角叶藻苔	*Takakia ceratophylla*
95	二郎羽苔	*Plagiochila erlangensis*	113	藻苔	*Takakia lepidozioides*
96	玉龙羽苔	*Plagiochila yulongensis*	114	延生剪叶苔	*Herbertus decurrense*
97	王氏羽苔	*Plagiochila wangii*	115	南亚鞭苔	*Bazzania griffithiana*
98	陈氏羽苔	*Plagiochila chenii*			

附表5　鸟类名录

物种代号	种、变种及亚种名	拉丁学名	物种代号	种、变种及亚种名	拉丁学名
1	海南鳽	*Gorsachius goisagi*	18	黄喉雉鹑	*Tetraophasis szechenyii*
2	黑颈鹤	*Grus nigricollis*	19	大石鸡	*Alectoris magna*
3	黑嘴端凤头燕鸥	*Sterna bernsteini*	20	四川山鹧鸪	*Arborophila rufipectus*
4	棕头歌鸲	*Luscinia obscura*	21	白眉山鹧鸪	*Arborophila gingica*
5	金胸歌鸲	*Luscinia pectardens*	22	海南山鹧鸪	*Arborophila ardens*
6	贺兰山红尾鸲	*Phoenicurus alaschanicus*	23	台湾山鹧鸪	*Arborophila crudigularis*
7	褐头鸫	*Turdus feae*	24	灰胸竹鸡	*Bambusicola thoracicus*
8	宝兴歌鸫	*Turdus mupinensis*	25	血雉	*Ithaginis cruentus*
9	白眶鸦雀	*Paradoxornis conspicillatus*	26	黄腹角雉	*Tragopan caboti*
10	细纹苇莺	*Acrocephalus sorghophilus*	27	白尾梢虹雉	*Lophophorus sclateri*
11	四川柳莺	*Phylloscopus forresti*	28	绿尾虹雉	*Lophophorus lhuysii*
12	棕腹大仙鹟	*Niltava davidi*	29	白马鸡	*Crossoptilon crossoptilon*
13	海南蓝仙鹟	*Cyornis hainanus*	30	藏马鸡	*Crossoptilon harmani*
14	中亚夜鹰	*Caprimulgus centralasicus*	31	蓝马鸡	*Crossoptilon auritum*
15	朱鹮	*Nipponia nippon*	32	褐马鸡	*Crossoptilon mantchuricum*
16	斑尾榛鸡	*Bonasa sewerzowi*	33	蓝鹇	*Lophura swinhoii*
17	红喉雉鹑	*Tetraophasis obscurus*	34	白冠长尾雉	*Syrmaticus reevesii*

物种代号	种、变种及亚种名	拉丁学名	物种代号	种、变种及亚种名	拉丁学名
35	白颈长尾雉	*Syrmaticus ellioti*	75	褐头凤鹛	*Yuhina brunneiceps*
36	黑长尾雉	*Syrmaticus Mikado*	76	三趾鸦雀	*Paradoxornis Paradoxus*
37	白腹锦鸡	*Chrysolophus amherstiae*	77	褐翅缘鸦雀	*Paradoxornis brunneus*
38	红腹锦鸡	*Chrysolophus pictus*	78	暗色鸦雀	*Paradoxornis zappeyi*
39	大紫胸鹦鹉	*Psittacula derbiana*	79	灰冠鸦雀	*Paradoxornis przewalskii*
40	四川林鸮	*Strix davidi*	80	震旦鸦雀	*Paradoxornis heudei*
41	长嘴百灵	*Melanocorypha maxima*	81	山鹛	*Rhopophilus pekinensis*
42	领雀嘴鹎	*Spizixos semitorques*	82	台湾短翅莺	*Bradypterus alishanensis*
43	台湾鹎	*Pycnnotus taivanus*	83	峨眉柳莺	*Phylloscopus emeiensis*
44	栗背短脚鹎	*Hemixos castanonotus*	84	海南柳莺	*Phylloscopus hainanus*
45	黑头噪鸦	*Perisoreus internigrans*	85	台湾戴菊	*Regulus goodfellowi*
46	台湾蓝鹊	*Urocissa caerulea*	86	峨眉鹟莺	*Seicercus omeiensis*
47	黑尾地鸦	*Podoces hendersoni*	87	凤头雀莺	*Leptopoecile elegans*
48	白尾地鸦	*Podoces biddulphi*	88	台湾黄山雀	*Parus holsti*
49	台湾林鸲	*Tarsiger johnstoniae*	89	黄腹山雀	*Parus venustulus*
50	台湾紫啸鸫	*Myophonus caeruleus*	90	白眉山雀	*Parus superciliosus*
51	棕背黑头鸫	*Turdus kessleri*	91	红腹山雀	*Parus davidi*
52	宝兴鹛雀	*Moupinia poecilotis*	92	地山雀	*Pseudopodoces humilis*
53	大草鹛	*Babax waddelli*	93	银脸长尾山雀	*Aegithalos fuliginosus*
54	棕草鹛	*Babax koslowi*	94	黑头䴓	*Sitta villosa*
55	褐胸噪鹛	*Garrulax maesi*	95	滇䴓	*Sitta yunnanensis*
56	山噪鹛	*Garrulax davidi*	96	白腰雪雀	*Onychostruthus taczanowskii*
57	黑额山噪鹛	*Garrulax sukatschewi*	97	棕颈雪雀	*Pyrgilauda ruficollis*
58	斑背噪鹛	*Garrulax lunulatus*	98	桂红头岭雀	*leucosticte sillemi*
59	白点噪鹛	*Garrulax bieti*	99	酒红朱雀	*Carpodacua vinaceus*
60	大噪鹛	*Garrulax maximus*	100	曙红朱雀	*Carpodacua eos*
61	棕噪鹛	*Garrulax poecilorhynchus*	101	斑翅朱雀	*Carpodacua trifasciatus*
62	画眉	*Garrulax canorus*	102	藏雀	*Kozlowia roborowskii*
63	橙翅噪鹛	*Garrulax elliotii*	103	朱鹀	*Urocynchramus pylzowi*
64	灰腹噪鹛	*Garrulax henrici*	104	栗斑腹鹀	*Emberiza jankowskii*
65	玉山噪鹛	*Garrulax morrisonianus*	105	藏鹀	*Emberiza koslowi*
66	灰胸薮鹛	*Liocichla omeiensis*	106	蓝鹀	*Latoucheornis siemsseni*
67	黄痣薮鹛	*Liocichla steeri*	107	雉鹑	*Tetraophasis obscurus*
68	灰头斑翅鹛	*Actinodura souliei*	108	四川雉鹑	*Tetraophasis szechenyii*
69	台湾斑翅鹛	*Actinodura morrisoniana*	109	白额山鹧鸪	*Arborophila gingica*
70	金额雀鹛	*Alcippe variegaticeps*	110	海南孔雀雉	*Polyplectron katsumatae*
71	高山雀鹛	*Alcippe striaticollis*	111	甘肃柳莺	*Phylloscopus kansuensis*
72	棕头雀鹛	*Alcippe ruficapilla*	112	四川旋木雀	*Certhia tianquanensis*
73	白耳奇鹛	*Heterophasia auricularis*	113	藏雪雀	*Montifringilla admsi*
74	白领凤鹛	*Yuhina diademata*	114	褐头岭雀	*Leucosticte sillemi*

附表 6　兽类名录

物种代号	种、变种及亚种名	拉丁学名	物种代号	种、变种及亚种名	拉丁学名
1	小毛猬	Hylomys suillus	46	白尾鼹	Parascaptor leucura
2	海南新毛猬	Neohylomys hainanensis	47	麝鼹	Scaptochirus moschatus
3	中国鼩猬	Neotetracus sinensis	48	缺齿鼹	Chodsigoa smithii
4	刺猬	Erinaceus europaeus	49	中缺齿鼹	Mogera wogura
5	达乌尔猬	Mesechinus dauuricus	50	小（华南）缺齿鼹	Mogera insularis
6	侯氏猬	Hemiechinus hughi	51	树鼩	Tupaia belangeri
7	大耳猬	Hemiechinus auritus	52	棕果蝠	Rousettus leschenaultii
8	小鼩鼱	Sorex minutus	53	琉球狐蝠	Pteropus dasymallus
9	中鼩鼱	Sorex caecutiens	54	大狐蝠	Pteropus giganteus
10	普通鼩鼱	Sorex araneus Linnaeus	55	泰国狐蝠	Pteropus lylei
11	长爪鼩鼱	Sorex unguiculatus	56	球果蝠	Sphaerias blanfordi
12	栗齿鼩鼱	Sorex daphaenodon	57	犬蝠	Cynopterus sphinx
13	大鼩鼱	Sorex mirabilis	58	短耳犬蝠	Cynopterus brachotis
14	纹背鼩鼱	Sorex cylindricauda	59	长舌果蝠	Eonycteris spelaea
15	小纹背鼩鼱	Sorex bedfordiae	60	黑髯墓蝠（鞘尾蝠）	Taphozous melanopogon
16	帕米尔鼩鼱	Sorex	61	印度假吸血蝠	Megaderma lyra
17	川鼩	Blarinella quadraticauda	62	马铁菊头蝠	Rhinolophus ferrumequinum
18	锡金长尾鼩	Soriculus nigrescens	63	中菊头蝠	Rhinolophus affinis
19	长尾鼩	Episoriculus caudatus	64	鲁氏菊头蝠	Rhinolophus rouxi
20	印度长尾鼩	Episoriculus leucops	65	托氏菊头蝠	Rhinolophus thomasi
21	川西长尾鼩	Chodsigoa hypsibia	66	角菊头蝠	Rhinolophus blythi
22	小长尾鼩	Episoriculus macrurus	67	小菊头蝠	Rhinolophus pusillus
23	大长尾鼩	Episoriculus leucops	68	短翼菊头蝠	Rhinolophus shortridgei
24	台湾长尾鼩	Episoriculus fumidus	69	单角菊头蝠	Rhinolophus monoceros
25	水鼩	Neomys fodiens	70	大菊头蝠	Rhinolophus luctus
26	臭鼩	Suncus murinus	71	皮氏菊头蝠	Rhinolophus pearsonii
27	小臭鼩	Suncus etruscus	72	大耳菊头蝠	Rhinolophus luctus
28	中臭鼩	Suncus stoliczkanus	73	贵州菊头蝠	Rhinolophus rex
29	南小麝鼩	Crocidura horsfieldi	74	中蹄蝠	Hipposideros larvatus
30	北小麝鼩	Crocidura suaveolens	75	双色蹄蝠	Hipposideros bicolor
31	中麝鼩	Crocidura russula	76	大蹄蝠	Hipposideros larvatus
32	白腹麝鼩	Crocidura leucodon	77	普氏蹄蝠	Hipposideros pratti
33	灰麝鼩	Crocidura attenuata	78	三叶蹄蝠	Aselliscus stoliczkanus
34	长尾大麝鼩	Crocidura fuliginosa	79	无尾蹄蝠	Coelops frithii
35	大麝鼩	Crocidura lasiura	80	犬吻蝠	Chaerephon plicata
36	短尾鼩	Anourosorex squamipes	81	皱唇蝠	Chaerephon plicatus
37	喜马拉雅水麝鼩	Chimarrogale himalayicus	82	须鼠耳蝠	Myotis mystacinus
38	四川水麝鼩	Chimarrogale styani	83	伊氏鼠耳蝠	Myotis ikonnikovi
39	蹼麝鼩	Noctogale elegans	84	西南鼠耳蝠	Myotis altarium
40	鼩鼹	Uropsilus soricipes	85	缺齿鼠耳蝠	Myotis annectans
41	多齿鼩鼹	Nasillus gracilis	86	高颅鼠耳蝠	Myotis siligorensis
42	长尾鼩鼹	Scaptonyx fusicaudus	87	长尾鼠耳蝠	Myotis frater
43	甘肃鼹	Scapanulus oweni	88	纳氏鼠耳蝠	Myotis nattereri
44	长吻鼹	Euroscaptor longirostris	89	大鼠耳蝠	Myotis myotis
45	峨眉鼹	Talpa grandis	90	尖耳鼠耳蝠	Myotis blythii

物种代号	种、变种及亚种名	拉丁学名	物种代号	种、变种及亚种名	拉丁学名
91	绯鼠耳蝠	*Myotis formosus*	105	绒山蝠	*Nyctalus velutinus*
92	水鼠耳蝠	*Myotis daubentonii*	106	毛翼山蝠	*Nyctalus lasiopterus*
93	沼鼠耳蝠	*Myotis dasycneme*	107	黑伏翼	*Pipistrellus circumdatus*
94	北京鼠耳蝠	*Myotis pequinius*	108	爪哇伏翼	*Pipistrellus javanicus*
95	长指鼠耳蝠	*Myotis capaccinii*	109	伏翼	*Pipistrellus pipistrellus*
96	小鼠耳蝠	*Myotis davida*	110	普通伏翼	*Pipistrellus pipistrellus*
97	郝氏鼠耳蝠	*Myotis horsfieldii*	111	印度伏翼	*Pipistrellus coromandra*
98	大足蝠	*Myotis ricketts*	112	茶褐伏翼	*Falsistrellus mordax*
99	普通蝙蝠	*Vespertilio murinus*	113	棒茎伏翼	*Pipistrellus paterculus*
100	东方蝙蝠	*Vespertilio sinensis*	114	古氏伏翼	*Pipistrellus kuhlii*
101	日本蝙蝠	*Vespertilio orientalis*	115	小伏翼	*Pipistrellus mimus*
102	北棕蝠	*Eptesicus nilssonii*	116	斯里兰卡伏翼	*Pipistrellus ceylonicus*
103	大棕蝠	*Eptesicus serotinus*	117	灰伏翼	*Hypsugo pulveratus*
104	山蝠	*Nyctalus noctula*	118	萨氏伏翼	*Hypsugo savii*

附表 7　两栖类名录

物种代号	种、变种及亚种名	拉丁学名	物种代号	种、变种及亚种名	拉丁学名
1	版纳鱼螈	*Ichthyophis bannanicus*	28	细痣疣螈	*Tylototriton asperrimus*
2	普雄原鲵	*Protohynobius puxiongensis*	29	文县疣螈	*Tylototriton wenxianensis*
3	安吉小鲵	*Hynobius amjiensis*	30	海南疣螈	*Tylototriton hainanensis*
4	中国小鲵	*Hynobius chinensis*	31	红瘰疣螈	*Tylototriton shanjing*
5	阿里山小鲵	*Hynobius arisanensis*	32	贵州疣螈	*Tylototriton kweichowensis*
6	台湾小鲵	*Hynobius formosanus*	33	大凉疣螈	*Tylototriton taliangensis*
7	挂榜山小鲵	*Hynobius guabangshannensis*	34	棕黑疣螈	*Tylototriton verrucosus*
8	东北小鲵	*Hynobius leechii*	35	琉球疣螈	*Echinotriton andersoni*
9	猫儿山小鲵	*Hynobius maoershanensis*	36	镇海棘螈	*Echinotriton chinhaiensis*
10	楚南小鲵	*Hynobius sonani*	37	尾斑瘰螈	*Paramesotriton caudopunctatus*
11	义乌小鲵	*Hynobius yiwuensis*	38	中国香港瘰螈亚种	*Paramesotriton hongkongensis*
12	豫南小鲵	*Hynobius yunanicus*	39	中国瘰螈指名亚种	*Paramesotriton chinensis*
13	商城肥鲵	*Pachyhynobius shangchengensis*	40	广西瘰螈	*Paramesotriton guangxiensis*
14	极北鲵	*Salamandrella keyserlingii*	41	龙里瘰螈	*Paramesotriton longliensis*
15	黄斑拟小鲵	*Pseudohynobius flavomaculatus*	42	织金瘰螈	*Paramesotriton zhijinensis*
16	水城拟小鲵	*Pseudohynobius shuichengensis*	43	弓斑肥螈	*Pachytriton archospotus*
17	秦巴拟小鲵	*Pseudohynobius tsinpaensis*	44	黑斑肥螈	*Pachytriton brevipes*
18	宽阔水拟小鲵	*Pseudohynobius kuankuoshuiensis*	45	无斑肥螈	*Pachytriton labiayus*
19	爪鲵	*Onychodactylus fischeri*	46	呈贡蝾螈	*Cynops chenggongensis*
20	巫山北鲵	*Ranodon shihi*	47	蓝尾蝾螈	*Cynops cyanuruschuxiongensis*
21	新疆北鲵	*Ranodon sibiricus*	48	蓝尾蝾螈	*Cynops cyanurus cyanurus*
22	弱唇褶山溪鲵	*Batrachuperus cochranae*	49	潮汕蝾螈	*Cynops orphicus*
23	龙洞山溪鲵	*Batrachuperus longdongensis*	50	东方蝾螈	*Cynops orientalis*
24	山溪鲵	*Batrachuperus pinchonii*	51	滇螈	*Hypselotriton wolterstorff*
25	西藏山溪鲵	*Batrachuperus tibetanus*	52	东方铃蟾	*Bombina orientalis*
26	盐源山溪鲵	*Batrachuperus yenyuanensis*	53	利川铃蟾	*Bombina lichuanensis*
27	大鲵	*Andrias davidianus*	54	强婚刺铃蟾	*Bombina fortinuptialis*

物种代号	种、变种及亚种名	拉丁学名	物种代号	种、变种及亚种名	拉丁学名
55	微蹼铃蟾	*Bombina microdeladigitora*	74	金顶齿突蟾	*Scutiger chintingensis*
56	大蹼铃蟾	*Bombina maxima*	75	平武齿突蟾	*Scutiger pingwuensis*
57	川北齿蟾	*Oreolalax chuanbeiensis*	76	西藏齿突蟾	*Scutigerb boulengeri*
58	棘疣齿蟾	*Oreolalax granulosus*	77	六盘齿突蟾	*Scutiger liupanensis*
59	凉北齿蟾	*Oreolalax liangbeiensis*	78	宁陕齿突蟾	*Scutiger ningshanensis*
60	景东齿蟾	*Oreolalax jingdongensis*	79	花齿突蟾	*Scutiger maculatus*
61	利川齿蟾	*Oreolalax lichuanensis*	80	林芝齿突蟾	*Scutiger nyingchiensis*
62	大齿蟾	*Oreolalax major*	81	锡金齿突蟾	*Scutiger sikimmensis*
63	点斑齿蟾	*Oreolalax multipunctatus*	82	贡山猫眼蟾	*Scutiger gongshanensis*
64	南江齿蟾	*Oreolalax nanjiangensis*	83	胸腺猫眼蟾	*Scutiger glandulatus*
65	峨眉齿蟾	*Oreolalax omeimontis*	84	九龙猫眼蟾	*Scutiger jiulongensis*
66	秉志齿蟾	*Oreolalax pingii*	85	圆疣猫眼蟾	*Scutiger tuberculatus*
67	宝兴齿蟾	*Oreolalax popei*	86	刺胸猫眼蟾	*Scutiger mammatus*
68	普雄齿蟾	*Oreolalax puxiongensis*	87	木里猫眼蟾	*Scutiger muliensis*
69	红点齿蟾	*Oreolalax rhodostigmatus*	88	王郎齿突蟾	*Scutiger wanglangensis*
70	疣刺齿蟾	*Oreolalax rugosus*	89	沙巴拟髭蟾	*Leptobrachium chapaense*
71	无蹼齿蟾	*Oreolalax schmidti*	90	海南拟髭蟾	*Leptobrachium hainanense*
72	魏氏齿蟾	*Oreolalax weigolidi*	91	广西拟髭蟾	*Leptobrachium guangxiense*
73	乡城齿蟾	*Oreolalax xiangchengensis*			

附表 8　爬行类名录

物种代号	种、变种及亚种名	拉丁学名	物种代号	种、变种及亚种名	拉丁学名
1	隐耳漠虎	*Alsophylax pipiens*	23	密疣蜥虎	*Hemidactylus brooki*
2	新疆漠虎	*Alsophylax przewalskii*	24	疣尾蜥虎	*Hemidactylus frenatus*
3	蝎虎	*Platyurus platyurus*	25	锯尾蜥虎	*Hemidactylus garnotii*
4	长弯脚虎	*Cyrtopodion elongates*	26	台湾蜥虎	*Hemidactylus stejnegeri*
5	卡西弯脚虎	*Cyrtopodion khasiensis*	27	半叶趾虎	*Hemiphyllodactylus yunnanensis*
6	墨脱弯脚虎	*Cyrtopodion medogensis*	28	云南半叶趾虎	*Hemiphyllodactylus yunnanensis*
7	灰弯脚虎	*Cyrtopodion russowi*	29	云南半叶趾虎独山亚种	*Hemiphyllodactylus yunnanensis dushanensis*
8	西藏弯脚虎	*Cyrtopodion tibetanus*	30	云南半叶趾虎金平亚种	*Hemiphyllodactylus yunnanensis jinpinensis*
9	宽斑弯脚虎	*Cyrtopodion stoliczkai*	31	云南半叶趾虎龙陵亚种	*Hemiphyllodactylus yunnanensis longingensis*
10	截趾虎	*Gehyra mutilatus*	32	云南半叶趾虎指名亚种	*Hemiphyllodactylus yunnanensis yunnanensis*
11	耳疣壁虎	*Gekko auriverrucosus*	33	哀鳞趾虎	*Lepidodactylus lugubris*
12	中国壁虎	*Gekko chinensis*	34	雅美鳞趾虎	*Lepidodactylus yami*
13	大壁虎	*Gekko gecko*	35	新疆沙虎	*Teratoscincus prezewalskii*
14	铅山壁虎	*Gekko hokouensis*	36	敦煌沙虎	*Teratoscincus roborowskii*
15	多疣壁虎	*Gekko japonicus*	37	伊犁沙虎	*Teratoscincus scincus*
16	兰屿壁虎	*Gekko monarchus*	38	睑虎	*Goniurosaurus lichtenfelderi*
17	荔波壁虎	*Gekko liboensis*	39	海南亚种睑虎	*Goniurosaurus lichtenfelderi hainanensis*
18	粗疣壁虎	*Gekko scabridus*	40	霸王岭睑虎	*Goniurosaurus bawanglingensis*
19	蹼趾壁虎	*Gekko subpalmatus*	41	凭详睑虎	*Goniurosaurus luii*
20	无蹼壁虎	*Gekko swinhonis*	42	长棘蜥	*Acanthosaura armata armata*
21	太白壁虎	*Gekko taibaiensis*	43	丽棘蜥	*Acanthosaura lepidogaster*
22	原尾蜥虎	*Hemidactylus bowringii*	44	短肢树蜥	*Calotes brevipes*

物种代号	种、变种及亚种名	拉丁学名	物种代号	种、变种及亚种名	拉丁学名
45	棕背树蜥	*Calotes emma*	89	双带腹链蛇	*Amphiesma parallela*
46	绿背树蜥	*Calotes jerdoni*	90	平头腹链蛇	*Amphiesma platyceps*
47	蚌西树蜥	*Calotes kakhienensis*	91	坡普腹链蛇	*Amphiesma popei*
48	西藏树蜥	*Calotes kingdon-wardi*	92	棕黑腹链蛇	*Amphiesma sauteri*
49	墨脱树蜥	*Calotes medogensis*	93	草腹链蛇	*Amphiesma stolata*
50	平鳞树蜥	*Calotes medogensis*	94	缅北腹链蛇	*Amphiesma venningi*
51	细鳞树蜥	*Calotes microlepis*	95	东亚腹链蛇	*Amphiesma vibakari*
52	白唇树蜥	*Calotes mystaceus*	96	白眶蛇	*Amphiesmoides ornaticeps*
53	变色树蜥	*Calotes versicolor*	97	滇西蛇	*Atretium yunnanensis*
54	褐耳飞蜥	*Draco blanfordi*	98	珠光蛇	*Blythia reticulate*
55	斑飞蜥	*Draco maculates*	99	绿林蛇	*Boiga cyanea*
56	长肢攀（龙）蜥	*Japalura andersoniana*	100	广西林蛇	*Boiga guangxiensis*
57	白头钩盲蛇	*Ramphotyphlops albiceps*	101	绞花林蛇	*Boiga kraepelini*
58	钩盲蛇	*Ramphotyphlops braminus*	102	繁花林蛇	*Boiga multomaculata*
59	大盲蛇	*Typhlops diardi*	103	尖尾两头蛇	*Calamaria pavimentata*
60	恒春盲蛇	*Yphlops koshunensis*	104	钝尾两头蛇	*Calamaria septentrionalis*
61	香港盲蛇	*Typhlops lazelli*	105	云南两头蛇	*Calamaria yunnanensis*
62	瘰鳞蛇	*Acrochordus granulatus*	106	金花蛇	*Chrysopelea ornata*
63	海南闪鳞蛇	*Xenopeltis hainanensis*	107	花脊游蛇	*Coluber ravergieri*
64	闪鳞蛇	*Xenopeltis unicolor*	108	黄脊游蛇	*Coluber spinalis*
65	红尾筒蛇	*Cylindrophis ruffus*	109	纯绿翠青蛇	*Entechinus doriae*
66	红沙蟒	*Eryx miliaris*	110	翠青蛇	*Entechinus major*
67	东方沙蟒	*Eryx tataricus*	111	横纹翠青蛇	*Entechinus multicinctus*
68	蟒蛇	*Python molurus bivittatus*	112	喜山过树蛇	*Dendrelaphis gorei*
69	青脊蛇	*Achalinus ater*	113	过树蛇	*Dendrelaphis p-pictus*
70	台湾脊蛇	*Achalinu formosanns*	114	八莫过树蛇	*Dendrelaphis subocularis*
71	海南脊蛇	*Achalinu hannanus*	115	黄链蛇	*Dinodon flavozonatum*
72	井冈山脊蛇	*Achalinu jinggangensis*	116	粉链蛇	*Dinodon rosozonatum*
73	美姑脊蛇	*Achalinu meiguensis*	117	赤链蛇	*Dinodon rufozonatum*
74	阿里山脊蛇	*Achalinu niger*	118	白链蛇	*Dinodon septentrionlis*
75	棕脊蛇	*Achalinu rufescensis*	119	赤峰锦蛇	*Elaphe anomala*
76	黑脊蛇	*Achalinu spinalis*	120	双斑锦蛇	*Elaphe bimaculata*
77	绿瘦蛇	*Ahaetulla prasina*	121	王锦蛇	*Elaphe carinata*
78	无颞鳞腹链蛇	*Amphiesma atemporalis*	122	团花锦蛇	*Elaphe davidi*
79	黑带腹链蛇	*Amphiesma bitaeniata*	123	白条锦蛇	*Elaphe dione*
80	白眉腹链蛇	*Amphiesma boulengeri*	124	灰腹绿锦蛇	*Elaphe frenata*
81	锈链腹链蛇	*Amphiesma craspedogaster*	125	南峰锦蛇	*Elaphe hodgsoni*
82	棕网腹链蛇	*Amphiesma johannis*	126	玉斑锦蛇	*Elaphe mandarina*
83	卡西腹链蛇	*Amphiesma khasiensis*	127	百花锦蛇	*Elaphe moellendorffi*
84	瓦屋山腹链蛇	*Amphiesma metusia*	128	横斑锦蛇	*Elaphe perlacea*
85	台北腹链蛇	*Amphiesma miyajimae*	129	紫灰锦蛇指名	*Elaphe porphyracea porphyracea*
86	腹斑腹链蛇	*Amphiesma modesta*	130	紫灰锦蛇黑线	*Elaphe porphyracea nigrofasciata*
87	八线腹链蛇	*Amphiesma octolineata*	131	绿锦蛇	*Elaphe prasina*
88	丽纹腹链蛇	*Amphiesma optata*			

附表 9　栽培植物名录

物种代号	种、变种及亚种名	拉丁学名	物种代号	种、变种及亚种名	拉丁学名
1	石榴	*Punica granatum*	14	板栗	*Castanea mollissima*
2	梅	*Armeniaca mume*	15	杏	*Armeniaca Mill*
3	野生榛子	*Corylus heterophylla*	16	李	*Prunus Linn*
4	滇榛	*Corylus yunnanensis*	17	枇杷	*Eriobotrya japonica*
5	毛榛	*Corylus mandshurica*	18	野生龙眼	*Euphoria longan*
6	平榛	*Corylus heterophylla*	19	龙眼	*Dimocarpus longana Lour*
7	刺榛	*Corylus ferox*	20	芒果	*Mangifera indica*
8	绒苞榛	*Corylus fargesii*	21	菠萝	*Ananas comosus*
9	华榛	*Corylus chinensis*	22	香蕉	*Musa nana*
10	川榛	*Corylus kweichowensis*	23	大豆	*Glycine max*
11	野板栗	*Castanea*	24	普通稻	*Oryza rufipogon*
12	茅栗	*Castanea seguinii*	25	有稃二棱大麦	*Hordeum distichon*
13	锥栗	*Castanea henryi*	26	有稃六棱大麦	*Hordeum agriocrithon*

附表 10　猪品种名录

物种代号	种、变种及亚种名	拉丁学名	物种代号	种、变种及亚种名	拉丁学名
1	八眉猪	*Bamei Sus*	25	渠溪猪	*Quxi Sus*
2	汉江黑猪	*Hanjiang Black Sus*	26	罗盘山猪	*Luopanshan Sus*
3	合作猪	*Hezuo Sus*	27	合川黑猪	*Hechuan Black Sus*
4	四川藏猪	*Sichuan Tibetan Sus*	28	盆周山地猪	*Penzhou Mountain Sus*
5	迪庆藏猪	*Diqing Tibetan Sus*	29	恩施黑猪	*Enshi Black Sus*
6	西藏藏猪	*Xizang Tibetan Sus*	30	成华猪	*Chenghua Sus*
7	撒坝猪	*Saba Sus*	31	荣昌猪	*Rongchang Sus*
8	滇南小耳猪	*Diannan Small-ear Sus*	32	五指山猪	*Wuzhishan Sus*
9	明光小耳猪	*Mingguang Small-ear Sus*	33	定安猪	*Ding'an Sus*
10	高黎贡山猪	*Gaoli Gongshan Sus*	34	临高猪	*Linggao Sus*
11	保山猪	*Baoshan Sus*	35	屯昌猪	*Tunchang Sus*
12	香猪	*Xiang Sus*	36	文昌猪	*Wenchang Sus*
13	黔东花猪	*Qiandong Spotted Sus*	37	隆林猪	*Longlin Sus*
14	黔北黑猪	*Qianbei Black Sus*	38	墩头猪	*Duntou Sus*
15	江口萝卜猪	*Jiangkou Luobo Sus*	39	广东小耳花猪	*Guangdong Small-ear Spotted Sus*
16	关岭猪	*Guanling Sus*	40	陆川猪	*Luchuan Sus*
17	白洗猪	*Baixi Sus*	41	桂中花猪	*Guizhong Spotted Sus*
18	雅南猪	*Ya'nan Sus*	42	德保猪	*Debao Sus*
19	凉山猪	*Liangshan Sus*	43	巴马香猪	*Bama Xiang Sus*
20	昭通猪	*Zhaotong Sus*	44	粤东黑猪	*Yuedong Black Sus*
21	大河猪	*Dahe Sus*	45	蓝塘猪	*Lantang Sus*
22	柯乐猪	*Kele Sus*	46	大花白猪	*Large Black-white Sus*
23	内江猪	*Neijiang Sus*	47	湘西黑猪	*Xiangxi Black Sus*
24	丫杈猪	*Yacha Sus*	48	黔邵花猪	*Qianshao Spotted Sus*

续表

物种代号	种、变种及亚种名	拉丁学名	物种代号	种、变种及亚种名	拉丁学名
49	宁乡猪	*Ningxiang Sus*	78	皖浙花猪	*Wanzhe Spotted Sus*
50	东山猪	*Dongshan Sus*	79	圩猪	*Wei Sus*
51	赣西两头乌猪	*Ganxi Two-end-black Sus*	80	皖南黑猪	*Yuannan Black Sus*
52	通城猪	*Tongcheng Sus*	81	安庆六白猪	*AnQing Six-end-white Sus*
53	监利猪	*Jianli Sus*	82	仙居花猪	*Xianju Spotted Sus*
54	沙子岭猪	*Shaziling Sus*	83	嵊县花猪	*Shengxian Spotted Sus*
55	大围子猪	*Daweizi Sus*	84	兰溪花猪	*Lanxi Spotted Sus*
56	阳新猪	*Yangxin Sus*	85	嘉兴黑猪	*Jiaxing Black Sus*
57	清平猪	*Qingping Sus*	86	金华猪	*Jinhua Sus*
58	确山黑猪	*Queshan Black Sus*	87	岔路黑猪	*Chalu Black Sus*
59	南阳黑猪	*Nanyang Black Sus*	88	碧湖猪	*Bihu Sus*
60	莱芜猪	*Laiwu Sus*	89	沙乌头猪	*Shawutou Sus*
61	大蒲莲猪	*Dapulian Sus*	90	米猪	*Mi Sus*
62	玉江猪	*Yujiang Sus*	91	梅山猪	*Meishan Sus*
63	乐平猪	*Leping Sus*	92	姜曲海猪	*Jiangquhai Sus*
64	杭猪	*Hang Sus*	93	淮南猪	*Huainan Sus*
65	三花猪	*Sanhua Sus*	94	皖北猪	*Wanbei Sus*
66	茶园猪	*Chayuan Sus*	95	定远猪	*Dingyuan Sus*
67	左安猪	*Zuoan Sus*	96	灶猪	*Zao Sus*
68	藤田猪	*Tengtian Sus*	97	山猪	*Shan Sus*
69	万安猪	*Wan'an Sus*	98	淮北猪	*Huaibei Sus*
70	冠朝猪	*Guanchao Sus*	99	二花脸猪	*Erhualian Sus*
71	赣中南花猪	*Ganzhongnan Spotted Sus*	100	东串猪	*Dongchuan Sus*
72	滨湖黑猪	*Binhu Black Sus*	101	浦东白猪	*Pudong White Sus*
73	武夷黑猪	*Wuyi Black Sus*	102	枫泾猪	*Fengjing Sus*
74	莆田猪	*Putian Sus*	103	民猪	*Min Sus*
75	闽北花猪	*Minbei Spotted Sus*	104	河套大耳猪	*Hetao Big-ear Sus*
76	槐猪	*Huai Sus*	105	马身猪	*Mashen Sus*
77	官庄花猪	*Guanzhuang Spotted Sus*			

附表 11 羊品种名录

物种代号	种、变种及亚种名	拉丁学名	物种代号	种、变种及亚种名	拉丁学名
1	中卫山羊	*Zhongwei Capra hircus*	12	龙陵黄山羊	*Longling Yellow Capra hircus*
2	柴达木山羊	*Chaidamu Capra hircus*	13	圭山山羊	*Guishan Capra hircus*
3	河西绒山羊	*Hexirong Capra hircus*	14	凤庆无角黑山羊	*Fengqing Poll Black Capra hircus*
4	子午岭黑山羊	*Ziwuling Black Capra hircus*	15	黔北麻羊	*Qianbei Brown Capra hircus*
5	陕南白山羊	*Shannan White Capra hircus*	16	贵州黑山羊	*Guizhou Black Capra hircus*
6	昭通山羊	*Zhaotong Capra hircus*	17	贵州白山羊	*Guizhou White Capra hircus*
7	云岭山羊	*Yunling Capra hircus*	18	美姑山羊	*Meigu Capra hircus*
8	宁蒗黑头山羊	*Ninglang Black Head Capra hircus*	19	建昌黑山羊	*Jianchang Black Capra hircus*
9	弥勒红骨山羊	*Mile Red Bone Capra hircus*	20	古蔺马羊	*Gulin Ma Capra hircus*
10	马关无角山羊	*Maguan Poll Capra hircus*	21	川中黑山羊	*Chuanzhong Black Capra hircus*
11	罗平黄山羊	*Luoping Yellow Capra hircus*	22	川南黑山羊	*Chuannan Black Capra hircus*

物种代号	种、变种及亚种名	拉丁学名	物种代号	种、变种及亚种名	拉丁学名
23	川东白山羊	*Chuandong White Capra hircus*	62	罗布羊	*Lop Ovis aries*
24	成都麻羊	*Chengdu Brown Capra hircus*	63	柯尔克孜羊	*Kirghiz Ovis aries*
25	北川白山羊	*Beichuan White Capra hircus*	64	和田羊	*Hetian Ovis aries*
26	板角山羊	*Banjiao Capra hircus*	65	多浪羊	*Duolang Ovis aries*
27	白玉黑山羊	*Baiyu Black Capra hircus*	66	策勒黑羊	*Qira Black Ovis aries*
28	酉州乌羊	*Youzhou Black Capra hircus*	67	巴音布鲁克羊	*Bayinbuluke Ovis aries*
29	大足黑山羊	*Dazu Black Capra hircus*	68	巴什拜羊	*Bashbay Ovis aries*
30	渝东黑山羊	*Yudong Black Capra hircus*	69	巴尔楚克羊	*Baerchuke Ovis aries*
31	隆林山羊	*Longlin Capra hircus*	70	阿勒泰	*Altay Ovis aries*
32	都安山羊	*Du'an Capra hircus*	71	滩羊	*Tan Ovis aries*
33	雷州山羊	*Leizhou Capra hircus*	72	贵德黑裘皮羊	*Guide Black Fur Ovis aries*
34	湘东黑山羊	*Xiangdong Black Capra hircus*	73	岷县黑裘皮羊	*Minxian Black Fur Ovis aries*
35	宜昌白山羊	*Yichang White Capra hircus*	74	兰州大尾羊	*Lanzhou Large-tailed Ovis aries*
36	马头山羊	*Matou Capra hircus*	75	同羊	*Tong Ovis aries*
37	麻城黑山羊	*Macheng White Capra hircus*	76	汉中绵羊	*Hanzhong Ovis aries*
38	伏牛白山羊	*Funiu White Capra hircus*	77	昭通绵羊	*Zhaotong Ovis aries*
39	沂蒙黑山羊	*Yimeng Black Capra hircus*	78	腾冲绵羊	*Tengchong Ovis aries*
40	鲁北白山羊	*Lubei White Capra hircus*	79	石屏青绵羊	*Shiping Gray Ovis aries*
41	莱芜黑山羊	*Laiwu Black Capra hircus*	80	宁蒗黑绵羊	*Ninglang Black Ovis aries*
42	济宁青山羊	*Jining Capra hircus*	81	兰坪乌骨绵羊	*Lanping Black-bone Ovis aries*
43	尧山白山羊	*Yaoshan White Capra hircus*	82	迪庆绵羊	*Diqing Ovis aries*
44	广丰山羊	*Guangfeng Capra hircus*	83	威宁绵羊	*Weining Ovis aries*
45	赣西山羊	*Ganxi Capra hircus*	84	豫西脂尾羊	*Yuxi Fat- tailed Ovis aries*
46	闽东山羊	*Mindong Capra hircus*	85	太行裘皮羊	*Taihang Fur Ovis aries*
47	福清山羊	*Fuqing Capra hircus*	86	大尾寒羊	*Large-tailed Han Ovis aries*
48	戴云山羊	*Daiyun Capra hircus*	87	小尾寒羊	*Small-tailed Han Ovis aries*
49	黄淮山羊	*Huanghuai Capra hircus*	88	洼地绵羊	*Wadi Ovis aries*
50	长江三角洲白山羊	*Yangtse River Delta White Capra hircus*	89	泗水裘皮羊	*Sishui Ovis aries*
51	乌珠穆沁白山羊	*Vjimqin White Capra hircus*	90	鲁中山地绵羊	*Luzhong Mountain Ovis aries*
52	太行山羊	*Taihang Capra hircus*	91	湖羊	*Hu Ovis aries*
53	吕梁黑山羊	*Lvliang Black Capra hircus*	92	乌珠穆沁羊	*Ujimqin Ovis aries*
54	承德无角山羊	*Chengde Polled Capra hircus*	93	乌冉克羊	*Wuranke Ovis aries*
55	辽宁绒山羊	*Liaoning Cashmere Capra hircus*	94	苏尼特羊	*Sunite Ovis aries*
56	内蒙古绒山羊	*Inner Mongolia Cashmere Capra hircus*	95	呼伦贝尔羊	*Hulun Buir Ovis aries*
57	新疆山羊	*Xinjiang Capra hircus*	96	晋中绵羊	*Jinzhong Ovis aries*
58	西藏山羊	*Tibetan Capra hircus*	97	广灵大尾羊	*Guangling Large-tailed Ovis aries*
59	叶城羊	*Yecheng Ovis aries*	98	哈萨克羊	*Kazakh Ovis aries*
60	吐鲁番黑羊	*Turfan Black Ovis aries*	99	西藏羊	*Tibetan Ovis aries*
61	塔什库尔干羊	*Tashkurgan Ovis aries*	100	蒙古羊	*Mongolian Ovis aries*

附表 12　鸡品种名录

物种代号	种、变种及亚种名	拉丁学名	物种代号	种、变种及亚种名	拉丁学名
1	吐鲁番斗鸡	*Turpan Game G.gallus*	40	文昌鸡	*Wenchang G.gallus*
2	和田黑鸡	*Hetian Black G.gallus*	41	瑶鸡	*Yao G.gallus*
3	拜城油鸡	*Baicheng You G.gallus*	42	霞烟鸡	*Xiayan G.gallus*
4	海东鸡	*Haidong G.gallus*	43	龙胜凤鸡	*Longsheng Feng G.gallus*
5	静原鸡	*Jingyuan G.gallus*	44	广西乌鸡	*Guangxi Black-bone G.gallus*
6	太白鸡	*Taibai G.gallus*	45	广西三黄鸡	*Guangxi Yellow G.gallus*
7	略阳鸡	*Lueyang G.gallus*	46	广西麻鸡	*Guangxi Partridge G.gallus*
8	藏鸡	*Tibetan G.gallus*	47	中山沙栏鸡	*Zhongsham Shalan G.gallus*
9	云龙矮脚鸡	*Yunlong Aijiao G.gallus*	48	阳山鸡	*Yangshan G.gallus*
10	盐津乌骨鸡	*Yanjin Black-bone G.gallus*	49	杏花鸡	*Xinghua G.gallus*
11	西双版纳斗鸡	*Xishuangbanna Game G.gallus*	50	清远麻鸡	*Qingyuan Partridge G.gallus*
12	无量山乌骨鸡	*Wuliangshang Black-bone G.gallus*	51	惠阳胡须鸡	*Huiyang Bearded G.gallus*
13	武定鸡	*Wuding G.gallus*	52	怀乡鸡	*Huaixiang G.gallus*
14	他留乌骨鸡	*Taliu Black-bone G.gallus*	53	雪峰乌骨鸡	*Xuefeng Black-bone G.gallus*
15	腾冲雪鸡	*Tengchong White G.gallus*	54	桃源鸡	*Taoyuan G.gallus*
16	瓢鸡	*Piao G.gallus*	55	黄郎鸡	*Huanglang G.gallus*
17	尼西鸡	*Nixi G.gallus*	56	东安鸡	*Dongan G.gallus*
18	兰坪绒毛鸡	*Lanping Silky G.gallus*	57	郧阳大鸡	*Yunyang G.gallus*
19	大围山微型鸡	*Daweishan Mini G.gallus*	58	郧阳白羽乌鸡	*Yunyang Black-bone G.gallus*
20	独龙鸡	*Dulong G.gallus*	59	双莲鸡	*Shuanglian G.gallus*
21	茶花鸡	*Chahua G.gallus*	60	景阳鸡	*Jingyang G.gallus*
22	竹乡鸡	*Zhuxiang G.gallus*	61	江汉鸡	*Jianghan G.gallus*
23	威宁鸡	*Weining G.gallus*	62	洪山鸡	*Hongshan G.gallus*
24	乌蒙乌骨鸡	*Wumeng Black-bone G.gallus*	63	正阳三黄鸡	*Zhengyang Yellow G.gallus*
25	黔东南小香鸡	*Qiandongnan Xiaoxiang G.gallus*	64	淅川乌骨鸡	*Xichuan Black-bone G.gallus*
26	高脚鸡	*Gaojiao G.gallus*	65	卢氏鸡	*Lushi G.gallus*
27	长顺绿壳蛋鸡	*Changshun Blue-eggshell G.gallus*	66	河南斗鸡	*Henan G.gallus*
28	矮脚鸡	*Aijiao G.gallus*	67	固始鸡	*Gushi G.gallus*
29	石棉草科鸡	*Shimian Caoke G.gallus*	68	汶上芦花鸡	*Wenshang Barred G.gallus*
30	四川山地乌骨鸡	*Sichuan Mountain Black-bone G.gallus*	69	寿光鸡	*Shouguang G.gallus*
31	彭县黄鸡	*Pengxian Yellow G.gallus*	70	琅琊鸡	*Langya G.gallus*
32	米易鸡	*Miyi G.gallus*	71	鲁西斗鸡	*Luxi Game G.gallus*
33	凉山崖鹰鸡	*Liangshan Yaying G.gallus*	72	济宁百日鸡	*Jining Bairi G.gallus*
34	泸宁鸡	*Luning G.gallus*	73	余干乌骨鸡	*Yugan Black-bone G.gallus*
35	金阳丝毛鸡	*Jingsyang Silky G.gallus*	74	丝羽乌骨鸡	*Silkies G.gallus*
36	旧院黑鸡	*Jiuyuan Black G.gallus*	75	宁都黄鸡	*Ningdu Yellow G.gallus*
37	峨眉黑鸡	*Emei Black G.gallus*	76	康乐鸡	*Kangle G.gallus*
38	大宁河鸡	*Daninghe G.gallus*	77	东乡绿壳蛋鸡	*Dongxiang Blue-eggshell G.gallus*
39	城口山地鸡	*Chengkou Mountain G.gallus*	78	崇仁麻鸡	*Chongren Partridge G.gallus*

物种代号	种、变种及亚种名	拉丁学名	物种代号	种、变种及亚种名	拉丁学名
79	白耳黄鸡	*Baier Yellow G.gallus*	95	江山乌骨鸡	*Jianshan Black-bone G.gallus*
80	安义瓦灰鸡	*Anyi Gray G.gallus*	96	仙居鸡	*Jianju G.gallus*
81	漳州斗鸡	*Zhangzhou Game G.gallus*	97	太湖鸡	Taihu G.gallus
82	象洞鸡	*Xiangdong G.gallus*	98	如皋黄鸡	*Rugao G.gallus*
83	闽清毛脚鸡	*Minqing Booted G.gallus*	99	鹿苑鸡	*Luyuan G.gallus*
84	河田鸡	*Hetian G.gallus*	100	溧阳鸡	*Liyang G.gallus*
85	金湖乌凤鸡	*Jinhu Black-bone G.gallus*	101	狼山鸡	*Langshan G.gallus*
86	德化黑鸡	*Dehua Black G.gallus*	102	浦东鸡	*Pudong G.gallus*
87	皖南三黄鸡	*Wannan Yellow G.gallus*	103	林甸鸡	*Lindian G.gallus*
88	五华鸡	*Wuhua G.gallus*	104	大骨鸡	*Dagu G.gallus*
89	皖北斗鸡	*Wanbei Game G.gallus*	105	边鸡	*Bian G.gallus*
90	黄山黑鸡	*Huangshan Black G.gallus*	106	坝上长尾鸡	*Bashang Long-tail G.gallus*
91	淮南麻黄鸡	*Huainan Yellow G.gallus*	107	北京油鸡	*Beijing You G.gallus*
92	淮北麻鸡	*Huaibei Partridge G.gallus*	108	太白鸡	*Taibai G.gallus*
93	萧山鸡	*Xiaoshan G.gallus*	109	静原鸡	*Jingyuan G.gallus*
94	灵昆鸡	*Lingkun G.gallus*	110	海东鸡	*Haidong G.gallus*

附表13　有害生物名录

物种代号	种、变种及亚种名	拉丁学名	物种代号	种、变种及亚种名	拉丁学名
1	美国白蛾	*Hyphantria cunea*	22	喜旱莲子草	*Alternanthera philoxeroides*
2	苹果蠹蛾	*Cydia pomonella*	23	紫茎泽兰	*Ageratina adenophora*
3	松材线虫	*Bursaphelenchus xylophilus*	24	凤眼莲	*Eichhornia crassipes*
4	蔗扁蛾	*Opogona sacchari*	25	土荆芥	*Chenopodium ambrosioides*
5	湿地松粉蚧	*Oracella acuta*	26	反枝苋	*Amaranthus retroflexus*
6	非洲大蜗牛	*Achating fulica*	27	刺苋	*Amaranthus spinosus*
7	福寿螺	*Pomacea canaliculata*	28	皱果苋	*AmaranthUS viridis*
8	牛蛙	*Rana catesbeiana*	29	北美独行菜	*Lepidium virginicum*
9	稻水象甲	*Lissorhoptrus oryzophilus*	30	藿香蓟	*Ageratum conyzoides*
10	克氏原螯虾	*Procambarus clarkii*	31	钻形紫菀	*Aster subulatus*
11	松突圆蚧	*Hemiberlesia pitysophila*	32	小蓬草	*Erigeron canadensis*
12	四纹豆象	*Allosobruchus maculates*	33	一年蓬	*Erigeron annuus*
13	葡萄根瘤蚜	*Ieus vitifoliae*	34	牛膝菊	*Galinsoga paviflora*
14	苹果绵蚜	*Rosoma lanigerum*	35	北美商陆	*Phytolacca americana*
15	扶桑绵粉蚧	*Phenacoccus solenopsis*	36	飞机草	*Eupatorium odoratum*
16	南美斑潜蝇	*Liriomyza huidobrensis*	37	加拿大一枝黄花	*Solidago canadensis*
17	灰豆象	*Alosobruchus phaseoli*	38	豚草	*Ambroia artemisiifolia*
18	强大小蠹	*Dendroctonus valens*	39	银胶菊	*Parthenium hysterophorus*
19	螺旋粉虱	*Aleurodicus dispersus*	40	薇甘菊	*Mikania micrantha*
20	褐纹甘蔗象	*Rhabdoscelus lineaticollis*	41	毒麦	*Lolium temulentum*
21	松材线虫	*Bursaphelenchus xylophilus*	42	互花米草	*Spartina alterniflora*

续表

物种代号	种、变种及亚种名	拉丁学名	物种代号	种、变种及亚种名	拉丁学名
43	假高粱	*Sorghum halepense*	63	东方田鼠	*Microtus fortis*
44	马缨丹	*Lantana camara*	64	甘肃鼢鼠	*Myospalax cansus*
45	三裂叶豚草	*Ambrosia trifida*	65	豪猪	*Hystrix hodgsoni*
46	大薸	*Pistia stratiotes*	66	褐家鼠	*Rattus norvegicus*
47	蒺藜草	*Cenchrus echinatus*	67	黑线仓鼠	*Cricetulus barabensis*
48	落葵薯	*Anredera cordifolia*	68	黑线姬鼠	*Apodemus agrarius*
49	板齿鼠	*Bandicota indica*	69	红腹松鼠	*Callosciurus erythraeus*
50	北方田鼠	*Microtus mandarinus*	70	花鼠	*Eutamias sibiricus*
51	布氏田鼠	*Microtus brandti*	71	华北鼢鼠	*Myospalax psilurus*
52	草原旱獭	*Mamota sibirica*	72	黄毛鼠	*Rattus lossea*
53	长爪沙鼠	*Meriones unguiculatus*	73	黄兔尾鼠	*Lagurus luteus*
54	长尾仓鼠	*Cricetulus longicaudatus*	74	黄胸鼠	*Rattus flavipectus*
55	巢鼠	*Micromys minutus*	75	社鼠	*Rattus confucianus*
56	臭鼩	*Suncus murinus*	76	麝鼹	*Scaptochirus moschatus*
57	达乌尔黄鼠	*Citellus dauricus*	77	五趾跳鼠	*Allactaga sibirica*
58	达乌尔鼠兔	*Ochtona daurica*	78	小家鼠	*Mus musculus*
59	大仓鼠	*Cricetulus triton*	79	岩松鼠	*Sciurotamias davidianus*
60	大家鼠	*Rattus norvegicus*	80	鼹形田鼠	*Ellobius talpinus*
61	大足鼠	*Rattus nitidus*	81	中华鼢鼠	*Myospalax fontanierii*
62	东北鼢鼠	*Myospalax psilurus*	82	子午沙鼠	*Meriones meridianus*